APPLICATION

DE LA

RÉSISTANCE DES MATÉRIAUX

AU CALCUL DES OUVRAGES

EN

BÉTON ARMÉ

PAR

Pierre DEVEDEC

INGÉNIEUR DES PONTS ET MANUFACTURES

PARIS

DUNOD, ÉDITEUR

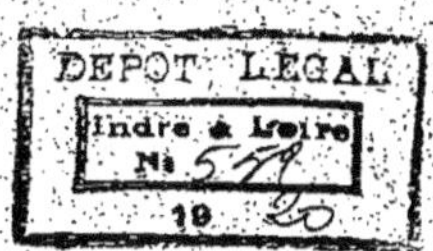

APPLICATION
DE LA RÉSISTANCE DES MATÉRIAUX
AU CALCUL DES OUVRAGES

EN

BÉTON ARMÉ

TOURS. — IMPRIMERIE DESLIS PÈRE, R. ET P. DESLIS.

APPLICATION

DE LA

RÉSISTANCE DES MATÉRIAUX

AU CALCUL DES OUVRAGES

EN

BÉTON ARMÉ

PAR

Pierre DÉVÉDEC

INGÉNIEUR DES ARTS ET MANUFACTURES

PARIS

DUNOD, Éditeur

Successeur de H. DUNOD et E. PINAT

47 ET 49, QUAI DES GRANDS-AUGUSTINS (VIe)

1920

AVERTISSEMENT

Cet ouvrage a été rédigé dans le but de rassembler, d'une manière aussi simple et aussi complète que possible, les notions de résistance dont l'application se rencontre couramment dans l'étude des constructions en béton armé.

La première partie, consacrée à l'étude des propriétés mécaniques du béton armé, est un exposé succinct de faits d'expérience qui permettra au lecteur de se rendre compte de la portée des hypothèses fondamentales et des méthodes habituelles de calcul.

Les éléments de notre documentation ont été empruntés à l'œuvre magistrale de la Commission française du ciment armé, à laquelle nous ne saurions mieux faire que de renvoyer pour l'étude approfondie des nombreuses et délicates questions que peut soulever la discussion des projets.

On trouvera, au premier chapitre, un essai sur la question du retrait. Les formules que nous proposons traduisent assez convenablement les résultats de l'observation pour laisser espérer qu'elles fourniront, à défaut de moyens rigoureux, des indications rationnelles sur l'importance des effets dus à la contraction du béton et dont on peut avoir à tenir compte dans certains cas.

La deuxième partie traite des éléments de la construction en béton armé.

Nous nous sommes attaché à présenter la théorie sous une forme générale, de manière à faciliter l'établissement des équations qu'on aurait à appliquer dans des cas différents de ceux que nous avons envisagés. Des exemples numériques, se rapportant aux types de pièces qui reviennent le plus fréquemment en construction, permettront aux praticiens, moins familiarisés avec l'usage des formules, de résoudre méthodiquement les problèmes courants.

Comme complément à la théorie de la résistance des matériaux hétérogènes, un chapitre a été consacré au rappel des principes et des procédés de la statique graphique dont l'emploi, combiné avec celui des méthodes algébriques, offre souvent l'avantage de solutions rapides et faciles.

La troisième partie est réservée à l'étude des conditions d'équilibre de quelques types d'ouvrages en béton armé : cheminées d'usine, fondations, arcs, murs de soutènement, silos.

Dans l'exposé des méthodes de calcul, nous nous sommes efforcé d'être clair et simple, tout en n'omettant aucune des explications qui nous paraissaient de nature à faciliter les applications. En ce qui concerne la théorie assez complexe des arcs, nous n'avons eu, pour simplifier notre tâche, qu'à nous reporter aux leçons de M. de Fontviolant, notre excellent maître à l'École centrale.

La théorie de la poussée des terres a été développée suivant une méthode particulière qu'en raison du genre de tracés qu'elle utilise nous avons appelée *Méthode des enveloppes*. On verra qu'elle permet de déterminer assez aisément l'expression de la poussée maximum dans le cas le plus général d'un terrain à profil supérieur rectiligne.

Dans la quatrième partie, nous avons reproduit, à titre documentaire, la circulaire ministérielle et les instructions relatives à l'emploi du béton armé, ainsi que le rapport de la Commission nommée par le Conseil général des Ponts et Chaussées.

On trouvera, en outre, à la fin du volume, des tables qui sont d'un emploi courant dans les calculs.

Nous croyons ainsi pouvoir présenter cet ouvrage : aux ingénieurs comme un manuel utile, et aux constructeurs, que le côté
théorique intéresserait moins, comme un guide pratique où ils
trouveront les renseignements nécessaires à l'étude ou à la véri
fication des projets.

Bruxelles, le 1er août 1914.

TABLE DES MATIÈRES

CHAPITRE IV

RÉSISTANCE AU GLISSEMENT

CHAPITRE V

RÉSISTANCE A LA FLEXION

DEUXIÈME PARTIE

CALCULS DE RÉSISTANCE DU BÉTON ARMÉ

CHAPITRE VI

THÉORIE DE LA RÉSISTANCE DES SOLIDES HÉTÉROGÈNES

CHAPITRE VII

APPLICATION DE LA STATIQUE GRAPHIQUE A L'ÉTUDE DE LA RÉSISTANCE DES SOLIDES HÉTÉROGÈNES

CHAPITRE VIII

PIÈCES SOUMISES A LA COMPRESSION. — PILIERS ET POTEAUX

CHAPITRE IX

PIÈCES SOUMISES A LA TRACTION. — TUYAUX ET RÉSERVOIRS CIRCULAIRES

CHAPITRE X

PIÈCES SOUMISES A LA FLEXION SIMPLE. — DÉTERMINATION DES EFFETS DES CHARGES. — MOMENTS FLÉCHISSANTS ET EFFORTS TRANCHANTS

CHAPITRE XI

PIÈCES SOUMISES A LA FLEXION SIMPLE (suite). — DALLES

A. — TRAVAIL DES MATÉRIAUX.

CHAPITRE XII

PIÈCES SOUMISES A LA FLEXION SIMPLE (*suite*). — HOURDIS AVEC NERVURES

CHAPITRE XIII

RÉSISTANCE AU GLISSEMENT

CHAPITRE XIV

CALCUL DES FLÈCHES

CHAPITRE XV

PIÈCES SOUMISES A LA FLEXION COMPOSÉE. — PIÈCES A SECTION RECTANGULAIRE

CHAPITRE XVI

PIÈCES SOUMISES A LA FLEXION COMPOSÉE (*suite*). — HOURDIS AVEC NERVURES

TROISIÈME PARTIE

ÉTUDE DE QUELQUES TYPES D'OUVRAGES EN BÉTON ARMÉ

CHAPITRE XVII

CHEMINÉES D'USINE

CHAPITRE XVIII

FONDATIONS

B. — Pilotis.

CHAPITRE XIX

ARCS

I. — Notions préliminaires.

II. — Effets des charges fixes.

III. — Effets des charges mobiles. — Lignes d'influence.

A. — Arcs à trois articulations.

B. — Arcs à deux articulations.

C. — Arcs inarticulés parfaitement encastrés.

CHAPITRE XX

MURS DE SOUTÈNEMENT

CHAPITRE XXI

SILOS

QUATRIÈME PARTIE

TABLES

DE LA RÉSISTANCE DES MATÉRIAUX

AU CALCUL DES OUVRAGES

EN

BÉTON ARMÉ

PREMIÈRE PARTIE

PROPRIÉTÉS MÉCANIQUES DU BÉTON ARMÉ

CHAPITRE PREMIER

CONTRACTION DU BÉTON PENDANT LE DURCISSEMENT

1. Effets du retrait. — Le durcissement du béton de ciment est accompagné d'une contraction dont le processus varie avec la nature des matériaux employés, la composition des mélanges, les conditions de mise en œuvre et d'entretien, l'âge et les dimensions des pièces. Ces mêmes causes influent d'ailleurs sur toutes les propriétés des agglomérés de ciment.

L'importance du retrait croît avec la teneur en ciment, et la contraction est d'autant plus rapide que le milieu de conservation est plus sec. Les pièces entretenues dans un état d'humidité constant se réduisent très lentement et peuvent demeurer un mois sans présenter de raccourcissement appréciable. En tout cas le phénomène persiste pendant un temps assez long et, bien que diminuant d'intensité avec l'âge, reste suffisamment sensible pour qu'on ait pu l'observer nettement sept mois après la prise.

Si des liaisons extérieures viennent en certains points gêner le mouvement, elles déterminent dans la masse du béton des tensions et des déformations accidentelles qui peuvent aller jusqu'à la rupture. C'est à cette cause qu'il convient le plus souvent d'attribuer les fendillements des enduits trop faiblement dosés en sable ou exposés aux intempéries, de même que les fissures, qui apparaissent généralement aux changements brusques de section, dans les planchers de grande étendue insuffisamment armés ou abandonnés au durcissement sans aucune précaution.

L'expérience montre que, de deux éprouvettes de béton d'origine identique, l'une munie, l'autre dépourvue d'armature, la première est celle qui présente les moindres raccourcissements. La différence est due à la solidarité étroite que l'adhérence établit entre les deux matériaux.

Du fait de cette solidarité, la résistance du fer ou de l'acier au raccourcissement s'oppose au retrait complet du béton ; le métal se comprime, le béton se tend, et la contraction s'arrête quand il y a équilibre entre les actions antagonistes des deux matériaux. L'adhérence, assurant en outre une répartition régulière des tensions et des déformations du béton le long de l'armature, atténue les effets locaux des liaisons extérieures.

On peut ainsi prévoir, et l'observation le confirme, que le retrait sera moins accusé dans les pièces à pourcentage de métal élevé, et que les fibres longitudinales du béton, par suite de leur plasticité, se contracteront d'autant plus, et d'autant plus facilement, qu'elles seront plus éloignées des armatures. Le mouvement du béton dans son retrait offrirait ainsi une certaine analogie avec celui d'un liquide à l'intérieur d'un tuyau où, par suite du frottement contre les parois, les molécules se déplacent avec une vitesse décroissante du centre à la périphérie, les éléments, situés à un instant donné dans un même plan de section droite, se retrouvant ultérieurement sur des surfaces courbes de forme parabolique à convexité tournée dans le sens du mouvement.

2. Détermination des tensions de retrait. — En raison de l'exiguité du diamètre des armatures par rapport aux dimensions transversales des pièces, et de la grande résistance du métal à la déformation, on peut admettre que la pression résultant du retrait est la même en tous les points de la section d'une armature. Bien qu'il n'en soit plus de même pour le béton, les tensions supportées par les éléments d'une même section devant varier, comme la résistance à la contraction, d'une manière décroissante à mesure qu'on s'éloigne des surfaces d'adhérence, nous admettrons encore que le retrait conserve les sections planes et que la tension dans toute l'étendue de chacune d'elles est constante et égale à la moyenne des tensions réelles.

Désignons alors par :

Ω, la section nette du béton ;
ω, la section totale de l'armature ;
ϖ, le pourcentage, c'est-à-dire le rapport $\dfrac{\omega}{\Omega}$;
E_a, le module d'élasticité de l'acier ;
n, la tension unitaire du métal ;
t, celle du béton ;

l'état d'équilibre correspondra à l'égalité :

$$(1) \qquad n\omega = t\Omega,$$

d'où l'on tire :

$$(2) \qquad \frac{t}{n} = \varpi.$$

Le rapport des fatigues du béton et du métal a donc même valeur que le pourcentage et ne dépend que de lui. Nous verrons plus loin qu'à une augmentation du pourcentage correspond un accroissement du travail du béton, une réduction de celui du métal et inversement.

λ désignant le raccourcissement de l'armature rapporté à l'unité de longueur, la loi de ses déformations élastiques se traduit par la relation :

$$(3) \qquad n = \lambda E_a.$$

Les deux dernières égalités définissent les travaux des deux matériaux en fonction du retrait et du pourcentage.

La détermination de λ étant extrêmement laborieuse, et même irréalisable dans la pratique courante en raison des expériences et mesures délicates qu'elle nécessite, nous essaierons d'éliminer ce paramètre en lui substituant un autre de valeur constante pour une nature de béton déterminée.

τ représentant le travail résistant du métal dans le mouvement de contraction, nous poserons :

$$(4) \qquad \frac{\tau}{\Omega} = \tau.$$

Le coefficient τ, que nous appellerons *coefficient de retrait*, représente, en négligeant d'autres causes de dissipation, l'énergie par unité de volume dépensée par le béton dans son mouvement de retrait.

Dans l'étude des propriétés élastiques des matériaux, on rencontre une quantité de mêmes dimensions, que Poncelet appelle *coefficient de résistance vive*, déterminable, comme le serait le coefficient actuel, au moyen de diagrammes d'essai. Le coefficient de retrait, de même que la résistance vive d'un métal, se présente donc comme un coefficient de qualité et doit être constant pour des bétons de même origine.

L'égalité du travail résistant du métal et du travail moteur du béton étant exprimée par l'égalité :

$$(5) \qquad \frac{n\omega\lambda}{2} = \tau,$$

si l'on pose :

$$2 E_a r = A^2,$$ (6)

et si l'on multiplie membre à membre les égalités (3), (4), (5) et (6), on obtient, après extraction de la racine des deux membres de l'équation résultante :

$$n = \frac{A}{\sqrt{\varpi}},$$ (7)

on déduit alors des équations (2) et (7) :

$$t = A \sqrt{\varpi},$$ (8)

et, en posant :

$$\frac{A}{E_a} = B,$$ (9)

des équations (3), (7) et (9) :

$$\lambda = \frac{B}{\sqrt{\varpi}}.$$ (10)

Les quantités A et B ne dépendant que de la nature du métal et de celle du béton, les relations (7), (8) et (10) fournissent directement les trois termes principaux du retrait en fonction du pourcentage.

3. Variation des tensions en fonction du pourcentage. — Le retrait ayant même mesure que le travail du métal à un facteur constant près, nous nous bornerons à examiner l'influence du pourcentage sur les tensions initiales des deux matériaux.

L'équation :

$$t = A \sqrt{\varpi}$$

représente une demi-parabole (*fig.* 1) située tout entière à droite de l'axe O*t* des ordonnées, ayant l'origine O pour sommet et pour axe la ligne O*ϖ* des abscisses. Le tracé, effectué en attribuant à A, dont les dimensions sont celles d'une pression, une valeur de 56^{kg},3 par centimètre carré, montre que la tension du béton croît avec le pourcentage, et qu'à peu de distance de l'origine la courbure de la représentative devient extrêmement faible. Ce dernier résultat se concilie avec une remarque de la note présentée à l'appui de ses conclusions par M. Considère, rapporteur de la Commission française du ciment armé, signalant « la quasi proportionnalité des efforts du béton au pourcentage quand ce dernier dépasse 1 0/0 ».

Le second graphique (*fig.* 2) représente les variations de la fonction

$$n = \frac{A}{\sqrt{\varpi}};$$

c'est-à-dire des efforts correspondants dans le métal.

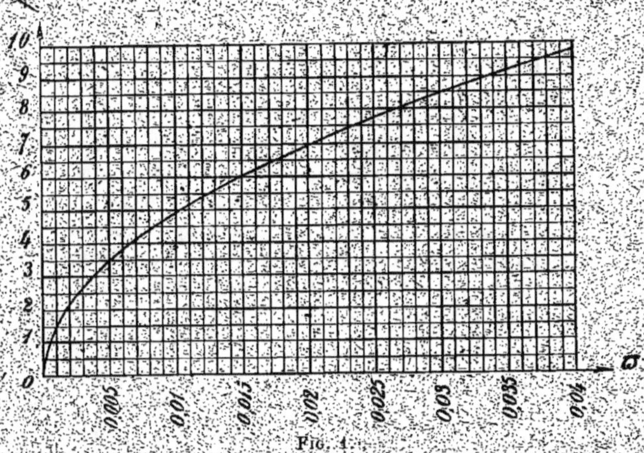

On voit également qu'au delà des mêmes limites de pourcentage, les

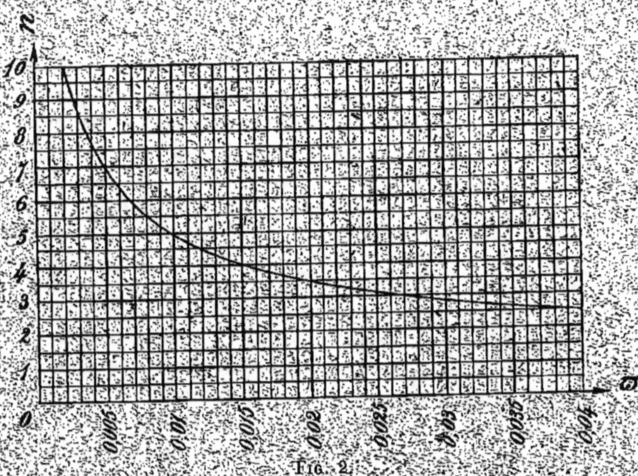

fatigues de l'acier et, par suite, les raccourcissements vont décroissant plus lentement; la courbe tend vers une direction horizontale, asymptote à l'axe des abscisses, conformément à une autre constatation rapportée dans la note précitée et relative à « l'absence d'influence du pourcentage de métal quand il dépasse 1 0/0 sur les efforts intérieurs que la variation de volume du béton impose aux armatures ».

Les diagrammes ainsi obtenus ne doivent pas être retenus intégralement, les indications qu'ils fournissent pour les pourcentages minimes étant manifestement inacceptables. Tels quels, ils supposent en effet que l'énergie totale disponible du béton peut être utilisée à une compression illimitée de l'armature.

Or, il convient de remarquer que la valeur de Ω qui devrait servir à l'établissement du pourcentage, est celle de la section de béton qui intervient effectivement dans la compression du métal. Cette section effective peut n'être qu'une fraction plus ou moins grande de la section totale, constituée par les éléments les plus rapprochés des centres d'adhérence. Tel est le cas des pièces à pourcentage restreint et de celles où le métal est réparti de manière à permettre le libre retrait de certaines fibres du béton. Si, par exemple, l'armature est constituée par une barre unique placée dans l'axe longitudinal de la pièce, le retrait des fibres extérieures, peu ou point gênées dans leur mouvement, n'affecte plus le métal quelle que soit l'importance de ce dernier; le pourcentage effectif est alors supérieur au pourcentage apparent, et le raccourcissement de l'armature inférieur à celui qui résulterait de l'utilisation complète de la section de béton.

De plus, la contraction du métal a pour limite la valeur du retrait dans les pièces non armées qui ne dépasse guère $\dfrac{0,5}{10^3}$. La valeur de ϖ correspondante, déduite de la formule (10) en prenant pour A $56^{kg},3$ et pour module d'élasticité de l'acier $20,4 \times 10^5$ par centimètre carré, est de 0,28 0/0.

Des diagrammes théoriques (*fig.* 1 et 2) il n'y aurait donc à retenir que les parties comprises entre cette limite et celle d'élasticité du béton tendu.

On conclut de ce qui précède que le retrait ne peut guère imposer au métal une fatigue supérieure à 11 kilogrammes. En outre, comme le pourcentage effectif, notamment dans la zone des faibles renforcements, est inférieur au pourcentage apparent, la courbe des tensions du métal serait en réalité située au-dessous du diagramme obtenu en supposant complètement utilisée la puissance de retrait du béton. Cette dernière considération achèverait d'expliquer la remarque relative à l'absence d'influence du pourcentage, quand il dépasse 1 0/0, sur les efforts que le retrait impose aux armatures.

Ajoutons que la présence de dispositifs auxiliaires, tels que les ligatures et les étriers transversaux, intéressant d'une manière plus complète la masse du béton à la contraction de l'armature, doit assurer une concordance plus parfaite entre les résultats de la théorie et ceux de l'observation.

4. Détermination des constantes. — Pour un béton de qualité donnée, les constantes τ, A et B s'obtiendront en déterminant expérimentalement le raccourcissement que subit, dans une éprouvette confectionnée avec ce béton, une armature de section et de module d'élasticité connus.

La longueur de l'éprouvette, le pourcentage et la répartition du métal devront être réglés de manière à assurer autant que possible la tension complète de la masse du béton à la fin de la contraction, et à diminuer les causes d'erreur provenant d'une différence entre la section de l'éprouvette et la section effective Ω qui doit intervenir dans les calculs.

Proposons-nous, par exemple, de déterminer les constantes du prisme nᵒ 3 de la série des quatre qui ont servi aux essais de traction effectués par la Commission au laboratoire de l'École des Ponts et Chaussées. Ce prisme avait une longueur de $2^m,00$ et une section carrée de $0^m,10$ de côté. Le béton employé dans sa confection était composé de 300 kilogrammes de ciment Porland artificiel, de $0^{m3},400$ de sable de Seine tamisé à 5 millimètres et de $0^{m3},800$ de gravier de Seine passé à l'anneau de 25 millimètres; la proportion d'eau de gâchage était de 8,8 0/0 en poids du mélange sec. L'armature était constituée par quatre aciers de 6 millimètres dont le module d'élasticité rapporté au millimètre carré était de $20,408 \times 10^3$.

Le pourcentage du métal étant de 1,13 0/0, et le raccourcissement que lui imposait le retrait du béton après trois mois de durcissement de $0^{mm},225$ par mètre, on obtient en introduisant ces chiffres dans la formule (10) :

$$B = \frac{0,225}{1.000} \times \sqrt{\frac{1,13}{100}} = \frac{2,39}{10^5}.$$

On déduit alors de la formule (9) :

$$A = \frac{2,39}{10^5} \times 20,408 \times 10^3 = 0,49,$$

et de la formule (6) :

$$\tau = \frac{0,49^2}{2 \times 20,408 \times 10^3} = \frac{5,88}{10^6}.$$

Ces chiffres supposent que l'unité de longueur adoptée est le millimètre. Les dimensions du coefficient de retrait τ et de la constante A étant celles d'une pression, si l'unité de longueur devient 10^n fois plus grande ou plus petite, il conviendra de multiplier ou de diviser par 10^{2n} les valeurs numériques précédentes de τ et de A.

Quant à B, simple produit de deux rapports, il demeure invariable quelle que soit l'unité adoptée.

V désignant le volume total de la pièce, le travail développé par la contraction du béton est donné par la formule :

$$(11) \qquad\qquad \mathfrak{E} = \tau V.$$

Dans le cas du prisme considéré, par exemple, on aurait :

$$\mathfrak{E} = 5,88 \times 2 \ m. \times 0^m,10^2 = 0^{kgm},118.$$

5. Influence du retrait sur le travail ultérieur des matériaux. — Il résulte des considérations précédentes que, dans une pièce soumise à un effort de compression et jusqu'à la réduction complète des tensions initiales du béton, les premiers effets des charges seront absorbés par les armatures. Abstraction faite du retrait, la résistance de l'acier dans son association avec le béton n'est jamais, nous le verrons plus loin, complètement utilisée. Mais, par suite de cette compression initiale que le retrait impose aux armatures, il peut arriver que le travail du métal atteigne un chiffre voisin des limites ordinairement admises dans les ouvrages exclusivement métalliques.

Dans les pièces tendues, au contraire, la résistance, à l'origine et jusqu'à une certaine limite des efforts, est uniquement assurée par le béton. Le métal n'entre en tension qu'à partir de l'instant où l'allongement de la pièce, égal au raccourcissement que le retrait du béton imposait à l'armature, ramène cette dernière à la longueur initiale. Le travail du métal, notamment dans les pièces à faible pourcentage, est donc inférieur à celui qu'il supporterait si, comme on le suppose ordinairement dans les ouvrages en béton armé, l'armature résistait seule aux efforts de traction.

La circulaire ministérielle française prescrit de tenir compte, dans les calculs de résistance des ouvrages en béton armé, « non seulement des plus grandes forces extérieures, y compris les actions du vent et de la neige, que ces ouvrages peuvent avoir à supporter, mais aussi des effets thermiques et de ceux du retrait, toutes les fois qu'il ne s'agira pas d'ouvrages librement dilatables dans le sens théorique du mot ou de ceux que l'expérience permet de regarder approximativement comme tels ». Le rapport présenté à l'appui des propositions de la Commission propose de ne pas en tenir compte dans les planchers intérieurs des bâtiments dont les dimensions horizontales ne sont pas grandes.

6. Applications. — Nous donnons ci-dessous quelques applications de la formule (10) au calcul du retrait dans des pièces essayées par la Commission. Nous y avons attribué uniformément à B la valeur $\frac{2,39}{10^5}$ obtenue plus haut, et fait suivre les résultats du calcul de ceux de l'observation.

1° *Poutre de 4ᵐ,00 de longueur, de 0ᵐ,400 × 0ᵐ,200 de section, armée de deux aciers ronds de 40 millimètres placés à la partie inférieure et munis d'étriers système Hennebique. Pourcentage 3,14.*

$$\lambda = \frac{2,39}{10^5} \times \sqrt{\frac{100}{3,14}} = 0^{mm},13 \text{ par mètre.}$$

Raccourcissement observé au bout de cent sept jours : $0^{mm},11$.

2° *Poutre de mêmes dimensions que la précédente, armée de quatre aciers de 22 millimètres. Pourcentage 1.94.*

$$\lambda = \frac{2,39}{10^5} \times \sqrt{\frac{100}{1,94}} = 0^{mm},17 \text{ par mètre.}$$

Raccourcissement observé sur la longueur totale de la pièce au bout de trois mois :

$$1^{mm},055,$$

soit

$$0^{mm},264 \text{ par mètre.}$$

3° *Éprouvette cylindrique de 0ᵐ,10 de diamètre et de 0ᵐ,50 de longueur, armée suivant son axe d'un acier de 30 millimètres. Pourcentage 9,00.*

$$\lambda = \frac{2,39}{10^5} \times \sqrt{\frac{100}{9}} = 0^{mm},08 \text{ par mètre.}$$

Raccourcissement observé sur la longueur totale de la pièce au bout de sept mois :

$$0^{mm},05,$$

soit

$$0^{mm},10 \text{ par mètre.}$$

4° *Éprouvette de mêmes dimensions que la précédente, armée suivant son axe d'un acier rond de 10 millimètres. Pourcentage 1,00.*

$$\lambda = \frac{2,39}{10^5} \times \sqrt{\frac{100}{1}} = 0^{mm},239 \text{ par mètre.}$$

Raccourcissement observé sur la longueur totale de la pièce au bout de sept mois :

$$0^{mm},06,$$

soit :

$$0^{mm},12 \text{ par mètre.}$$

Le peu d'écart entre les chiffres observés dans les deux derniers cas, malgré la différence sensible des pourcentages, pourrait s'expliquer, suivant une remarque antérieure, par la majoration que doit subir la valeur de ϖ dans les pièces à pourcentage restreint.

CHAPITRE II

RÉSISTANCE A LA TRACTION

7. Résistance et déformation du béton soumis à la traction. — « Le béton non armé qu'on soumet à la traction simple », dit le rapport de la Commission, « se comporte comme un corps fragile ; sa tension augmente en proportion de l'allongement jusqu'à ce que la rupture se produise pour une déformation de moins de $0^{mm},10$ par mètre, en moyenne.

« Lorsque le béton non armé est soumis à la flexion, ses fibres tendues ont une certaine ductilité. A partir d'une limite qui paraît très voisine de l'allongement maximum que supporte le béton soumis à la traction simple, le module d'élasticité des fibres allongées diminue notablement, et la rupture se produit pour un allongement maximum qui est généralement compris entre $0^{mm},10$ et $0^{mm},20$ par mètre.

« Le béton armé et préparé convenablement devient beaucoup plus ductile encore. Dans les expériences de la Commission, on a constaté des allongements avant rupture allant jusqu'à $1^{mm},35$ par mètre. »

Cette ductilité du béton armé est encore due à l'action régulatrice que la solidarité des deux matériaux exerce sur les déformations du béton ; en assurant la répartition uniforme des allongements sur toute la longueur des pièces, le métal communique au béton, dans les limites des disponibilités de ce dernier, la faculté qu'il possède de s'étirer facilement.

Les essais de traction effectués par la Commission ont porté principalement sur une série de quatre prismes armés d'origine et de constitution identiques. La description de ces prismes a été donnée au chapitre précédent où nous avons utilisé les observations faites sur l'un d'entre eux (prisme n° 3) à un essai de détermination des constantes du retrait.

Les charges étaient transmises aux éprouvettes par l'intermédiaire de deux tiges de 35 millimètres dont les extrémités barbelées pénétraient à l'intérieur et suivant l'axe des prismes sur une longueur de $0^m,30$.

Les figures 3 et 4 reproduisent les diagrammes enregistrés à ces essais. Les allongements relevés sur une longueur initiale de 1m,00, prise au milieu des éprouvettes, y figurent en abscisses et les charges totales correspondantes en ordonnées. Les tracés pointillés I et IV ont

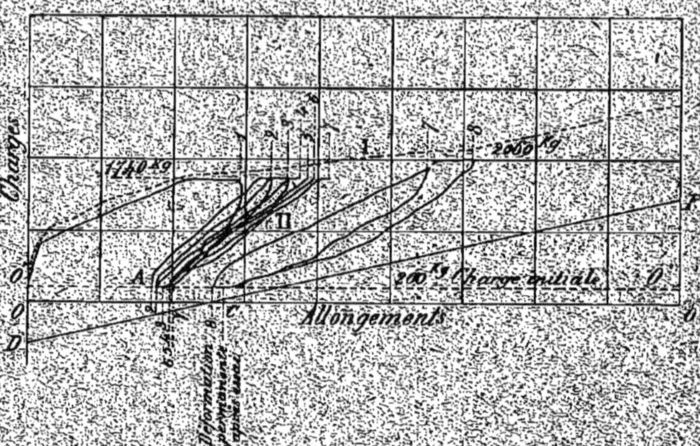

Fig. 3.

été fournis par les prismes étirés progressivement jusqu'à leur rupture, et les tracés II et III, par les deux autres soumis à des essais répétés de

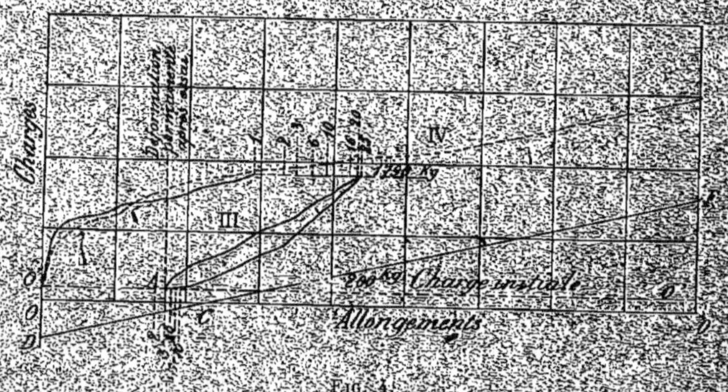

Fig. 4.

chargement et de déchargement. Les horizontales O'O' représentent la charge minimum de 200 kilogrammes sous laquelle on maintenait les éprouvettes pour assurer le serrage des mordaches et des autres organes de l'appareil d'essai, et les droites DF, dont nous indiquerons plus loin la construction, la participation des armatures à la résistance.

On voit sur les tracés II et III que, dans une période de chargement et dans celle du déchargement suivant, les déformations d'une pièce tendue obéissent à des lois différentes. Les allongements correspondant à des efforts égaux sont en général plus grands au retour qu'à l'aller; la différence est particulièrement marquée au premier essai à la fin duquel la pièce garde un allongement permanent O'A. Sous la tension minimum de 200 kilogrammes cet allongement était d'environ $0^{mm},17$ pour le prisme n° 2 et de $0^{mm},155$ pour le prisme n° 3.

Cette altération ne fait pas disparaître les propriétés élastiques du béton. En effet, en soumettant l'éprouvette à d'autres essais de traction, on constate, à la fin de chaque déchargement, qu'elle reprend une nouvelle position de déformation permanente voisine de la précédente. Le retour n'est d'ailleurs pas dû, comme on serait tenté de le supposer, à la réaction du métal tendu mais à l'élasticité naturelle du béton, l'armature, à la fin du déchargement, présentant encore, par rapport à sa longueur initiale, un raccourcissement dû à l'influence persistante du retrait. Après le premier essai, sous la traction de 200 kilogrammes, ce raccourcissement était de $0^{mm},1$ environ pour le prisme n° 2 et de $0^{mm},06$ pour le prisme n° 3.

Sous l'effet de chargements et déchargements répétés, la déformation initiale O'A augmente, passe par un maximum et décroît. Celle du prisme n° 3 atteignait un maximum de $0^{mm},185$ au dixième essai et reprenait au vingt-cinquième essai la même valeur qu'au troisième, soit : $0^{mm},165$. Vers la fin de l'épreuve, sous l'effort de 1.790 kilogrammes auquel était limité chaque chargement, la déformation totale restait sensiblement constante et égale à $0^{mm},435$.

On peut remarquer qu'à la première application, jusqu'à ce que l'effort total eût atteint une valeur de 800 à 1.000 kilogrammes, les prismes ne cédaient que lentement. Cette ténacité particulière que présentent les pièces au début de leur mise en charge et l'élasticité qu'elles gardent après l'apparition de la première déformation permanente, sembleraient indiquer que le béton, à la fin de la contraction accompagnant la prise et le durcissement, se trouve dans un état de surtension rappelant celui des préparations surfondues ou sursaturées obtenues en physique par des transformations lentes. De même que la surfusion et la sursaturation cessent sous l'effet d'une cause mécanique extérieure, la surtension du béton disparaîtrait au premier effort de traction d'intensité suffisante; la position stable de déformation permanente n'étant toutefois atteinte qu'après un certain nombre de chargements et de déchargements.

Les indications des tracés III et IV renseignent sur l'accroissement de ductilité que la présence du métal procure au béton. Sous l'effort de 1.790 kilogrammes correspondant à une tension apparente de $17^{kg},90$ par centimètre carré, le prisme n° 3 s'est allongé de $0^{mm},435$ sans présenter la moindre fissure. Dans le prisme n°4, la rupture du béton n'est apparue que sous une charge de 3.800 kilogrammes, correspondant à une tension apparente de 38 kilogrammes par centimètre carré, et à un allongement de $1^{mm},30$. Or, dans la note présentée à l'appui de ses conclusions, M. Considère, rapporteur de la Commission, estime à $0^{mm},08$ l'allongement maximum qu'était susceptible de prendre le même béton non armé.

La participation du métal à la résistance étant représentée par la droite CD, celle du béton est mesurée par la différence entre les ordonnées de cette droite et de la représentative des efforts totaux. Comme à un certain moment les deux lignes deviennent parallèles, on en conclut qu'au delà, bien que ses allongements continuent à croître, le béton conserve une tension constante (de 13 kilogrammes environ par centimètre carré pour les prismes considérés), et se comporte comme un corps filant dépourvu d'élasticité de même que l'acier dans la période de striction.

L'essai à la traction jusqu'à rupture d'une pièce en béton armé comprend donc trois phases qui apparaissent nettement sur les graphiques de la Commission : une première de rupture de l'état de surtension initiale, une deuxième de déformations élastiques et une troisième de filage du béton.

8. Module d'élasticité du béton tendu. — λ désignant la variation de longueur, rapportée à l'unité, que fait subir à un prisme une variation de tension longitudinale n, le *module d'élasticité moyen* E du prisme, dans l'intervalle considéré, est défini par la relation :

$$(12) \qquad E = \frac{n}{\lambda}.$$

Pour une même variation de travail, il est d'autant plus élevé que la déformation est plus petite; le module d'élasticité mesure donc la résistance d'un corps à la déformation.

Fig. 5.

Si l'on porte en abscisses les valeurs de λ relevées à l'essai, et en ordonnées les valeurs de n correspondantes, on obtient des diagrammes, analogues à ceux des figures 3 et 4, où le module d'élasticité moyen, entre deux points A et H (*fig.* 5), est représenté par le coefficient angulaire de la droite qui joint les deux points. Lorsque le point H tend vers A, la droite AH a pour limite a tangente en A au diagramme, et le coefficient angulaire de cette tangente :

$$(13) \qquad E = \frac{dn}{dx}$$

mesure *le module d'élasticité en* A.

Dans le cas de l'acier, le diagramme est rectiligne ; le module d'élasticité est donc constant pour un échantillon de métal donné ; pour la qualité d'acier doux couramment employée dans les ouvrages en béton armé, il oscille autour de 20×10^3 (le millimètre étant pris comme unité), avec un écart en plus ou en moins qui ne dépasse guère le $\frac{1}{10}$ de cette quantité. Il n'en est pas de même du béton dont le module diffère sensiblement, non seulement d'un mélange à l'autre, mais pour une même pièce suivant les conditions de sollicitation.

La valeur du module d'élasticité pouvant s'établir dans chaque particulier au moyen des diagrammes de déformation, proposons-nous, par exemple, de rechercher celle du béton du prisme n° 3 après le vingt-cinquième et dernier essai.

Nous utiliserons à cet effet le diagramme correspondant (*fig.* 4), mais en substituant aux deux tracés enregistrés la droite AH qui en joint les

extrémités (*fig.* 6). A un instant quelconque, la fraction de charge totale absorbée par le béton est alors donnée par la différence entre les ordonnées des deux droites AH et CD.

La droite CD représentant la résistance de l'armature, est définissable par sa pente et son

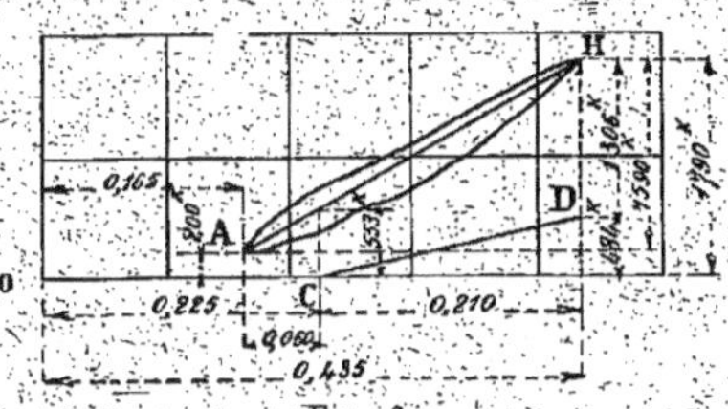

Fig. 6.

abscisse OC à l'origine. En effet, si l'on désigne par N la variation d'effort qui entraîne un allongement λ dans l'armature de section ω et de module d'élasticité E, on obtient en multipliant par ω les deux membres de l'équation (12) :

$$(14) \qquad \frac{N}{\lambda} = E\omega.$$

Le quotient $\frac{N}{\lambda}$ n'est autre que le coefficient angulaire de la droite CD.

Pour le prisme n° 3, la section de l'armature était de 113 millimètres carrés et le module d'élasticité de l'acier de $20,4 \times 10^3$. Les allongements étant exprimés en dixièmes de millimètre par mètre, on en déduit :

$$N = \frac{20^{kg},4 \times 10^3 \times 113^{mm2}}{10^4} = 230^{kg},52 ;$$

c'est-à-dire que la résistance totale de l'armature croissait de $230^{kg},52$ par $0^{mm},1$ d'allongement.

L'abscisse du point C, où la droite CD coupe l'axe des allongements, représente la déformation de l'éprouvette au moment où, l'influence du retrait sur l'armature achevant de disparaître, le métal ne supportait aucune tension, la longueur OC doit donc être égale au retrait qui, dans le prisme n° 3, était de $0^{mm},225$.

Le diagramme d'essai fixe par ailleurs les coordonnées des points A et H, l'allongement du prisme étant de $0^{mm},435$ sous la charge totale de 1.790 kilogrammes, et de $0^{mm},165$ après retour à la tension initiale de 200 kilogrammes.

Des données précédentes on déduit tous les chiffres de la figure 6.

Considérons alors la période de l'essai comprise entre les points C et D. L'allongement du prisme était de $0^{mm},210$ pour une variation dans la charge totale supportée par le béton :

$$N = 1.306 \text{ kg.} - 553 \text{ kg.} = 753 \text{ kilogrammes,}$$

soit $7^{kg},53$ par centimètre carré de section. Si l'on introduit ces chiffres dans l'équation (12) des déformations élastiques, on obtient pour le module d'élasticité E_b du béton tendu :

$$E_b = 7^{kg},53 \times \frac{10^3}{0,210} = 3,59 \times 10^4,$$

le centimètre étant pris comme unité.

On en déduit le rapport des modules d'élasticité du métal et du béton :

$$m' = \frac{E_a}{E_b} = \frac{20,4 \times 10^3}{3,59 \times 10^2} = 56,88.$$

Le coefficient m' est dit *coefficient d'équivalence du métal*. Il représente, nous le verrons plus loin (ch. VI, n° 22), la section de béton qui, au point de vue de la résistance, équivaut à une section de l'armature égale à l'unité.

Il suffit maintenant de jeter un coup d'œil sur les figures 3 et 4 pour se rendre compte de l'extrême mobilité du module d'élasticité du béton tendu. Pour un même effort total maximum, ce coefficient décroît à mesure que les répétitions de chargements et de déchargements augmentent, et tend vers une limite qui, pour le prisme n° 3, sous la charge de 1.790 kilogrammes, était voisine du module rencontré au vingt-cinquième essai. En effet, à partir du vingtième, la déformation totale sous l'effort maximum ne variait que très faiblement, l'allongement permanent sous la traction initiale de 200 kilogrammes restant sensiblement le même. C'est à l'origine de l'imposition des charges que le béton participe le plus activement à la résistance et présente les modules d'élasticité les plus élevés; un calcul, analogue à celui que nous avons effectué plus haut, montre que dans le prisme n° 3, au deuxième essai, le coefficient d'équivalence du métal n'était que de 16,67; dans le prisme n° 2, il était de 16,05 au deuxième essai sous une charge de 1.740 kilogrammes, et s'élevait à 74,75 au huitième essai, le prisme ayant subi une traction totale de 2.060 kilogrammes.

9. Influence du pourcentage sur les tensions des matériaux. — En raison des discontinuités que la présence éventuelle de fissures peut déterminer dans la masse du béton, on ne compte généralement que sur le métal pour résister aux efforts de traction. Dans une pièce parfaitement compacte, le travail réel de l'armature, par suite de l'aide apportée par le béton, sera donc inférieur à celui qui a servi de base au calcul.

Il est intéressant de rechercher l'influence que peut exercer l'importance du métal sur la répartition des tensions entre les deux matériaux, et, incidemment, la valeur qu'il convient d'attribuer au pourcentage pour que le travail effectif du béton tendu ne dépasse pas une certaine limite, fraction quelconque de celle de rupture.

Désignons par :

ρ, le rapport $\dfrac{m'\omega}{\Omega}$ de l'équivalent en béton $m'\omega$, de la section totale du métal, à la section totale Ω du béton;

T, l'effort total de traction;

$t_0 = \dfrac{T}{\Omega}$, la tension unitaire apparente du béton;

t, sa tension réelle;

t', celle de l'acier;

$t'_0 = \dfrac{T}{\omega}$, la fatigue du métal, abstraction faite de la résistance du béton.

Par définition, on a :

$$(15) \qquad t'_0 \omega = t_0 \Omega;$$

et, d'après la théorie de la résistance des solides hétérogènes (n° 36) :

$$(16) \qquad t = \dfrac{t_0}{1 + \rho};$$

de même que :

$$(17) \qquad t' = t'_0 \dfrac{\rho}{1 + \rho}$$

La fonction de ρ, définie par cette dernière équation, représente une hyperbole équilatère (*fig.* 7), dont la branche située dans la région des coordonnées positives est seule utilisable. On voit sur le graphique que, dans une pièce de section donnée, le travail réel du métal, nul avec le renforcement, croît avec la section de l'armature et le coefficient d'équivalence du métal; il a pour limite le travail apparent t'_0 lorsque le pourcentage devient infini, c'est-à-dire lorsque la section devient exclusivement métallique.

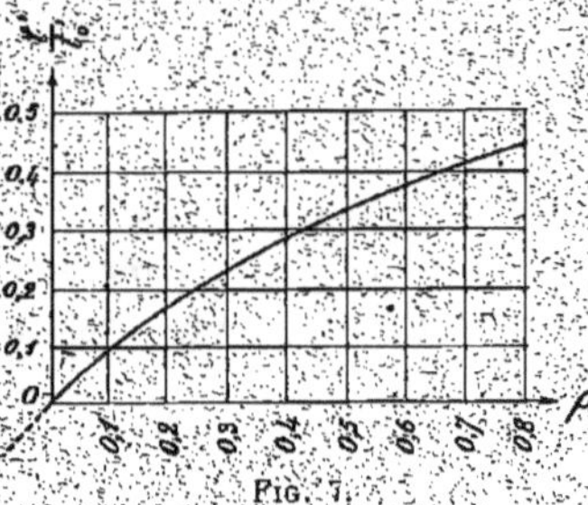

Fig. 7.

En éliminant t_0 entre les équations (15) et (16) on obtient la relation :

$$(18) \qquad \frac{\Omega}{\omega} = \frac{t'_0}{t} - m'',$$

qui fixe l'importance relative des deux matériaux en fonction du travail hypothétique de l'armature, du coefficient d'équivalence du métal et du travail réel du béton. Elle permet, en attribuant certaines valeurs à ces trois coefficients, de lever l'indétermination de la section de béton dans l'établissement des pièces tendues où, suivant l'hypothèse ordinaire, il n'est pas fait état de la résistance du béton à la traction; le problème présente un intérêt particulier dans le cas de certains ouvrages, tels que les tuyaux et les réservoirs, dont les éléments doivent conserver une continuité et une élasticité aussi parfaites que possible.

L'examen du second membre de la formule (18) montre que l'importance de la section de béton augmente avec le taux de travail choisi pour l'acier, et qu'elle diminue à mesure que la limite de fatigue admise pour le béton et le coefficient d'équivalence du métal augmentent. On obtiendra donc un minimum de la section d'enrobement en prenant des valeurs maxima de m'' et t avec un minimum de t'_0.

La limite de fatigue généralement admise pour le métal ne descend guère au-dessous de 10 kilogrammes par millimètre carré; si l'on adopte pour coefficient d'équivalence le chiffre 75, limite supérieure de ceux que nous avons déduits des diagrammes de la Commission, et pour résistance de sécurité du béton un maximum de 5 kilogrammes par centimètre carré, compris entre la moitié et le tiers de la limite d'élasticité, on trouve en remplaçant les lettres par leurs valeurs dans la formule (18)

$$\frac{\Omega}{\omega} = 125,$$

la section du béton doit être égale à cent vingt-cinq fois celle de l'acier.

Cette proportion n'a évidemment rien d'absolu ; elle dépend des chiffres qui servent à son établissement. Dans chaque cas particulier, suivant qu'on se trouvera en présence de mélanges de qualité plus ou moins parfaite et de résistance plus ou moins grande, on pourra la réduire ou l'augmenter. Toutefois, en raison de l'effort particulier que le béton doit fournir aux premiers chargements, il serait bon de ne pas descendre trop au-dessous de cette limite qui, dans tous les cas, nous allons le voir, doit garantir le béton contre les dangers de rupture.

De l'équation (18) on déduit le travail du béton :

$$(19) \qquad t = \frac{t'_0}{\frac{\Omega}{\omega} + m''}$$

En prenant pour le travail t'_0, servant de base au calcul de l'armature, un maximum de 12 kilogrammes par millimètre carré, pour m'' une valeur minimum de 16 obtenue au deuxième essai du prisme n° 2, et pour $\frac{\Omega}{\omega}$ la valeur 125 indiquée, on obtient pour tension maximum du béton, par application de la dernière formule :

$$t = 9^{kg},2,$$

or, le projet de circulaire d'envoi du règlement, rédigé par la Commission, admet, pour des bétons renfermant respectivement des poids de

$$300, \qquad 350, \qquad 400 \text{ kilogrammes}$$

de ciment, des limites d'élasticité, par centimètres carré, de

$$12, \qquad 14, \qquad 16 \text{ kilogrammes}.$$

Quant au travail réel du métal, nous avons vu qu'il s'obtenait en affectant son travail apparent t'_0 du coefficient de réduction $\frac{\rho}{1+\rho}$. Ce dernier croît avec ρ, c'est-à-dire avec le produit $m''\frac{\omega}{\Omega}$. En attribuant à m'' la valeur 100, supérieure à celles qui résultent des diagrammes de la Commission, et en supposant un pourcentage de 1 0/0, également supérieur au rapport $\frac{1}{125}$, on obtient une limite supérieure du rapport $\frac{\rho}{1+\rho}$ égale à $\frac{1}{2}$. Le travail réel du métal ne dépasserait donc pas la moitié du

PROPRIÉTÉS MÉCANIQUES DU BÉTON ARMÉ

chiffre qui sert de base au calcul des armatures. Le bénéfice de cette situation étant subordonné à la continuité de la masse enrobante, on voit l'intérêt que présente, particulièrement dans l'établissement des pièces tendues, l'observation des règles générales de la mise en œuvre et de l'entretien du béton, dont dépendent en grande partie son homogénéité et sa compacité.

CHAPITRE III

RÉSISTANCE A LA COMPRESSION

10. Lois de la déformation et module d'élasticité du béton comprimé. — Les lois de la déformation du béton non armé soumis à la compression sont mieux connues que celles du béton tendu; cela tient à l'importance relative des raccourcissements que le béton peut supporter avant de se rompre, raccourcissements qui atteignent jusqu'à $0^{mm},9$ et 1 millimètre par mètre, c'est-à-dire une limite dix fois supérieure environ à celle des allongements. La plus grande partie des expériences effectuées, depuis l'origine de l'emploi du béton armé, en vue d'établir les propriétés de la nouvelle matière, ont porté sur la recherche de ces lois, et l'on peut considérer comme définitifs les résultats acquis et admis actuellement.

Sous l'effet des premières compressions, le béton subit une déformation permanente; il se comporte dans la suite comme un corps élastique revenant, après suppression des charges, à l'état où il se trouvait avant leur application. Le raccourcissement n'est toutefois pas proportionnel à l'intensité de l'effort; il croît plus rapidement que ce dernier jusqu'à la limite d'élasticité, marquée par l'apparition d'une nouvelle déformation permanente précédant immédiatement la rupture.

Les résultats, que nous reproduisons ci-dessous, empruntés aux procès-verbaux d'essais de la Commission, montrent que l'élasticité du béton comprimé dépend, comme ses autres propriétés, de la composition des mélanges, des conditions de la mise en œuvre, de l'entretien, de l'âge et des dimensions des pièces. Elle dépend en outre, nous venons de le mentionner, de l'intensité des charges; le

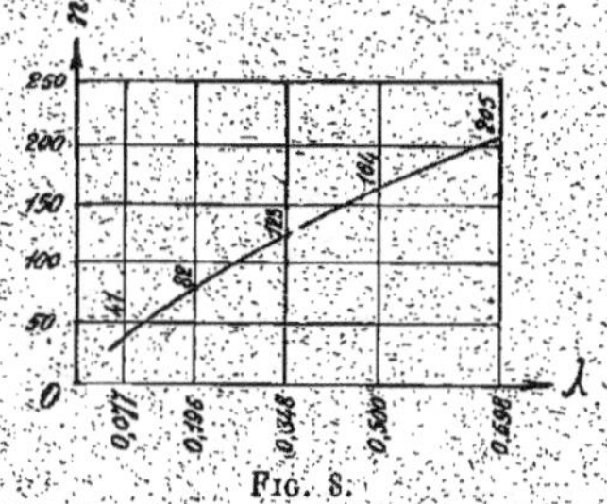

Fig. 8.

diagramme des déformations, où les raccourcissements figurent en abscisses et les travaux correspondants en ordonnées, est une ligne courbe à concavité tournée vers le bas (*fig.* 8).

Le module d'élasticité du béton comprimé croît avec la teneur en ciment, et semble diminuer lorsque l'élancement de la pièce (rapport de sa longueur à sa plus petite dimension transversale) augmente.

Le tableau suivant donne les modules d'élasticité moyens obtenus sur des poteaux non armés de la série des 24 de 2 à 4 mètres de longueur essayés par la Commission après un durcissement de cinq mois environ. Les bétons, employés pour la confection de ces poteaux, étaient au dosage, soit de 350 kilogrammes, soit de 500 kilogrammes de ciment pour 400 litres de sable et 800 de gravier. Les quantités d'eau employées pour le gâchage étaient de 8,3 0/0 pour le béton à 350 kilogrammes et de 9 0/0 pour le béton à 500 kilogrammes.

	BÉTON A 350 KILOGRAMMES		BÉTON A 500 KILOGRAMMES	
	POTEAU de 2 mètres	POTEAU de 4 mètres	POTEAU de 2 mètres	POTEAU de 4 mètres
de 10,2 à 20^{kg},5	$4,3 \times 10^5$	$2,7 \times 10^5$	$5,0 \times 10^5$	$3,2 \times 10^5$
41^{kg}	$4,0 \times 10^5$	$3,3 \times 10^5$	$4,0 \times 10^5$	$3,8 \times 10^5$
61^{kg},5	$3,8 \times 10^5$	$3,4 \times 10^5$	$3,9 \times 10^5$	$3,6 \times 10^5$
82^{kg}	$3,7 \times 10^5$	$3,5 \times 10^5$	$3,7 \times 10^5$	$3,5 \times 10^5$
102^{kg},5	$3,4 \times 10^5$	$3,3 \times 10^5$	$3,5 \times 10^5$	$3,2 \times 10^5$

Les pressions et les modules d'élasticité sont rapportés au centimètre carré. Rappelons que ces grandeurs ont mêmes dimensions et que, si l'unité de longueur devient 10^n fois plus grande ou plus petite, la valeur du module d'élasticité doit être multipliée ou divisée par 10^{2n}.

Les bétons mis en œuvre à consistance plastique, et soigneusement damés, présentent une résistance à la déformation supérieure à celle des bétons provenant de mélanges gâchés avec un excès d'eau ou simplement coulés.

Deux prismes de 50 centimètres carrés de section et de 0^m,35 de longueur, au dosage de 300 kilogrammes de ciment pour 400 litres de sable et 800 litres de gravier, le premier gâché avec 8,8 0/0 d'eau et pilonné, le second gâché avec 11 0/0 d'eau et coulé, ont, après trois mois de durcissement, présenté les modules suivants :

BÉTON A 8,8 0/0 D'EAU PILONNÉ		BÉTON A 11 0/0 D'EAU COULÉ	
de 0 kg. à 10 kg.	$1,885 \times 10^5$ (Résultat douteux)	de 0 kg. à 10 kg.	$1,205 \times 10^5$
de 10 à 20	$2,632 \times 10^5$	de 10 à 20	$1,640 \times 10^5$
de 20 à 60	$3,149 \times 10^5$	de 20 à 60	$1,316 \times 10^5$
de 10 à 60	$3,030 \times 10^5$	de 10 à 30	$1,460 \times 10^5$

L'état hygrométrique du milieu de conservation influe également sur les propriétés élastiques du béton. Les pièces de même origine présentent des modules plus ou moins élevés suivant qu'elles ont été maintenues humides ou conservées à sec.

Les chiffres suivants ont été fournis par les quatre prismes non armés de la série des 12 de $0^m,20 \times 0^m,20 \times 1$ mètre essayés par la Commission. Le béton employé pour leur confection était au dosage de 300 kilogrammes de ciment pour 400 litres de sable et 800 litres de gravier. L'essai de ces prismes a été effectué après un durcissement de quatre semaines.

	PRISMES CONSERVÉS A SEC		PRISMES MAINTENUS HUMIDES	
	A 8,2 0/0 D'EAU et pilonnés	A 11,2 0/0 D'EAU et coulés	A 8,2 0/0 D'EAU et pilonnés	A 11,2 0/0 D'EAU et coulés
de $8^{kg},5$ à $39^{kg},7$		$1,85 \times 10^5$		$2,38 \times 10^5$
de $8^{kg},5$ à $59^{kg},5$	$2,68 \times 10^5$	$1,60 \times 10^5$	$3,08 \times 10^5$	$2,30 \times 10^5$

Le module d'élasticité du béton dépend même de la position des pièces au moment de leur mise en œuvre.

Deux prismes de $0^m,50 \times 0^m,50$ de section, de 1 mètre de longueur, au dosage de 300 kilogrammes de ciment pour 400 litres de sable et 800 litres de gravier, mis en œuvre à consistance plastique avec une proportion de 8,2 0/0 d'eau, dont l'un avait été moulé verticalement et l'autre horizontalement, ont donné respectivement :

	PRISME MOULÉ VERTICALEMENT	PRISME MOULÉ HORIZONTALEMENT
de $4^{kg},5$ à $40^{kg},8$	$2,95 \times 10^5$	$2,69 \times 10^5$
de 4 5 à 68 0	$2,82 \times 10^5$	$2,65 \times 10^5$
de 4 5 à 95 3	$2,72 \times 10^5$	$2,53 \times 10^5$

Les résultats de nombreux essais, entrepris dans le but de fixer les lois de la déformation du béton comprimé, sont généralement compris dans les limites des chiffres précédents; le module d'élasticité du béton en compression ne descend pas au-dessous de $1,0 \times 10^5$ et ne dépasse guère 5×10^5. Le champ de la variation est, on le voit, trop étendu pour permettre de définir à l'avance, avec une approximation certaine et satisfaisante, comme pour l'acier par exemple, la limite de l'erreur relative commise en attribuant une valeur déterminée au module d'élasticité d'un échantillon de béton. Toutes les fois que les circonstances exigeront une certaine précision, et à défaut d'essais directs sur les pièces elles-mêmes, on devra donc recourir à des épreuves sur des témoins de même origine et, autant que possible, de mêmes dimensions.

11. Résistance à la rupture. — Le raccourcissement longitudinal que la compression impose au béton, comme à tous les matériaux, est accompagné d'un gonflement transversal; chaque section droite d'une pièce chargée axialement devient le siège de sollicitations centrifuges qui tendent à chasser radialement la matière vers l'extérieur. Ces poussées donnent naissance, dans le sens circulaire, c'est-à-dire suivant une direction normale à celle du refoulement des molécules, à des dilatations qui peuvent aller jusqu'à la rupture si les tensions résultant de l'écartement des éléments voisins dépassent la limite de résistance du béton à la traction. Il existe donc, bien qu'échappant à toute détermination mathématique, une corrélation entre les résistances d'une matière à la traction et à l'écrasement; la connaissance de l'une fournira toujours des indications utiles sur le degré probable de l'autre.

Les causes qui influent sur le module d'élasticité du béton comprimé agissent dans le même sens sur sa résistance à l'écrasement. Nous n'en reprendrons donc pas l'exposé, et nous nous bornerons à rappeler que la mise en œuvre soignée est la meilleure garantie de la qualité des ouvrages en béton armé qui ne valent que par la perfection de leur exécution.

Notons toutefois la nécessité de n'employer au gâchage que la quantité d'eau strictement indispensable pour assurer la plasticité du mélange et la prise complète de tous les points de la masse. L'infériorité des bétons gâchés mous diminue avec le temps, mais il est prudent de ne pas s'autoriser du fait pour négliger le dosage de la proportion d'eau, notamment dans les ouvrages qui doivent entrer en service peu de temps après leur achèvement.

A titre d'indication, nous citerons les résultats obtenus sur deux prismes de 50 centimètres carrés de section et de 0^m,35 de longueur, dont il a été question plus haut, mis en œuvre avec des proportions respectives de 8,8 0/0 et 11 0/0 d'eau et essayés après trois mois de durcissement. Tandis que le premier accusait une limite de résistance de 140 kilogrammes par centimètre carré, le second cédait sous une pression de 52 kilogrammes.

La quantité d'eau à employer dépend de la composition et de la nature des mélanges; le meilleur moyen, pour la doser exactement dans chaque cas particulier, est de recourir à des essais en se servant des matériaux mêmes destinés à l'exécution; pratiquement, on peut admettre que la proportion est bonne quand, après un damage énergique, on n'observe qu'un léger ressuiement à la surface du béton.

Notons encore qu'une correction apportée au dosage, même en cours d'exécution, peut élever ou abaisser, suivant le sens de la correction, la limite de rupture du mélange initial.

Nous en trouvons un exemple dans les recherches effectuées par la Commission sur la résistance à l'écrasement d'un béton mis en œuvre à différents degrés de plasticité. Le béton expérimenté était au dosage de 600 kilogrammes de ciment pour $0^{m3},400$ de sable et $0^{m3},800$ de gravier. Trois prismes avaient été confectionnés verticalement dans des moules de $0^{m},20 \times 0^{m},20$ et $0^{m},50$ de hauteur. L'un des moules avait été rempli de béton mis en œuvre avec 11,6 0/0 d'eau et simplement coulé, sans pilonnage ; le deuxième avait été rempli sur les trois quarts environ de la hauteur, avec du même béton coulé, le remplissage du moule ayant ensuite été effectué par l'addition de couches successives du mélange sec fortement pilonnées jusqu'à ressuiement à la surface ; le troisième moule avait été rempli de béton plastique ordinaire mis en œuvre avec 9,3 0/0 d'eau et pilonné. Les résistances constatées au bout de cinquante-quatre jours ont été respectivement de :

$$147^{kg},2, \qquad 176^{kg},7 \qquad \text{et} \qquad 171^{kg},6 \text{ par centimètre carré,}$$

donc sensiblement les mêmes pour les deux dernières éprouvettes.

Les normes étrangères limitent généralement la fatigue à admettre pour le béton au quart ou au cinquième de la résistance acquise au bout de vingt-huit jours. Les instructions ministérielles françaises, tenant compte des progrès rapides accomplis par le béton armé et des usages courants de l'industrie, admettent des chiffres notablement supérieurs et fixent comme limite les vingt-huit centièmes (0,28) de la résistance à l'écrasement acquise par le béton non armé de même composition après quatre-vingt-dix jours de prise, la valeur de cette résistance étant mesurée sur des cubes de 20 centimètres de côté.

Pour des mélanges renfermant des poids de :

$$300 \text{ kilogrammes}, \qquad 350 \text{ kilogrammes} \qquad \text{et} \qquad 400 \text{ kilogrammes}$$

de ciment, la Commission a reconnu qu'on pouvait compter au bout de quatre-vingt-dix jours sur des résistances, par centimètre carré, de :

$$160 \text{ kilogrammes}, \qquad 180 \text{ kilogrammes} \qquad \text{et} \qquad 200 \text{ kilogrammes},$$

correspondant, à raison de $\dfrac{28}{100}$, à des fatigues admissibles de :

$$46 \text{ kilogrammes}, \qquad 50 \text{ kilogrammes} \qquad \text{et} \qquad 56 \text{ kilogrammes}.$$

En ce qui concerne l'accroissement de résistance que le béton acquiert avec le temps, le projet de circulaire d'envoi du règlement indique qu'en moyenne les résistances du béton âgé de

$$7, \qquad 28, \qquad 90 \qquad \text{et} \qquad 365 \text{ jours}$$

sont proportionnelles aux nombres :

$$0,33 \qquad 0,66 \qquad - \qquad 1,00 \qquad \text{et} \qquad 1,50$$

Pour les âges intermédiaires, on obtiendra une valeur approximative de la charge de rupture en se servant de la relation :

$$(20) \qquad \qquad \mathrm{R} = \mathrm{R}' \left[1 + \frac{a - 90}{1,2 \, (a + 100)} \right]$$

où R représente la résistance, après un nombre de jours a, d'un béton offrant au bout de quatre-vingt-dix jours une résistance R'

Les pâtes de ciment pur et les mortiers de ciment durcissent plus rapidement que les bétons et atteignent déjà au bout de sept jours la moitié environ de la résistance à l'écrasement qu'ils présentent à quatre-vingt-dix jours.

12. Influence du pourcentage longitudinal. — On conçoit que toute disposition susceptible de réduire le raccourcissement longitudinal ou de combattre le gonflement transversal du béton, accroîtra la résistance des pièces dans une proportion plus ou moins grande suivant son degré d'efficacité.

Un procédé, simple maintenant en apparence, consiste à adjoindre au béton une matière plus résistante telle que l'acier. À *priori*, on aurait pu craindre qu'une certaine incompatibilité entre les propriétés élastiques de deux éléments hétérogènes ne s'opposât à leur association, et le béton armé serait sans doute inconnu à cette heure si, comme il arrive fréquemment, la pratique n'avait ouvert la voie et démontré la parfaite entente des deux matériaux. En fixant ensuite les conditions de l'emploi rationnel des renforcements longitudinaux pour absorber une partie des effets directs des charges, et transversaux pour prévenir les dilatations, la théorie a permis d'en développer l'application et de reculer jusqu'à des limites insoupçonnées la résistance ordinaire des pièces en béton.

L'influence mutuelle des armatures longitudinales et du béton sur leurs propriétés résistantes a été l'objet d'une des principales discussions auxquelles ait donné lieu l'étude du béton armé, et l'accord ne semble pas encore être parfait sur ce point.

Certains ont, entre autres, émis l'hypothèse que l'association du métal et du béton donnait naissance à une matière nouvelle où disparaîtrait, un peu comme dans les combinaisons chimiques, l'individualité propre de chaque composant. D'autres, tout en admettant la solidarité du métal et de l'aggloméral, en réglaient les proportions comme si les deux éléments fonctionnaient indépendamment l'un de l'autre. Actuellement, l'avis des principales autorités en matière de béton armé est que l'union des deux matériaux ne modifie pas, du moins foncièrement, les propriétés résistantes de chacun d'eux et que le travail doit se répartir entre l'acier et le béton au prorata de leurs disponibilités élastiques.

Se basant sur des résultats fournis par les essais de pièces de mêmes dimensions et composition, donc, abstraction faite du pourcentage, identiques en apparence, la Commission a conclu que l'effet élastique apparent des armatures longitudinales était susceptible de varier de la moitié à la totalité du chiffre que fait prévoir la théorie de l'élasticité.

Ce résultat est dû vraisemblablement à la méthode employée pour évaluer l'effet utile des armatures longitudinales. Cette méthode revenait à admettre, pour les bétons de deux éprouvettes à pourcentages différents, un module d'élasticité constant, et à rechercher la valeur du module du métal correspondant à la différence des résistances attribuée uniquement à celle des pourcentages.

La Commission a ainsi trouvé des modules d'élasticité apparents de 12×10^8, et même 7×10^8, au lieu du chiffre normal de 20×10^8.

Les différences seraient sans doute moins anomales, nous en proposerons tout à l'heure une explication, si l'on résolvait le problème en sens contraire, c'est-à-dire en attribuant au métal la résistance correspondant à son module d'élasticité sensiblement constant et en déterminant, en conséquence, le module du béton.

Admettons, suivant l'hypothèse ordinaire, que les tensions se répartissent entre l'acier et le béton proportionnellement à leur module d'élasticité, et essayons de nous rendre compte, par le calcul, de l'influence qu'exerce l'importance du métal sur la rigidité des pièces armées.

En désignant par :

n_0, le travail apparent du béton en compression ;

n, son travail réel ;

ρ, le renforcement, c'est-à-dire le rapport $\dfrac{m\omega}{\Omega}$ de la section équivalente du métal à la section totale du béton,

on a, d'après la théorie de la résistance des solides hétérogènes à modules d'élasticité constants (ch. VIII, n° 36)

$$(21) \qquad n = \frac{n_0}{1 + \rho}$$

Les raccourcissements unitaires λ et λ_0 étant, pour une même matière, proportionnels aux variations de fatigue n et n_0, on en déduit :

$$(22) \qquad \lambda = \frac{\lambda_0}{1 + \rho}.$$

La fonction de λ définie par cette dernière relation représente une hyperbole équilatère (*fig.* 9), ayant comme asymptotes $\lambda = 0$ et $\rho = -1$, dont la partie située dans la région des coordonnées positives est seule utilisable. L'ordonnée à l'origine correspond au raccourcissement que prendrait, sous la charge n_0, le béton non armé. On voit sur le graphique que l'importance des raccourcissements diminue à mesure que celle du métal augmente, au point de devenir

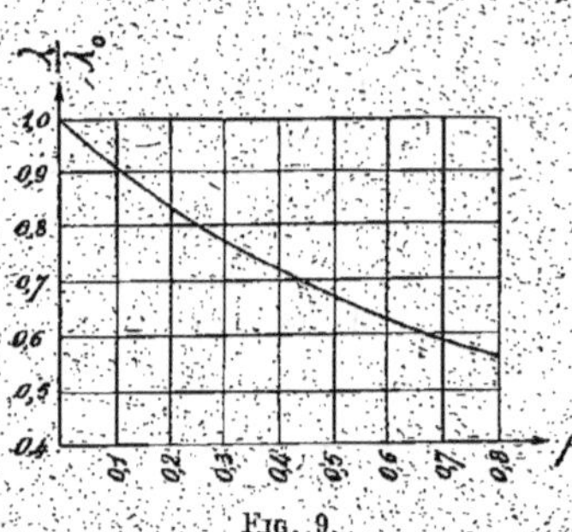

Fig. 9.

inappréciable dans la région des pourcentages élevés, et l'on peut encore noter ici l'absence d'influence du métal sur les conditions de résistance du béton lorsque le pourcentage dépasse une certaine limite.

Ces circonstances permettraient d'expliquer certaines anomalies relevées aux essais de pièces de mêmes dimensions, de même origine, donc, au seul point de vue du béton, identiques en apparence, mais à pourcentages élevés ou très peu différents.

En comparant, par exemple, les résultats obtenus par la Commission sur des prismes de 5 mètres de longueur et $0^m,40$ de côté, armés respectivement aux pourcentages de 3,97, 2,01, 1,04 et 0,50, on constate que, malgré la communauté d'origine de ces prismes, les raccourcissements des deux premiers sous charges égales étaient sensiblement les mêmes, et que, pour les deux derniers, les raccourcissements du prisme le plus fortement armé étaient constamment, quoique légèrement, supérieurs à ceux de l'autre. (Toutefois, les déformations du prisme à 3,97 étaient nettement inférieures à celles du prisme à 0,50). On relève des singularités analogues sur les procès-verbaux d'essai de deux prismes de 5 mètres de longueur et $0^m,25$ de côté, armés respectivement au pourcentage de 3,94 et 0,50.

En effet, la résistance des pièces à la déformation ne dépend pas seulement, nous l'avons noté plus haut, de l'importance de la section du métal, mais encore et surtout, nous allons le voir, de la rigidité propre du béton et, par conséquent, des facteurs nombreux, dont certainement la main-d'œuvre, qui peuvent faire varier les propriétés élastiques des agglomérats. Si cette différence s'établit au profit de la pièce la plus faiblement armée, il y a des chances pour que ce soit elle qui présente encore les moindres raccourcissements.

Voyons, par exemple, quel est, au point de vue de la rigidité des pièces, l'accroissement ΔE_b du module d'élasticité du béton équivalant à une certaine majoration $\Delta \varpi$ du pourcentage du métal de module E_a. Il est aisé de vérifier que les trois quantités sont liées par la relation :

$$(23) \qquad \Delta E_b = E_a \Delta \varpi.$$

En donnant à $\Delta \varpi$ la valeur 1 0/0 et à E_a la valeur 20×10^5, le centimètre étant l'unité, on trouve :

$$\Delta E_b = 0,2 \times 10^5.$$

Pour réduire de 1 0/0 les pourcentages de métal normalement employés, il suffirait donc, comme on le verra en se reportant aux listes de modules d'élasticité données plus haut, de relever le module d'un béton de qualité courante, de $0,2 \times 10^5$, c'est-à-dire d'une quantité du même ordre que les différences obtenues aux essais d'un même béton sous charges différentes, et comparable aux déplacements du module d'élasticité que peuvent entraîner les irrégularités inévitables de main-d'œuvre dans les pièces de même origine.

On en conclut que la résistance à la déformation du béton armé tient plus à la qualité propre du béton qu'à l'importance du pourcentage, et qu'il est plus sûr, de même que plus économique, de s'adresser au premier facteur pour assurer aux pièces leur maximum de rigidité.

Les circonstances, qui empêchent de dégager des résultats d'essais la contribution exacte de chacun des deux matériaux à la rigidité des pièces, se retrouvent lorsqu'il s'agit de déterminer expérimentalement la part qui revient à chacun d'eux dans la résistance du béton armé à la rupture.

L'augmentation de résistance que l'adjonction des armatures longitudinales procure au béton tient à plusieurs causes.

La principale est la prise en charge par le métal, du fait de l'adhérence, d'une partie de l'effort de compression, ce qui entraîne une réduction du travail du béton. En ne tenant compte que de l'absence quasi absolue de glissement de l'armature dans sa gaine (les déplacements relatifs constatés par la Commission ne dépassent pas $\dfrac{5}{1.000}$ de millimètre par mètre sous les charges normales, et $\dfrac{25}{1.000}$ au voisinage de la limite de rupture), et en admettant que, dans chaque section droite de la pièce, la répartition des pressions s'effectue d'une manière uniforme, le travail réel n du béton ne serait qu'une fraction du travail apparent n_0 donnée par la formule (21). Comme les déformations sont supposées proportionnelles aux pressions, il suffira de se reporter à l'étude, précédemment faite, de l'influence du renforcement sur les raccourcissements pour se rendre compte de la manière dont il agit sur la fatigue réelle du béton.

Une autre cause est l'existence du retrait qui, jusqu'à la réduction complète des tensions initiales du béton, impose au métal l'obligation de supporter seul les premiers effets des charges.

Enfin, comme le système des armatures longitudinales est toujours complété par un autre d'entretoises ou de ligatures transversales, il est probable que l'adhérence intervient encore dans le sens transversal pour améliorer les conditions ordinaires de résistance du béton non armé soumis à la compression.

En admettant que la loi exprimée par la formule (21) se maintienne jusqu'à la rupture, l'augmentation apparente de résistance, que la présence des armatures longitudinales assurerait au béton, serait donnée par la relation :

$$(24) \qquad n_0 - n = mn\varpi,$$

n étant la limite de résistance du même béton non armé, et ϖ le pourcentage du métal.

Pour étudier l'influence des armatures longitudinales sur la résistance des pièces à la compression, la Commission a utilisé les résultats de ses expériences et de celles du professeur Bach faites au laboratoire royal de Stuttgard.

La méthode employée consistait à déterminer la différence $n_0 - n$ en retranchant de la résistance d'un poteau armé celle d'un poteau témoin non armé et formé du même béton ; puis, pour comparer les effets utiles des divers types d'armatures, à diviser l'accroissement de résistance unitaire $n_0 - n$ par le pourcentage ϖ. Comme, outre les barres longitudinales, les pièces essayées comportaient des entretoises ou ligatures transversales, et qu'il était impossible de séparer les effets des deux systèmes d'armatures, on prenait pour valeur de ϖ la somme des deux pourcentages, longitudinal et transversal.

On voit sur la formule (24) que le quotient cherché $\dfrac{n_0 - n}{\varpi}$ n'est autre que le produit du coefficient d'équivalence m du métal par la résistance maximum n du béton non armé. Théoriquement, ce quotient serait donc sensiblement constant pour des matériaux de qualité déterminée. Pratiquement, les résultats obtenus sont très irréguliers.

Cette irrégularité doit tenir en partie à la différence qui existe entre les modules d'élasticité des bétons identiques en apparence, différence qui influerait sur la résistance comme sur la rigidité des pièces armées. Une autre cause non moins importante, signalée dans le rapport présenté à l'appui des propositions de la Commission, réside dans la disposition des abouts des barres longitudinales, la rupture pouvant se produire par écrasement au voisinage de la section de tête, ou par flambement des armatures et éclatement du béton, suivant que l'extrémité des barres est plus ou moins éloignée de la base d'application de l'effort de compression.

Pour diminuer ces risques de rupture accidentelle, la Commission a confectionné des pièces où les barres, coupées d'équerre et ajustées, s'appuyaient exactement contre les sommiers de la presse. Les résultats obtenus aux essais tendraient bien à établir l'influence prépondérante de la qualité du béton sur la résistance à la rupture des pièces comprimées.

L'hypothèse, poussée jusqu'à la limite, d'une répartition du travail entre les deux matériaux proportionnelle à leur module d'élasticité, aurait comme conséquence immédiate la règle suivante énoncée par la Commission dans son projet de circulaire d'envoi du règlement : « la résistance à l'écrasement et l'élasticité d'un prisme armé de barres longitudinales de métal sont parfois égales, mais généralement inférieures à la somme de la résistance à l'écrasement et de l'élasticité d'un prisme témoin non armé formé du même béton et d'armatures ayant la même section de métal et travaillant au plus à la limite d'élasticité. » En effet, la possibilité d'épuiser simultanément et totalement les résistances du métal et du béton serait subordonnée à la condition fortuite que le rapport des limites d'élasticité des deux matériaux fût précisément égal au coefficient d'équivalence du métal à l'instant précédant immédiatement l'écrasement.

Ajoutons que la rupture, généralement localisée au voisinage de la base d'application, peut encore apparaître sous forme d'un glissement du béton sur lui-même suivant un plan oblique, auquel cas la présence des armatures longitudinales ne procure au béton qu'un faible appoint de résistance.

13. Choix du coefficient m. — Le coefficient d'élasticité du béton est, nous l'avons vu, très variable.

Pour une qualité de béton déterminée, la Commission, dans son projet de circulaire d'envoi du règlement, admet que « les barres longitudinales n'augmentent ni l'élasticité ni la résistance du béton mais ajoutent partiellement leurs effets aux siens comme le ferait une aug-

mentation de section ». En conséquence, la circulaire ministérielle prescrit « de remplacer chaque section hétérogène par une section fictive
ayant même masse que la section hétérogène réelle en attribuant aux
parties de la section formées par le béton une densité 1, et aux parties
formées par les armatures longitudinales une certaine densité m. Théoriquement, cette densité m serait le rapport :

$$(25) \qquad m = \frac{E_a}{E_b}$$

du module d'élasticité E_a du métal de l'armature au module d'élasticité
E_b du béton. »

Malheureusement, sans parler des autres causes d'incertitude, les exigences de la pratique ne permettent pas de se rendre compte, au moyen
d'essais préalables, de la valeur probable du module d'élasticité du béton
ni, par suite, de celle du coefficient d'équivalence du métal.

Quelle valeur convient-il alors d'attribuer à ce dernier?

Nous ne saurions faire mieux que de reproduire les passages des notes
et rapports de la Commission qui résument à peu près toutes les discussions qui se sont élevées autour de cette question.

« Le module d'élasticité du béton non armé », dit le rapport présenté
à l'appui des propositions de la Commission, « diminue à mesure que la
pression augmente, surtout au delà d'une limite voisine de la moitié ou
des deux tiers de la charge d'écrasement et il convient, on le verra, à propos du flambement, de prendre en considération le module d'élasticité
sous des pressions supérieures à la charge de travail.

« Pour ces motifs, la Commission propose d'admettre pour le béton
non armé le module $1,5 \times 10^9$. »

Ailleurs : « On ne peut pas considérer comme bien connue la loi qui
régit l'élasticité des pièces armées de barres longitudinales et tout ce
qu'on peut affirmer, c'est que, dans des expériences qui, toutes, ont été
faites avec soin, l'effet élastique apparent des barres longitudinales a
varié de moins de la moitié à la totalité du chiffre que fait prévoir la
théorie de l'élasticité. Dans ces conditions, il a paru opportun d'adopter
la solution la plus simple qui consiste à admettre, au point de vue de
l'élasticité, les coefficients d'équivalence entre le métal et le béton qu'on
a adoptés au point de vue de la résistance à l'écrasement.

« On obtient ainsi des résultats qui paraissent acceptables. En effet,
ces coefficients d'équivalence varient de 8 à 15 ; combinés avec le module d'élasticité de $1,5 \times 10^9$ qui a été adopté pour le béton, ils font
attribuer au métal des valeurs du module d'élasticité apparent variant
de 12×10^9 à $22,5 \times 10^9$. »

Des résultats d'expériences faites par M. Mesnager, produits à la suite de la discussion du projet de règlement de la Commission, « il ressort que jusqu'à un effort de 60 kilogrammes par centimètre carré le module d'élasticité du béton, composé de 300 kilogrammes de ciment Portland pour 500 litres de sable et 800 litres de gravier, est environ égal à $\frac{1}{10}$ du coefficient d'élasticité de l'acier. C'est aussi ce qui ressort à peu près des expériences de M. le professeur Bach, de Stuttgart, et de celles qui avaient été entreprises en France, dès les débuts du ciment armé à la demande du directeur des phares Bourdelles.

« Théoriquement », ajoute le rapport de la Commission chargée par le Conseil général des Ponts et Chaussées de l'examen des propositions, « le nombre m serait le rapport entre les modules d'élasticité du métal et celui du béton : MM. Rabut et Mesnager demanderaient que ce nombre fût pris égal à 10. En Suisse et en Allemagne, comme aussi d'après les auteurs français et belges, on adopte de préférence la valeur 15.

« Il est vraisemblable qu'avec ce dernier chiffre on attribue souvent au métal une influence plus grande que la réalité et au béton une influence trop faible, de sorte que celui-ci supportera en réalité une fatigue plus grande que celle que supposent les calculs.

« L'innovation de la circulaire consiste à proposer pour ce nombre m, non pas une valeur immuable, telle que 10 ou 15, mais une valeur dépendant à la fois des dispositions de l'armature longitudinale et de celles des armatures transversales ou obliques qui les solidarisent.

« Nous nous sommes assuré d'ailleurs qu'on arrive ainsi à un coefficient de sécurité bien plus constant qu'avec les ouvrages calculés dans l'hypothèse de la constance de m, ce qui diminue sensiblement le danger pouvant résulter du coefficient de fatigue élevé qu'on a adopté aux instructions »,

La circulaire ministérielle décide, en conséquence, « que ce coefficient peut varier de 8 à 15. Le minimum s'appliquera lorsque les barres longitudinales auront un diamètre égal au $\frac{1}{10}$ de la plus petite dimension transversale de la pièce, des ligatures ou entretoises transversales espacées de cette dernière dimension et des abouts peu éloignés des surfaces libres du béton. Le maximum s'appliquera lorsque le diamètre des barres longitudinales ne sera que le $\frac{1}{20}$ de la plus petite dimension de la pièce, et l'espacement des ligatures ou armatures transversales le $\frac{1}{3}$ de cette même dimension ».

14. Influence du pourcentage transversal. — *A priori*, il semblerait que les armatures transversales, ligatures, réseaux ou frettes, s'opposant au gonflement transversal et à l'écoulement latéral du béton, dussent accroître notablement la rigidité des pièces. En réalité, comme le renseigne le projet de règlement de la Commission, « les armatures transversales augmentent l'élasticité totale dans une mesure moindre que les barres longitudinales de même volume, l'augmentation est même souvent minime »

En effet, si l'on examine les procès-verbaux des essais effectués par la Commission sur la série des 24 poteaux de 2 à 4 mètres de longueur, on constate que les déformations des pièces frettées sont très peu différentes de celles des pièces armées longitudinalement et des témoins non armés de même origine, la différence s'établissant quelquefois à l'avantage de ces derniers.

L'inactivité apparente des frettes, du moins dans la période des fatigues couramment imposées au béton, peut tenir au retrait qui tendrait à décoller le noyau de béton de sa gaine métallique. Le jeu ainsi créé, si le retrait s'effectuait librement et comme dans le sens longitudinal, pourrait atteindre une valeur égale aux $\dfrac{0,5}{10^3}$ de la dimension transversale du noyau. Or, sous les charges inférieures à la limite de rupture du béton non armé, la valeur du gonflement transversal ne dépasse guère ce chiffre de $\dfrac{0,5}{10^3}$. L'importance des deux phénomènes est comparable, et l'on peut concevoir que le frettage ne commence à agir sur l'élasticité du béton qu'à partir du moment où le gonflement a rétabli le contact entre le noyau et son enveloppe. Jusqu'au voisinage de la limite de rupture du béton non armé la qualité propre du béton resterait donc encore le facteur principal de l'élasticité des pièces munies d'armatures transversales.

Les deux principaux types d'armatures transversales, réseaux et frettes, les plus efficaces qu'on ait employés jusqu'ici pour augmenter la résistance du béton à la rupture, agissent de manières différentes. Dans le procédé des réseaux, on utilise les propriétés d'adhérence pour prévenir les déplacements des éléments de béton d'une même section, tandis que, dans le procédé des frettes, on oppose la résistance d'une enveloppe métallique à l'expansion périphérique du noyau.

Les frettes assurent au noyau qu'elles enserrent une ductilité et une résistance considérables, lui permettant de supporter avant rupture des raccourcissements de 10 millimètres et même 30 millimètres par mètre, avec des charges de rupture deux fois plus grandes que celles qu'on obtient au moyen de réseaux. C'est ainsi qu'en se servant de frettages

puissants M. Considère est parvenu à donner au noyau intérieur une
résistance à l'écrasement de 1.400 kilogrammes par centimètre carré,
c'est-à-dire du même ordre que celle de l'acier même.

La limite de résistance du béton fretté dépend, non seulement de
l'importance et de l'agencement du frettage, mais encore des propriétés
élastiques du béton. On peut aisément s'en rendre compte en adaptant
aux frettes, dont le rôle est analogue à celui des parois d'un pot de
presse, les méthodes de calcul simples des enveloppes circulaires soumises à des pressions intérieures.

Supposons un noyau cylindrique de béton de
rayon r, complètement enveloppé par une gaine
métallique mince d'épaisseur e (*fig.* 10), et désignons par :

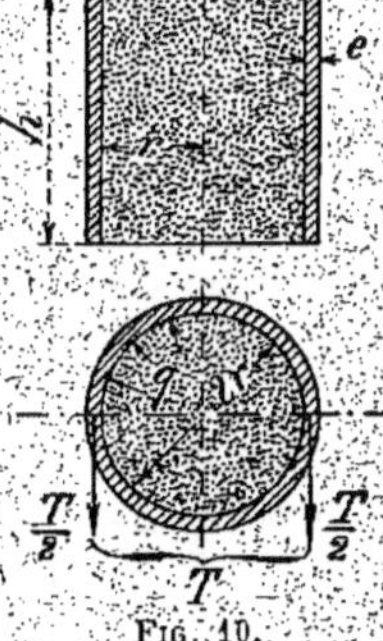
Fig. 10.

n, la pression exercée en tête ;
t, la tension du béton résultant de la dilatation de la
    section au contact de l'armature ;
t', celle du métal ;
m', le rapport des modules d'élasticité du métal et du
    béton en traction ;
h, la hauteur d'un anneau de la gaine métallique ;
q, la poussée normale unitaire que la pression exercée
    en tête détermine sur cet anneau.

Le métal et le béton en contact se dilatant également, on doit avoir :

$$(26) \qquad t' = m't,$$

et, comme la résultante des poussées suivant un plan diamétral est
équilibrée par la tension de la gaine :

$$(27) \qquad 2qrh = 2m'teh.$$

v et V représentant les volumes respectifs de la gaine métallique et du
noyau intérieur de béton, on déduit après multiplication par πr des deux
membres de la dernière égalité :

$$(28) \qquad q = \frac{m'}{2}\, t\, \frac{v}{V}.$$

La limite de la poussée, qu'un cylindre de béton peut exercer sur son
enveloppe, dépend ainsi de l'équivalent m' du métal, de la résistance t
du béton à la traction et du pourcentage $\frac{v}{V}$; elle est proportionnelle à
chacun de ces coefficients.

L'accroissement de résistance du béton à la rupture étant dû uniquement à la présence des frettes, si on le suppose proportionnel à la résistance de la gaine, c'est-à-dire à la poussée du noyau, on aura, en désignant par n_0 la résistance à la rupture du béton non armé :

$$(29) \qquad n - n_0 = \frac{km't}{2} \cdot \frac{v}{V},$$

d'où :

$$(30) \qquad n = n_0 \left(1 + \frac{km't}{2n_0} \cdot \frac{v}{V} \right);$$

et, en posant :

$$m' = \frac{km't}{2n_0},$$

$$(31) \qquad n = n_0 \left(1 + m' \frac{v}{V} \right).$$

Nous verrons tout à l'heure (n° 15) les valeurs que la circulaire ministérielle française indique pour m'.

En attribuant les valeurs maxima de 100 à l'équivalent du métal et de 20 kilogrammes par centimètre carré à la résistance du béton tendu, la formule (26) donne pour la tension t du métal 20 kilogrammes par millimètre carré, chiffre inférieur à la limite d'élasticité de l'acier. Le béton ne peut donc épuiser complètement l'élasticité du métal, et l'éclatement de l'enveloppe, quand il se produit, doit être précédé de l'écrasement du noyau.

D'après les formules précédentes, qui ne tiennent pas compte de l'existence du retrait et supposent l'armature continue, l'efficacité du frettage ne dépendrait, pour une nature de béton, que de l'importance du pourcentage. L'accroissement de résistance du noyau serait particulièrement sensible dans les bétons plastiques à faible module d'élasticité qui, supportant avant rupture des raccourcissements et gonflements importants, permettraient d'utiliser plus complètement la résistance du métal. On arriverait alors à cette conclusion d'apparence paradoxale que l'accroissement de la proportion de ciment, entraînant l'augmentation simultanée du retrait et de la rigidité du béton, ne correspond pas nécessairement à une élévation de la résistance à la rupture des pièces frettées, et qu'au delà d'une certaine limite, notamment dans les pièces courtes moins exposées à flamber, les dosages riches deviennent inutiles sinon préjudiciables à la résistance maximum de ces pièces.

En général, le frettage n'est pas constitué par une gaine métallique continue, mais par des cerces ou des spires enroulées en hélice. L'écartement des anneaux ou le pas de l'enroulement jouent un rôle important dans la résistance du noyau intérieur ; à égalité de pourcentage cette résistance est d'autant plus grande que le frettage est plus serré. Mais, pour que l'addition de l'armature soit réellement efficace, il est nécessaire que le pourcentage et l'écartement des frettes ne descendent pas au-dessous de certaines limites qui seraient, pour le premier, de 1,5 0/0 et, pour le second, de $\frac{1}{6}$ du diamètre du noyau fretté.

L'exécution des pièces frettées, et en général de toutes celles qui sont appelées à supporter des efforts de compression, doit être particulièrement soignée au voisinage des extrémités, celles-ci, par suite des conditions mêmes de la mise en œuvre, peuvent constituer des zones de moindre résistance ; elles sont, en outre, exposées aux plus grands efforts d'éclatement. Dans les poteaux moulés verticalement, la rupture se produit généralement à l'extrémité correspondant à la partie supérieure pendant le moulage ; d'autre part, les expériences, faites sur des fragments de pièces ayant déjà subi des efforts de compression, montrent que les échantillons prélevés aux extrémités présentent une résistance à l'écrasement moindre que les fragments de partie courante. On augmentera donc utilement le pourcentage en serrant les frettes vers les extrémités.

15. Choix du coefficient m' et de la résistance de sécurité. — Aux termes de la circulaire ministérielle française, le coefficient m' de la formule (31) est « variable avec le degré d'efficacité des liaisons établies entre les barres longitudinales. Lorsque ces liaisons consistent en ligatures transversales, formant des rectangles en projection sur une section transversale du prisme, le coefficient m' peut varier de 8 à 15, le minimum se rapportant au cas où l'espacement des armatures transversales atteint la plus faible dimension transversale de la pièce considérée et le maximum, lorsque le dit espacement descend au tiers au plus de cette dimension.

« Lorsque les armatures transversales consistent en un frettage formé par des spires plus ou moins serrées, le coefficient m' peut varier de 15 à 32. Le minimum serait à appliquer lorsque l'écartement des frettes atteindrait les $\frac{2}{5}$ de la plus petite dimension transversale de la pièce considérée et le maximum lorsque cet écartement atteindrait :

$\frac{1}{5}$ de la dite dimension pour une compression longitudinale de 50 kilogrammes par centimètre carré ;

$\frac{1}{8}$ de la dite dimension pour une compression de 100 kilogrammes par centimètre carré ».

Mais le béton enveloppant les frettes ou le réseau des armatures transversales ne participe que dans une faible mesure à l'accroissement de résistance du noyau intérieur, et, comme le fait remarquer le rapport de la Commission, « il ne suffit pas qu'il ne se produise pas d'écrasement et que la solidité des ouvrages ne soit pas compromise; il importe de leur assurer aussi, vis-à-vis des avaries de la couche de béton extérieure, une marge de sécurité moindre mais suffisante ».

Le même rapport estime à 200 kilogrammes la charge de fissuration, dans les pièces frettées, du béton ordinaire dosé à 300 kilogrammes de ciment pour lequel le règlement indique une résistance de 160 kilogrammes au bout de quatre-vingt-dix jours, et à 100 kilogrammes, c'est-à-dire aux $\frac{62}{100}$ de la résistance propre du béton, la pression admissible; comme, d'autre part, la charge qui provoque les fissures paraît proportionnelle à la résistance propre du béton, la Commission proposait de fixer au même taux la limite absolue de pression, quelle que soit la résistance que le devis impose au béton.

La circulaire ministérielle prescrit « qu'en aucun cas, quel que soit le pourcentage du métal et quelle que soit la valeur du coefficient $1 + m'\frac{v}{V}$, la limite de fatigue à admettre ne pourra dépasser les 0,60 de la résistance du béton non armé ». Cette restriction limite l'importance pratique du pourcentage.

CHAPITRE IV

RÉSISTANCE AU GLISSEMENT

16. Résistance au cisaillement. — Les lois de la déformation du béton soumis à des efforts de glissement sur lui-même sont, comme pour les autres matériaux d'ailleurs, assez mal connues.

Les instructions ministérielles françaises admettent comme travail du béton au cisaillement le $\frac{1}{10}$ de la limite de résistance en compression.

En partant des résistances attribuées par la circulaire aux bétons formés de 400 litres de sable, 800 litres de gravier, avec des dosages de :

300 kilogrammes, 350 kilogrammes et 400 kilogrammes

de ciment, on obtient ainsi des fatigues admissibles, par centimètre carré, de :

$4^{kg},08,$ $5^{kg},04$ et $5^{kg},6,$

La répartition des efforts de cisaillement entre le métal et le béton des pièces armées dépend de l'élasticité au glissement de chacun des deux matériaux, sur laquelle, nous venons de le rappeler, on ne possède aucune donnée précise. Le béton intact résiste au cisaillement, mais s'il présente des fissures suivant un plan de glissement, on ne peut plus opposer à l'effort tranchant que la résistance des armatures qui traversent la discontinuité, et éventuellement dans les pièces fléchies, le frottement développé sur les surfaces comprimées demeurées en contact, soit une fraction de l'effort total de compression égale au coefficient de frottement du béton sur lui-même qui varie de 0,6 à 0,75.

En vue d'étudier les variations de la résistance au cisaillement de différents systèmes d'armatures, la Commission a expérimenté trois groupes de deux prismes à section carrée de 0^m,60 de longueur et 0^m,30 de côté, renfermant chacun les systèmes suivants, de section totale sensiblement égale :

1° six feuillards de 40$^{mm} \times 2^{mm}$,15,

2° deux ronds de 18 millimètres;

3° six ronds de 10 millimètres.

Pour éliminer les résistances de frottement très variables qui pouvaient naître du glissement du béton sur lui-même, les plans de contact

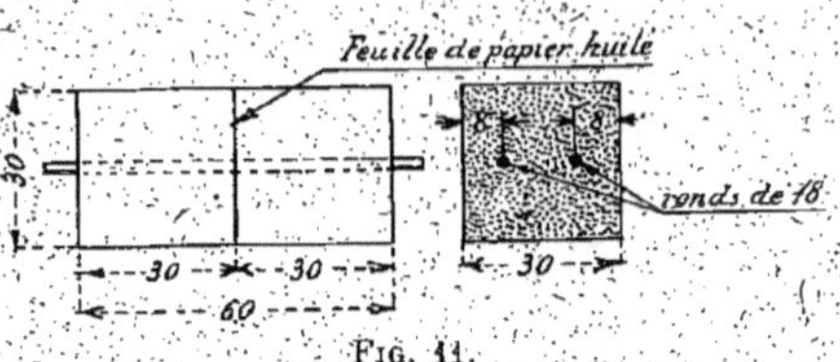

Fig. 11.

avaient été rendus aussi réguliers que possible par interposition d'une feuille de papier huilé entre les deux cubes de béton qui constituaient un même prisme (*fig.* 11). Les charges étaient transmises aux éprouvettes suivant les indications de la figure 12 ; on obtenait ainsi, dans la section de discontinuité, des efforts tranchants à l'exclusion de tout moment fléchissant.

Les résultats de ces essais ont montré que la résistance au cisaillement était indépendante de la forme de l'armature et que les premières déformations, quoique peu sensibles, apparaissaient sous les charges correspondant à un travail du métal variant de $5^{kg},8$ à $6^{kg},8$ par millimètre carré, que les grands glissements se produisaient sous des fatigues de 12 à 13 kilogrammes par millimètre carré de section des armatures, limite comprise entre les 0,40 et 0,50 de celle d'élasticité du métal en traction, enfin que « la charge maximum supportée variait entre les 0,50 et 0,60 de la résistance à la traction du métal, sa valeur absolue étant comprise entre 18 et 26 kilogrammes ».

L'impossibilité d'utiliser complètement la résistance au cisaillement du métal, qui atteint normalement les 0,8 de la résistance en traction, était due à un éclatement prématuré du béton, suivant une direction inclinée partant de la traversée du joint par l'armature et aboutissant au point d'application de la charge la plus voisine. Au point de traversée, les armatures présentaient après l'essai une légère inflexion indiquant que le cisaillement s'était compliqué d'une flexion résultant des moments développés à droite et à gauche de la discontinuité.

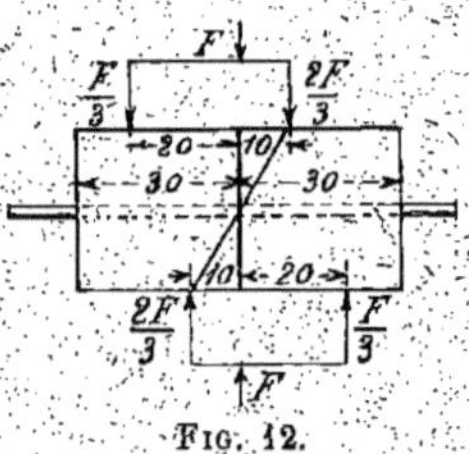

Fig. 12.

Il est probable que l'éclatement du béton eût encore été plus rapide si les armatures avaient été plus rapprochées des faces, et, d'autre part, que la résistance ordinaire du métal au cisaillement eût pu être totalement utilisée si la résistance du béton avait été suffisante pour s'opposer à la flexion des barres.

La qualité du béton de même que la position des armatures influent donc sur la résistance des pièces au cisaillement, et il y a lieu d'en tenir compte, notamment lorsque la section métallique résistante n'est constituée que par les armatures longitudinales placées à petite distance des surfaces libres et soumises en outre à des efforts de tension.

17. Glissement longitudinal. — Adhérence. — Un prisme, sollicité dans le sens de sa longueur par des efforts inégaux agissant sur ses bases, tend à glisser dans la direction de l'effort le plus grand. C'est ainsi que dans une pièce fléchie, où l'intensité des efforts élastiques normaux varie, non seulement aux différents points d'une même section droite, mais encore en passant d'une section à l'autre, les fibres longitudinales, qui constituent autant de prismes élémentaires inégalement sollicités suivant leur propre direction, tendent à glisser les unes par rapport aux autres, comme les feuilles d'un livre ployé.

Dans les solides compacts, cette tendance au glissement est combattue par la résistance que chaque fibre rencontre le long de sa surface latérale par suite de sa solidarité avec les fibres voisines. Les limites de fatigue à admettre pour le glissement longitudinal sont alors les mêmes que pour le cisaillement transversal.

Dans les pièces composées, où l'on ne peut le plus souvent compter sur une cohésion suffisante des éléments simplement juxtaposés pour s'opposer au glissement le long des surfaces de séparation, il est nécessaire de recourir à des procédés de liaison artificiels, tels que les rivures en construction métallique, et c'est aux organes auxiliaires, servant de pont au passage des efforts d'un élément à l'autre, qu'incombe la charge de supporter les fatigues du glissement.

Le fer et le béton jouissent de la faculté précieuse d'adhérer naturellement et fortement l'un à l'autre, de sorte qu'on obtient par la simple association de ces deux matières hétérogènes, des masses parfaitement continues au point de vue élastique, où le métal et le béton se partagent le travail au prorata de leur importance et de leurs disponibilités résistantes. La constitution du ciment armé est, suivant la caractéristique expression de M. Rabut, « essentiellement démocratique » et l'adhérence en est le facteur principal.

La résistance offerte au descellement par une barre de métal noyée dans le béton et soumise à un effort longitudinal, dépend des dimensions de l'armature, de la nature du béton et de l'efficacité plus ou moins grande des dispositifs auxiliaires employés pour accroître la solidarité des deux matériaux.

G désignant l'effort longitudinal qui a déterminé le glissement;
χ, le périmètre;
l, la longueur de l'armature;

la résistance limite d'adhérence est définie par la relation :

$$(32) \qquad\qquad g = \frac{G}{l}$$

Les valeurs de g obtenues expérimentalement sont très variables. Les barres chassées par refoulement semblent présenter une résistance supérieure aux barres descellées par traction. La différence s'expliquerait par celle des effets transversaux que les deux modes de sollicitation engendrent dans l'armature, la compression déterminant un gonflement du métal et son serrage dans la gaine, la traction au contraire produisant une striction qui favoriserait le décollement de l'armature.

L'adhérence croît avec l'âge des pièces et la qualité du béton. Elle est généralement moindre pour des tiges isolées que pour les tiges accompagnées d'armatures transversales.

La Commission a trouvé des résistances variant de 6^{kg},8 à 30^{kg},4 par centimètre carré de surface du métal en contact avec le béton, pour des barres isolées dans des blocs dosés respectivement à 300 et 500 kilogrammes de ciment et âgés de deux et trois mois. Pour les barres accompagnées d'étriers, la limite d'adhérence n'est pas descendue au-dessous de 16^{kg},9 et s'est élevée à 40^{kg},7.

Il paraît en outre résulter des expériences de la Commission que les dispositions des armatures transversales sont d'autant plus favorables à la résistance au glissement des armatures longitudinales qu'elles permettent l'enrobement plus complet de ces dernières.

D'autre part, en se servant de la théorie des corps parfaitement élastiques pour déterminer la limite d'adhérence dans des pièces fléchies dont les extrémités ne dépassaient les appuis que de 0^m,10 et qui ont péri par glissement des armatures, la Commission a obtenu des chiffres de 12 à 15 kilogrammes par centimètre carré. Dans les pièces où les extrémités dépassaient les appuis de 0^m,50, la rupture s'est toujours produite avant l'apparition du moindre glissement. Ce fait tiendrait à la grande plasticité du béton qui permettrait aux armatures de rechercher au delà des appuis, où l'effort tranchant et, par suite, le glissement longitudinal sont nuls, le supplément de résistance nécessaire pour équilibrer l'effort total de glissement.

La plasticité du béton joue d'ailleurs, dans la résistance au glissement du béton sur lui même, un rôle analogue que le rapporteur de la Commission, dans les notes présentées à l'appui de ses conclusions, explique ainsi : « la faculté que possède le béton de supporter sans se rompre des glissements étendus, paraît jouer un rôle important dans les pièces armées en permettant la répartition, sur de grandes longueurs, des efforts intenses de cisaillement qui tendent à se produire sur certains points, notamment au droit des charges concentrées ».

Il en résulterait que la valeur réelle du travail de glissement, au point le plus chargé d'une pièce fléchie, est inférieure au chiffre que donne le calcul basé sur les hypothèses ordinaires de la résistance des matériaux. S'appuyant sur ces considérations, et à défaut d'indications précises, certains praticiens admettent que la résistance au glissement, entre deux points plus ou moins éloignés de la portée d'une pièce, est normalement assurée lorsque le travail théorique moyen ne dépasse pas les limites réglementaires.

Étudiant l'influence des chocs et vibrations sur l'adhérence, la Commission a expérimenté un fragment de traverse en béton armé demeurée en service pendant cinq ans au voisinage d'un joint de rail, c'est-à-dire en un point où les effets des chocs se font plus particulièrement sentir. Elle a ainsi constaté que ni la qualité du béton, ni l'adhérence du métal au béton n'étaient détruites ni même affaiblies par les actions dynamiques répétées : la résistance du béton à l'écrasement était en moyenne de 592 kilogrammes par centimètre carré et celle des armatures à l'arrachement de $57^{kg},6$ à 92 kilogrammes par centimètre carré de surface de contact du béton et du métal. Le béton armé se recommande donc dans la construction des ponts, planchers d'usines et autres ouvrages exposés à des chocs ou à des vibrations de forte intensité.

Les propriétés d'adhérence du métal et du béton trouvent dans la pratique une application particulièrement intéressante. Il arrive fréquemment que les sujétions de la mise en œuvre conduisent à tronçonner une armature continue en principe. Grâce à l'adhérence, on peut rétablir la continuité de la transmission des efforts sans faire appel à des dispositifs laborieux et onéreux : il suffit de croiser les extrémités des deux tronçons sur une longueur suffisante pour que la résistance totale d'adhérence soit au moins égale à l'effort qu'il s'agit de faire passer de l'un à l'autre. Cette longueur se calcule de la manière suivante :

ω représentant la section de l'armature,
t, la tension du métal à l'endroit du croisement,

l'effort total à transmettre est :

$$t\omega.$$

Pour combattre la tendance au glissement d'un tronçon par rapport à l'autre, il suffit de ménager une longueur l de croisement telle que la résistance totale d'adhérence correspondante, donnée par la formule (32),

soit au moins égale à l'effort total de traction, c'est-à-dire de satisfaire
à l'inégalité :

$$(33) \qquad g\chi l \geqq t\omega ;$$

on en déduit :

$$(34) \qquad l \geqq \frac{t\omega}{g\chi}.$$

Pour les barres rondes ou carrées, dont le diamètre ou le côté est d,
le rapport $\frac{\omega}{\chi}$ de la section au périmètre est égal à :

$$\frac{d}{4},$$

et l'on doit avoir :

$$(35) \qquad l \geqq \frac{td}{4g}.$$

Les instructions ministérielles françaises fixent aux dix centièmes (0,10)
de la limite de résistance du béton en compression, le travail d'adhérence du béton sur le métal des armatures, et à la moitié de la limite
apparente d'élasticité la fatigue du métal tant à l'extension qu'à la compression. Si l'on emploie, par exemple, un béton capable de supporter
une pression normale de 50 kilogrammes par centimètre carré, et de
l'acier doux ordinaire imposable à 12 kilogrammes par millimètre carré,
on obtient, par application de la formule (35), un minimum de la longueur de croisement égal à soixante fois le côté ou le diamètre des
barres.

Ce coefficient 60 est élevé et conduit, surtout dans le cas d'armatures
de fort diamètre, à des croisements représentant une fraction notable
de la longueur utile des barres, et, partant, à des majorations considérables

Fig. 13.

de tonnage du métal. Aussi beaucoup de constructeurs préfèrent-ils ménager, aux extrémités
des barres, des dispositifs d'arrêt, sous réserve de
l'efficacité desquels le projet de règlement de la
Commission prévoyait une majoration de 30 0/0
de la limite d'adhérence indiquée plus haut. La
figure 13 représente une forme de crochet d'arrêt préconisée par
M. Considère, permettant de réduire le croisement à vingt-cinq ou
trente fois le diamètre de l'armature.

Rappelons qu'à égalité de section le travail d'adhérence est d'autant
plus faible que le diamètre des aciers est plus petit.

En effet, si l'on désigne par :

n et n', les nombres de barres de deux systèmes de même longueur,
de même section totale et soumis à un même effort total de
glissement;
d et d', leurs diamètres respectifs,

le travail d'adhérence étant inversement proportionnel à la surface latérale et, par conséquent, au nombre et au diamètre des armatures, on a :

$$(36) \qquad \frac{g}{g'} = \frac{n'd'}{nd}.$$

Comme de l'égalité des sections on déduit :

$$(37) \qquad nd^2 = n'd'^2 ;$$

on obtient, en éliminant n et n' entre les deux dernières relations, l'égalité :

$$(38) \qquad \frac{g}{g'} = \frac{d}{d'},$$

qui montre que le travail d'adhérence est proportionnel au diamètre
des barres.

A ce seul point de vue, il y a donc intérêt à diminuer le diamètre des
barres et à en augmenter le nombre, notamment dans les pièces fléchies
de faible épaisseur et fortement chargées, où l'exiguïté des bras de
levier des couples résistants donne naissance à des efforts intenses de
glissement.

CHAPITRE V

RÉSISTANCE A LA FLEXION

18. Hypothèses fondamentales. — Aux termes de l'article 10 des instructions ministérielles relatives à l'emploi du béton armé, les calculs de résistance doivent être faits « selon des méthodes scientifiques appuyées sur les données expérimentales, et déduits soit des principes de la résistance des matériaux soit de principes offrant au moins les mêmes garanties d'exactitude ».

Les calculs de la résistance ordinaire des matériaux reposent sur deux hypothèses fondamentales : celle de la conservation des sections planes et celle de la proportionnalité des déformations élastiques aux efforts qui les déterminent.

« L'expérience », ajoute le commentaire joint aux instructions ministérielles, « dans les limites où elle s'est révélée jusqu'ici, conduit à admettre que le principe de Navier relatif à la déformation plane des sections transversales peut encore être appliqué ici, comme pour les constructions ordinaires ».

La seconde hypothèse, nous l'avons vu, ne se vérifie pas dans le cas du béton soumis uniquement à des efforts de compression, les raccourcissements augmentant plus rapidement que les charges. Mais en l'appliquant à certain calcul, auquel nous reviendrons tout à l'heure, la Commission a trouvé des résultats presque rigoureusement conformes à ceux de l'observation ; elle en a inféré que « l'hypothèse en question pouvait être appliquée dans le calcul des constructions armées concurremment avec celle de la conservation des sections planes ».

Aux deux hypothèses précédentes s'ajoute une troisième spéciale au béton armé. L'article 11 des instructions prescrit en effet, « pour déterminer la fatigue locale dans une section quelconque, de regarder la résistance du béton à l'extension comme nulle dans la section ».

19. Déformation plane des sections transversales. — *A priori*, dit le rapport de la Commission, « il était possible de contester l'application au béton armé, qui est hétérogène, de l'hypothèse de la conservation des sections planes, qui, bien que n'étant pas rigoureusement exacte, sert de base à la science classique de la résistance des matériaux. On pouvait craindre notamment qu'elle ne fût mise en défaut par les fissures du béton tendu et par les glissements des armatures ».

Les essais entrepris à ce sujet par la Commission ont porté sur une série de poutres de 4^m,00 de longueur et de 0^m,40 × 0^m,20 de section, armées à des pourcentages variant de 0,48 à 3,14, et sur deux éléments de hourdis nervurés.

Les appuis des poutres étaient constitués par deux tirants espacés de 3^m,80 (*fig.* 14). L'effort, développé par un piston de presse, était transmis à la pièce par l'intermédiaire d'une traverse métallique suivant

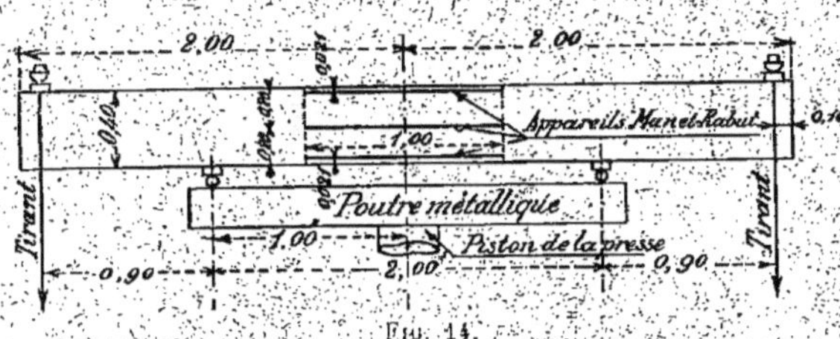

Fig. 14.

la disposition représentée par la figure. Entre les points d'appui de la traverse, dans la partie médiane de la poutre, la flexion se produisait ainsi sous moments constants.

Trois appareils Manet-Rabut, disposés sur chaque face verticale, permettaient de mesurer les déformations longitudinales sur une longueur initiale de 1 mètre. Un des appareils était situé à mi-hauteur, et les deux autres à 21 millimètres des faces supérieure et inférieure de la pièce.

Les indications de ces appareils étant relevées sous les différents efforts de la presse appliqués progressivement, on reportait sur un graphique (*fig.* 15) la moyenne des lectures faites à chacun des trois niveaux. En joignant alors par des lignes droites les trois points A', O', B', correspondant à un même effort, on obtenait une série de diagrammes sensiblement rectilignes. La rectitude des tracés décroît généralement à mesure que les charges augmentent.

Les expériences sur hourdis avec nervures, où la répartition des charges donnait naissance à des efforts tranchants, ont fourni des résultats analogues.

La Commission en conclut que « les sections primitivement planes restent sensiblement telles pendant la flexion, sauf dans le voisinage des appuis et des points d'application des charges concentrées.

« En dehors de ces points exceptionnels où il peut être utile de vérifier spécialement la solidité au point de vue des efforts locaux, le gauchissement des sections primitivement planes ne modifie pas notablement les déformations longitudinales : allongements ou raccourcissements, qui servent de base au calcul des pièces fléchies. On peut donc
le négliger sans erreur sensible dans le calcul des efforts longitudinaux :
tensions et pressions. »

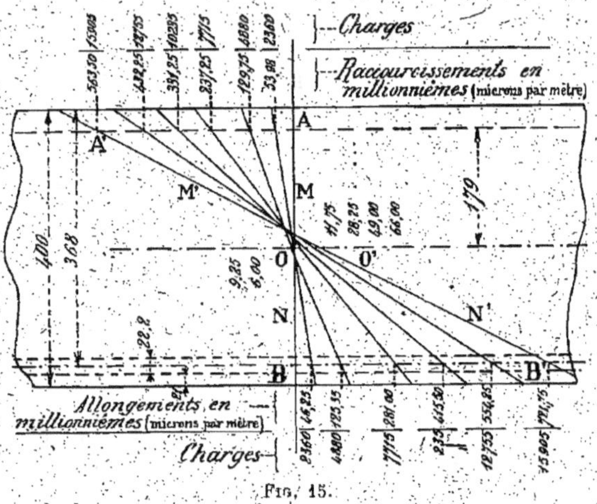

Fig. 15.

Dans les graphiques ainsi obtenus, la position de l'axe neutre d'une
section, c'est-à-dire de l'axe transversal au droit duquel les fibres longitudinales du béton ne subissent ni tensions ni déformations, est donnée
par le point de rencontre O de la déformée correspondante avec la verticale AB de la position initiale.

En examinant les différents graphiques obtenus par la Commission,
on remarque que l'axe neutre se déplace quand les charges varient. Il
s'élève à mesure que ces dernières augmentent, jusqu'à une certaine
limite, puis descend. Dans certaines poutres même, le mouvement était
continuellement ascendant. Or, nous le verrons plus loin, la distance de
l'axe neutre à l'arête la plus comprimée d'une section croît avec le renforcement, c'est-à-dire avec l'importance de la partie tendue ; en tenant
seulement compte du fait que le module du béton comprimé diminue,
comme sa rigidité, à mesure que les charges augmentent, on en déduirait que l'axe neutre doit descendre continuellement, du moins dans
la période d'imposition des premières charges où la limite d'élasticité du
béton tendu n'est pas encore dépassée.

Ce défaut de concordance entre les indications des diagrammes ainsi obtenus et les résultats du calcul, s'expliquerait par l'allure réelle de la section déformée courbe et présentant un point d'inflexion au droit de l'axe neutre. Les conditions de la déformation dépendent en effet de l'élasticité du béton au glissement, et ce que l'on sait des propriétés plastiques du béton permet de présumer que le gauchissement doit être particulièrement accentué à la hauteur des fibres neutres le long desquelles se produisent les plus grands efforts de glissement. Néanmoins si, en tenant compte de cette dernière considération et en s'aidant des trois points connus, on essaie de rétablir au jugé le profil réel de la section déformée, on constate encore que, le gauchissement des sections primitivement planes ne modifie pas notablement les déformations longitudinales servant ordinairement de base au calcul des pièces fléchies.

Il est à remarquer que les déformations sous charges égales sont généralement moindres dans la période d'imposition que dans celle de suppression des efforts. En particulier, les sections primitivement planes demeurent, après déchargement complet, dans un état de déformation permanente croissant jusqu'à une certaine limite avec la répétition des chargements et déchargements.

20. Proportionnalité des efforts aux déformations élastiques. — On envisagerait naturellement, à la base d'une méthode de calcul des ouvrages en béton armé, une combinaison de l'hypothèse de la conservation des sections planes et des lois réelles de la déformation du béton soumis à des efforts de compression ou de traction. Malheureusement, en raison de la mobilité du module d'élasticité du béton, les théories ainsi fondées aboutissent généralement à des formules d'une résolution assez laborieuse et peu appropriées aux exigences de la pratique.

Aussi la Commission s'est-elle préoccupée de vérifier dans quelle mesure l'hypothèse simple de la proportionnalité des efforts aux déformations élastiques était applicable au calcul des pièces en béton armé soumises à la flexion.

Ayant déterminé le module d'élasticité du métal des armatures et, sur des prismes témoins, celui du béton des poutres essayées dans ses recherches sur la déformation des sections transversales, la Commission a calculé, pour quatre poutres différentes, au moyen d'une équation basée sur l'hypothèse en question, la position de l'axe neutre dans la période des déformations postérieures au dépassement de la limite d'élasticité du béton tendu. Les résultats ainsi obtenus sont presque rigoureusement conformes à ceux de l'observation. La position renseignée par le calcul, sauf pour une pièce, est légèrement plus relevée que ne l'indiquent les graphiques.

Il est alors facile de se rendre compte qu'on se place dans des conditions excellentes de sécurité en substituant à la
courbe OC (*fig.* 16) de la répartition des pressions, telles qu'elles s'établiraient en vertu des
propriétés élastiques du béton, la droite OB résultant de la combinaison des deux hypothèses
fondamentales de la résistance des matériaux.
Les deux aires AOB et AOC étant égales, la
pression maximum AC du premier cas doit être
inférieure à la pression maximum AB du second.

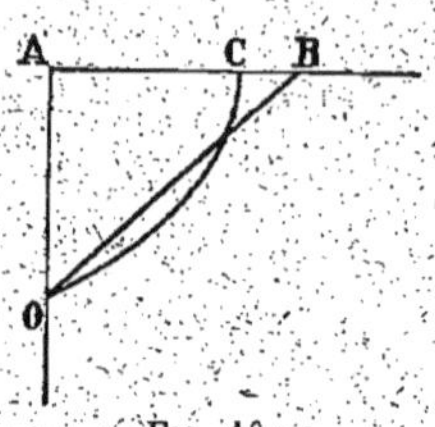

Fig. 16.

Au surplus, comme le fait remarquer M. Considère, « si l'on réfléchit
à l'irrégularité des propriétés du béton, on pensera qu'il n'y a pas lieu
de rechercher au prix de complications une exactitude absolue dans les
procédés de calculs des dimensions ».

21. Défaut de résistance du béton tendu. — L'étude de la résistance du béton armé à la traction nous apprend que cette dernière hypothèse est encore inexacte. Le béton tendu présente en effet une certaine
résistance dont il ne se départit pas entièrement, s'il est convenablement
armé, même au delà de sa limite d'élasticité. L'abstraction, qu'on convient généralement d'en faire, est motivée non pas tant par les simplifi-
cations qu'elle entraîne dans les calculs que par la nécessité de parer à
l'existence possible, dans les fibres tendues du béton, de fissures transversales laissant au métal, au droit de la discontinuité, le soin de supporter seul la totalité des efforts de traction.

Bien que la résistance du béton à la traction soit faible comparativement à celle de l'acier, dont elle ne dépasse guère le $\frac{1}{200}$ de la valeur, on
néglige avec elle un élément de stabilité d'autant plus appréciable que
la continuité de la masse du béton est plus parfaite et que l'importance
de la section du béton négligée est elle-même plus notable.

En considération de ce fait, et pour compenser dans une certaine mesure l'erreur qui en résulte dans l'évaluation des fatigues du béton comprimé, la Commission proposait d'augmenter l'importance des armatures
en fixant à 15, c'est-à-dire à son maximum, la valeur du coefficient d'équivalence du métal.

Elle faisait encore valoir à l'appui de sa proposition que « le béton
supporte, sans s'écraser, des raccourcissements plus grands dans les
poutres fléchies que dans les poteaux et permet ainsi aux armatures longitudinales qui y sont noyées, de produire plus complètement les effets
dont elles sont capables ».

DEUXIÈME PARTIE

CALCULS DE RÉSISTANCE DU BÉTON ARMÉ

CHAPITRE VI

THÉORIE DE LA RÉSISTANCE DES SOLIDES HÉTÉROGÈNES

22. **Principe de l'équivalence.** — Considérons une pièce formée par la juxtaposition de prismes élastiques de natures différentes, adhérant parfaitement entre eux de manière qu'il ne puisse se produire aucun glissement d'un élément par rapport à l'autre, et supposons appliqué à cette pièce hétérogène un effort longitudinal, traction ou compression, tel que toute section primitivement droite reste plane et droite après déformation.

E désignant le module d'élasticité, supposé constant, d'un des éléments A que nous appellerons élément de base ;

E', le module d'un quelconque des autres B ;

n, et n', les variations de tension correspondant respectivement dans chacun d'eux à une même déformation ;

λ, la grandeur de cette déformation rapportée à l'unité de longueur et commune aux différents éléments ;

on doit avoir :

$$(39) \qquad \lambda = \frac{n}{E} = \frac{n'}{E'} ;$$

les variations de fatigue se répartissent donc entre les différents éléments proportionnellement à leur module d'élasticité.

m désignant le rapport $\dfrac{E'}{E}$, c'est-à-dire la mesure du module d'un élément quelconque, celui de l'élément de base étant pris comme unité, on déduit de la dernière égalité

$$(40) \qquad n' = mn.$$

Au point de vue de la résistance, l'unité de section d'un élément quelconque équivaut donc, dans les limites de son étendue, à une section m de l'élément de base ; autrement dit, on peut considérer la masse de la section d'un prisme hétérogène comme constituée par une matière unique, à condition d'attribuer à chacun des éléments composants une densité superficielle m égale à la mesure de son module d'élasticité, celui de la base étant pris comme unité.

L'équivalent d'une section ω d'un élément quelconque sera donc :

$$m\omega.$$

Nous appellerons ce produit *section équivalente* ou *réduite à l'élément de base*.

Le principe de l'équivalence permet ainsi de ramener le calcul d'une pièce hétérogène, soumise à un effort longitudinal, à celui d'une pièce homogène.

Le travail n de l'élément de base étant connu, le travail n' d'un élément quelconque est donné par la formule (40).

Si l'on admet maintenant, pour les pièces hétérogènes à éléments parfaitement adhérents, les hypothèses de la conservation des sections planes et de la proportionnalité des efforts aux déformations élastiques, on arrive à cette conclusion que les formules établies en résistance ordinaire des matériaux s'appliquent intégralement au calcul des sections hétérogènes après réduction.

23. Équations de la flexion composée. — En résistance ordinaire des matériaux, l'application des formules de flexion nécessite la connaissance préalable de la position du centre de gravité de la section considérée. Cette position est unique ; elle ne dépend que de la forme de la section et se calcule par les procédés connus de l'analyse ou de la statique graphique.

Dans le cas d'une section hétérogène soumise à des efforts élastiques de même sens, ou même à des efforts de sens différents lorsque le module d'élasticité de chaque élément est le même en tension qu'en compression, la position du centre de gravité est encore bien définie : il suffit pour l'obtenir de chercher le centre de gravité du système formé par les éléments composants, en attribuant à chacun une densité m égale à son coefficient d'équivalence.

Mais lorsque certains éléments d'une section hétérogène, susceptible d'être à la fois tendue et comprimée, présentent, comme le béton par exemple, des propriétés élastiques différentes en tension et en compression, la position du centre de gravité ne dépend plus uniquement de la nature et de l'importance relative des éléments composants; elle peut varier avec les conditions de sollicitation. Sa détermination nécessite d'abord celle de *l'axe neutre*, c'est-à-dire dé l'axe séparant les zones tendue et comprimée, au passage duquel les propriétés résistantes de certains éléments peuvent changer de loi en même temps que les tensions élastiques changent de sens.

La position de l'axe neutre étant connue, on peut s'abstenir de la recherche du centre de gravité en utilisant, au lieu des formules classiques de la résistance des matériaux, d'autres, que nous établissons ci-dessous, où les différents moments sont rapportés à l'axe neutre au lieu de l'être à sa parallèle menée par le centre de gravité.

De la combinaison des deux principes de la conservation des sections planes et de la proportionnalité des tensions aux déformations élastiques, il résulte qu'en un point donné d'une section chargée l'effort unitaire n, traction ou compression, est proportionnel à la distance z du point à l'axe neutre :

$$(41) \qquad n = vz ;$$

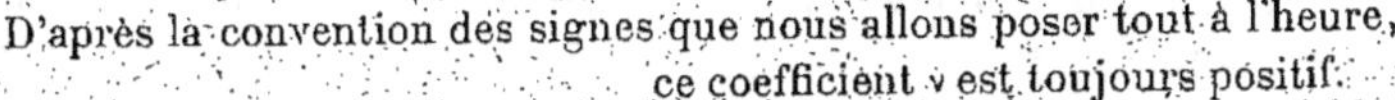

Fig. 17.

le coefficient de proportionnalité v représente la tension à une distance de l'axe neutre égale à l'unité, ou encore le coefficient angulaire de la droite OB représentative de la répartition des pressions (*fig.* 17).

D'après la convention des signes que nous allons poser tout à l'heure, ce coefficient v est toujours positif.

Désignons alors par :

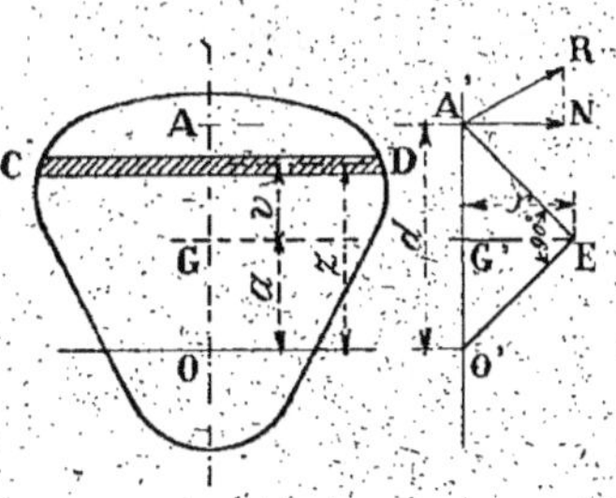

Fig. 18.

N, la résultante générale des tensions et compressions (*fig.* 18);
d, sa distance à l'axe neutre OO';
M, son moment pris par rapport au même axe;
S et I, le moment statique et le moment d'inertie, par rapport au même axe, de la section totale réduite ;

et convenons de considérer les compressions comme positives, les tractions comme négatives, la distance d'un élément à l'axe neutre et son moment statique par rapport au même axe comme positifs ou négatifs suivant que l'élément appartient à une partie comprimée ou à une partie tendue.

Sur un élément CD de section $d\omega$, situé à une distance z de l'axe neutre OO′, la charge a pour valeur :

$$(42) \qquad dN = vz d\omega ;$$

comme le produit $z d\omega$ représente le moment statique dS de l'élément CD par rapport à l'axe neutre, et que le paramètre v est toujours positif, nous avons, d'après nos conventions, en grandeur et en signe :

$$(43) \qquad dN = v dS,$$

et, pour l'ensemble de la section :

$$(44) \qquad N = vS.$$

Le moment, par rapport à l'axe neutre, de l'effort élémentaire dN est :

$$(45) \qquad dM = vz^2 d\omega ;$$

le produit $z^2 d\omega$ n'est autre que le moment d'inertie dI de l'élément considéré par rapport à l'axe neutre ; on peut donc écrire :

$$(46) \qquad dM = v dI,$$

et, pour l'ensemble de la section :

$$(47) \qquad M = vI.$$

La valeur du moment M doit ainsi être toujours considérée comme positive.

La combinaison des deux équations (44) et (47) donne

$$(48) \qquad \frac{M}{I} = \frac{N}{S},$$

comme :

$$(49) \qquad M = Nd,$$

on a :

$$(50) \qquad I = Sd.$$

Les quantités S et d étant de même signe, on en conclut que le centre de gravité de la section et le point d'application de la résultante générale sont situés du même côté de l'axe neutre.

L'une ou l'autre des équations (48) et (50) fixent la position de l'axe neutre ; celle-ci étant connue, on peut calculer les quantités S et I.

Le travail de l'élément de base, à une distance z de l'axe neutre, se déduit d'une des équations (44) ou (47) qui donnent, en tenant compte de la relation (41) :

$$(51) \qquad n = \frac{Nz}{S},$$

ou :

$$(52) \qquad n = \frac{Mz}{I}.$$

Quand les circonstances le permettent, il est plus commode de se servir de l'équation (51).

Sous réserve de la convention des signes faite précédemment, les formules ainsi établies sont générales.

La distance b entre les centres de tension et de compression est la différence algébrique de leurs distances respectives à l'axe neutre. En désignant par S' et I' les moments statique et d'inertie de la partie comprimée par rapport à l'axe neutre, S'' et I'' ceux de la partie tendue, elle est donnée par la formule :

$$(53) \qquad b = \frac{I'}{S'} - \frac{I''}{S''} \cdot$$

24. Identité des formules précédentes et de la formule générale de la flexion composée. — Les résultats fournis par les formules précédentes ne doivent pas, évidemment, différer de ceux qu'on obtiendrait par application de la formule ordinaire de la flexion composée. Nous chercherons donc moins à le démontrer qu'à exposer une suite de calculs qui permet de passer d'un système à l'autre.

Montrons d'abord que le quotient $\dfrac{M}{I}$ du moment de la résultante par le moment d'inertie de la section totale réduite, reste le même, qu'on prenne ces moments par rapport à l'axe neutre ou par rapport à la parallèle à cet axe menée par le centre de gravité de la section. Nous le représenterons dans ce dernier cas par $\dfrac{M_G}{I_G}$.

En effet, nous le verrons tout à l'heure (nᵒ 25), le centre de gravité G est toujours situé entre l'axe neutre OO' et le point d'application A de la résultante (*fig.* 18) ; on a donc, en désignant par a la distance du centre de gravité à l'axe neutre :

$$(54) \qquad M = M_G + Na.$$

D'autre part, Ω représentant l'aire totale de la section réduite, les deux moments d'inertie sont liés par la relation :

$$(55) \qquad I = I_G + \Omega a^2,$$

qui peut s'écrire :

$$(56) \qquad I = I_G + Sa.$$

Des égalités (54) et (56), on déduit :

$$(57) \qquad \frac{M - M_G}{I - I_G} = \frac{N}{S}.$$

et, en tenant compte de l'équation (48) :

$$(58) \qquad \frac{M - M_G}{I - I_G} = \frac{M}{I},$$

d'où :

$$(59) \qquad \frac{M}{I} = \frac{M_G}{I_G}.$$

Si l'on désigne maintenant par :

> v, la valeur absolue de la distance d'un point à la parallèle GG' à l'axe neutre menée par le centre de gravité ;
> z, la distance du même point à l'axe neutre OO',

on a :

$$(60) \qquad z = a \pm v.$$

L'équation (51) peut donc s'écrire :

$$(61) \qquad n = \frac{N(a \pm v)}{S},$$

et, comme :

$$(62) \qquad S = \Omega a,$$

$$(63) \qquad n = \frac{N}{\Omega} \pm \frac{Nv}{S},$$

en tenant alors compte des équations (48) et (59), on arrive à la suivante :

$$(64) \qquad n = \frac{N}{\Omega} \pm \frac{M_G v}{I_G},$$

qui n'est autre que la formule ordinaire de la flexion composée.

25. Positions relatives de l'axe neutre, du centre de gravité de la section et de la résultante des tensions. — Nous avons vu précédemment (n° 23) que le centre de gravité G de la section réduite et le point d'application A de la résultante générale des efforts sont situés du même côté de l'axe neutre. On peut ajouter que le centre de gravité est toujours situé entre l'axe neutre et le point d'application de la résultante.

En effet, de la comparaison des équations (50) et (56) on déduit, entre les valeurs absolues des distances a et d, l'inégalité :

$$(65) \qquad\qquad a < d,$$

qui exprime que le centre de gravité de la section est toujours plus rapproché de l'axe neutre que le point d'application de la résultante.

Si l'on désigne alors par :

v, la distance du point d'application de la résultante des efforts à la parallèle à l'axe neutre passant par le centre de gravité ;
r, le rayon de giration de la section par rapport à ce dernier axe,

l'égalité :

$$(66) \qquad\qquad \frac{M_G}{I_G} = \frac{N}{S},$$

résultant des deux égalités (48) et (59), peut s'écrire :

$$(67) \qquad\qquad \frac{Nv}{\Omega r^2} = \frac{N}{\Omega a},$$

on en déduit :

$$(68) \qquad\qquad av = r^2,$$

ou, en transportant l'origine des distances au centre de gravité :

$$(69) \qquad\qquad av = -\, r^2.$$

Lorsque les éléments qui composent la section hétérogène présentent le même module d'élasticité en traction qu'en compression, le centre de gravité occupe une position fixe et le rayon de giration est constant, comme en résistance ordinaire des matériaux. Le point d'application A' de la résultante générale des tensions (*fig.* 18) et l'axe neutre OO' déterminent, sur la droite A'G' qui joint le point A' au centre de gravité G' de la section, une involution dont le centre de gravité est le foyer. Cette involution peut être considérée comme engendrée par les deux côtés d'un angle droit pivotant autour de son sommet E, le point E étant lui-même situé sur la perpendiculaire en G' à l'axe d'involution et à une distance de ce dernier égale au rayon de giration r.

Si les propriétés élastiques de certains éléments changent avec le sens des efforts, le centre de gravité de la section résistante et le rayon de giration varient suivant les conditions de la sollicitation ; mais, pour une position déterminée de la résultante des efforts, les quantités a, v et r demeurent liées par la relation (69).

Supposons maintenant que l'axe neutre se déplace tangentiellement au périmètre de la section, le point d'application de la résultante des tensions, qui lui est conjugué, décrit une ligne fermée enveloppant une surface appelée *noyau central*. Lorsque la résultante des forces extérieures tombe à l'intérieur de ce noyau, la section ne supporte que des efforts de même sens, tractions ou compressions; en cas contraire, la section est à la fois tendue et comprimée.

Les sections hétérogènes dont les éléments possèdent un module d'élasticité constant ont un noyau unique. Par contre, les sections qui renferment des éléments à propriétés élastiques différentes en traction et en compression admettent deux noyaux, correspondant l'un au cas des tractions, l'autre au cas des compressions.

L'application des considérations précédentes permet de reconnaître rapidement l'état général de sollicitation d'une section.

26. Cas particuliers. — Compression, traction et flexion simples. — Parmi les différentes positions que l'axe neutre peut occuper sur l'axe d'involution entre le foyer, ou centre de gravité de la section réduite, et l'infini, les deux extrêmes sont particulièrement intéressantes; elles correspondent en effet à deux cas de sollicitation simples et fréquents en pratique.

Lorsque l'axe neutre se déplace vers l'infini, le point d'application de la résultante se rapproche du centre de gravité de la section. A la limite, ces deux points étant confondus, la section reste parallèle à elle-même pendant toute la durée de la déformation et le travail de chacun des éléments est uniforme.

Dans ce cas, la distance z d'un point de la section à l'axe neutre augmentant indéfiniment avec la distance a de l'axe neutre au centre de gravité, le rapport $\dfrac{z}{a}$ tend vers l'unité. A la limite, la formule (51), qu'on peut écrire :

$$(70) \qquad n = \frac{N}{\Omega} \cdot \frac{z}{a}$$

devient donc :

$$(71) \qquad n = \frac{N}{\Omega}$$

c'est la formule de la traction ou de la compression simples, donnant le travail de l'élément de base en fonction de la composante normale des forces extérieures et de la section totale réduite Ω.

Si, au contraire, on suppose que le point d'application de la résultante est rejeté à l'infini, ce qui arrive lorsque la composante normale des efforts est nulle et que toutes les forces extérieures sont parallèles à la section, l'axe neutre passe par le centre de gravité dont la position est définie par l'équation :

$$(72) \qquad S = o.$$

La situation de l'axe neutre ne dépend plus que de la nature et de l'importance relative des éléments constituant la section hétérogène. Le travail de l'élément de base à une distance z de l'axe neutre est encore donné par l'équation (52) :

$$n = \frac{Mz}{I},$$

qui n'est autre que la formule classique applicable au cas de la flexion simple auquel correspond la seconde hypothèse. Les moments statiques de la partie tendue et de la partie comprimée étant alors symétriques, la relation (53), donnant la distance entre les centres de compression et de tension, devient :

$$(73) \qquad b = \frac{I}{S}.$$

Cette égalité exprime que les bras de levier du couple résistant, en flexion simple, s'obtient en faisant le quotient du moment d'inertie total de la section par le moment statique d'une des parties tendue ou comprimée.

27. Équations du glissement. — Un prisme sollicité par des efforts longitudinaux appliqués sur ses bases tend à glisser dans la direction de la résultante. Dans les pièces soumises à la compression ou à la traction simples, la tendance au glissement des prismes élémentaires, obtenus par une décomposition fictive quelconque du prisme total, est généralement annulée par la réaction des surfaces d'appui ou la cohésion des différents éléments, et il est inutile de prévoir des dispositifs spéciaux pour prévenir les glissements.

Il n'en est plus de même dans les pièces fléchies où les parties qui peuvent ne présenter qu'une adhérence insuffisante doivent être reliées par des attaches traversant les surfaces de séparation. Ces attaches doivent elles-mêmes être établies de manière que leur résistance au cisaillement transversal soit suffisante pour équilibrer les efforts de glissement.

L'effort qui tend à faire glisser un prisme (*fig.* 19) sollicité par des forces longitudinales N_1 et N_2 appliquées sur ses bases, est égal à la différence :

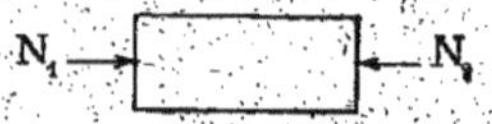

$$N_1 - N_2.$$

Fig. 19.

Si le prisme appartient à une pièce fléchie, et si l'on désigne par :

v_1 et v_2, les coefficients angulaires des droites de répartition des pressions dans les deux sections transversales qui contiennent les bases du prisme ;

S_1 et S_2, les moments statiques respectifs de ces deux bases par rapport à l'axe neutre,

l'effort de glissement est aussi donné, d'après la formule (44), par l'équation :

$$(74) \qquad G = v_1 S_1 - v_2 S_2.$$

Pour établir les dimensions des éléments résistants, il est nécessaire de déterminer le plan, parallèle à la direction du glissement, suivant lequel le second membre de cette égalité est maximum. Le problème peut se résoudre graphiquement, et l'on trouve généralement que le plan cherché passe par l'axe neutre de la section la plus chargée.

Dans le cas simple d'une pièce à section constante, et soumise uniquement à des efforts de flexion simple, les valeurs de S_1 et de S_2 sont égales, et la formule (74) devient :

$$(75) \qquad G = (v_1 - v_2).\, S_1.$$

Le glissement varie donc comme le moment statique de la base du prisme considéré par rapport à l'axe neutre. La plus grande valeur que puisse prendre ce moment étant fournie par la partie de la section résistante située d'un même côté de l'axe neutre, on en conclut que le plan des fibres neutres est celui de glissement maximum.

En remplaçant dans la dernière formule les produits $v_1 S_1$ et $v_2 S_2$ par leurs valeurs résultant des relations (47) et (73), on obtient l'expression suivante de l'effort maximum de glissement entre deux sections où les moments sont respectivement M_1 et M_2 :

$$(76) \qquad G = \frac{M_1 - M_2}{b}.$$

cette égalité montre que la valeur du glissement est égale au quotient de la différence des moments, dans les deux sections considérées, par le bras de levier du couple résistant.

28. Calcul des déformations. — En résistance ordinaire des matériaux, la déformée d'une fibre moyenne primitivement droite a pour équation différentielle du second ordre :

$$(77) \qquad \frac{d^2y}{dx^2} = -\frac{M}{EI},$$

y, représentant l'ordonnée de la déformation au droit d'une section d'abscisse x;

M, le moment résultant des forces extérieures, situées d'un même côté de la section, par rapport à l'axe perpendiculaire au plan de flexion passant par le centre de gravité;

I, le moment d'inertie de la section par rapport au même axe;

E, le module d'élasticité de la matière.

L'équation de la déformée s'obtient par une double intégration.

Le calcul des déformations peut aussi s'effectuer graphiquement.

En effet, nous le verrons plus loin (ch. xix, n° 144), les courbes funiculaires de charges verticales distribuées le long d'un axe horizontal ont pour équation générale différentielle du second ordre :

$$(78) \qquad \frac{d^2y}{dx^2} = -\frac{p}{k},$$

où p représente la charge par unité de longueur en un point d'abscisse x, et k la distance polaire.

Le rapport $\dfrac{M}{EI}$ ayant mêmes dimensions que l'inverse d'une longueur, l'identification des formules (77) et (78) montre que la déformée n'est autre que le funiculaire d'un système de charges verticales dont l'intensité par unité de longueur serait égale au rapport $\dfrac{kM}{EI}$, la distance polaire étant égale à k. Les flèches sont toujours très faibles en comparaison de la portée et il est indispensable, afin de donner quelque netteté à l'épure, d'amplifier les ordonnées du funiculaire. On y arrive, sans rien changer aux charges verticales du dynamique, en prenant pour distance polaire une valeur $\dfrac{k}{n}$, n étant un nombre entier convenablement choisi.

f étant alors la flèche relevée à l'échelle du dessin, la flèche cherchée est $\dfrac{f}{n}$.

La formule (77) est établie en supposant la fibre moyenne, c'est-à-dire la ligne des centres de gravité des différentes sections transversales, droite et continue. Son application n'est d'ailleurs commode que dans le cas de pièces à section constante. Or, dans les solides hétérogènes composés d'éléments, tel le béton, à module d'élasticité variable, non seulement la fibre neutre n'est qu'exceptionnellement rectiligne, mais elle présente fréquemment des discontinuités, notamment dans les pièces soumises à des moments de signes différents, aux points inconnus *a priori* où les moments changent de signe ; de sorte que, même abstraction faite de la variation de la forme et des éléments de la section, le moment d'inertie peut changer considérablement d'un point à l'autre. En dehors de quelques cas simples il n'en existe donc pas où la formule (77) soit applicable rigoureusement aux pièces hétérogènes.

A défaut de calculs plausibles, le projet de règlement de la Commission indique comme limite maximum de la déformation des éléments d'un plancher en béton armé, la flèche nette, déduction faite du tassement des appuis, donnée par la formule :

$$(79) \qquad f = \frac{1}{20.000} \times \frac{l^2}{h} \times \frac{P'}{P + P'} + \frac{(A + A')\,l}{16},$$

l étant la portée du plancher ;
h, son épaisseur totale ;
P, la charge permanente réalisée avant l'épreuve ;
P', la surcharge d'épreuve ;
A et A', les tangentes des angles dont tournent les extrémités de la poutre
    sous l'action de la surcharge, ces angles étant mesurés pendant
    l'épreuve.

Le rapport de la Commission ajoute que cette formule « néglige les effets des tensions du béton, qui diminuent les déformations d'autant plus que les sections du béton tendu sont plus grandes par rapport à celles de ses armatures », et qu'elle est, par suite, « trop favorable au constructeur ».

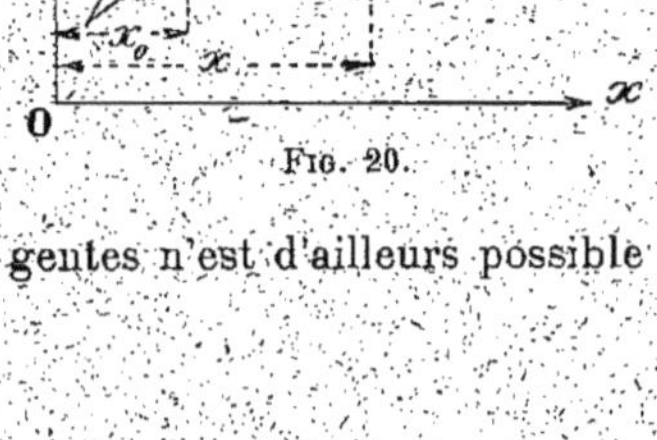

L'équation (79) ne tient pas compte, du moins d'une manière explicite, de la forme ni de la nature des diverses sections, non plus que du mode de répartition des charges. L'influence de ces facteurs est représentée, dans une certaine mesure, par le terme où figurent les tangentes A et A', qui en dépendent, des angles de rotation des pièces à leurs extrémités. La mesure exacte de ces tangentes n'est d'ailleurs possible que sur les ouvrages existants.

Fig. 20.

Dans le cas le plus général, nous le verrons à propos du calcul des arcs, les déplacements verticaux v_0 et v (*fig.* 20), de deux points A_0 et A de la fibre moyenne continue d'un solide élastique homogène, sont liés par la relation :

$$(80) \qquad v - v_0 = \varphi_0 x_0 - \varphi x - \int_0^s \frac{Mx}{EI} ds,$$

x_0 et x représentant les abcisses respectives des points A_0 et A ;
φ_0 et φ, les angles de rotation des tangentes à la fibre moyenne en ces points ;
s, leur distance $A_0 A$ comptée sur la fibre moyenne.

Cette formule, qui est encore applicable aux pièces droites, peut se simplifier. Il suffit pour cela de prendre le point A_0 comme origine fixe et le point A tel que le déplacement angulaire de la section correspondante soit nul. Les quantités x_0 et φ étant alors nulles, la flèche du point A, c'est-à-dire son déplacement transversal par rapport au point A_0, est donnée par l'équation :

$$(81) \qquad f = - \int_0^{x_1} \frac{Mx}{EI} dx,$$

x_1 représentant l'abscisse du point A ; ou, dans le cas des pièces simplement fléchies, par la suivante obtenue en remplaçant I par sa valeur déduite de l'égalité (73) :

$$(82) \qquad f = - \int_0^{x_1} \frac{Mx}{ES'b} dx.$$

Dans les applications qu'on peut en faire au calcul de la déformation des pièces hétérogènes, l'une ou l'autre des deux dernières formules prêtent aux mêmes remarques que l'équation différentielle (77). Comme elles présentent toutefois sur celle-ci l'avantage de ne nécessiter qu'une seule intégration, nous les emploierons de préférence, en admettant, comme le tolère d'ailleurs la circulaire ministérielle, et faute de mieux, que la répartition des effets des charges aux différents points de la portée d'une pièce hétérogène est la même que s'il s'agissait d'une pièce homogène.

29. Conditions d'application au béton armé des formules générales de la résistance des solides hétérogènes. — Les pièces en béton armé sont des solides hétérogènes à deux éléments : le béton et l'acier. Mais, comme les propriétés élastiques du béton ne sont pas les mêmes en tension qu'en compression, il conviendrait, dans les calculs de résistance, de considérer les sections soumises aux deux genres d'efforts comme composées de trois éléments : le béton comprimé, le béton tendu et le métal. On prend ordinairement le béton comprimé comme élément de base et l'on détermine en conséquence le coefficient d'équivalence des deux autres.

Le plus souvent, on fait abstraction de la résistance du béton tendu, ce qui revient à lui attribuer un coefficient d'équivalence nul. Les formules applicables dans ce cas se déduisent immédiatement de celles où il est tenu compte de la résistance du béton à la traction, en supprimant les termes où l'équivalent du béton tendu entre en facteur.

Les dimensions transversales des armatures étant généralement faibles par rapport à celles du béton, on peut suivant l'usage courant, et sans erreur sensible, admettre que les sections métalliques sont entièrement concentrées en leur milieu. Il n'en résulte en effet aucune altération de la valeur du moment statique de l'armature par rapport à un axe quelconque. Quant au moment d'inertie, on sait qu'il est exactement la somme de deux moments partiels : d'une part, le moment d'inertie, pris par rapport à l'axe considéré, de la section supposée condensée en son centre de gravité, et, d'autre part, le moment d'inertie diamétral généralement très petit comparativement au premier. Supposer la section concentrée en son milieu revient à négliger la valeur de ce moment diamétral. L'inspection des formules générales montre immédiatement que les calculs trouvent dans cette simplification un appoint de sécurité croissant avec l'importance du terme négligé.

En raison toujours de l'exiguïté relative des sections métalliques, on évalue le plus souvent les sections de béton sans en déduire la partie occupée par les armatures. Il est facile, si l'on y tient, de corriger l'erreur qui en résulte en réduisant d'une unité le coefficient d'équivalence du métal.

CHAPITRE VII

APPLICATION DE LA STATIQUE GRAPHIQUE
A L'ÉTUDE DE LA RÉSISTANCE DES SOLIDES HÉTÉROGÈNES

30. **Résultante de deux vecteurs.** — Étant donnés deux vecteurs F_1 et F_2 situés dans un même plan (*fig.* 21), si par un point quelconque A du plan on mène un vecteur AB égal et parallèle à F_1, puis, par l'extrémité B, un vecteur BC égal et parallèle à F_2, le vecteur AC est égal et parallèle à la résultante R du système $(F_1 F_2)$.

Le tracé de cette résultante peut s'effectuer de la manière suivante.

Prenons un point quelconque O dans le plan et joignons-le par des droites aux trois sommets A, B, C.

Menons une parallèle quelconque A'O' à AO, coupant en A' la direction du vecteur F_1; puis, par A', une parallèle A'C' à OB coupant en C' la direction du vecteur F_2; enfin, par C', une parallèle C'O' à CO. La résultante cherchée, parallèle à AC, passe par le point de concours des deux côtés extrêmes A'O' et O'C' du contour O'A'C' ainsi obtenu.

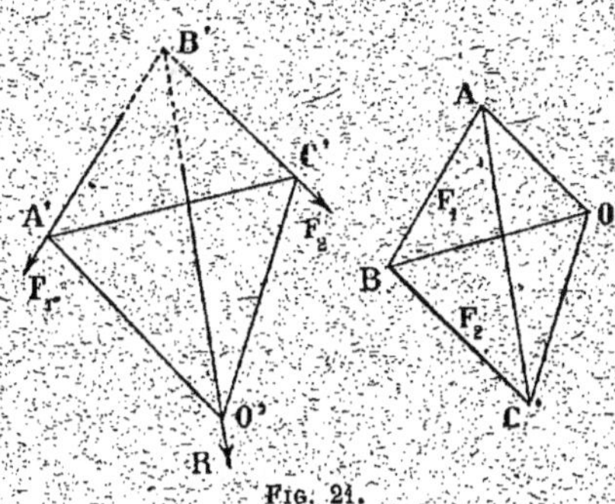

Fig. 21.

En effet, le vecteur F_1, égal et parallèle à AB, peut être remplacé par deux vecteurs égaux respectivement à AO et OB et dirigés suivant O'A' et C'A'. De même F_2 peut être remplacé par deux vecteurs égaux à BO et OC et dirigés suivant A'C' et C'O'. Les deux vecteurs OB et BO, dirigés suivant A'C', égaux et de sens contraire s'équilibrant, le système des vecteurs F_1 et F_2 peut être remplacé par celui des deux vecteurs égaux à AO et OC et dirigés suivant O'A' et C'O'. La résultante du système

(F_1F_2) passe donc par le point O'. Elle est d'ailleurs parallèle à AC et passe également par le point de concours B' des lignes d'action des vecteurs F_1 et F_2.

Cette propriété qui permet de déterminer la position de la résultante de deux vecteurs sans avoir à rechercher le point de rencontre de leurs lignes d'action, fournit en géométrie un moyen de mener, par un point donné ou parallèlement à une direction donnée, une droite passant par le point de concours inaccessible de deux autres.

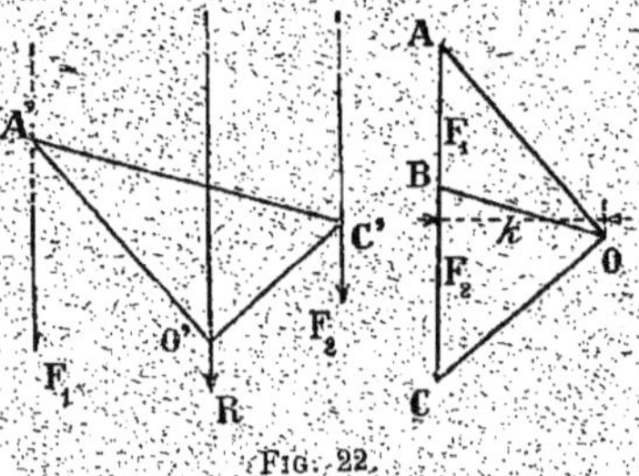

F_{IG}. 22.

Le principe de la construction est indépendant de la grandeur de l'angle des composantes. Cet angle diminuant progressivement, à la limite, lorsque F_1 et F_2 deviennent parallèles (*fig.* 22), les directions des deux côtés AB et BC se confondent, et la résultante des vecteurs F_1 et F_2, qui leur est parallèle, passe encore par le point O' obtenu comme dans le cas des vecteurs concourants.

Dans tous les cas, les distances d'un point quelconque O' de la résultante aux vecteurs F_1 et F_2 sont inversement proportionnelles à ces vecteurs.

31. Résultante d'un système quelconque de vecteurs. — Considérons maintenant un système de vecteurs F_1, F_2, ..., F_n, en nombre quelconque (*fig.* 23) et situés dans un même plan. A partir d'un certain point A disposons les vecteurs, transportés parallèlement à eux-mêmes,

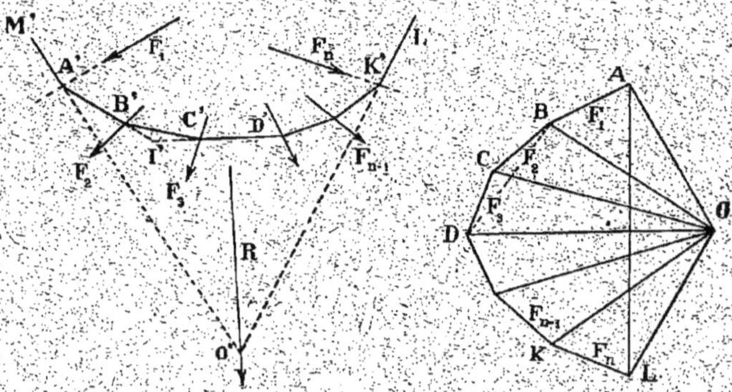

F_{IG}. 23.

de manière que l'extrémité d'un d'entre eux soit l'origine du suivant. Puis joignons les sommets du contour ABC, ..., KL ainsi obtenu à un point O du plan choisi arbitrairement.

Menons alors une parallèle M'A' à AO jusqu'à sa rencontre en A' avec la direction du vecteur F_1; par A', une parallèle A'B' à BO jusqu'à sa rencontre en B' avec la direction de F_2, et ainsi de suite.

Le contour ABC, ..., KL constitue *un dynamique* et le contour M'A'B'C', ..., L'K' un *funiculaire* du système des vecteurs considérés. Le point O est le *pôle* du dynamique, et les droites OA, OB, ..., OL sont les *rayons* du *faisceau polaire*.

Si tous les vecteurs sont parallèles, les éléments du dynamique sont situés sur une même ligne droite dont la distance au pôle est appelée *distance polaire*.

D'après ce que nous avons vu plus haut, la résultante de deux vecteurs quelconques, F_2 et F_3 par exemple, passe par l'intersection I' des prolongements des deux côtés A'B' et C'D' du funiculaire qui comprennent les vecteurs F_2 et F_3. Si l'on compose alors de proche en proche un vecteur quelconque avec la résultante de ceux qui le précèdent, on trouve, d'une manière générale, que la résultante d'un système quelconque de vecteurs, F_1, F_2, ..., F_n, parallèle à la ligne de fermeture AL du dynamique, passe par l'intersection O' des prolongements des côtés extrêmes M'A' et K'L' du funiculaire.

32. Représentation graphique des moments. — Le *moment statique* ou simplement *moment* S d'un vecteur F, par rapport à un axe perpendiculaire à sa direction, est le produit de la grandeur du vecteur par sa distance a à l'axe:

$$(83) \qquad S = Fa$$

Un moment est ordinairement considéré comme positif ou négatif suivant que le sens du mouvement indiqué par la direction du vecteur est, par rapport à l'axe des moments, le sens direct ou inverse de rotation des aiguilles d'une montre.

Pour un système quelconque de vecteurs, dont la direction est perpendiculaire à l'axe des moments, le moment résultant est la somme algébrique des produits tels que Fa.

Le *moment d'inertie* I d'un vecteur, par rapport à un axe orthogonal, est le produit de la grandeur du vecteur par le carré de sa distance à l'axe:

$$(84) \qquad I = Fa^2$$

Pour un nombre quelconque de vecteurs, le moment d'inertie résultant est la somme des moments partiels tels que Fa^2 ; il est donc toujours positif.

Ces différents moments ne changent pas de valeur quand on déplace les vecteurs parallèlement à eux-mêmes sans changer leur distance respective à l'axe. Comme dans la suite nous n'aurons à considérer que des vecteurs parallèles entre eux, la remarque précédente nous permettra de les ramener dans un même plan perpendiculaire à l'axe des moments dont la trace sur le plan deviendra le *centre des moments*.

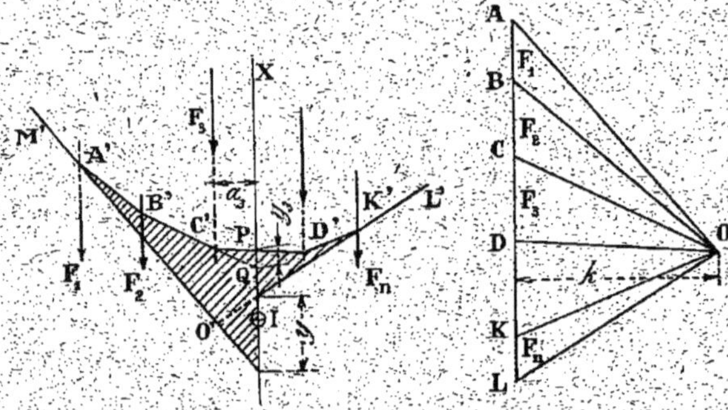

FIG. 24.

Supposons alors tracés, avec une distance polaire quelconque k, un dynamique et un funiculaire d'un système de vecteurs parallèles F_1, F_2, …, F_n (*fig.* 24), et soit I le centre auquel nous devons rapporter les moments. Par le point I menons une parallèle IX à la direction commune des vecteurs.

Considérons un vecteur quelconque, F_3 par exemple, dont la distance au point I est a_3 : les directions des deux côtés B'C' et C'D' du funiculaire, qui comprennent le vecteur F_3, interceptent sur IX un segment PQ.

Les deux triangles C'PQ du funiculaire et OCD du dynamique étant semblables, on a, en désignant par y_3 la longueur du segment PQ :

$$\tag{85} \frac{a_3}{k} = \frac{y_3}{F_3}.$$

On déduit de cette proportion que le moment du vecteur F_3 par rapport au point I, représenté par le produit $F_3 a_3$, est aussi égal au produit $k y_3$ de la distance polaire par la longueur du segment PQ que les deux côtés du funiculaire, comprenant le vecteur, interceptent sur la parallèle à la direction de ce dernier menée par le centre des moments. Sur la figure, ce moment est positif ou négatif suivant que le vecteur est situé à droite ou à gauche du point I.

Comme corollaire, le moment résultant S d'un système de vecteurs par rapport à un point, est égal au produit de la distance polaire k par la longueur y du segment que les côtés extrêmes du funiculaire interceptent sur la parallèle à la direction commune des vecteurs menée par le centre des moments :

$$(86) \qquad S = ky.$$

Si, après avoir chassé les dénominateurs de l'équation (85), on multiplie par a_3 les deux membres de l'égalité résultante, on obtient la suivante :

$$(87) \qquad F_3 a_3^2 = k y_3 a_3,$$

qui exprime que le moment d'inertie d'un vecteur, par rapport à un point, est égal au produit de la distance polaire par le double de l'aire du triangle CPQ que forment les deux côtés du funiculaire, comprenant le vecteur, et la parallèle à ce vecteur menée par le centre des moments.

Comme corollaire, le moment d'inertie résultant d'un système de vecteurs parallèles, par rapport à un point, est égal au produit de la distance polaire par le double de l'aire, hachurée sur la figure, comprise entre les prolongements des côtés extrêmes du funiculaire, le funiculaire lui-même et la parallèle à la direction commune des vecteurs menée par le centre des moments.

Ce moment d'inertie est minimum lorsque le point auquel on le rapporte est situé sur la ligne d'action de la résultante générale passant par le point de concours O' des côtés extrêmes du funiculaire. L'aire à considérer est alors comprise entre le funiculaire et les prolongements de ses côtés extrêmes.

33. Détermination de l'axe neutre d'une section. — Lorsque la section étudiée est à contour irrégulier ou soumise à la flexion composée, le calcul de la position de l'axe neutre par les procédés analytiques devient extrêmement laborieux, sinon impossible. L'emploi de la méthode graphique est alors tout indiqué.

Considérons le cas le plus général où le système des forces sollicitant la section admet une résultante, et supposons d'abord que les propriétés élastiques des éléments qui composent la section sont les mêmes en tension qu'en compression.

La section ayant été préalablement réduite à l'élément de base parallèlement à l'axe neutre (*fig.* 25), divisons-la en un certain nombre de bandes par des parallèles au même axe, et appliquons au centre de gravité de chaque bande ainsi obtenue un vecteur f représentatif de sa surface.

Traçons ensuite, avec une distance polaire k, un dynamique ML et un funiculaire A'M'L'G' de ce système de vecteurs parallèles, que nous appellerons *dynamique et funiculaire de la section*, le premier côté M'A' étant vertical pour plus de commodité. Le dernier côté L'G' coupera le premier M'A' en un point G' qui appartient à la parallèle à l'axe neutre passant par le centre de gravité de la section.

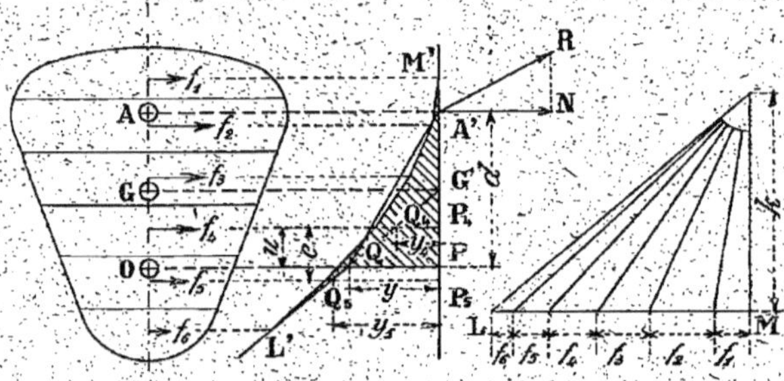

Fig. 25.

Par un point quelconque P, pris sur le prolongement du premier côté du funiculaire, menons une parallèle PQ à l'axe neutre, rencontrant le dernier côté L'G' en Q.

y désignant la longueur du segment PQ, le moment statique S de la section par rapport à la droite PQ, moment qui n'est autre que celui du système des vecteurs par rapport au point P, est, d'après la formule (86), représenté par le produit :

$$ky.$$

D'autre part, le moment d'inertie de la section par rapport à la même droite PQ étant égal au produit de la distance polaire k par le double, 2Ω, de l'aire L'M'PQ hachurée sur la figure, on a :

$$(88) \qquad\qquad I = 2k\Omega.$$

Si l'on admet maintenant que la droite PQ n'est autre que l'axe neutre, on déduit de la combinaison des équations (50), (86) et (88) :

$$(89) \qquad\qquad 2\Omega = yd,$$

d représentant la distance A'P du point de passage de la résultante à l'axe neutre.

Le produit yd n'est autre que le double de l'aire du triangle A'PQ; la détermination de l'axe neutre revient donc à celle de la position de PQ correspondant à l'égalité :

$$\text{Aire A'PQ} = \text{Aire (hachurée) L'M'PQ}.$$

Pour l'obtenir, il suffira de déplacer progressivement la droite PQ de manière à la faire coïncider successivement avec la direction de chacun des vecteurs. Comme l'axe neutre et le point d'application de la résultante sont toujours situés de part et d'autre du centre de gravité, on n'opérera que du côté opposé au point d'application de la résultante.

L'axe neutre sera généralement compris entre deux positions $P_K Q_K$ et $P_{K+1} Q_{K+1}$ correspondant à des surfaces Ω_K et Ω_{K+1}, telles que :

$$\Omega_K > y_K d_K,$$

et :

$$\Omega_{K+1} < y_{K+1} d_{K+1}.$$

Δ_K et Δ_{K+1} représentant respectivement les différences

$$\Omega_K - y_K d_K \qquad \text{et} \qquad y_{K+1} d_{K+1} - \Omega_{K+1},$$

la position cherchée pourra être fixée très approximativement, par interpolation linéaire, à une distance u de $P_K Q_K$ donnée par la formule :

$$(90) \qquad u = e \frac{\Delta_K}{\Delta_K + \Delta_{K+1}},$$

où e représente la distance entre $P_K Q_K$ et $P_{K+1} Q_{K+1}$.

Si la section considérée, susceptible d'être à la fois tendue et comprimée, renferme des éléments dont le module d'élasticité varie avec le sens des efforts, on procède de la manière suivante.

On commence par réduire la section hétérogène à un élément de base, réel ou fictif, mais à module d'élasticité constant, successivement en considérant les différents éléments avec leur coefficient d'équivalence en compression, puis avec leur coefficient d'équivalence en traction. On trace ensuite (*fig.* 26), avec une même distance polaire, les funiculaires M'L'$_1$ et M"L"$_2$ correspondant à ces deux hypothèses, de manière que le premier côté de chacun d'eux soit dirigé suivant un même axe; l'un des funiculaires, celui qui correspond au cas des compressions, en partant de l'arête la plus comprimée; l'autre, en partant de l'arête opposée. Pour obtenir la coïncidence des deux premiers côtés des funiculaires, il suffira de disposer les deux dynamiques de part et d'autre d'une origine commune M.

Soient donc $M'L'_1$ et $M'L''_2$ les deux funiculaires ainsi obtenus.

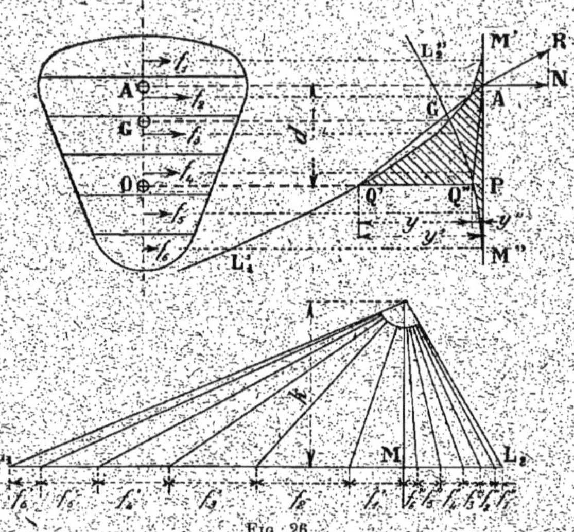

Fig. 26.

Par un point de la direction commune des premiers côtés, menons une droite PQ' parallèle à l'axe neutre coupant les deux funiculaires respectivement en Q' et Q''.

y' et y'' désignant les ordonnées PQ' et PQ'', les moments S' et S'' par rapport à l'axe PQ' des parties situées au-dessus et au-dessous de cet axe, seront respectivement égaux à ky' et ky'' de sorte qu'en représentant par y la différence $y' - y''$, le moment résultant sera encore :

$$S = ky.$$

Le centre de gravité de la section sera donc sur la parallèle à la direction commune des vecteurs passant par l'intersection G des deux funiculaires, où $y = o$.

D'autre part, le moment d'inertie par rapport à PQ', de la partie de la section située au-dessus de cet axe, étant égal au produit de la distance polaire k par le double $2\Omega'$ de l'aire hachurée M'Q'P, et le moment d'inertie de la partie située au-dessous, au produit de la même distance polaire par le double $2\Omega''$ de l'aire M'Q'P, le moment résultant I sera défini par l'égalité (88), où Ω représentera la somme $\Omega' + \Omega''$, c'est-à-dire l'aire hachurée M'Q'Q''M''.

Par combinaison des équations (50), (86) et (88) on aboutira, comme dans le cas précédent, à la formule (89), le produit yd représentant le double de l'aire du triangle AQ'Q''.

La position de l'axe neutre correspondra donc à l'égalité :

$$\text{Aire (hachurée) } M'Q'Q''M'' = \text{aire } AQ'Q''.$$

34. Applications à quelques cas simples de pièces en béton armé. — *1° Recherche de la position de l'axe neutre dans une dalle à renforcement simple.*

Considérons (*fig.* 27) une dalle de section rectangulaire à renforcement simple, c'est-à-dire ne comportant qu'un seul plan d'armatures au voisinage des faces tendues, et supposons-la soumise uniquement à des efforts de flexion.

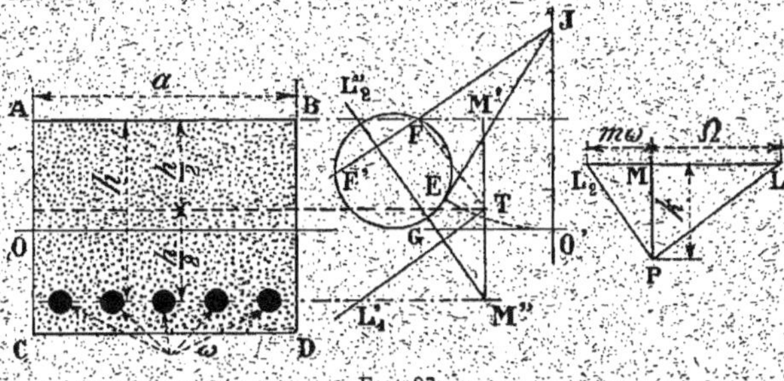

Fig. 27.

La résistance du béton à la traction étant négligée, une section quelconque de la dalle peut être considérée comme composée de deux éléments : le béton comprimé, que nous prendrons comme élément de base, et le métal tendu de section ω, dont nous désignerons le coefficient d'équivalence par m.

Construisons un dynamique L_2ML_1 parallèle aux faces de la dalle ; ML_1 représentant la section de béton Ω comprise entre l'arête la plus comprimée AB et le plan L'_1M'' de l'armature, et L_2M la section équivalente $m\omega$ du métal. Traçons ensuite une droite $M'M''$ perpendiculaire aux droites AB et L_1L_2.

Le pôle P étant pris sur la perpendiculaire en M au dynamique, le funiculaire du béton comprimé sera une parabole ayant AM' comme axe, M' comme sommet et M'M'' comme tangente en ce point. La tangente à la parabole, en son point L'_1 de rencontre avec L'_1M'', est parallèle à PL_1 et coupe le segment M'M'' en son milieu T.

Le funiculaire du métal tendu sera composé de l'axe M'M'' et d'une droite $M''L'_2$ menée par M'' parallèlement à PL_2.

L'axe neutre étant situé à l'intersection des deux funiculaires, sa recherche revient à celle de l'intersection d'une droite et d'une parabole.

Le problème peut se résoudre sans tracer la parabole.

En effet, cette dernière est définie par son axe AM', sa tangente au sommet M'M", et une tangente L'_1T passant par le point T, milieu de M'M", et parallèle à PL_1. Le foyer F de la courbe est à l'intersection de l'axe AM' et de la normale en T à la tangente L'_1T.

Pour trouver le point de rencontre de la droite $M''L''_2$ et de la parabole, il suffit, on le sait, de décrire une circonférence quelconque passant par le point F et son symétrique F' par rapport à $M''L''_2$; puis, par le point J où la corde FF' coupe la directrice JO', de mener une tangente JE à la circonférence; enfin, de rabattre le point E en Θ' sur la directrice. L'intersection cherchée se trouve sur la droite O'G normale à la directrice, et l'axe neutre est dirigé suivant OGO'.

2° Recherche de la position de l'axe neutre dans un hourdis nervuré travaillant en flexion simple.

Considérons (*fig.* 28) un hourdis nervuré à renforcement simple, c'est-à-dire armé seulement à la partie inférieure de la nervure.

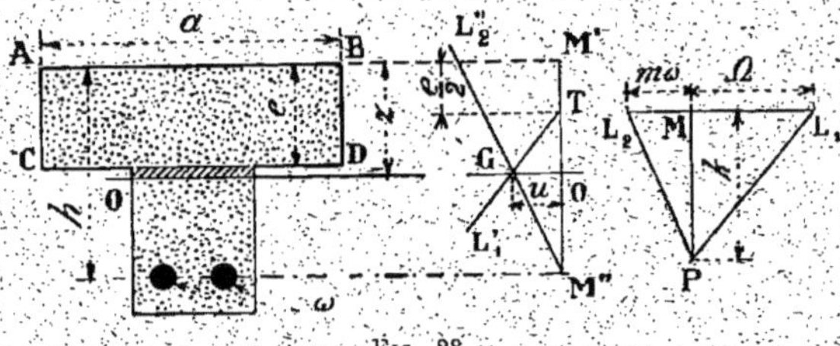

Fig. 28.

Nous ferons encore abstraction de la résistance du béton à la traction, et, éventuellement, de la portion de nervure qui se trouverait comprimée. Comparée au hourdis, cette dernière est en effet de faible importance, au double point de vue de la surface qu'elle représente et des tensions qu'elle supporte.

Traçons un dynamique L_2ML_1 parallèle aux faces horizontales de la pièce, ML_1 représentant la section Ω du hourdis et L_2M la section équivalente $m\omega$ de l'armature. Menons une droite M'M" perpendiculaire à L_2ML_1. Le pôle P étant pris sur la perpendiculaire en M au dynamique, le funiculaire du hourdis sera un arc de parabole ayant son axe dirigé suivant l'arête supérieure AB du hourdis, et M'M" comme tangente au sommet M'.

Au point de rencontre de la parabole avec l'arête inférieure CD du hourdis, la tangente à la courbe est parallèle à PL_1. Cette tangente coupe M'M" au point T milieu du hourdis.

Le funiculaire du métal tendu se compose de l'axe M'M" et d'une droite $M''L''_2$, parallèle à PL_2, menée par le point M" situé à hauteur de l'armature.

Deux cas peuvent se présenter : ou le funiculaire du métal rencontre celui du béton à l'intérieur du hourdis et l'on retombe sur le cas précédent ; ou bien les deux funiculaires se coupent dans la hauteur de la nervure. Dans ce dernier cas le problème se ramène à la détermination de l'intersection de deux droites TL'_1 et $M''L''_2$ passant par les points connus T et M" et parallèles respectivement aux rayons extrêmes PL_1 et PL_2 du faisceau polaire. Ce tracé très simple permet de reconnaître rapidement la position de l'axe neutre par rapport au hourdis.

Admettons le second cas, et désignons par :

h, la hauteur de la pièce, c'est-à-dire la distance du centre des armatures à l'arête supérieure du hourdis ;

e, l'épaisseur de ce dernier ;

z, la distance de l'axe neutre à la face supérieure de la pièce ;

ρ, le rapport $\dfrac{m\omega}{\Omega}$ de la section équivalente de l'armature à la section du hourdis.

Les triangles M"OG et PML_2 étant semblables, de même que les triangles PML_1 et TOG, on en déduit aisément :

$$(91) \qquad \frac{z - \dfrac{e}{2}}{h - z} = \rho ;$$

équation qui définit la position de l'axe neutre en fonction des éléments de la section.

Dans le cas où l'axe neutre coïncide avec la face inférieure du hourdis, c'est-à-dire où $z = e$, on a :

$$(92) \qquad \frac{e}{2(h - e)} = \rho.$$

Ces deux relations se retrouveront plus loin (n° 79) sous une forme légèrement différente, dans l'étude des méthodes analytiques.

Suivant que la valeur de ρ est supérieure, égale ou inférieure à celle du premier membre de l'égalité (92), l'axe neutre tombe dans la nervure, sur l'arête inférieure ou à l'intérieur du hourdis.

CHAPITRE VIII

PIÈCES SOUMISES A LA COMPRESSION.
PILIERS ET POTEAUX

35. Distinction entre les pièces longues et courtes. — La rupture d'une pièce prismatique, soumise à un effort de compression suivant son axe longitudinal, peut se produire de deux manières. Si l'élancement, c'est-à-dire le rapport de la longueur du prisme à sa plus petite dimension transversale, est faible, la pièce se rompt par écrasement et quelquefois par glissement oblique, mais sans flexion apparente. Si, au contraire, l'élancement dépasse une certaine limite, la pièce chargée progressivement cède par flexion ; on dit qu'elle se voile ou qu'elle flambe. La rupture suit de près l'apparition du voilement.

Le défaut de rigidité des pièces à grand élancement est dû à des causes inéluctables, dont l'irrégularité de leur forme et de la nature des matériaux qui les composent, et l'excentricité plus ou moins grande de la résultante des charges qui détermine dans les différentes sections une répartition inégale des tensions. Aussi dans nombre de cas est-il impossible de prévoir la manière dont se produira la rupture.

Se basant sur les résultats obtenus par la Commission aux essais des poteaux en béton armé de 2 à 4 mètres de longueur et de 182 millimètres de diamètre, qui tous ont péri par écrasement, les instructions ministérielles françaises autorisent à ne pas se préoccuper du voilement lorsque, l'élancement des pièces étant inférieur à 20, la fatigue de compression ne dépasse pas la limite normale admissible. Nous dirons que les pièces sont longues ou courtes suivant qu'elles répondront ou non à ces deux conditions.

Fig. 29.

Les armatures longitudinales, par suite de leur participation à la résistance et de leur grand élancement, sont elles-mêmes exposées à flamber. Pour en prévenir la flexion et un éclatement consécutif du béton, on les entretoise de distance en distance au moyen de ligatures transversales dont l'écartement varie de vingt à vingt-cinq fois le diamètre des armatures (*fig*. 29).

36. Calcul des pièces courtes. — Dans une section chargée axialement, c'est-à-dire de telle manière que la résultante des tensions passe par le centre de gravité, le travail normal de l'élément de base est uniforme et défini par la relation (71), où N représente la composante normale des charges, et Ω la surface totale de la section réduite à l'élément de base.

Dans la suite, sauf stipulation contraire, nous désignerons par :

Ω, la section du béton qui constituera l'élément de base ;
ω, celle de l'armature ;
m, le coefficient d'équivalence du métal.

La section totale réduite en béton ayant alors pour expression :

$$\Omega + m\omega,$$

le travail du béton, dans une pièce soumise à la compression simple, sera donné par la formule :

$$(93) \qquad n = \frac{N}{\Omega + m\omega},$$

qui définit également la force portante N d'une pièce en fonction des éléments de sa section et de la limite de fatigue n admissible pour le béton.

Si l'on désigne maintenant par :

n_0, le travail apparent du béton, c'est-à-dire la charge unitaire que supporterait la section transversale de la pièce en l'absence d'armatures ;
ρ, le rapport de la section équivalente du métal à la section du béton, rapport que nous appellerons *coefficient de renforcement* ou simplement, pour abréger, *renforcement*,

on a :

$$(94) \qquad n_0 = \frac{N}{\Omega},$$

et :

$$(95) \qquad \rho = \frac{m\omega}{\Omega}.$$

d'où, en divisant par Ω les deux termes du second membre de l'équation (93) :

$$\bar{n} = \frac{n_0}{1 + \rho},$$

c'est l'équation (21) qui nous a servi à analyser l'influence du pourcentage longitudinal sur les tensions des deux matériaux ; elle fixe le travail du béton en fonction de son travail apparent et du renforcement.

L'importance du rôle de l'armature ne dépend pas uniquement, nous l'avons déjà vu, de celle du pourcentage, mais encore de la valeur du coefficient d'équivalence du métal. Le coefficient de renforcement, défini par l'égalité (95), n'est autre que le produit de ces deux facteurs, dont il est susceptible de représenter dans les calculs la combinaison des influences. Comme il offre de ce fait l'avantage de simplifier la forme des équations de résistance où on le fait apparaître, nous en userons fréquemment dans la suite.

Le travail n du béton étant connu, celui du métal n' se déduit de la formule (40) :

$$n' = mn.$$

Les équations précédentes peuvent encore servir à la détermination des éléments de la section d'une pièce destinée à supporter une charge donnée, mais le problème comporte à l'origine une indétermination. En effet, l'équation (93), la seule dont on dispose en réalité, renferme deux inconnues : Ω et ω. On lève l'indétermination en choisissant arbitrairement l'une d'entre elles, ou, le plus souvent, en fixant le pourcentage ϖ du métal, c'est-à-dire le rapport $\frac{\omega}{\Omega}$ de sa section à celle du béton. Le renforcement est alors représenté par le produit

$$m\varpi.$$

En principe, pour supporter une charge donnée, on peut donc associer d'une infinité de manières l'acier et le béton.

Si l'on ne considère que le point de vue économique, il y a intérêt à diminuer le pourcentage en donnant à la section du béton le maximum de développement compatible avec les conditions d'établissement du projet, le coût du métal, à égalité de résistance, étant supérieur à celui du béton. En effet, la valeur du coefficient d'équivalence de l'acier ne s'élève guère au-dessus de 15 ; un volume donné de métal, un mètre cube par exemple, équivaut donc au maximum à quinze fois le même volume de béton. En admettant les prix de 0 fr. 50 pour le kilo de métal ouvragé et de 60 francs pour le mètre cube de béton, un mètre cube d'acier pesant 7.800 kilogrammes coûterait 3.900 francs, tandis que 15 mètres cubes de béton ne reviendraient qu'à 900 francs.

Il convient toutefois, dans le choix de la proportion de métal, de ne pas descendre au-dessous d'une certaine limite. Pratiquement, le pourcentage varie de 0,5 à 3 0/0.

Lorsqu'un poteau est exposé à subir des moments de flexion dont le calcul ne tient pas compte, par suite, par exemple, du mouvement des fondations ou de la dissymétrie des charges des planchers inférieur et supérieur, il est prudent d'abaisser la limite normale de fatigue admise pour les pièces chargées axialement.

Le projet de règlement de la Commission prescrivait de ne pas dépasser les $\frac{60}{100}$, $\frac{70}{100}$ ou $\frac{80}{100}$ de cette limite, suivant que le poteau se trouve placé à un angle saillant d'un bâtiment, sur une façade ou entre des travées symétriques dans tous les sens.

37. Formule d'Euler. — Supposons (*fig.* 30, 31, 32 et 33) une tige élastique verticale, dont le pied A est fixe, maintenue dans un état de

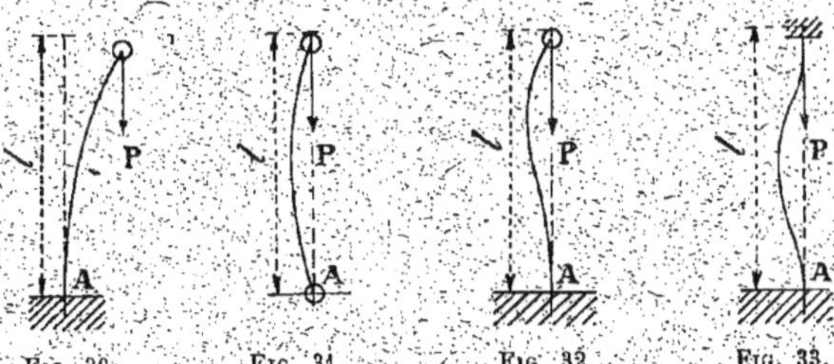

Fig. 30.   Fig. 31.   Fig. 32.   Fig. 33.

flexion sous l'action d'un poids P appliqué en tête. Si l'on diminue progressivement l'intensité de la charge, la tige se redresse et elle reprend sa forme rectiligne pour une valeur de P définie par la formule d'Euler :

$$(96) \qquad P = \frac{\pi^2 EI}{Kl^2}$$

π représentant le rapport connu de la circonférence à son diamètre;

E, le module d'élasticité de la matière;

I, le moment d'inertie de sa section pris par rapport à l'axe perpendiculaire au plan de flexion passant par le centre de gravité;

l, la longueur de la tige;

K, un coefficient dépendant de la nature des liaisons aux extrémités, et dont la valeur est indiquée dans le tableau suivant.

SITUATION DE LA PIÈCE	K
a) encastrée à un bout et libre à l'autre (fig. 30)	4
b) articulée et guidée aux deux bouts (fig. 31)	1
c) encastrée à un bout et simplement guidée à l'autre (fig. 32)	1/2
(si l'encastrement est imparfait)	de 1 à 1/2
d) encastrée aux deux bouts (fig. 33)	1/4
(si un encastrement est imparfait)	de 1/2 à 1/4
(si les deux encastrements sont imparfaits)	de 1 à 1/4

En réalité, une pièce n'est jamais rigoureusement droite ni chargée axialement. On admet néanmoins que la charge sous laquelle le flambage risque de se produire est encore donnée par la formule (96).

Dans le cas d'une pièce armée, le moment d'inertie total se compose de deux moments partiels, celui du béton I_b et celui du métal qui, en négligeant les moments diamétraux, est lui-même la somme des produits, tels que :

$$m\omega z^2,$$

de la section équivalente $m\omega$ d'une armature par le carré z^2 de sa distance à l'axe des moments ; on a donc, en désignant par E_b le module d'élasticité du béton :

$$(97) \qquad P = \frac{\pi^2 E_b (I_b + \Sigma m\omega z^2)}{K l^2}$$

Pour une pièce donnée, la charge de voilement croît en raison directe du module d'élasticité de l'élément de base, du moment d'inertie total de la section réduite, et en raison inverse du carré de sa longueur.

Le module d'élasticité du béton ne descend guère, nous l'avons vu, au-dessous de $1,5 \times 10^5$, le centimètre étant pris comme unité ; c'est cette valeur minimum que le projet de règlement de la Commission proposait d'adopter dans les calculs de résistance au flambage.

On voit, en examinant la formule d'Euler, que, pour assurer aux poteaux en béton armé leur maximum de rigidité, il est indispensable de n'employer que des matériaux de premier choix, de soigner la mise en œuvre et les liaisons avec les éléments qui s'y assemblent aux deux extrémités, de développer la section transversale dans le sens où le flambage est le plus à redouter, et de rejeter le plus possible les armatures vers l'extérieur.

Par mesure de sécurité, on n'impose aux pièces qu'une fraction de la charge de voilement ; on se placera dans des conditions satisfaisantes en prenant un coefficient de sécurité égal à 4. En outre, il est prudent, pour tenir compte de la situation particulière de la pièce ou de l'excentricité possible des efforts, d'affecter la charge de sécurité elle-même des réductions indiquées pour les pièces courtes.

Il est à remarquer que la force portante d'un poteau, obtenue par application de la formule d'Euler, peut être supérieure à celle que fourniraient les méthodes de calcul des pièces courtes. Cette circonstance se présente assez fréquemment, particulièrement dans les poteaux fortement armés dont l'élancement n'est que de très peu supérieur à 20, lorsque la fatigue admise pour le béton n'est pas très élevée. A défaut de certitude on devra comparer les résultats obtenus par les deux méthodes, et ne retenir que celui qui correspond au maximum de sécurité.

38. Formule de Rankine. — La formule d'Euler permet de fixer la charge imposable à une pièce longue, mais on n'en peut déduire qu'une indication de la fatigue moyenne qui en résulte pour les matériaux.

Pour évaluer les fatigues maxima, dans les pièces longues chargées en bout, on se sert de la formule semi-empirique de Rankine :

$$(98) \qquad n = n_0 \left(1 + A \frac{Kl^2\Omega}{I} \right),$$

qui tient compte dans une certaine mesure de l'irrégularité des pièces et de l'excentricité des charges.

Ω représente la section de la pièce ;

n, le travail $\frac{P}{\Omega}$ dû à la compression normale ;

A, un coefficient dépendant de la nature de la matière dont est constituée la pièce ;

l, la longueur de cette dernière ;

I, le moment d'inertie minimum de la section tranversale ;

K, le coefficient de la formule d'Euler, variable avec les liaisons aux extrémités.

Les expériences de Rankine l'ont conduit à attribuer à A les valeurs suivantes :

$$\text{Pour le fer forgé,} \quad \frac{1}{9.000} ;$$

$$\text{— l'acier doux,} \quad \frac{1}{7.500} ;$$

$$\text{— l'acier dur,} \quad \frac{1}{5.000} ;$$

$$\text{— la fonte,} \quad \frac{1}{1.600} .$$

La circulaire ministérielle française maintient pour les pièces en béton armé la valeur $\dfrac{1}{10.000}$ couramment employée en résistance ordinaire des matériaux.

Lorsque, indépendamment de l'effort longitudinal, la pièce supporte un moment de flexion M dont l'effet ne peut être considéré comme négligeable (cas d'une charge désaxée, poussée du vent, etc.), il convient d'ajouter le travail résultant à celui qu'indique la formule de Rankine.

v étant la distance de la fibre la plus fatiguée à l'axe perpendiculaire au plan de flexion passant par le centre de gravité de la section, le travail de flexion a pour expression :

$$\frac{Mv}{I};$$

de sorte que la tension maximum est alors donnée par la formule :

$$(99) \qquad n = n_0\left(1 + \frac{Kl^2\Omega}{10.000I}\right) + \frac{Mv}{I}$$

39. Calcul des pièces frettées. — Les conditions d'établissement des pièces frettées ont été exposées précédemment dans l'étude des propriétés mécaniques du béton armé (n°s 14 et 15); nous ne ferons donc que les rappeler sommairement.

La limite de fatigue à admettre pour une pièce frettée est donnée par la formule (31) :

$$n = n_0\left(1 + m'\frac{v}{V}\right);$$

n_0 représentant la résistance normale du béton non armé ;

v et V, le volume du métal des armatures transversales et celui du béton calculés sur une même longueur de la pièce ;

m', un coefficient variant de 8 à 15 lorsque les armatures transversales forment des rectangles en projection sur une section transversale du prisme, et de 15 à 32, suivant l'importance des fatigues supportées par le béton et l'écartement des armatures, lorsque ces dernières consistent en un frettage formé par des cerces ou des spires ;

Quels que soient d'ailleurs le pourcentage du métal et la valeur du coefficient $1 + m'\dfrac{v}{V}$, la limite de travail à admettre ne doit pas dépasser les 0,60 de la résistance à la rupture du béton non armé.

Ajoutons que la longueur des pièces frettées paraît exercer une influence notable sur leur résistance. Les procès-verbaux des essais effectués par la Commission mentionnent que presque toutes les éprouvettes ont péri par flambage et montrent que, toutes choses égales d'ailleurs, la force portante des pièces décroît très rapidement avec leur longueur. C'est ainsi que deux éprouvettes de même origine, ayant respectivement $0^m,205$ et $0^m,59$ de longueur, armées toutes deux transversalement d'un fil de 5 millimètres enroulé au pas de 12 millimètres sur un cylindre de 65 millimètres, ont cédé : la première sous une pression moyenne de $1.213^{kg},8$ par centimètre carré de noyau intérieur et par éclatement d'une des cerces ; la seconde, par flambage sous une pression moyenne de $664^{kg},2$.

Applications.

40. Problème. — *Chercher les conditions de résistance d'un poteau supportant une charge axiale de 95.000 kilogrammes. La pièce est à section carrée de $0^m,46$ de côté (fig. 34) ; elle a une hauteur de $5^m,00$ et est armée longitudinalement de six aciers ronds de 24 millimètres. Le coefficient d'équivalence m du métal est égal à 15.*

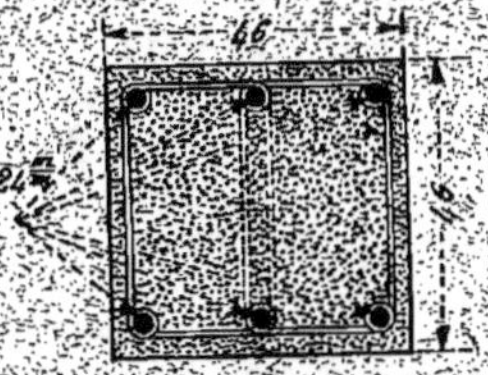

Élancement de la pièce : $\dfrac{5^m,00}{0^m,46} = 10,9$.

L'élancement étant inférieur à 20, la pièce est présumée courte.

Section du béton :

$$\Omega = 46 \text{ cm.} \times 46 \text{ cm.} = 2.116 \text{ centimètres carrés.}$$

Section des six aciers de 24 millimètres :

$$\omega = 452 \text{ mm}^2 \times 6 = 2.712 \text{ millimètres carrés.}$$

Équivalent du métal en béton :

$$m\omega = 15 \times 27^{cm2},12 = 407 \text{ centimètres carrés.}$$

Section totale réduite en béton :

$$\Omega + m\omega = 2.116 \text{ cm}^2 + 407 \text{ cm}^2 = 2.523 \text{ centimètres carrés.}$$

Travail du béton par centimètre carré :

$$n = \frac{N}{\Omega + m\omega} = \frac{95.000 \text{ kg}}{2.523 \text{ cm}^2} = 37^{kg},6.$$

Travail du métal :

$$n' = mn = 15 \times 37^{kg},6 = 564 \text{ kilogrammes.}$$

soit par millimètre carré :

$$5^{kg},64.$$

41. Problème. — *Évaluer la force portante d'un poteau placé à l'angle d'un bâtiment. La pièce est à section carrée de 30 centimètres de côté (fig. 35) ; elle a une hauteur de $5^m,70$ et est armée longitudinalement de quatre aciers ronds de 18 millimètres. La résistance normale du béton est de 50 kilogrammes par centimètre carré et le coefficient d'équivalence du métal est égal à 15.*

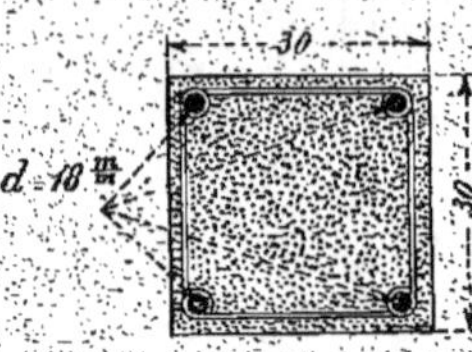

Fig. 35.

Élancement de la pièce : $\dfrac{5^m,70}{0^m,30} = 19$.

L'élancement étant inférieur à 20, la pièce est courte. Pour tenir compte de sa situation, nous réduirons aux $\dfrac{6}{10}$ de sa valeur normale la fatigue admissible pour le béton ; cette dernière sera donc, par centimètre carré, de

$$50 \text{ kg.} \times 0,6 = 30 \text{ kilogrammes.}$$

Section du béton :

$$\Omega = 30 \text{ cm.} \times 30 \text{ cm.} = 900 \text{ centimètres carrés.}$$

Section des quatre aciers de 18 millimètres :

$$\omega = 254 \text{ mm}^2 \times 4 = 1.016 \text{ millimètres carrés.}$$

Équivalent du métal en béton :

$$m\omega = 15 \times 10^{cm2},16 = 152^{cm2},4.$$

Section totale réduite en béton :

$$\Omega + m\omega = 900 \text{ cm}^2 + 152^{cm2},4 = 1.052^{cm2},4.$$

Force portante de la pièce :

$$N = n(\Omega + m\omega) = 30 \text{ kg.} \times 1.052^{cm2},4 = 31.572 \text{ kilogrammes.}$$

42. Problème. — *Établir en façade un poteau d'une hauteur de $4^m,50$ capable de supporter une charge de 75.000 kilogrammes. La plus grande dimension transversale de la pièce est limitée à $0^m,40$ dans les deux directions principales. La résistance normale du béton et de 50 kilogrammes par centimètre carré, et le coefficient d'équivalence du métal est égal à 15.*

Par raison d'économie, nous essaierons de la plus grande section transversale compatible avec les données du problème, soit un carré de $0^m,40$ de côté.

Pour tenir compte de la situation du poteau, nous limiterons la fatigue admissible pour le béton aux $\frac{7}{10}$ de la résistance normale; le travail du béton, par centimètre carré, sera donc de

$$50 \text{ kg.} \times 0,7 = 35 \text{ kilogrammes.}$$

Élancement de la pièce : $\dfrac{4^m,50}{0^m,40} = 11,25.$

L'élancement étant inférieur à 20, la pièce est courte.

Section à réaliser exprimée en béton :

$$\Omega + m\omega = \frac{N}{n} = \frac{75.000\text{kg}}{35\text{kg}} = 2.142^{cm^2},8.$$

Section du béton :

$$\Omega = 40 \text{ cm.} \times 40 \text{ cm.} = 1.600 \text{ centimètres carrés.}$$

Reste à réaliser au moyen de métal :

$$m\omega = 2.142^{cm^2},8 - 1.600 \text{ cm}^2 = 542^{cm^2},8.$$

Section de l'armature :

$$\omega = \frac{542^{cm^2},8}{15} = 36^{cm^2},13;$$

soit :

3.613 millimètres carrés.

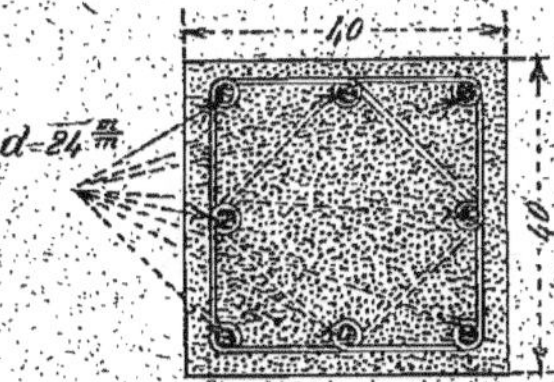

Fig. 36.

On prendra, par exemple, huit aciers de 24 millimètres (*fig.* 36), représentant une section totale de 3.619 millimètres carrés.

43. Problème. — *Calculer la force portante d'un poteau placé à l'angle saillant d'un bâtiment. La pièce est à section carrée de 30 centimètres de côté (fig. 35); sa hauteur est de $7^m,50$. L'armature se compose de quatre aciers ronds de 18 millimètres. La résistance normale du béton est de 50 kilogrammes par centimètre carré, et le coefficient d'équivalence du métal est égal à 10.*

Élancement du poteau : $\dfrac{7^m,50}{0^m,30} = 25.$

La pièce est longue, et il y a lieu de se préoccuper de la résistance au flambage. Nous nous servirons à cet effet de la formule d'Euler, en attribuant au coefficient K la valeur 1, au module d'élasticité du métal une valeur de 20×10^3 (le millimètre étant pris comme unité) et, en conséquence, à celui du béton une valeur de 2×10^5 (le centimètre étant pris comme unité).

Moment d'inertie de la section de béton :

$$I_b = \frac{\overline{30\,cm}^4}{12} = 67.500 \; cm^4.$$

Section des quatre aciers de 18 millimètres :

$$\omega = 254 \, mm^2 \times 4 = 1.016 \text{ millimètres carrés.}$$

Équivalent du métal en béton :

$$m\omega = 10 \times 10^{cm^2},16 = 101^{cm^2},6.$$

Moment d'inertie de la section équivalente :

$$I_a = m\omega z^2 = 101^{cm^2},16 \times \overline{12^{cm}}^2 = 14.630^{cm^4},4.$$

Moment d'inertie total de la section réduite :

$$I = I_b + I_a = 67.500 \; cm^4 + 14.630^{cm^4},4 = 82.130^{cm^4},4.$$

Charge de voilement, la pièce étant supposée libre à ses extrémités :

$$P = \frac{\pi^2 EI}{l^2} = \frac{3.1416^2 \times 2 \times 10^5 \times 82.130^{cm^4},4}{750 \; cm^2} = 288.212 \text{ kilogrammes.}$$

Avec un coefficient de sécurité de 4, la charge normale à imposer serait :

$$P' = \frac{288.212 \; kg.}{4} = 72.053 \text{ kilogrammes;}$$

mais, pour tenir compte de la situation de la pièce, nous n'admettrons que les 0,6 de cette charge, soit :

$$72.053 \; kg. \times 0,60 = 43.232 \text{ kilogrammes.}$$

Voyons maintenant ce que donnerait la méthode de calcul des pièces courtes.

Section du béton :

$$\Omega = 30 \; cm. \times 30 \; cm. = 900 \text{ centimètres carrés.}$$

Équivalent du métal en béton :

$$101^{cm2},6.$$

Section totale exprimée en béton :

$$\Omega + m\omega = 900 \text{ cm}^2 + 101^{cm2},6 = 1.001^{cm2},6.$$

Charge normale que devrait supporter la section :

$$N = n\,(\Omega + m\omega) = 50 \text{ kg.} \times 1.001^{cm2},6 = 50.080 \text{ kilogrammes.}$$

A cause de la situation de la pièce, on n'en prendra, comme dans le cas précédent, que les 0,6, soit :

$$50.080 \text{ kg.} \times 0,6 = 30.048 \text{ kilogrammes.}$$

Le résultat le plus défavorable est fourni par la méthode des pièces courtes. La charge admissible sera donc de 30.048 kilogrammes.

44. Problème. — *Établir une colonne intérieure circulaire de 1,0 centimètres de diamètre et de 8 mètres de hauteur, pour supporter une charge de 33.000 kilogrammes. La limite normale de travail admissible pour le béton est de 50 kilogrammes.*

Élancement de la colonne : $\dfrac{8^m,00}{0^m,30} = 26,6.$

La pièce est longue. Pour en fixer les éléments, nous nous servirons de la formule d'Euler et prendrons : $1,5 \times 10^5$ comme module d'élasticité du béton, et 15 comme coefficient d'équivalence du métal. De plus, pour tenir compte d'une dissymétrie possible des charges, nous porterons le coefficient de sécurité habituel 4 à $\dfrac{4}{0,8}$, soit 5.

Moment d'inertie total à réaliser :

$$I = \frac{5Pl^2}{\pi^2 E} = \frac{5 \times 33.000 \text{ kg.} \times \overline{800 \text{ cm}}^2}{3.1416^2 \times 1,5 \times 10^5} = 71.348 \text{ cm}^4.$$

Moment d'inertie de la section de béton :

$$I_b = \frac{\pi d^4}{64} = \frac{3.1416 \times \overline{30 \text{ cm}}^4}{64} = 39.760 \text{ cm}^4.$$

La différence, $I - I_b = 31.588 \text{ cm}^4$ doit être réalisée par l'armature dont le moment d'inertie, en la supposant uniformément répartie sur une circonférence de rayon $r = 12$ centimètres, a pour expression :

$$I_a = \frac{m\omega r^2}{2};$$

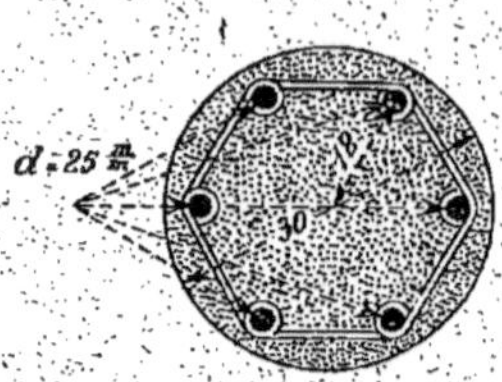

Fig. 37.

on en déduit :

$$\omega = \frac{2I_a}{mr^2} = \frac{2 \times 31.588 \text{ cm}^4}{15 \times \overline{12 \text{ cm}}^2} = 29^{\text{cm}2},25;$$

soit :

2.925 millimètres carrés.

On prendra, par exemple, six aciers de 25 millimètres (*fig*. 37), représentant une section de 2.948 millimètres carrés.

Le calcul par la méthode des pièces courtes conduit à une section d'armature plus petite. On conservera donc les six aciers de 25.

45. **Problème.** — *Calculer le travail des matériaux dans un pilier à section circulaire de 30 centimètres de diamètre (fig. 38), supportant une charge de 25.000 kilogrammes. La hauteur de la pièce est de 7^m,50. L'armature se compose de six aciers de 18 millimètres dont le coefficient d'équivalence est égal à 15.*

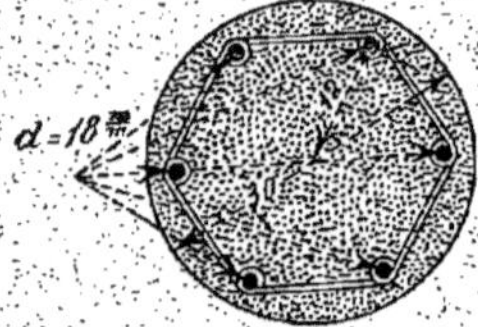

Fig. 38.

Élancement de la pièce : $\dfrac{7^m,50}{0^m,30} = 25.$

La pièce est longue et nous traiterons le problème au moyen de la formule de Rankine en admettant pour K la valeur 1/2.

Section du béton :

$$\Omega = \frac{\pi d^2}{4} = \frac{3.1416 \times \overline{30 \text{ cm}}^2}{4} = 707 \text{ centimètres carrés.}$$

Section des six aciers de 18 millimètres :

$$\omega = 1.526 \text{ millimètres carrés.}$$

Équivalent du métal en béton :

$$m\omega = 15 \times 15^{\text{cm}2},26 = 228^{\text{cm}2},9.$$

Section totale exprimée en béton :

$$\Omega + m\omega = 707 \text{ cm}^2 + 228^{\text{cm}2},9 = 935^{\text{cm}2},9.$$

Travail moyen du béton :

$$n_0 = \frac{P}{\Omega + m\omega} = \frac{25.000 \text{ kg.}}{935^{\text{cm}2},9} = 26^{\text{kg}},8.$$

Moment d'inertie de la section de béton :

$$I_b = \frac{\pi d^4}{64} = \frac{3{,}1416 \times \overline{30\ \mathrm{cm}}^4}{64} = 39.760\ \mathrm{cm}^4.$$

Moment d'inertie de la section équivalente du métal supposée uniformément répartie sur une circonférence de rayon $r = 12$ centimètres :

$$I_a = \frac{m\omega \cdot r^2}{2} = \frac{228^{\mathrm{cm}^2}{,}9 \times \overline{12\ \mathrm{cm}}^2}{2} = 16.480\ \mathrm{cm}^4.$$

Moment d'inertie total :

$$I = I_b + I_a = 39.760\ \mathrm{cm}^4 + 16.480\ \mathrm{cm}^4 = 56.240\ \mathrm{cm}^4.$$

Travail maximum du béton :

$$n = n_0 \left[1 + 0{,}0001\, \frac{l^2 (\Omega + m\omega)}{2 I} \right]$$

$$= 26^{\mathrm{kg}}8{,} \left(1 + 0{,}0001\, \frac{\overline{750\ \mathrm{cm}}^2 \times 935^{\mathrm{cm}^2}{,}9}{2 \times 56.240\ \mathrm{cm}^4} \right)$$

$$= 26^{\mathrm{kg}}8{,} (1 + 1{,}47) = 39^{\mathrm{kg}}{,}40.$$

Limite du travail maximum du métal :

$$15 \times 39^{\mathrm{kg}}{,}40 = 591\ \text{kilogrammes par centimètre carré,}$$

soit $5^{\mathrm{kg}}{,}91$ par millimètre carré.

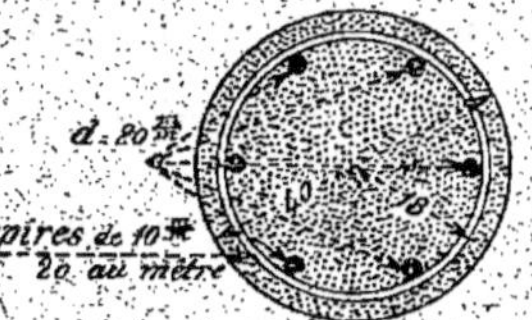

FIG. 39.

46. Problème. — *Quelle est la charge que peut supporter un poteau fretté à section circulaire de 40 centimètres de diamètre (fig. 39), et de 5 mètres de hauteur ? La pièce est armée longitudinalement de six barres de 20 millimètres. Le frettage est constitué au moyen d'un fil de 10 millimètres enroulé au pas de 5 centimètres sur un noyau de 36 centimètres de diamètre. La fatigue normalement admissible pour le béton est de 50 kilogrammes.*

Section d'un acier de 10 millimètres :

$$0^{\mathrm{cm}^2}{,}79.$$

Longueur approximative d'une spire :

$$3{,}1416 \times 36\ \mathrm{cm.} = 113^{\mathrm{cm}}{,}1.$$

Volume d'une spire :

$$v = 113^{cm},9 \times 0^{cm2},79 = 89^{cm3},35.$$

Rapport du pas de l'enroulement au diamètre du poteau :

$$\frac{5 \text{ cm.}}{40 \text{ cm.}} = \frac{1}{8},$$

Équivalent du métal (voir n° 15) :

$$m' = 32.$$

Section du béton :

$$\Omega = \frac{\pi d^2}{4} = \frac{3.1416 \times \overline{40 \text{ cm}}^2}{4} = 1.256 \text{ centimètres carrés.}$$

Section de six aciers de 20 millimètres :

$$\omega = 1.884 \text{ millimètres carrés.}$$

Équivalent du métal en béton :

$$m\omega = 15 \times 18^{cm2},84 = 282^{cm2},6.$$

Section totale exprimée en béton :

$$\Omega + m\omega = 1.256 \text{ cm}^2 + 282^{cm2},6 = 1.538^{cm2},6.$$

Volume de la section réduite correspondant au pas de l'enroulement :

$$V = 1.538^{cm2},6 \times 5 \text{ cm.} = 7.693 \text{ centimètres cubes.}$$

Fatigue admissible pour le béton fretté :

$$n = n_0\left(1 + m' \frac{v}{V}\right) = 50 \text{ kg.} \left(1 + 32 \times \frac{89^{cm3},35}{7.693^{cm3}}\right) = 50 \text{ kg.} (1 + 0,37) = 68^{kg},5.$$

En admettant pour le béton (voir n° 11) une résistance à la rupture de 180 kilogrammes par centimètre carré, la fatigue à lui imposer ne doit pas dépasser les 60/100 de ce chiffre, soit : 108 kilogrammes. La limite calculée de $68^{kg},5$ peut donc être retenue.

Charge totale que peut supporter le poteau :

$$N = n(\Omega + m\omega) = 68^{kg},5 \times 1.538^{cm2},6 = 105.394 \text{ kilogrammes.}$$

CHAPITRE IX

PIÈCES SOUMISES A LA TRACTION. TUYAUX
ET RÉSERVOIRS CIRCULAIRES

47. Formule de la traction simple. — Les méthodes de calcul, applicables aux pièces soumises à un effort longitudinal simple, sont les
mêmes qu'il s'agisse de compression ou de traction. Il suffit, dans l'application des formules, de tenir compte des propriétés résistantes que
présentent les matériaux, suivant qu'ils sont soumis à l'un ou à l'autre
genre d'effort, en attribuant à chaque élément d'une section hétérogène
le coefficient d'équivalence afférent.

Les formules, établies (n° 36) pour les poteaux pourraient servir à
l'étude des pièces en béton armé tendues. Mais on néglige généralement
la résistance du béton à la traction et l'on admet que la totalité des effets
des charges est absorbée par l'armature.

ω désignant alors la section de cette dernière;
T, l'effort de traction

le travail du métal résultant est donné par l'équation :

$$(100) \qquad t = \frac{T}{\omega}.$$

Le calcul des pièces tendues est donc extrêmement simple ; la seule
particularité qu'il puisse présenter réside dans la détermination de l'effort total de traction T.

Nous ne considérerons ici que deux de ses applications, les plus fré-
quentes, aux parois cylindriques des tuyaux et des réservoirs destinés à
contenir des liquides. On trouvera dans la troisième partie une méthode
de calcul des poussées dues aux masses granuleuses.

48. Tuyaux. — Les conduits cylindriques en béton, soumis à des
pressions intérieures, sont généralement pourvus d'un double système

d'armatures (*fig.* 40) ; l'un disposé dans le sens transversal et composé de cerces ou de spires formées par l'enroulement d'un fil continu ; l'autre, constitué par des barres droites, disposé à l'intérieur du premier et parallèlement à l'axe de la pièce.

Les armatures transversales ou *directrices* sont destinées à résister aux pressions intérieures qui tendent à ouvrir la conduite suivant un plan diamétral.

Les armatures longitudinales ou *génératrices* jouent le rôle d'éléments de répartition. Elles servent à parfaire la solidarité des directrices et de la masse du béton. On les distribue généralement à raison de 8 à 10 par mètre. Sauf dans les conduites forcées, à pressions très élevées, elles ne supportent que des fatigues réduites et peuvent être constituées au moyen de fils de faible diamètre. Pratiquement, on ne descend guère au-dessous de 5 millimètres, dimension suffisante dans la plupart des cas pour dispenser de calculs de vérification.

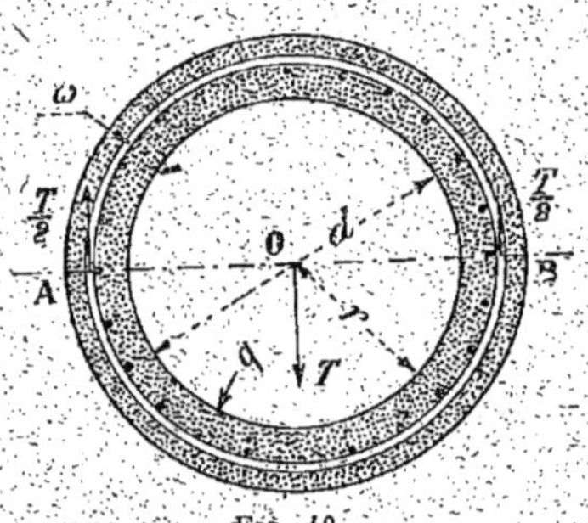

Fig. 40.

Au point de vue de la rigidité des parois et de l'étanchéité des conduites, il y a intérêt à diminuer le diamètre des armatures et à en augmenter le nombre. L'ossature à mailles plus serrées assure une cohésion plus parfaite de la masse du béton et une répartition plus égale des tensions entre les éléments de la paroi.

Désignons par :

q, la pression à l'intérieur de la conduite, ou, dans le cas général où la paroi est pressée des deux côtés, la différence entre les pressions intérieure et extérieure ;

$d = 2r$, le diamètre intérieur du tuyau ;

ω, la section des directrices sur une longueur de la pièce égale à l'unité.

La résultante T des pressions suivant un plan diamétral étant fixée par la relation :

$$(101) \qquad T = 2qr,$$

le travail du métal, dont la section résistante suivant ce plan diamétral est 2ω, sera donné par l'équation :

$$(102) \qquad t = \frac{qr}{\omega},$$

qui permet également de calculer les dimensions des directrices dans l'établissement d'un projet.

Si, comme il arrive fréquemment en pratique, on évalue :

les pressions en kilogrammes par centimètre carré ;

les diamètres ou rayons en centimètres ;

les sections du métal en millimètres carrés ;

le travail de l'armature en kilogrammes par millimètre carré ;

la section des directrices, par mètre courant de longueur de tuyau, est donnée par la relation :

$$(103) \qquad \omega = \frac{100qr}{t}$$

Si l'on admet en outre :

un travail du métal de 10 kilogrammes par millimètre carré ;

des directrices réparties à raison de 10 par mètre courant de longueur de tuyau ;

la section ω' de l'une d'entre elles, dans le même système d'unités, est définie par la formule :

$$(104) \qquad \omega' = qr ;$$

la section d'une directrice est égale au produit de la pression, exprimée en kilogrammes par centimètre carré, par le rayon de la conduite évalué en centimètres.

Tant que les charges intérieures sont peu considérables, on arrête les épaisseurs des parois en se basant sur des considérations pratiques de mise en œuvre, de manipulation et d'entretien. Mais, pour les ouvrages importants, on ne peut plus se contenter de déterminations arbitraires, et il convient de régler les proportions des deux éléments de manière à ne pas imposer au béton, dont on néglige la résistance à la traction, une fatigue supérieure à la limite d'élasticité. Le dépassement de cette dernière risquerait de compromettre l'étanchéité de l'ouvrage. Nous avons vu, dans l'étude de la résistance du béton armé à la traction, que pour garantir le béton contre les risques de rupture, le rapport de la section du béton à celle de l'armature ne devait pas descendre au-dessous d'une certaine limite. Cette dernière pourrait être prise entre 90 et 120 suivant l'importance de l'ouvrage, le minimum s'appliquant aux pièces de grandes dimensions.

Aux efforts que supportent les tuyaux du fait des pressions intérieures peuvent s'ajouter d'autres provenant des conditions de sollicitation extérieures. On trouvera plus loin (ch. XVII), des méthodes de calcul pour les pièces cylindriques soumises à la flexion simple ou à la flexion composée.

49. Réservoirs. — Les parois des réservoirs circulaires en béton, de même que celles des tuyaux, comportent généralement deux systèmes d'armatures (*fig.* 41 et 44) : des directrices circulaires dont l'importance décroît, comme l'intensité des efforts d'extension, du fond à la partie supérieure du réservoir, et des génératrices verticales dont le diamètre varie de 6 à 8 millimètres suivant les proportions de l'ouvrage. Les génératrices jouent le rôle d'éléments de répartition et se disposent à l'intérieur des directrices à raison de 5 à 10 par mètre.

Dans les réservoirs de faibles dimensions, on donne aux parois une épaisseur constante sur toute la hauteur. Dans les ouvrages importants, pour économiser le béton, on procède par succession d'anneaux dont l'épaisseur, décroissant de la base au sommet, peut se déterminer, comme dans le cas des tuyaux, en proportionnant la section de la paroi à celle du renforcement circulaire.

Lorsqu'un anneau de béton est pressé extérieurement, on doit l'établir de manière que le béton ne travaille pas à un taux de compression supérieur à la limite admissible. La résultante des poussées suivant un plan diamétral est encore donné par la formule (101) où r représente alors le rayon du cylindre de la paroi extérieure.

Les fonds et couvertures des réservoirs se calculent, comme les éléments de planchers ordinaires soumis à la flexion simple, suivant les méthodes exposées plus loin (ch. x à xiv). On devra toutefois, tant dans les dispositions des projets que dans leur exécution, veiller avec un soin tout spécial à écarter les dangers de fissuration des fonds ; les discontinuités, même imperceptibles, qui seraient sans importance dans les planchers ordinaires, risqueraient de compromettre l'étanchéité des ouvrages. Il est en outre indispensable d'assurer au sol des cuves une rigidité suffisante pour en prévenir la flexion et la rupture des enduits étanches qui y adhèrent ; on peut conseiller, à cet effet, de réduire les limites normales de fatigue admises pour les matériaux.

Désignons par :

x, la profondeur moyenne, comptée à partir de la surface libre du liquide, d'un anneau élémentaire de paroi de hauteur dx ;
δ, la densité du liquide ;
r, le rayon intérieur de la paroi.

La pression à une profondeur x étant δx, la demi-résultante des pressions, sur une section diamétrale de l'anneau élémentaire, aura pour expression :

$$\delta x r\, dx,$$

et la section métallique $d\omega$ du renforcement circulaire correspondant sera donnée par la formule :

$$(105) \qquad d\omega = \frac{\delta x r}{t}\, dx,$$

t étant le travail du métal.

Entre deux niveaux x' et x'' (*fig*. 41), on aura donc, pour section totale ω des directrices :

$$(106) \qquad \omega = \frac{\delta r}{t}\, \frac{x'^2 - x''^2}{2},$$

ou, en désignant par :

a, la hauteur $x' - x''$ de paroi comprise entre les deux niveaux;

h, la profondeur moyenne $\dfrac{x' + x''}{2}$ de l'élément,

$$(107) \qquad \omega = \frac{\delta r a h}{t};$$

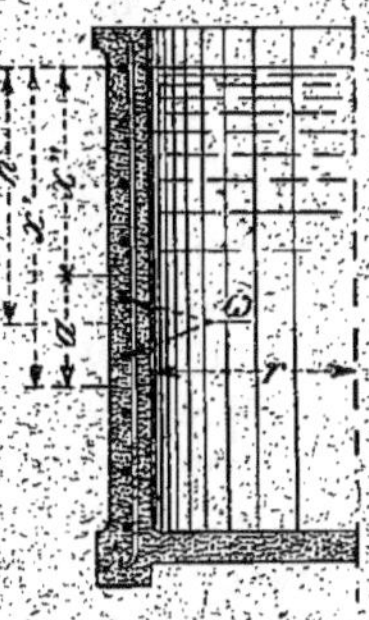

Fig. 41.

si les anneaux sont de hauteur constante, la section des directrices est proportionnelle à leur profondeur moyenne.

Dans une paroi d'égale résistance, c'est-à-dire où le métal travaillerait à un taux uniforme, la section totale du renforcement circulaire varierait, à partir de la surface libre du liquide, suivant la loi parabolique définie par l'équation (106) en y annulant x''. Pratiquement, on se contente de réaliser, entre deux niveaux plus ou moins rapprochés, la section ω fixée par la relation (107).

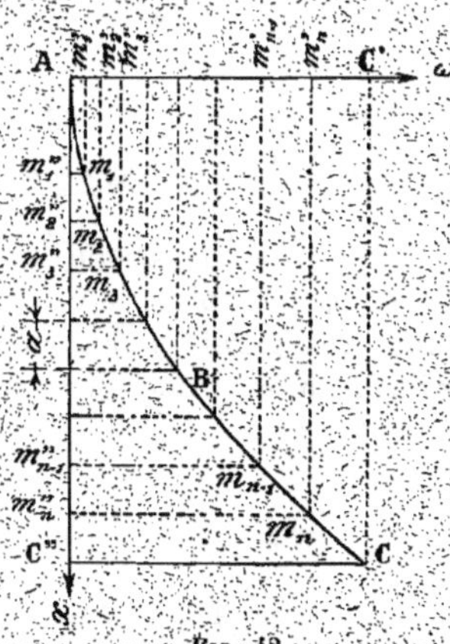

Fig. 42.

La répartition des armatures circulaires peut s'effectuer aisément et à volonté par la méthode graphique.

En effet, la parabole ABC (*fig*. 42), représentative de la fonction définie par la relation (106), a pour axe la droite des abscisses Aω, située dans le plan de la surface libre du liquide, et pour tangente au sommet la verticale Ax des ordonnées.

Soit C le point où la parabole rencontre le plan du fond du réservoir, et C′ sa projection verticale sur l'axe Aω; AC′ représente la section totale des directrices de la paroi.

Si l'on prend sur la parabole un certain nombre de points m_1, m_2 ..., m_n, qu'on les projette en m'_1, m'_2...

m'_n sur $A\omega$, et en $m''_1, m''_2, \ldots, m''_n$ sur $A\omega$, un segment tel que $m'_1 m'_2$ représentera la section des directrices comprises entre les niveaux m''_1 et m''_2 correspondants.

Deux des procédés de répartition les plus simples consistent à diviser en parties égales soit la section totale AC' du métal, soit la hauteur AC'' de la paroi. Le second offre l'avantage d'une détermination analytique immédiate; la section des directrices de chacun des anneaux, donnée par la formule (107) où a est constant, varie suivant une progression arithmétique comme la profondeur moyenne des éléments successifs.

Dans ce cas, la profondeur moyenne et le rayon intérieur de la paroi étant exprimés en mètres;

la densité du liquide en kilogrammes par mètre cube;

les sections de métal en millimètres carrés;

le travail de l'acier en kilogrammes par millimètre carré,

la section d'une des directrices d'un anneau est donnée par la formule :

$$(108) \qquad \omega = \frac{\delta r a h}{n t},$$

n étant le nombre des directrices de l'anneau considéré.

Si l'on admet en outre :

un travail du métal de 10 kilogrammes par millimètre carré;

des directrices réparties verticalement à raison de 10 par mètre;

la section ω', dans le cas des réservoirs à eau, est donnée par l'égalité :

$$(109) \qquad \omega' = 10 r h;$$

la section d'une directrice est, dans ce cas, égale à dix fois le produit du rayon intérieur de la paroi par sa distance verticale au niveau libre du liquide.

La formule (107) peut aussi servir à fixer l'épaisseur d'une paroi cylindrique comprimée. Dans le système des unités spécifiées plus haut, elle donne, sur la hauteur a, la section méridienne de la paroi en centimètres carrés, lorsque le travail du béton est lui-même exprimé en kilogrammes par centimètre carré.

Applications.

50. Problème. — *Établir une conduite circulaire de $0^m,50$ de diamètre destinée à supporter une charge d'eau de 20 mètres. Travail maximum du métal : 10 kilogrammes par millimètre carré.*

Pression, par centimètre carré, due à la hauteur de 20 mètres d'eau :

$$q = 2 \text{ kilogrammes.}$$

Rayon de la conduite :

$$r = 25 \text{ centimètres.}$$

Les directrices étant supposées réparties à raison de 10 par mètre courant de
conduite, on aura pour section de l'une
d'elles, d'après la formule (104) :

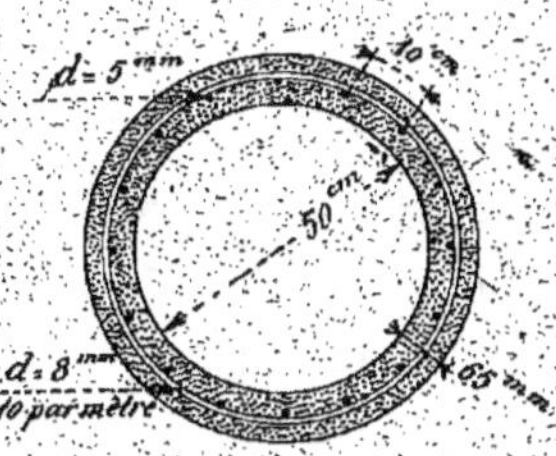

Fig. 43.

$$\omega' = qr = 2 \times 25 = 50 \text{ millimètres carrés;}$$

on prendra un acier de 8 millimètres représentant une section de 50 millimètres carrés (fig. 43).

En adoptant un pourcentage de $\frac{1}{125}$, on obtiendra pour la section
méridienne sur une longueur de 10 centimètres :

$$0^{cm2},50 \times 125 = 62^{cm2},5,$$

correspondant à une épaisseur de $6^{cm},25$.

On pourra prendre 63 millimètres.

Les génératrices pourront être constituées au moyen de fils ronds de
5 millimètres espacés de 10 centimètres.

Le carré formé par deux génératrices et deux directrices consécutives
ayant une surface de 100 centimètres carrés, l'effort qu'il supporte est
de 200 kilogrammes.

Si l'on admet qu'une génératrice en supporte la moitié, soit 100 kilogrammes, sa section étant de 20 millimètres carrés, son travail au cisaillement serait de :

$$\frac{100 \text{ kg}}{2 \times 20 \text{ mm}^2} = 2^{kg},5 \text{ par millimètre carré.}$$

51. Problème. — *Établir les éléments des parois d'un réservoir d'eau
annulaire (fig. 44). Le diamètre intérieur de la paroi extérieure est de
8 mètres, le diamètre extérieur de la paroi intérieure est de $1^m,64$. La
surface libre du liquide est à 5 mètres au-dessus du fond. Travail maximum du métal : 10 kilogrammes par millimètre carré ; travail maximum
du béton : 40 kilogrammes par centimètre carré.*

La hauteur de la paroi extérieure étant divisée en cinq parties de

1 mètre à partir de la surface libre du liquide, si l'on dispose dix directrices dans chaque anneau, la section de l'une d'elles sera donnée par la formule (109).

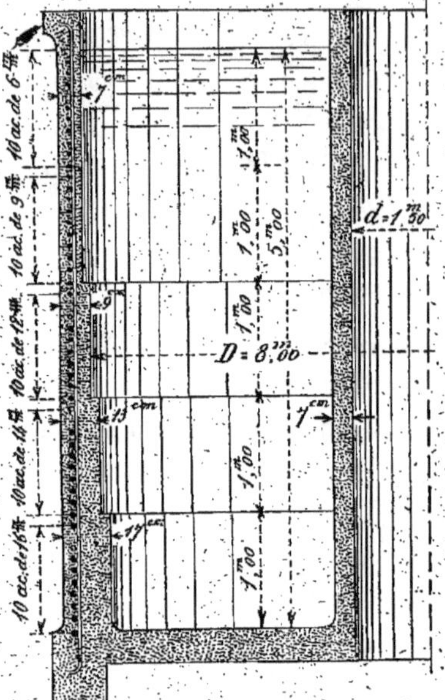

Fig. 44.

Le tableau suivant indique la profondeur moyenne h de chacun des anneaux numérotés à partir du fond, la section minimum ω' des directrices à y loger, le diamètre des barres à employer et l'épaisseur de la paroi calculée en attribuant au pourcentage une valeur maximum de $\dfrac{1}{90}$.

La section méridienne théorique Ω de la paroi intérieure, sur une hauteur $a = 1$ mètre à partir du fond, serait donnée par la formule (107) :

$$\Omega = \frac{1.000\,\text{kg.} \times 4^m,50 \times 1\,\text{m.} \times 0^m,82}{40\,\text{kg.}}$$
$$= 92\ \text{centimètres carrés};$$

d'où l'épaisseur correspondante :

$$c = \frac{92\,\text{cm}^2}{100\,\text{cm}} = 0^{cm},92\,;$$

on pourra adopter un minimum de 7 centimètres pour donner une rigidité suffisante à la paroi et en faciliter le montage.

DÉSIGNATION des ÉLÉMENTS	h	ω	DIAMÈTRE de la BARRE	ÉPAISSEUR de la PAROI
1	$4^m,50$	180 mm²	16 mm.	17 cm.
2	3 50	140 —	14 —	13 —
3	2 50	100 —	12 —	9 —
4	1 50	60 —	9 —	7 —
5	0 50	20 —	6 —	7 —

CHAPITRE X

PIÈCES SOUMISES A LA FLEXION SIMPLE

DÉTERMINATION DES EFFETS DES CHARGES.
MOMENTS FLÉCHISSANTS ET EFFORTS TRANCHANTS

52. Pièces statiquement indéterminées. — Dans les ouvrages en béton armé, tels que les consoles et les poutres reposant librement sur deux appuis, où les conditions d'équilibre sont statiquement déterminées, le calcul des effets des charges, moments fléchissants, efforts tranchants et réactions des appuis, s'effectue rigoureusement comme en résistance ordinaire des matériaux et conduit aux mêmes résultats. Dans le cas contraire, celui, par exemple, des pièces encastrées sur leurs appuis ou des poutres à travées solidaires, où ces effets ne peuvent plus être fixés par les seuls moyens de la statique, on doit, pour achever de déterminer le problème, faire appel à des considérations d'élasticité.

Les formules simples de la résistance des matériaux, servant au calcul des éléments hyperstatiques, sont établies en supposant les pièces homogènes, à section constante et à fibre moyenne continue. En matière de béton armé ces conditions ne sont pour ainsi dire jamais réalisées. Dans une dalle à double renforcement symétrique, le seul type de pièces qui, pratiquement, puisse après réduction présenter une section constante, le plan de l'axe neutre subit généralement une discontinuité aux points de la portée où les moments changent de signe. En dehors de quelques cas fortuits il n'en existe donc pas où les formules ordinaires de la résistance des matériaux s'adaptent en toute rigueur au calcul des pièces en béton armé statiquement indéterminées. Néanmoins, en raison des difficultés que présenteraient la recherche et l'application de formules exactes, et faute de mieux, on admet que les effets des charges se répartissent dans les ouvrages en béton armé comme dans les pièces homogènes.

« Ainsi », dit la circulaire ministérielle française « si on a une poutre en béton armé de portée l, encastrée à ses deux extrémités et portant une charge uniforme p kilogrammes par mètre courant, on admettra que, comme pour une poutre homogène, le plus grand moment de flexion se produira à l'encastrement et aura pour valeur :

$$\frac{pl^2}{12},$$

et que le moment de flexion au milieu, de signe contraire au précédent, sera en valeur absolue :

$$\frac{pl^2}{24}$$

« Si l'encastrement est partiel on adoptera, au lieu de la valeur ci-dessus, une valeur intermédiaire entre elle et celle $\frac{pl^2}{8}$, qui se rapporte à la poutre à appuis simples, par exemple $\frac{pl^2}{10}$

« De même, si on a une poutre à plusieurs travées qui seront généralement égales, il suffira de prendre dans les traités ou manuels de résistance des matériaux les valeurs toutes calculées des moments de flexion, efforts tranchants et réactions des appuis se rapportant à des pièces homogènes ou, si on se trouve dans des cas spéciaux, de calculer ces valeurs comme s'il s'agissait de pièces homogènes. »

La détermination exacte des conditions de sollicitation les plus défavorables et des effets résultants dans les éléments de planchers continus, destinés à porter des charges uniformes, constituerait de même, en raison de la multiplicité et souvent de l'irrégularité de distribution des appuis, un problème extrêmement complexe comportant des opérations laborieuses et, partant, peu pratiques. Aussi, en dehors des cas où le calcul exact peut présenter un réel intérêt, on se borne à considérer les éléments comme partiellement encastrés sur leurs appuis, en attribuant au moment maximum dans l'intervalle une valeur comprise entre celles qu'on obtiendrait dans les deux cas limites de la pièce parfaitement encastrée et libre sur ses appuis.

Quoi qu'il en soit, des moments fixés en deux points de la portée on déduit aisément tous les autres ; il suffit de se rappeler que, quelles que soient les liaisons aux extrémités, le moment en un point quelconque de la portée est égal, à une fonction linéaire près, représentée par la droite qui joint les ordonnées des moments sur appuis, à celui qui existerait dans la même pièce librement appuyée.

On trouvera au chapitre suivant l'indication des valeurs maxima des moments et réactions d'appuis (tableau I), et des efforts tranchants (tableau IV) dans différentes conditions de sollicitation et hypothèses relatives aux liaisons sur appuis. Nous appellerons demi-encastrement la liaison qui existe sur un appui où le moment est égal à la moitié de celui qui se produirait dans le cas de l'encastrement parfait.

Dans l'hypothèse de charges mobiles, on pourra, comme en résistance ordinaire des matériaux, déterminer les effets des charges par la méthode des lignes d'influence. On trouvera dans les tables de l'ouvrage de MM. Cart et Portès, « Calcul des Ponts métalliques par la méthode des lignes d'influence », toutes les indications nécessaires au tracé de ces lignes.

53. Hourdis porté par deux cours de poutres orthogonales. — « Le problème qui se pose à ce sujet », dit le rapport présenté à l'appui des propositions de la Commission, « est analogue à celui des plaques appuyées ou encastrées sur quatre côtés avec, en plus, des complications résultant de l'hétérogénéité des constructions armées. Il aurait été vain d'en poursuivre la solution théorique.

« On s'est inspiré des formules connues et on a réalisé les deux desiderata suivants : lorsque les deux portées sont infiniment différentes, donner les mêmes résultats que la formule des poutres ordinaires et pour les hourdis carrés, concorder avec la pratique des constructeurs. »

l et l' désignant les écartements respectifs des deux cours de nervures orthogonales (*fig.* 45) « on pourra », suivant les indications de la circulaire, « calculer le moment de flexion dans le sens de la portée l

Fig. 45.

comme si les nervures de portée l' existaient seules, en multipliant le chiffre obtenu par le coefficient de réduction :

$$\alpha = \frac{1}{1 + 2\dfrac{l^4}{l'^4}}.$$

« On fera de même en permutant les lettres l et l' pour obtenir le moment de flexion dans le sens de la portée l'. »

Le tableau suivant donne, pour différentes valeurs du rapport $\dfrac{l}{l'}$, de 0,25 à 1,00, celles des coefficients de réduction α et β correspondants; les coefficients α s'appliquant aux moments évalués dans le sens de la portée l, et les coefficients β aux moments évalués dans le sens de la portée l'.

$\dfrac{l}{l'}$	α	β	$\dfrac{l}{l'}$	α	β
0,25	0,992	0,002	0,65	0,737	0,082
0,30	0,984	0,004	0,70	0,675	0,107
0,35	0,970	0,007	0,75	0,612	0,137
0,40	0,951	0,013	0,80	0,550	0,170
0,45	0,924	0,020	0,85	0,490	0,207
0,50	0,888	0,030	0,90	0,432	0,247
0,55	0,845	0,046	0,95	0,380	0,290
0,60	0,794	0,061	1,00	1/3	1/3

54. Répartition des charges concentrées sur les hourdis. — « Il est naturel », dit le rapport présenté à l'appui des propositions de la Commission, « de ramener à deux causes distinctes les phénomènes complexes par suite desquels les charges concentrées sur des surfaces très petites n'y produiront pas des efforts locaux de valeur infinie.

« S'il s'agit d'une roue, par exemple, la pression se transmet non seulement suivant la verticale mais aussi dans des directions obliques formant une sorte de pyramide dont la base a des dimensions d'autant plus fortes que la chaussée, le remblai et le hourdis ont plus d'épaisseur.

« D'autre part, de nombreuses expériences ont prouvé qu'en dehors de cette pyramide, les parties non chargées des hourdis participent à la flexion de celles qui supportent directement la charge, et que la déformation s'étend transversalement d'autant plus loin que la portée des hourdis est plus grande.

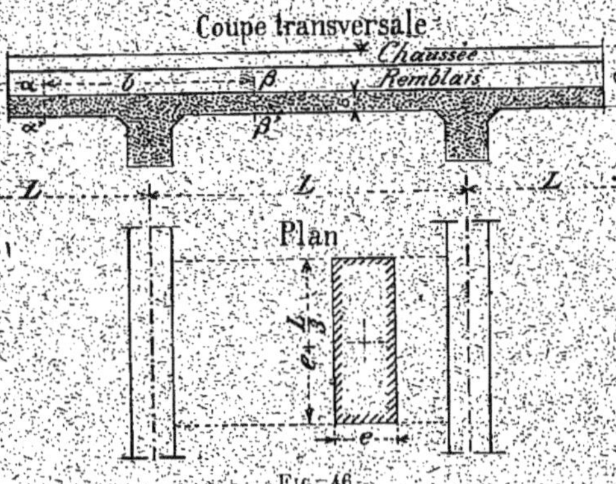

Fig. 46.

« La formule devait donc contenir deux variables : la somme e des épaisseurs de la chaussée, du remblai et du hourdis, et la portée l de ce dernier. Les paramètres ont été déterminés en tenant compte des résultats d'expériences de déformation et de manière à obtenir des résultats voisins, en moyenne, de ceux qu'admettent les constructeurs prudents. »

Suivant alors les indications de la circulaire, « pour calculer l'épaisseur e du plancher on admet que la charge isolée peut être remplacée (*fig.* 46) par une charge uniformément répartie sur un rectangle ayant cette charge pour centre, les côtés parallèles aux nervures ayant un écartement e égal à la somme des épaisseurs : 1° du hourdis lui-même soit e ; 2° s'il y a lieu, du remblai et de la chaussée qu'il porte ; ses côtés perpendiculaires aux nervures ayant pour écartement $e + \dfrac{L}{3}$, L étant l'écartement des nervures.

« La charge étant répartie, on suppose qu'elle est portée par une bande du hourdis, de largeur $e + \dfrac{L}{3}$ sans concours des parties adjacentes, par conséquent par une poutre, de section rectangulaire $\left(e + \dfrac{L}{3} \right)$ et de portée L, s'appuyant sur deux nervures consécutives. »

55. Dalles à portée variable. — Dans une dalle à portée variable, le moment fléchissant auquel est soumise la bande élémentaire de portée maximum est, en raison du concours apporté par les parties voisines, inférieur à celui qui se produirait si cette bande travaillait isolément.

Nous exposons ici, à titre d'indication, une méthode de calcul dont le principe est admis par certains constructeurs. Cette méthode, qui tient compte dans une certaine mesure de la solidarité des différents éléments, consiste à établir les dimensions de la section d'une dalle à portée variable en se basant sur la moyenne des moments fléchissants qui se développeraient dans toutes les bandes élémentaires si elles étaient indépendantes l'une de l'autre.

Des ouvrages établis de cette manière ont donné de bons résultats. Les formules auxquelles on arrive s'identifient d'ailleurs, dans le cas particulier des dalles carrées armées parallèlement aux diagonales, avec celle qu'on obtient en appliquant la règle édictée par la circulaire ministérielle française pour le calcul des hourdis portés par quatre cours de nervures orthogonales.

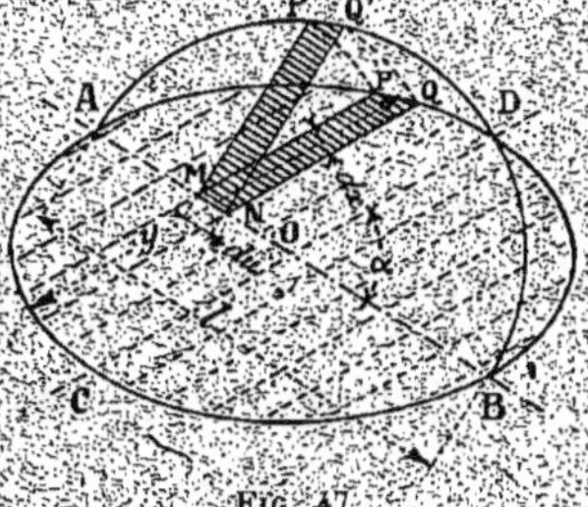

Fig. 47.

Considérons donc le cas, le plus simple et le plus fréquent, d'une dalle uniformément chargée dont la ligne d'appui est telle qu'il existe un diamètre AB conjugué de la direction des armatures (*fig.* 47), et désignons par :

    p, la charge au mètre carré supportée par la dalle;
    α, l'angle du diamètre AB avec la direction CD des armatures;
    l, la longueur du diamètre;
    y, la portée d'un élément dont la largeur dx est comptée perpendiculairement à la direction des armatures.

Le moment élémentaire dM' au milieu de la bande considérée est défini par la relation :

$$(110) \qquad dM' = Kpy^2 dx,$$

K étant un coefficient égal à $\dfrac{1}{8}, \dfrac{1}{12}, \dfrac{1}{24}$ suivant que la dalle est posée librement, mi-encastrée ou parfaitement encastrée sur ses appuis.

Faisons tourner, autour de leur point d'intersection avec AB, les ordonnées de la partie MNPQ de l'élément située d'un même côté du diamètre, de manière à les rendre perpendiculaires à AB.

du représentant la largeur de l'élément comptée suivant la direction AB, on a :

$$(111) \qquad dx = du \sin \alpha,$$

et, en désignant par dS le moment statique de l'aire MNP'Q' par rapport à AB, c'est-à-dire de l'élément MNPQ après balancement :

$$(112) \qquad dS = \frac{y^2}{8} du.$$

De la combinaison de ces trois équations on tire :

$$(113) \qquad dM = 8Kp \sin \alpha \, dS,$$

d'où la somme M' des moments élémentaires :

$$(114) \qquad M' = 8KpS \sin \alpha,$$

S étant le moment statique, après balancement, de la partie de la dalle située d'un même côté du diamètre AB.

AB ayant pour projection sur une direction perpendiculaire à celle des armatures :

$$l \sin \alpha,$$

on obtient pour moment fléchissant moyen (par unité de longueur) perpendiculairement à la direction des armatures :

$$(115) \qquad M = \frac{M'}{l \sin \alpha} = \frac{8KpS}{l}.$$

Considérons, par exemple, le cas d'une *dalle rectangulaire* ABCD reposant librement sur ses appuis et comportant un système d'*armatures disposées parallèlement à l'une des diagonales* CA (*fig.* 48). Chacune des diagonales constituant un diamètre conjugué de la direction de l'autre, un demi-rectangle tel que ABD devient, après balancement, la moitié d'un carré A'BD dont le moment statique par rapport à la diagonale BD est :

$$\frac{l^3}{24}$$

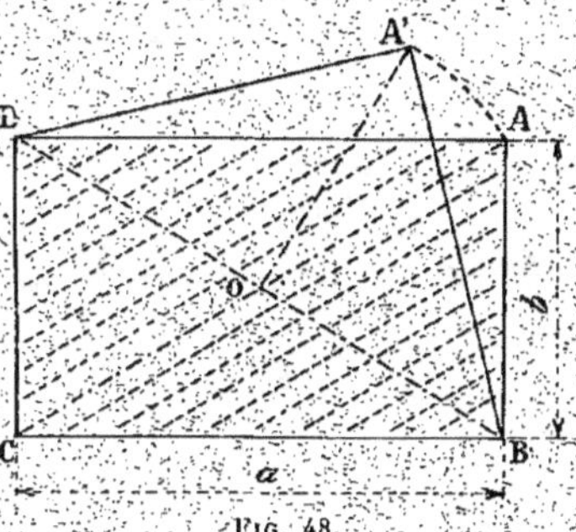

FIG. 48.

Si l'on suppose la dalle reposant simplement sur ses appuis, on a $K = \frac{1}{8}$, et l'équation (115) devient en y remplaçant S et K par leurs valeurs :

$$(116) \qquad M = \frac{pl^2}{24};$$

ou, en désignant par a et b la base et la hauteur du rectangle :

$$(117) \qquad M = \frac{p(a^2 + b^2)}{24}.$$

Si la pièce était à moitié ou parfaitement encastrée sur son pourtour, il suffirait dans les deux dernières formules de remplacer $\frac{1}{24}$ respectivement par $\frac{1}{36}$ ou $\frac{1}{72}$.

Dans le cas particulier d'une *dalle carrée*, les côtés sont égaux, et la formule (117) devient :

$$(118) \qquad M = \frac{pa^2}{12},$$

le coefficient $\frac{1}{12}$ étant à remplacer éventuellement par $\frac{1}{18}$ ou $\frac{1}{36}$, suivant l'état de l'encastrement, comme dans le cas précédent.

Les équations obtenues correspondent à l'hypothèse où la dalle ne comporte qu'un seul système d'armatures parallèles à l'une des diagonales. Dans le cas où il en existe deux, la pratique admet encore que la charge p par unité superficielle se répartit également entre chacun, et que le moment moyen à utiliser, dans le calcul de la section de la dalle et de chaque système d'armatures, est la moitié de celui qui est donné par l'une ou l'autre des deux formules (117) ou (118) ; soit pour la formule (117) :

$$(119) \qquad M = \frac{p(a^2 + b^2)}{48}$$

$\frac{1}{48}$ étant à remplacer par $\frac{1}{72}$ ou $\frac{1}{144}$ dans le cas, et suivant l'état de l'encastrement ; et pour la formule (118) :

$$(120) \qquad M = \frac{pa^2}{24},$$

en y remplaçant de même $\frac{1}{24}$ par $\frac{1}{36}$ ou $\frac{1}{72}$.

La formule (120) est celle à laquelle conduit, dans le même cas des dalles carrées, l'application de la règle fixée par la circulaire ministérielle française pour le calcul des pièces portées par quatre cours de nervures orthogonales et armées parallèlement aux nervures.

Dans la *dalle circulaire* de diamètre a (*fig.* 49), le moment statique S a pour valeur

$$\frac{a^3}{12},$$

de sorte que le moment fléchissant moyen, donné encore par une des équations (118) ou (120) suivant qu'il existe un seul système d'armatures ou deux systèmes orthogonaux, a même valeur que dans la dalle carrée circonscrite armée parallèlement aux diagonales.

Si l'on a affaire à une *dalle elliptique* (*fig.* 47) à un seul système ou à deux systèmes d'armatures parallèles aux diagonales du rectangle des axes de l'ellipse, le moment fléchissant moyen est également fourni par l'une ou l'autre des deux formules (118) ou (120), a représente alors la longueur du diamètre parallèle à la direction des armatures.

CHAPITRE XI

PIÈCES SOUMISES A LA FLEXION SIMPLE *(suite)* — DALLES

56. Structure des dalles. — On désigne généralement sous le nom de *dalle* toute pièce en béton armé à section rectangulaire.

Nous appellerons *dalles à renforcement simple* celles qui ne comportent qu'un seul plan d'armatures parallèles entre elles, du côté des faces ten-

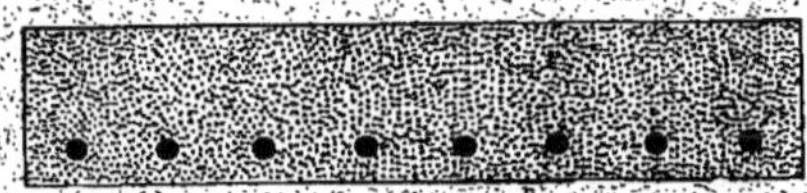

Fig. 50

dues (*fig.* 50), et *dalles à double renforcement* celles qui, en plus du système précédent, possèdent un second disposé du côté des faces comprimées (*fig.* 51).

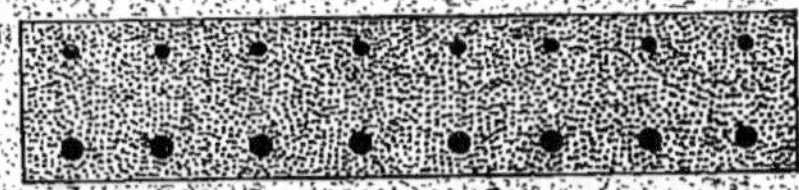

Fig. 51

La distance des armatures à la face la plus voisine varie suivant l'importance des barres et le degré de protection qu'on tient à leur assurer; le recouvrement, qui est généralement de 15 à 20 millimètres, doit en tout cas être suffisant pour garantir entièrement le métal contre les causes de destruction extérieures.

Un système d'armatures parallèles est quelquefois complété par un second dont les barres sont disposées de manière à former avec celles du premier un réseau en projection (*fig.* 52). Ces barres de complément jouent le rôle d'éléments de répartition et sont destinées à assurer une cohésion et une solidarité plus parfaites entre les différentes parties de la dalle.

Lorsque la dalle est appuyée sur tout son périmètre, on peut, en augmentant l'importance des aciers de répartition, les intéresser à la résistance. Le procédé de renforcement en réseaux ou quadrillés convient particulièrement aux cas où la ligne des appuis est circulaire, elliptique, carrée ou rectangulaire. Toutefois le rapport des deux dimensions principales de l'espace à couvrir ne doit pas s'élever ou descendre au delà de certaines limites.

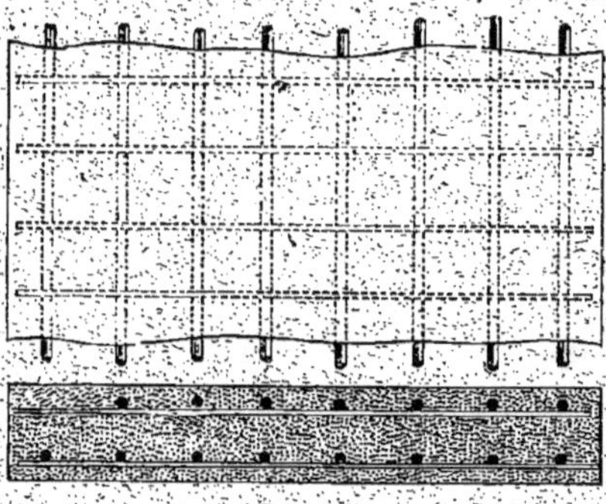

Fig. 52.

L'emploi du métal en compression, nous l'avons vu, n'est pas économique, et il y a intérêt, toutes les fois que les conditions du problème ne s'y opposent pas, à s'adresser au béton pour obtenir la résistance nécessaire.

Les armatures longitudinales de faible importance, employées comme éléments de répartition ou comme auxiliaires dans l'exécution, ne sont généralement pas considérées comme renforcements; on les néglige dans les calculs.

Dans les pièces soumises à des moments de signes différents, les armatures situées du côté des faces tendues, dans la zone des moments les plus importants, se prolongent le plus souvent de part et d'autre de cette zone; sur la longueur des prolongements la dalle est alors à renforcement double, et il convient d'en tenir compte d'autant plus rigoureusement que l'importance des armatures prolongées est elle-même plus appréciable.

Nous nous occuperons d'abord du calcul des tensions normales résultant de la flexion simple. L'étude de la résistance aux efforts tranchants, cisaillement vertical et glissement longitudinal, fera l'objet du chapitre XIII.

57. **Notations.** — Dans le calcul de la section transversale d'une dalle (*fig.* 53), nous désignerons par :

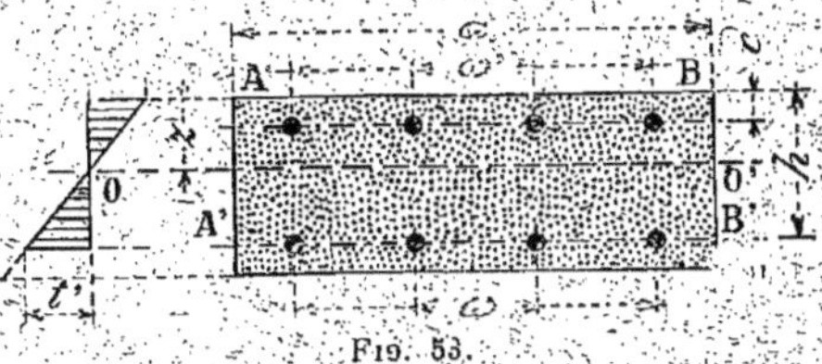

Fig. 53.

a, la largeur de la section ;

h, sa hauteur théorique, c'est-à-dire la distance du centre des armatures tendues à l'arête opposée [1] ;

$\Omega = ah$, la section résultante ;

ω, la section des armatures tendues ;

ω', celle des armatures comprimées ;

m, le coefficient d'équivalence du métal ;

m'', celui du béton tendu ;

$\rho = \dfrac{m\omega}{\Omega}$, le renforcement en tension, c'est-à-dire le rapport de la section équivalente des armatures tendues à la section totale de béton ;

$\rho' = \dfrac{m\omega'}{\Omega}$, le renforcement en compression ;

c, la distance du centre des armatures comprimées à l'arête voisine ;

z, la distance de l'axe neutre à la même arête ;

ζ, le rapport $\dfrac{z}{h}$;

γ, le rapport $\dfrac{c}{h}$;

n, le travail maximum du béton comprimé ;

t, celui du métal tendu ;

n', la fatigue du métal comprimé ;

t', celle du béton tendu.

A. — Calcul du travail des matériaux.

58. **Position de l'axe neutre.** — Considérons d'abord la période d'imposition des charges où, sa limite d'élasticité n'étant pas encore atteinte, le béton tendu fonctionne comme corps élastique supposé à

---

(1) Cette hauteur théorique est celle qui est communément adoptée dans les calculs. Nous négligeons ainsi l'épaisseur de béton qui constitue le recouvrement des armatures tendues. Il n'y aurait aucune difficulté à établir, par des procédés de calcul analogues à ceux qui vont être indiqués, des formules qui tiennent compte de l'existence de ce recouvrement.

module d'élasticité constant ; il suffira d'annuler m'' dans les formules correspondantes pour obtenir celles qui conviennent au cas où il n'est pas tenu compte de la résistance du béton à la traction.

L'axe neutre passant par le centre de gravité de la section réduite, le moment statique de cette dernière par rapport au même axe doit être nul.

Le moment de la section du béton comprimé et du renforcement en compression est :

$$(121) \qquad S' = \frac{az^2}{2} + m\omega'(z - c);$$

celui du béton tendu et du renforcement en traction, en tenant compte de la convention antérieure des signes (ch. vi, n° 23) :

$$(122) \qquad S'' = -\left[m''a\,\frac{(h - z)^2}{2} + m\omega(h - z) \right].$$

En exprimant que le moment résultant, $S = S' + S''$, est nul, on obtient l'équation :

$$\frac{az^2}{2} + m\omega'(z - c) - m''a.\frac{(h - z)^2}{2} - m\omega(h - z) = 0,$$

qui, ordonnée par rapport à z, devient :

$$(123) \quad (1 - m'')\,az^2 + 2\,(m\omega + m\omega' + m''ah)\,z - [2\,(m\omega h + m\omega'c) + m''ah^2] = 0;$$

ou, en divisant les deux membres par ah^2 :

$$(124) \quad (1 - m'')\,\zeta^2 + 2\,(\rho + \rho' + m'')\,\zeta - [2\,(\rho + \gamma\rho') + m''] = 0.$$

Cette équation du second degré en ζ admet deux racines de signes contraires, dont la positive, inférieure à 1, est seule acceptable. Le module d'élasticité du béton tendu étant inférieur à celui du béton comprimé, le coefficient m'' est inférieur à 1, et la racine à retenir est :

$$(125) \quad \zeta = \frac{-(\rho + \rho' + m'') + \sqrt{(\rho + \rho' + m'')^2 + [2\,(\rho + \gamma\rho') + m''](1 - m'')}}{1 - m''}.$$

Si l'on ne tient pas compte de la résistance du béton à la traction, $m'' = 0$ et l'on a :

$$(126) \qquad \zeta = -(\rho + \rho') + \sqrt{(\rho + \rho')^2 + 2\,(\rho + \gamma'\rho')};$$

enfin, *si la dalle est à renforcement simple,* $\rho' = 0$ et il reste :

$$(127) \qquad \zeta = - \rho + \sqrt{\rho^2 + 2\rho}.$$

Dans le cas particulier d'une pièce hétérogène, où le module d'élasticité de l'élément de base serait le même en tension qu'en compression, $m'' = 1$, l'équation (124) s'abaisse au premier degré et l'on en tire :

$$(128) \qquad \zeta = \frac{\rho + \gamma\rho + 0,5}{\rho + \rho' + 1}$$

L'examen de l'équation (127) montre que la courbe représentative de la fonction ζ de ρ, définie par cette équation, n'est autre qu'une branche d'une hyperbole admettant la droite $\zeta = - \rho$ comme diamètre conjugué de la direction des ordonnées. Elle passe par l'origine des coordonnées, tangentiellement à l'axe des ordonnées et est située au-dessous de l'asymptote $\zeta = 1$. La branche située dans la région des coordonnées positives est seule utilisable.

On en déduit que ζ et ρ varient dans le même sens. A un accroissement du renforcement en traction, obtenu soit par une augmentation de l'importance du métal, soit par une réduction de celle de la section totale du béton, correspond une descente de l'axe neutre et inversement. Pour des variations égales du renforcement, le déplacement est d'autant plus notable que le renforcement est plus faible.

La formule (126) montre que le renforcement en compression agit dans le même sens sur la position de l'axe neutre, mais d'une manière moins sensible, la valeur de γ étant toujours inférieure à l'unité.

Comme la résistance effective du béton tendu équivaut à un certain accroissement du renforcement en traction, l'axe neutre est en réalité situé plus bas que ne l'indique le calcul dans l'hypothèse où il n'est pas tenu compte de la résistance du béton tendu. L'écart entre les positions théorique et réelle diminue, de même que le module d'élasticité du béton tendu, à mesure que le nombre des répétitions des chargements et déchargements augmente.

La position de l'axe neutre ne dépendant que de l'importance relative des éléments de la section, le lieu de cet axe, dans une pièce à section constante, est un plan parallèle aux faces de la dalle.

59. Travail des matériaux. — Nous avons vu (ch. vi, n° 23) qu'à une distance z de l'axe neutre, la tension de l'élément de base d'une section hétérogène, dans le cas actuel le béton comprimé, était donnée par la formule (52) :

$$n = \frac{Mz}{I},$$

où M désigne le moment fléchissant dans la section considérée, et I le moment d'inertie total de la section réduite pris par rapport à l'axe neutre.

Dans le cas le plus général, le moment d'inertie total est la somme de quatre moments : celui du béton comprimé, celui du renforcement en compression, celui du renforcement en traction et celui du béton tendu.

S_1, S_2, S_3 et S_4 représentant les moments statiques respectifs des quatre éléments par rapport à l'axe neutre;

d_1, d_2, d_3 et d_4, les distances au même axe du point d'application de la résultante des tensions dans chacun d'eux,

un des moments d'inertie partiels, celui du béton comprimé par exemple, est, d'après la formule (50), représenté par un produit tel que $S_1 d_1$; de sorte que l'on a pour moment d'inertie total de la section :

$$(129) \qquad I = S_1 d_1 + S_2 d_2 + S_3 d_3 + S_4 d_4.$$

Le moment statique de la section par rapport à l'axe neutre étant nul,

$$S_1 + S_2 + S_3 + S_4 = 0,$$

et la relation (129) peut s'écrire :

$$(130) \qquad I = S_1 (d_1 - d_3) + S_2 (d_2 - d_3) + S_4 (d_4 - d_3).$$

Les différences, telles que $d_1 - d_3$, représentent respectivement les distances au centre de l'armature tendue de la résultante des efforts dans chacun des trois éléments : béton comprimé, renforcement en compression et béton tendu.

Comme dans une pièce à section rectangulaire, où la répartition des pressions s'effectue linéairement, le centre des pressions est situé à la même hauteur que le centre de gravité du triangle de répartition, on a :

$$d_1 - d_3 = h - \frac{z}{3},$$

et :

$$d_4 - d_3 = \frac{h - z}{3},$$

d'autre part :

$$d_2 - d_3 = h - c.$$

En remplaçant alors, dans l'équation (130), les différents coefficients du second membre par leurs valeurs, et en remarquant que le moment S_4

du béton est négatif, on obtient :

$$(131) \quad I = \frac{az^2}{2}\left(h - \frac{z}{3}\right) + m\omega'(z - c)(h - c) - m'a\frac{(h - z)^2}{2} \cdot \frac{h - z}{3};$$

ou, en mettant $ah^3 = \Omega h^2$ en facteur :

$$(132) \quad I = \Omega h^2 \left[\frac{\zeta^2}{2}\left(1 - \frac{\zeta}{3}\right) + \rho'(\zeta - \gamma)(1 - \gamma') - m'\frac{(1 - \zeta)^3}{6}\right].$$

La formule (52) devient alors :

$$(133) \quad n = \frac{M}{\Omega h} \cdot \frac{\zeta}{\frac{\zeta^2}{2}\left(1 - \frac{\zeta}{3}\right) + \rho'(\zeta - \gamma)(1 - \gamma') - m'\frac{(1 - \zeta)^3}{6}}$$

A une distance de l'axe neutre égale à l'unité, le travail du béton comprimé est $\frac{n}{z}$; à hauteur des armatures comprimées, il sera donc :

$$n\frac{z - c}{z},$$

et celui du métal, dont le coefficient d'équivalence est m :

$$(134) \quad n' = mn\frac{z - c}{z} = mn\frac{\zeta - \gamma}{\zeta}.$$

De même, à hauteur des armatures tendues, le travail de l'élément hypothétique, qui aurait même module d'élasticité que le béton comprimé, serait en valeur absolue :

$$n\frac{h - z}{z};$$

le travail du métal en traction sera donc :

$$(135) \quad t = mn\frac{h - z}{z} = mn\frac{1 - \zeta}{\zeta}.$$

Enfin, à ce même niveau, le travail du béton tendu, dont le coefficient d'équivalence est m', serait :

$$(136) \quad t' = m'n\frac{1 - \zeta}{\zeta} = \frac{m'}{m}t.$$

Si l'on ne tient pas compte de la résistance du béton à la traction, m″ = o et la formule (133) devient :

$$(137) \qquad n = \frac{M}{\Omega h} \cdot \frac{\zeta}{\frac{\zeta^2}{2}\left(1 - \frac{\zeta}{3}\right) + \rho'\,(\zeta - \gamma')(1 - \gamma')}.$$

En outre, *si la dalle est à renforcement simple,* ρ′ = o et il reste :

$$(138) \qquad n = \frac{-2M}{\Omega h \zeta\left(1 - \frac{\zeta}{3}\right)}.$$

Enfin, en tenant compte de l'équation de l'axe neutre (123), appliquée à la dalle à renforcement simple, et par combinaison des équations (135) et (138), on obtient :

$$(139) \qquad t = \frac{M}{\omega h\left(1 - \frac{\zeta}{3}\right)}.$$

Lorsque les moments M sont exprimés en kilogrammètres et les hauteurs h en mètres, les formules établies donnent les fatigues des matériaux en kilogrammes par centimètre carré ou millimètre carré, suivant que les sections Ω et ω sont elles-mêmes exprimées en centimètres carrés ou en millimètres carrés.

Ajoutons que les formules (134), (135) et (136) sont générales. Elles s'appliquent également au cas de la flexion composée et fournissent toujours les travaux maxima des éléments, autres que le béton comprimé, quand on connaît le travail maximum de ce dernier et la valeur de ζ fixant la position relative de l'axe neutre.

Le tableau I (*fig.* 54 à 71) donne les valeurs des moments fléchissants et celles des réactions sur appuis dans un certain nombre de cas courants en pratique.

Tableau I.

Moments fléchissants et réactions des appuis dans les pièces reposant sur deux appuis de niveau.

Les moments sont désignés par la lettre M ; les réactions par la lettre R. L'indice, qui les accompagne, représente le point auquel se rapportent les moments ou les réactions.

C désigne le milieu de la portée ;

D, un point quelconque ;

E, le point d'application d'une charge concentrée ;

F, le point de la portée où les moments fléchissants sont maxima.

1° Pièce reposant librement sur ses deux appuis.

a) Charge uniforme p au mètre courant.

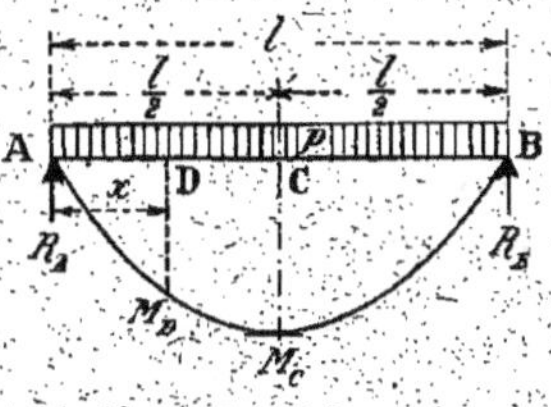

Fig. 54.

$$M_D = \frac{px(l-x)}{2},$$

$$M_C = \frac{pl^2}{8}.$$

$$R_A = R_B = \frac{pl}{2}.$$

b) Charge P concentrée en un point quelconque de la portée.

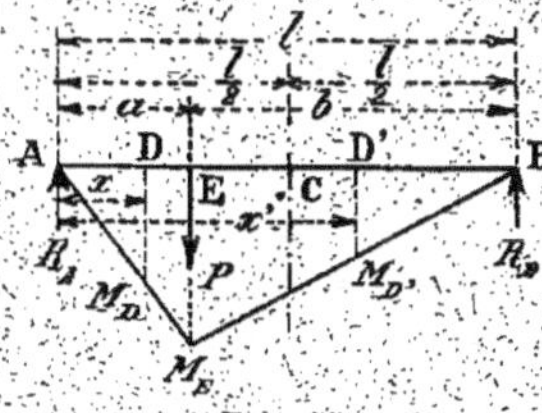

Fig. 55.

$$M_D = \frac{Pbx}{l},$$

$$M_{D'} = \frac{Pa(l-x')}{l},$$

$$M_E = \frac{Pab}{l}.$$

$$R_A = \frac{Pb}{l},$$

$$R_B = \frac{Pa}{l}.$$

c) Charge P concentrée au milieu de la portée.

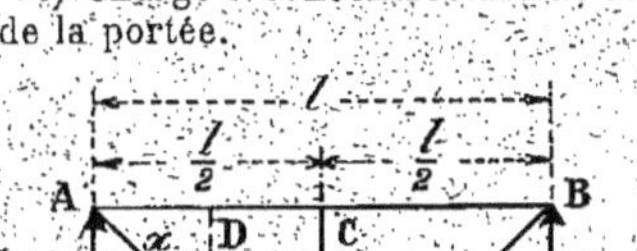

Fig. 56.

$$M_D = \frac{Px}{2},$$

$$M_C = \frac{Pl}{4}.$$

$$R_A = R_B = \frac{P}{2}.$$

d) Cas des deux charges P symétriques appliquées à une distance a des appuis.

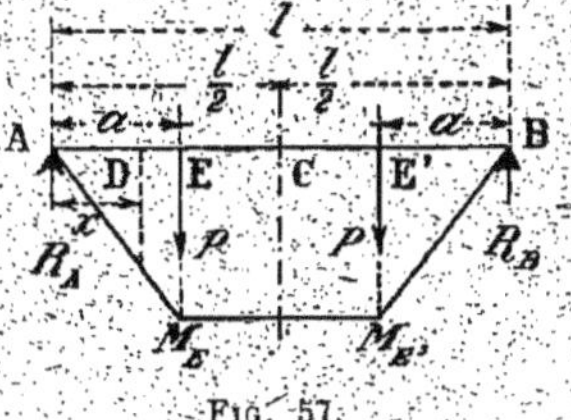

Fig. 57.

$$M_D = Px,$$

$$M_E = M_{E'} = Pa.$$

$$R_A = R_B = P.$$

2º *Pièce parfaitement encastrée à une extrémité et librement appuyée à l'autre.*

e) Charge uniforme *p* au mètre courant.

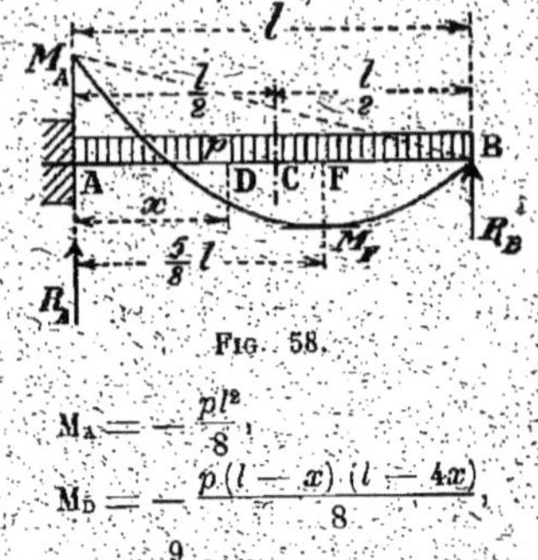

FIG. 58.

$$M_A = -\frac{pl^2}{8},$$

$$M_D = -\frac{p\,(l-x)\,(l-4x)}{8},$$

$$M_F = \frac{9}{128}\,pl^2,$$

$$M = o \quad \text{pour} \quad x = \frac{l}{4} \quad \text{et} \quad x = l.$$

$$R_A = \frac{5}{8}\,pl,$$

$$R_B = \frac{3}{8}\,pl.$$

f) Charge P concentrée en un point quelconque de la portée.

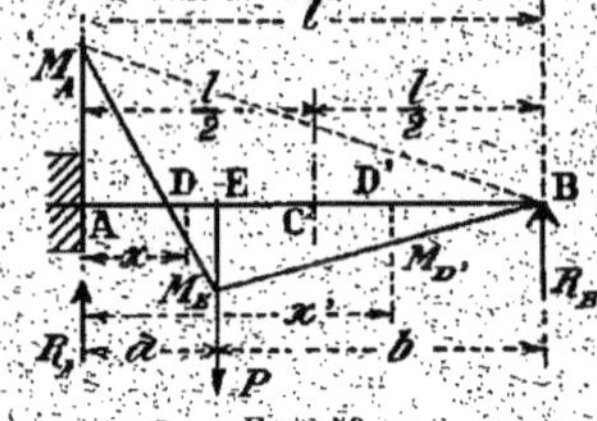

FIG. 59.

$$M_A = -\frac{Pab\,(l+b)}{2l^2},$$

$$M_D = -\frac{Pb\,[al(l+b)-(3l^2-b^2)\,x]}{2l^3},$$

$$M_{D'} = \frac{Pa^2\,(2l+b)\,(l-x)}{2l^3},$$

$$M_E = \frac{Pa^2b\,(2l+b)}{2l^3},$$

$$M = o \quad \text{pour} \quad x = \frac{(l^2-b^2)\,l}{3l^2-b^2} \quad \text{et} \quad x = l.$$

$$R_A = \frac{Pb(3l^2-b^2)}{2l^3}; \quad R_B = \frac{Pa^2(2l+b)}{2l^3}.$$

3º *Pièce mi-encastrée à une extrémité et librement appuyée à l'autre.*

g) Charge uniforme *p* au mètre courant.

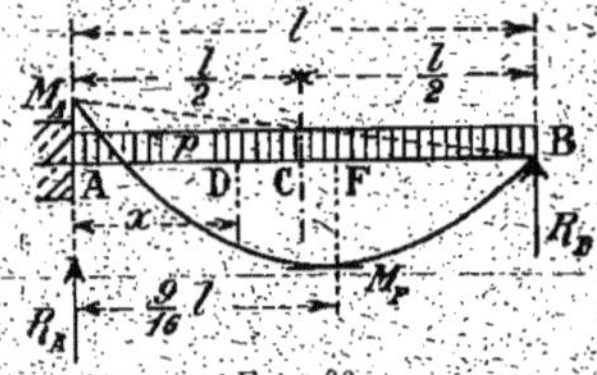

FIG. 60.

$$M_A = -\frac{pl^2}{16},$$

$$M_D = -\frac{p\,(l-x)\,(l-8x)}{16},$$

$$M_F = -\frac{49}{512}\,pl^2,$$

$$M = o \quad \text{pour} \quad x = \frac{l}{8} \quad \text{et} \quad x = l.$$

$$R_A = \frac{9}{16}\,pl, \qquad R_B = \frac{7}{16}\,pl.$$

On améliorera les conditions de sécurité en prenant pour M_F la valeur $\frac{pl^2}{10}$ plus simple que la valeur exacte dont elle diffère très peu.

h) Charge P concentrée en un point quelconque de la portée.

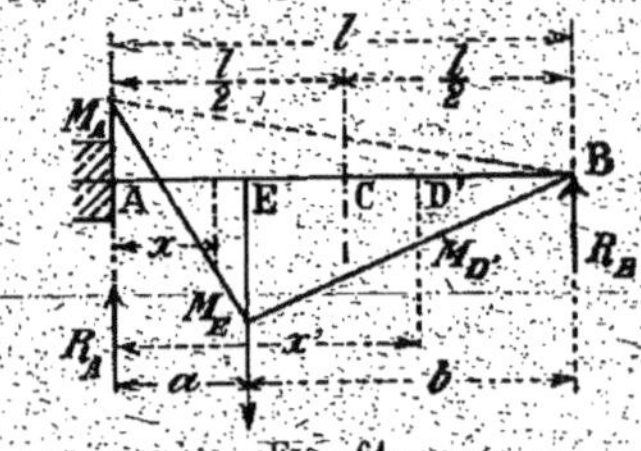

FIG. 61.

$$M_A = -\frac{Pab\,(l+b)}{4l^2},$$

$$M_D = -Pb\,\frac{al(l+b)-(3l^2-b^2)\,x}{4l^3},$$

$$M_{D'} = \frac{Pa\,[4l^2-b(l+b)]\,(l-x)}{4l^3},$$

$$M_E = \frac{Pab\,[4l^2-b(l+b)]}{4l^3},$$

$$M = o \quad \text{pour} \quad x = \frac{(l^2-b^2)\,l}{5l^2-b^2} \quad \text{et} \quad x = l.$$

$$R_A = \frac{Pb(3l^2-b^2)}{4l^3},$$

$$R_B = \frac{Pa\,[4l^2-b(l+b)]}{4l^3}.$$

4° Pièce parfaitement encastrée à ses deux extrémités.

i) Charge uniforme p au mètre courant.

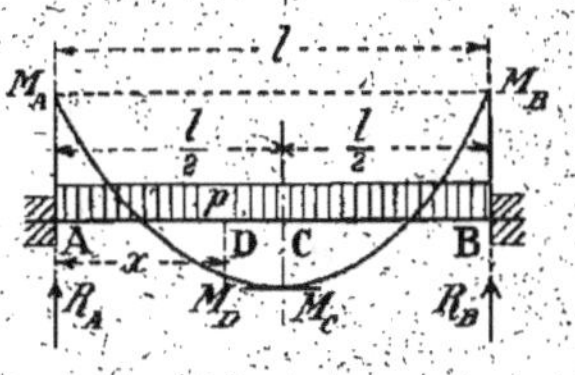

Fig. 62.

$$M_A = M_B = -\frac{pl^2}{12},$$

$$M_D = -\frac{p\,[l^2 - 6x\,(l - x)]}{12},$$

$$M_C = \frac{pl^2}{24},$$

$$M = o \quad \text{pour} \quad x = l\left(\frac{1}{2} \pm \frac{\sqrt{3}}{6}\right).$$

$$R_A = R_B = \frac{pl}{2}.$$

j) Charge P concentrée en un point quelconque de la portée.

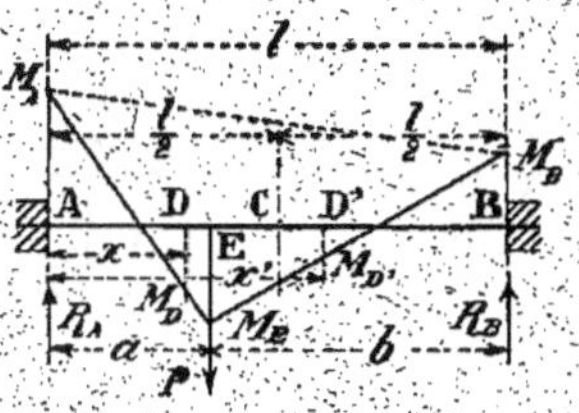

Fig. 63.

$$M_A = -\frac{Pb^2a}{l^2}, \quad R_A = \frac{Pb^2\,(l + 2a)}{l^3},$$

$$M_B = -\frac{Pa^2b}{l^2}, \quad R_B = \frac{Pa^2\,(l + 2b)}{l^3}.$$

$$M_D = -\frac{Pb^2}{l^3}\,[al - (l + 2a)\,x],$$

$$M_E = \frac{2Pa^2b^2}{l^3},$$

$$M = o \quad \text{pour} \quad x = \frac{al}{l + 2a},$$

$$\text{et} \quad x = \frac{(l + b)\,l}{l + 2b}.$$

k) Charge P concentrée au milieu de la portée.

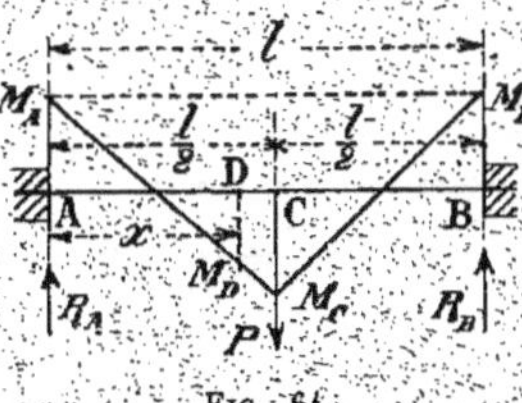

Fig. 64.

$$M_A = -M_B = M_C = \frac{Pl}{8},$$

$$M = o \quad \text{pour} \quad x = \frac{l}{4},$$

$$\text{et} \quad x = \frac{3l}{4}.$$

$$R_A = R_B = \frac{P}{2}.$$

l) Cas de deux charges P symétriques appliquées à une distance a des appuis.

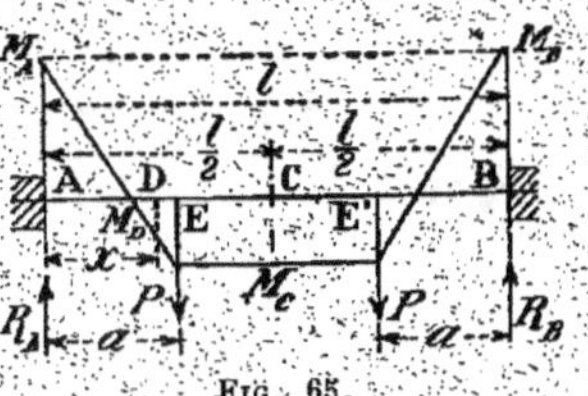

Fig. 65.

$$M_A = M_B = -\frac{Pa\,(l - a)}{l},$$

$$M_D = -\frac{P\,[a\,(l - a) - lx]}{l},$$

$$M_C = \frac{Pa^2}{l},$$

$$M = o \quad \text{pour} \quad x = \frac{a\,(l - a)}{l},$$

$$\text{et} \quad x' = l - x.$$

$$R_A = R_B = P.$$

5° Pièce mi-encastrée à ses deux extrémités.

m) Charge uniforme p au mètre courant.

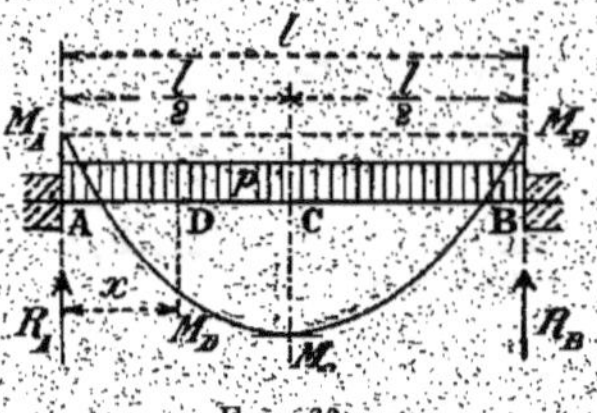

Fig. 66.

$$M_A = M_B = -\frac{pl^2}{24},$$

$$M_D = -\frac{p\,[l^2 - 12x(l-x)]}{24},$$

$$M_C = \frac{pl^2}{12},$$

$$M = 0 \text{ pour } x = l\left(\frac{1}{2} \pm \frac{\sqrt{6}}{6}\right),$$

$$R_A = R_B = \frac{pl}{2}.$$

n) Charge P concentrée en un point quelconque de la portée.

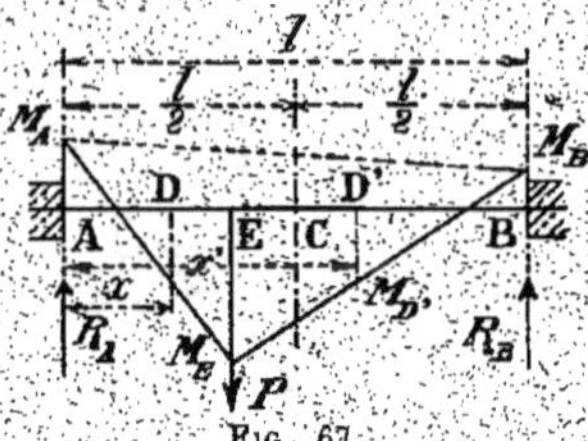

Fig. 67.

$$M_A = -\frac{Pb^2a}{2l^2},$$

$$M_B = -\frac{Pa^2b}{2l},$$

$$M_D = -Pb\cdot\frac{abl - [al + 2b(l+a)]x}{2l^3},$$

$$M_E = \frac{Pab\,(l^2 + 2ab)}{2l^3},$$

$$M = 0 \text{ pour } x = \frac{abl}{al + 2b(l+a)},$$

$$\text{et } x = l - \frac{abl}{bl + 2a(l+b)},$$

$$R_A = \frac{Pb\,[al + 2b(l+a)]}{2l^3},$$

$$R_B = \frac{Pa\,[bl + 2a(l+b)]}{2l^3}.$$

o) Charge P concentrée au milieu de la portée.

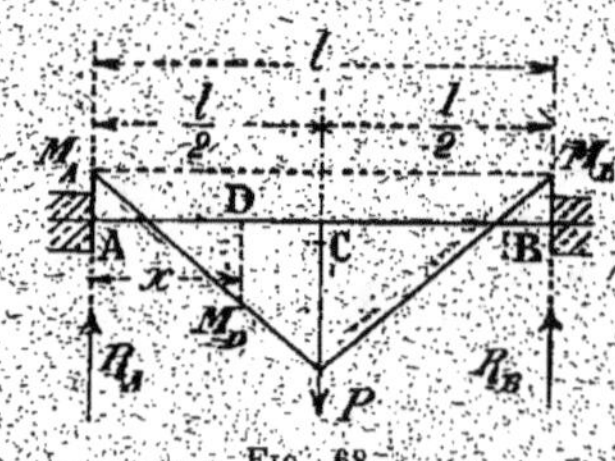

Fig. 68.

$$M_A = M_B = -\frac{Pl}{16},$$

$$M_D = -\frac{P(l - 8x)}{16},$$

$$M_C = \frac{3Pl}{16},$$

$$M = 0 \text{ pour } x = \frac{l}{8} \text{ et } x = \frac{7l}{8},$$

$$R_A = R_B = \frac{P}{2}.$$

p) Cas de deux charges P symétriques appliquées à une distance a des appuis.

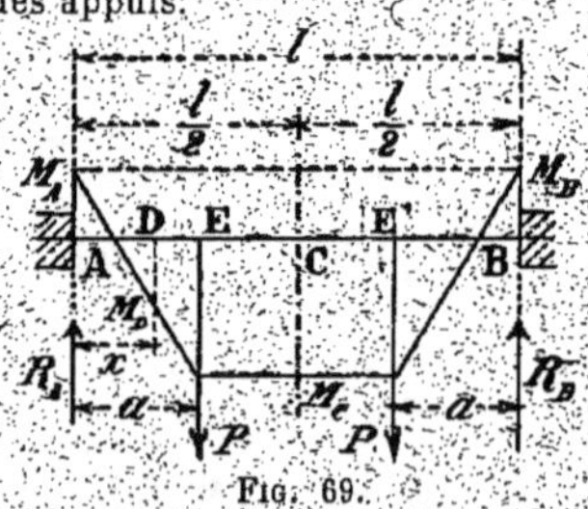

Fig. 69.

$$M_A = M_B = -\frac{Pa(l-a)}{2l},$$

$$M_D = -\frac{P\,[a(l-a) - 2lx]}{2l},$$

$$M_E = M_{E'} = \frac{Pa(l+a)}{2l},$$

$$M = 0 \text{ pour } x = \frac{a(l-a)}{2l},$$

$$\text{et } x = l - x,$$

$$R_A = R_B = P.$$

6° *Pièce encastrée à une extrémité et libre à l'autre (encorbellement).*

q) Charge uniforme p au mètre courant.

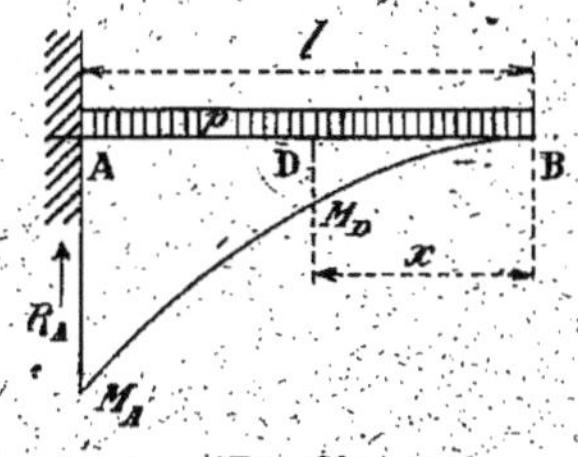

Fig. 70.

$$M_D = \frac{px^2}{2}, \qquad R_A = pl.$$

$$M_A = \frac{pl^2}{2}.$$

r) Charge P concentrée à une distance x de l'extrémité libre.

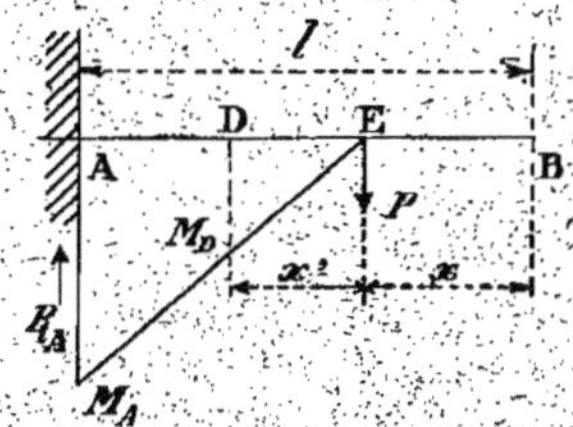

Fig. 71.

$$\text{De B à E : } M = 0, \qquad R_A = P.$$

$$M_D = Px,$$

$$M_A = P(l - x).$$

60. Moments résistants. — De l'équation générale de la flexion (52), on déduit :

$$\frac{nI}{z} = M.$$

Le premier membre de cette égalité représente le *moment résistant* M_R de la section considérée ; il est égal au moment fléchissant.

Dans le cas le plus général où nous nous sommes déjà placés, le moment résistant a donc pour expression :

$$(140) \qquad M_R = n\Omega h \frac{\dfrac{\zeta^2}{2}\left(1 - \dfrac{\zeta}{3}\right) + \rho'(\zeta - \gamma)(1 - \gamma) - \dfrac{m'(1 - \zeta)^2}{6}}{\zeta} ;$$

ou, en tenant compte des relations (134), (135) et (136) :

$$(141) \qquad M_R = \frac{n}{2}\,\Omega h \zeta \left(1 - \frac{\zeta}{3}\right) + n'\omega' h (1 - \gamma) - \frac{t'}{2}\Omega h \frac{(1 - \zeta)^2}{3} ;$$

les trois termes du second membre représentant respectivement le moment résistant du béton comprimé, celui du renforcement en compression et celui du béton tendu.

Cette dernière équation s'obtiendrait d'ailleurs directement en écrivant que le moment des efforts élastiques normaux, rapporté au centre de l'armature tendue, est égal au moment fléchissant.

61. Bras de levier du couple résistant. — Nous avons vu (ch. vi, n° 26) que le bras de levier du couple résistant, qui n'est autre que la distance entre le centre des tractions et celui des compressions, est égal au quotient du moment d'inertie total I de la section par le moment statique, S' ou S″, de l'une des parties tendue ou comprimée. En prenant, par exemple, la valeur absolue du moment S″ donnée par la formule (122), on obtient :

$$(142) \qquad b = h \, \frac{\frac{\zeta^2}{2}\left(1 - \frac{\zeta}{3}\right) + \rho'(\zeta - \gamma')(1 - \gamma') - m''\frac{(1 - \zeta)^3}{6}}{(1 - \zeta)\left[\rho + m''\frac{(1 - \zeta)}{2}\right]}$$

Dans le *cas d'une dalle à double renforcement* où il n'est pas tenu compte de la résistance du béton à la traction, $m'' = 0$ et l'on a :

$$(143) \qquad b = h \, \frac{\frac{\zeta^2}{2}\left(1 - \frac{\zeta}{3}\right) + \rho'(\zeta - \gamma')(1 - \gamma')}{(1 - \zeta)\rho}.$$

Enfin, *si la dalle est à renforcement simple*, $\rho' = 0$ et il reste :

$$(144) \qquad b = h\left(1 - \frac{\zeta}{3}\right);$$

b représente alors la distance du centre des armatures au tiers supérieur de la partie comprimée.

Applications [1].

62. Problème. — *Étudier les conditions de résistance d'un hourdis de 1ᵐ,20 de portée reposant librement sur ses appuis. La pièce (fig. 72) a une épaisseur de 8 centimètres. Elle est armée à sa partie inférieure d'aciers ronds de 8 millimètres disposés tous les 150 millimètres. La surcharge prévue est de 500 kilogrammes par mètre carré. On fixe : pour densité du béton armé, 2.500 kilogrammes par mètre cube et pour coefficient d'équivalence de l'acier, $m = 12$.*

La hauteur théorique de la dalle étant $h = 56$ millimètres, sa section Ω correspondant à l'intervalle, $a = 150$ millimètres, de deux armatures est :

$$\Omega = ah = 150 \text{ mm.} \times 56 \text{ mm.} = 8.400 \text{ millimètres carrés;}$$

____

[1] Les applications seront faites, conformément aux principes généralement admis, en négligeant la résistance du béton à la traction.

on a d'autre part :

Section d'un acier de 8 millimètres :

$$\omega = 50 \text{ millimètres carrés.}$$

Équivalent du métal en béton :

$$m\omega = 12 \times 50 \text{ mm}^2 = 600 \text{ millimètres carrés.}$$

Valeur du renforcement :

$$\rho = \frac{m\omega}{\Omega} = \frac{600 \text{ mm}^2}{8.400 \text{ mm}^2} = \frac{1}{14}.$$

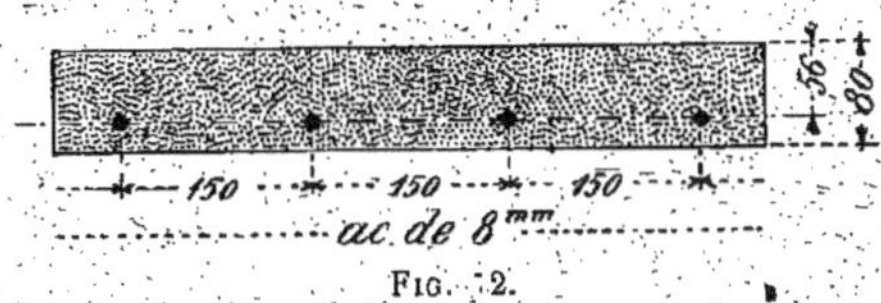

Fig. 2.

Position relative de l'axe neutre :

$$\zeta = -\rho + \sqrt{\rho^2 + 2\rho} = -\frac{1}{14} + \sqrt{\frac{1}{14^2} + \frac{2}{14}} = 0,31.$$

Poids propre du hourdis au mètre carré. . 175 kilogrammes.
Surcharge. . . . . 500 —
Total. . . . . . 675 kilogrammes.

Moment fléchissant au milieu de la portée par mètre courant de largeur :

$$M = \frac{pl^2}{8} = \frac{675 \text{ kg.} \times \overline{1^m,20}^2}{8} = 121^{\text{kgm}},500.$$

Section théorique de la dalle sur une largeur de 1 mètre :

$$\Omega = 100^{\text{cm}} \times 5^{\text{cm}},6 = 560 \text{ centimètres carrés.}$$

Travail du béton par centimètre carré :

$$n = \frac{2M}{\Omega h \zeta\left(1 - \dfrac{\zeta}{3}\right)} = \frac{2 \times 121^{\text{kgm}},500}{560 \text{ cm}^2 \times 0^m,056 \times 0,31\,(1 - 0,10)} = 27^{\text{kg}},8.$$

Travail du métal :

$$t = mn\frac{1 - \zeta}{\zeta} = 12 \times 27^{\text{kg}},8 \times \frac{1 - 0,31}{0,31} = 742 \text{ kilogrammes;}$$

soit, par millimètre carré :

$$7^{kg},42.$$

63. Problème. — *Étudier les conditions de résistance d'une dalle de 2 mètres de portée reposant librement sur ses appuis. La pièce (fig. 73) a une épaisseur de $0^m,10$. Elle est armée symétriquement d'aciers de 10 millimètres espacés de 150 millimètres. La surcharge prévue est de 500 kilogrammes par mètre carré. La densité du béton armé est de 2.500 kilogrammes par mètre cube et le coefficient d'équivalence m du métal est égal à 15.*

La hauteur théorique de la dalle étant $h = 80$ millimètres, sa section Ω correspondant à l'intervalle, $a = 150$ millimètres, de deux armatures est :

$$\Omega = ah = 150 \text{ mm.} \times 80 \text{ mm.} = 12.000 \text{ millimètres carrés};$$

on a d'autre part :

Section d'un acier de 10 millimètres :

$$\omega = 79 \text{ millimètres carrés.}$$

Valeur commune des deux renforcements :

$$\rho = \rho' = \frac{m\omega}{\Omega} = \frac{15 \times 79 \text{ mm}^2}{12.000 \text{ mm}^2} = 0,0987.$$

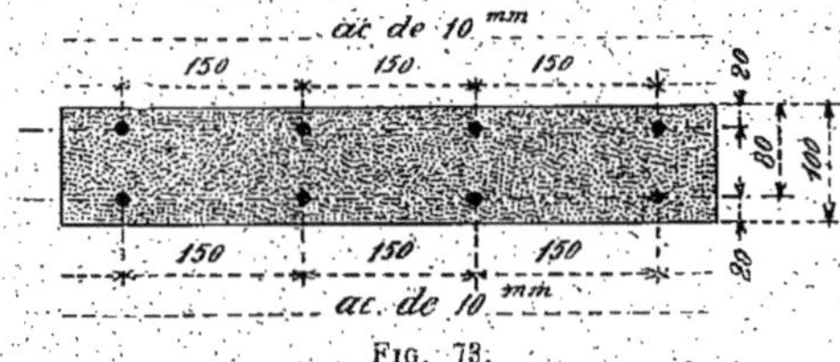

Fig. 73.

Position relative du renforcement en compression :

$$\gamma = \frac{c}{h} = \frac{20 \text{ mm.}}{80 \text{ mm.}} = 0,250.$$

Position relative de l'axe neutre, en faisant $\rho = \rho'$ dans la formule (126) :

$$\zeta = - 2\rho + \sqrt{4\rho^2 + 2\rho(1 + \gamma)}$$
$$= - 2 \times 0,0987 + \sqrt{4 \times 0,0987^2 + 2 \times 0,0987(1 + 0,250)} = 0,337.$$

Poids propre du hourdis au mètre carré .. 250 kilogrammes.
Surcharge.............................. 500   —

                 Total...... 750 kilogrammes.

Moment fléchissant, au milieu de la portée par mètre courant de largeur :

$$M = \frac{pl^2}{8} = \frac{750\,\text{kg.} \times \overline{2\,\text{m}^2}}{8} = 375\ \text{kilogrammètres.}$$

Section théorique de la dalle sur une largeur de 1 mètre :

$$\Omega = 100^{\text{cm}} \times 8^{\text{cm}} = 800\ \text{centimètres carrés.}$$

Travail du béton par centimètre carré :

$$n = \frac{M}{\Omega h} \cdot \frac{\zeta}{\frac{\zeta^2}{2}\left(1 - \frac{\zeta}{3}\right) + \rho\,(\zeta - \gamma')\,(1 - \gamma')}$$

$$= \frac{375\ \text{kgm.}}{800\ \text{cm}^2 \times 0^{\text{m}},08} \cdot \frac{0{,}337}{\frac{0{,}337^2}{2}\left(1 - \frac{0{,}337}{3}\right) + 0{,}0987(0{,}337 - 0{,}250)\,(1 - 0{,}250)}$$

$$= 34^{\text{kg}},73.$$

Travail, par centimètre carré, du métal tendu :

$$t = mn\,\frac{1 - \zeta}{\zeta} = 15 \times 34^{\text{kg}},73 \times \frac{1 - 0{,}337}{0{,}337} = 1.025\ \text{kilogrammes;}$$

soit, par millimètre carré : $10^{\text{kg}},25$.

Travail du métal comprimé :

$$n' = mn\,\frac{\zeta - \gamma'}{\zeta} = 15 \times 34^{\text{kg}},73 \times \frac{0{,}337 - 0{,}250}{0{,}337} = 134\ \text{kilogrammes;}$$

soit, par millimètre carré : $1^{\text{kg}},34$.

64. Problème. — *Étudier les conditions de résistance d'un hourdis continu destiné à supporter une surcharge de 800 kilogrammes par mètre carré. Les appuis sont écartés de $2^{\text{m}},30$; l'épaisseur du hourdis est de 10 centimètres (fig. 74); l'armature se compose : à la partie inférieure, d'aciers ronds de 10 millimètres espacés de 125 millimètres, et, à la partie supérieure, dans la région des appuis, d'aciers de 10 millimètres espacés de 200 millimètres. La densité du béton armé est fixée à 2.500 kilogrammes par mètre cube, et le coefficient d'équivalence du métal à 15.*

La hauteur théorique de la dalle étant $h = 80$ millimètres, sa section Ω correspondant à l'intervalle, $a = 125$ millimètres, entre deux armatures est :

$$\Omega = ah = 125\ \text{mm.} \times 80\ \text{mm.} = 10.000\ \text{millimètres carrés;}$$

on a d'autre part :

Section d'un acier de 10 millimètres :

$$\omega = 78 \text{ millimètres carrés.}$$

Valeur du renforcement au milieu de la portée :

$$\rho = \frac{m\omega}{\Omega} = \frac{15 \times 78 \text{ mm}^2}{10.000 \text{ mm}^2} = 0,117.$$

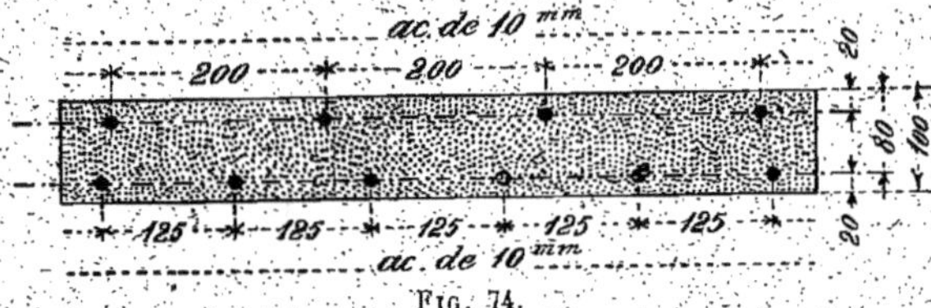

Fig. 74.

Position de l'axe neutre :

$$\zeta = - \rho + \sqrt{\rho^2 + 2\rho} = - 0,117 + \sqrt{0,117^2 + 2 \times 0,117} = 0,38.$$

Poids propre du hourdis au mètre carré . .   250 kilogrammes.
Surcharge   800   —

Total . . . . $p =$ 1.050 kilogrammes.

Moment fléchissant au milieu de la portée, par mètre courant de largeur, en admettant le demi-encastrement sur appuis :

$$M = \frac{pl^2}{12} = \frac{1.050 \text{ kg.} \times \overline{2^m,30}^2}{12} = 462^{kgm},8.$$

Section théorique de la dalle sur une largeur de 1 mètre :

$$\Omega = 100 \text{ cm.} \times 8 \text{ cm.} = 800 \text{ cm}^2$$

Travail du béton par centimètre carré :

$$n = \frac{2M}{\Omega h} \cdot \frac{1}{\zeta\left(1 - \dfrac{\zeta}{3}\right)} = \frac{2 \times 462^{kgm},8}{800 \text{ cm}^2 \times 0^m,08} \times \frac{1}{0,38\left(1 - \dfrac{0,38}{3}\right)} = 43^{kg},52.$$

Travail par centimètre carré du métal tendu :

$$t = mn\frac{1 - \zeta}{\zeta} = 15 \times 43^{kg},52 \times \frac{1 - 0,38}{0,38} = 1.065 \text{ kilogrammes};$$

soit, par millimètre carré : $10^{kg},65$.

Au droit des appuis, la dalle est à double renforcement.

Section de la dalle, correspondant à l'intervalle $a = 200$ millimètres :

$$\Omega = ah = 200 \text{ mm.} \times 80 \text{ mm.} = 16.000 \text{ millimètres carrés.}$$

Valeur du renforcement en tension :

$$\rho = \frac{m\omega}{\Omega} = \frac{15 \times 78 \text{ mm}^2}{16.000 \text{ mm}^2} = 0{,}073.$$

Valeur du renforcement en compression, calculée plus haut :

$$\rho' = 0{,}117.$$

Position relative de ce renforcement :

$$\gamma' = \frac{c}{h} = \frac{20 \text{ mm.}}{80 \text{ mm.}} = 0{,}250.$$

Position relative de l'axe neutre :

$$\zeta = -(\rho + \rho') + \sqrt{(\rho + \rho')^2 + 2(\rho + \gamma'\rho')}$$
$$= -(0{,}073 + 0{,}117) + \sqrt{(0{,}073 + 0{,}117)^2 + 2(0{,}073 + 0{,}250 \times 0{,}117)} = 0{,}300.$$

Le moment fléchissant M' sur appuis est la moitié du précédent M :

$$M' = \frac{pl^2}{24} = 231^{\text{kgm}},4.$$

Travail maximum du béton par centimètre carré :

$$n = \frac{M'}{\Omega h} \cdot \frac{\zeta}{\frac{\zeta^2}{2}\left(1 - \frac{\zeta}{3}\right) + \rho'(\zeta - \gamma')(1 - \gamma')}$$
$$= \frac{231^{\text{kgm}},4}{800 \text{ cm}^2 \times 0^m,08} \times \frac{0{,}300}{\frac{0{,}300^2}{2}\left(1 - \frac{0{,}300}{3}\right) + 0{,}117(0{,}300 - 0{,}250)(1 - 0{,}250)}$$
$$= 12^{\text{kg}},85.$$

Travail, par centimètre carré, du métal tendu :

$$t = mn\frac{1 - \zeta}{\zeta} = 15 \times 12^{\text{kg}},85 \times \frac{1 - 0{,}300}{0{,}300} = 449^{\text{kg}},7 ;$$

soit, par millimètre carré : $4^{\text{k}},5.$

Travail du métal comprimé :

$$n' = mn\,\frac{\zeta - \gamma'}{\zeta} = 15 \times 12^{kg},85 \times \frac{0,300 - 0,250}{0,300} = 32^{kg},12 ;$$

soit, par millimètre carré : $0^{kg},3$.

65. Problème. — *Déterminer le travail des matériaux dans une poutre à section rectangulaire de 200 mm. × 400 millimètres (fig. 75) appliquée librement par sa face supérieure sur deux appuis écartés de 3 mètres, et soumise à l'action de deux charges concentrées de 5.275 kilogrammes disposées symétriquement par rapport au milieu de la pièce, à 1 mètre des appuis, et agissant de bas en haut (voir fig. 14). La poutre est armée en tension au moyen de quatre barres de 23 millimètres (¹). La densité du béton armé est fixée à 2.500 kilogrammes par mètre cube, et le coefficient d'équivalence du métal à 15.*

Section théorique de la pièce :

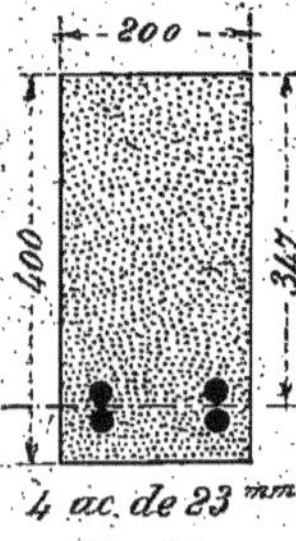

Fig. 75.

$$\Omega = ah = 34^{cm},7 \times 20 \text{ cm.} = 694 \text{ centimètres carrés.}$$

Section des quatre aciers de 23 millimètres :

$$\omega = 1.662 \text{ centimètres carrés.}$$

Valeur du renforcement :

$$\rho = \frac{m\omega}{\Omega} = \frac{15 \times 16^{cm2},62}{694\,cm^2} = 0,359.$$

Position relative de l'axe neutre :

$$\zeta = -\rho + \sqrt{\rho^2 + 2\rho} = -0,359 + \sqrt{0,359^2 + 2 \times 0,359} = 0,561.$$

Moment fléchissant dû aux charges concentrées :

$$M' = 5.275 \text{ kg.} \times 1^m,00 = 5.275 \text{ kilogrammètres.}$$

Poids propre de la poutre :

$$2.500 \text{ kg.} \times 0^m,40 \times 0^m,20 \times 3^m,00 = 600 \text{ kilogrammes.}$$

(¹) Cette poutre est la poutre B de la série des dix-sept essayées par la Commission française pour comparer entre eux les différents types d'armatures verticales. Les charges indiquées sont celles qui correspondent à l'apparition de la première fissure verticale sur chaque face de la poutre.

Moment fléchissant dû au poids propre de la poutre :

$$M' = \frac{600 \text{ kg.} \times 3^m,00}{8} = 225 \text{ kilogrammètres.}$$

Moment résultant :

$$M = M' - M' = 5.275 \text{ kgm.} - 225 \text{ kgm.} = 5.050 \text{ kilogrammètres.}$$

Travail du béton par centimètre carré :

$$n = \frac{2M}{\Omega h} \cdot \frac{1}{\zeta\left(1 - \frac{\zeta}{3}\right)} = \frac{2 \times 5.050 \text{ kgm.}}{694 \text{ cm}^2 \times 0^m,347} \times \frac{1}{0,561\left(1 - \frac{0,561}{3}\right)} = 91^{kg},95.$$

Travail du métal :

$$t = mn \frac{1 - \zeta}{\zeta} = 15 \times 91^{kg},95 \times \frac{1 - 0,561}{0,561} = 1.079 \text{ kilogrammes;}$$

soit, par millimètre carré : $10^{kg},8$.

(Nous donnons plus loin (n° 94) une vérification de la résistance à l'effort tranchant et au glissement longitudinal.)

B. — Détermination des éléments d'un projet.

66. Section d'une dalle à simple renforcement. — Les quantités qui interviennent dans le calcul de la section transversale d'une dalle, après réduction à l'élément de base, sont liées par deux relations distinctes : celle de l'axe neutre :

$$S = o,$$

et celle du travail,

$$n = \frac{Mz}{I}.$$

Ces deux équations permettent de calculer deux des quantités quand on connaît les autres.

Nous avons étudié au paragraphe précédent un des nombreux problèmes auxquels peut donner lieu la combinaison deux à deux des différentes quantités : la recherche de la position de l'axe neutre et du travail des matériaux dans une dalle existante. Nous allons examiner ici quelques autres que l'on est fréquemment appelé à résoudre dans l'étude des dispositions d'un projet.

Nous étudierons d'abord l'établissement de la section de la dalle à renforcement simple, dont l'emploi se recommande toutes les fois que les conditions particulières du problème permettent de donner à la section du béton tout le développement nécessaire, et, par suite, d'éviter l'emploi onéreux du métal en compression.

La section d'une telle dalle comporte trois éléments indépendants; sa largeur a, sa hauteur h et la section ω de l'armature. Nous supposerons connue la largeur a.

De la formule (135) on déduit la position de l'axe neutre en fonction des fatigues maxima des deux matériaux :

$$(145) \qquad \zeta = \frac{mn}{mn + t}.$$

Si, dans la formule (138), on remplace alors Ω par sa valeur ah, on en tire la relation :

$$(146) \qquad h = \sqrt{\frac{2}{n\zeta\left(1 - \frac{\zeta}{3}\right)} \cdot \frac{M}{a}}$$

que nous écrirons :

$$(147) \qquad h = A \sqrt{\frac{M}{a}}$$

D'autre part, la formule (139) donne :

$$(148) \qquad \omega = \frac{1}{t\left(1 - \frac{\zeta}{3}\right)} \cdot \frac{M}{h},$$

soit :

$$(149) \qquad \omega = B \frac{M}{h}.$$

La valeur de ω peut également s'obtenir en fonction des dimensions de la section de béton. Il suffit d'éliminer M entre les équations (147) et (149); on obtient ainsi :

$$(150) \qquad \omega = \frac{B}{A^2} ah,$$

soit :

$$(151) \qquad \omega = Cah.$$

TABLEAU II

TAUX de TRAVAIL		m															
		15				12				10				8			
n	l	ζ	A	B	C	ζ	A	B	C	ζ	A	B	C	ζ	A	B	C
50	12	0,385	3,45	95,60	8,02	0,333	3,67	93,74	6,94	0,294	3,88	92,39	6,13	0,250	4 18	90,90	5,21
»	10	0,428	3,30	116,66	10,71	0,375	3,49	114,29	9,38	0,333	3,67	112,49	8,33	0,286	3,93	110,53	7,15
»	8	0,484	3,14	149,04	15,23	0,428	3,30	145,83	13,39	0,325	3,45	143,40	12,03	0,333	3,67	140,61	10,41
45	12	0,360	3,75	94,70	6,75	0,310	4,00	92,94	5,81	0,273	4,23	91,68	5,12	0,231	4,57	90,30	4,33
»	10	0,403	3,57	115,51	9,07	0,350	3,79	113,23	7,89	0,310	4,00	141,52	6,98	0,265	4,29	109,69	5,96
»	8	0,457	3,38	147,49	12,87	0,403	3,57	144,39	11,33	0,360	3,75	142,05	10,13	0,310	4,00	139,39	8,72
40	12	0,333	4,11	93,74	5,55	0,286	4,40	92,11	4,77	0,250	4,67	90,90	4,17	0,210	5,05	89,62	3,51
»	10	0,375	3,90	114,29	7,50	0,324	4,16	112,11	6,48	0,286	4,40	110,53	5,72	0,242	4,74	108,77	4,84
»	8	0,428	3,69	145,83	10,74	0,375	3,90	142,86	9,38	0,337	4,11	140,61	8,33	0,286	4,40	138,16	7,15
35	12	0,304	4,57	92,73	4,43	0,259	4,91	91,20	3,78	0,225	5,24	90,11	3,29	0,189	5,68	88,94	2,76
»	10	0,344	4,33	112,95	6,02	0,296	4,63	110,95	5,18	0,259	4,91	109,45	4,58	0,219	5,31	107,87	3,83
»	8	0,389	4,11	143,62	8,51	0,344	4,33	141,18	7,53	0,304	4,57	139,09	6,65	0,259	4,91	136,80	5,67
30	12	0,273	5,19	91,68	3,41	0,231	5,59	90,30	2,89	0,200	5,98	89,28	2,50	0,166	6,51	88,23	2,08
»	10	0,310	4,90	111,52	4,65	0,265	5,25	109,69	3,98	0,231	5,59	108,34	3,47	0,193	6,07	106,89	2,90
»	8	0,360	4,59	142,65	6,75	0,310	4,90	139,39	5,81	0,273	5,19	137,51	5,12	0,231	5,59	135,58	4,33
25	12	0,238	6,04	90,51	2,48	0,200	6,55	89,28	2,08	0,172	7,01	88,42	1,80	0,143	7,67	87,50	1,49
»	10	0,273	5,68	110,01	3,41	0,231	6,13	108,34	2,89	0,200	6,55	107,14	2,50	0,166	7,13	105,88	2,08
»	8	0,319	5,30	139,86	4,98	0,273	5,68	137,51	4,27	0,238	6,04	135,77	3,72	0,200	6,55	133,92	3,13

Le tableau II donne les valeurs de A, B et C, pour différentes valeurs du coefficient d'équivalence m et des fatigues maxima n et ι admises pour le béton et le métal. Les chiffres indiqués supposent :

les moments M exprimés en kilogrammètres ;

les largeurs a en mètres ;

les hauteurs h en millimètres ;

les sections d'acier ω en millimètres carrés.

La formule 151 montre que le coefficient C n'est autre que le rapport de la section de l'armature à la section théorique de la dalle. Pour obtenir le pourcentage du métal correspondant, il suffira de prendre le dixième de la valeur de C indiquée au tableau.

L'épaisseur réelle de la pièce s'obtient en ajoutant à la hauteur calculée le complément nécessaire pour assurer la protection des armatures ; le recouvrement ne doit pas être inférieur à 15 millimètres.

On réalise la section métallique au moyen de barres en nombre et de diamètre tels que, sur la largeur a, la section totale de l'armature soit au moins égale à ω.

Au point de vue de la qualité des ouvrages, il y a intérêt à réduire autant que possible le diamètre des barres et à en augmenter le nombre ; on obtient ainsi une solidarité plus étroite entre les différents éléments et une réduction du travail d'adhérence.

Dans une pièce de hauteur constante, la section de métal strictement nécessaire en chaque point est proportionnelle au moment fléchissant. Lorsque la pièce est de grande longueur et que la section métallique correspondant à l'effort maximum est importante, on donne à l'armature longitudinale une forme se rapprochant de celle d'égale résistance. Pour cela, on substitue à la barre unique, qu'exigerait le moment maximum, deux ou plusieurs barres de section équivalente, tronçonnées et disposées de manière que la section d'acier en chaque point soit suffisante pour résister à l'effort de traction correspondant. L'armature se compose alors de barres principales, qu'on appelle aussi *directrices*, régnant sur toute la longueur de la pièce, et de *renforts* dont la longueur se détermine aisément, comme celle des semelles d'une poutre métallique, au moyen des diagrammes des moments fléchissants.

Nous indiquons d'autre part (tableau III, *fig.* 76 à 111), pour les cas les plus ordinaires de sollicitation, les longueurs et positions à donner aux renforts en supposant que chaque renfort ait la même section que la directrice qu'il accompagne.

Tableau III

Longueurs et dispositions d'armatures à renforts de tension.

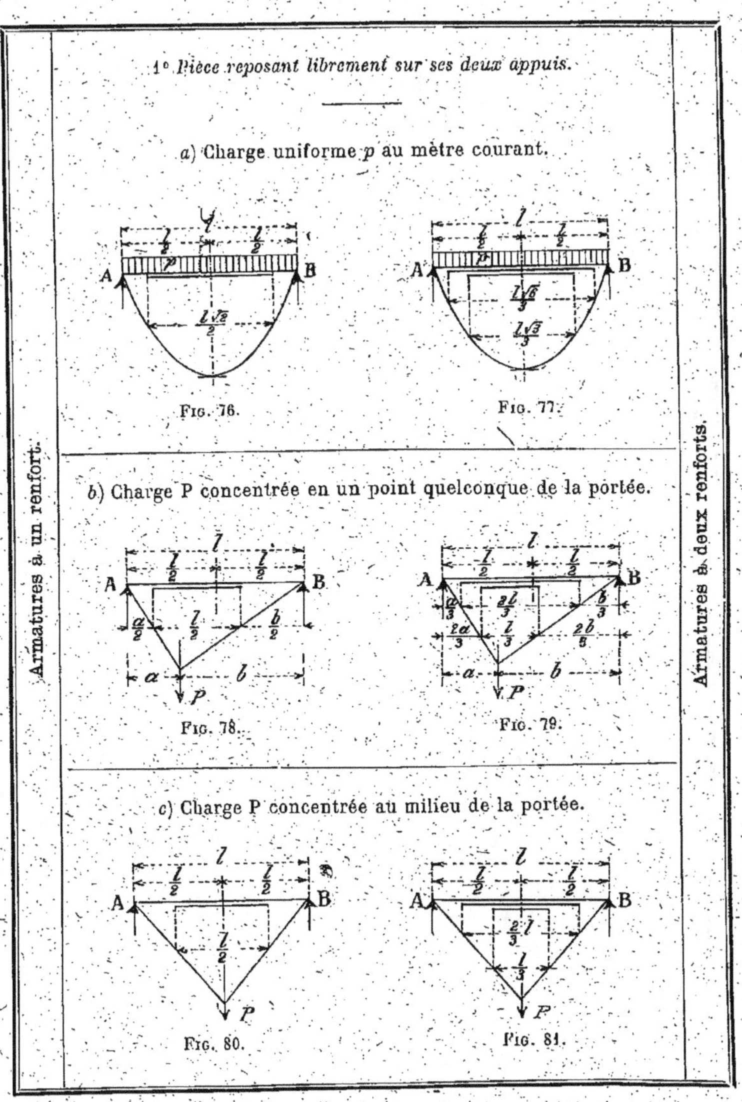

d) Cas de deux charges P symétriques appliquées à une distance
a des appuis.

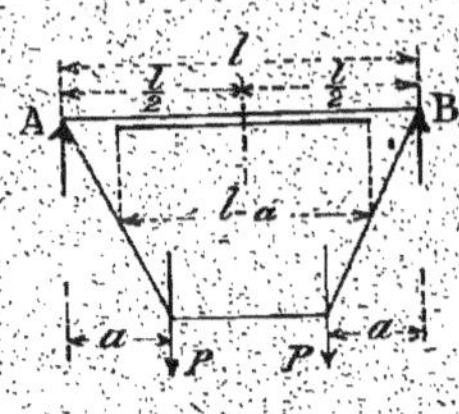

FIG. 82.   FIG. 83.

2° *Pièce parfaitement encastrée à une extrémité et librement
appuyée à l'autre.*

e) Charge uniforme *p* au mètre courant.

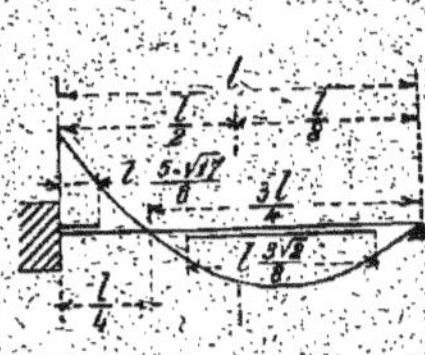

FIG. 84.   FIG. 85.

f) Charge P concentrée en un point quelconque de la portée.

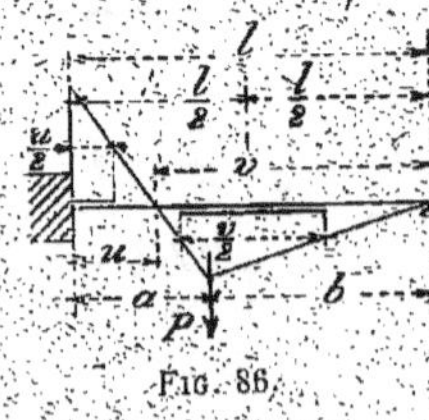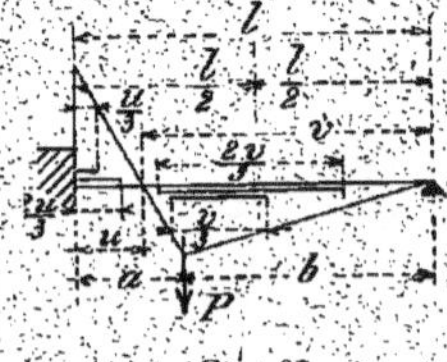

FIG. 86.   FIG. 87.

$$u = \frac{(l^2 - b^2)l}{3l^2 - b^2}, \qquad v = l - u.$$

3° Pièce mi-encastrée à une extrémité et librement appuyée à l'autre.

g) Charge uniforme p au mètre courant.

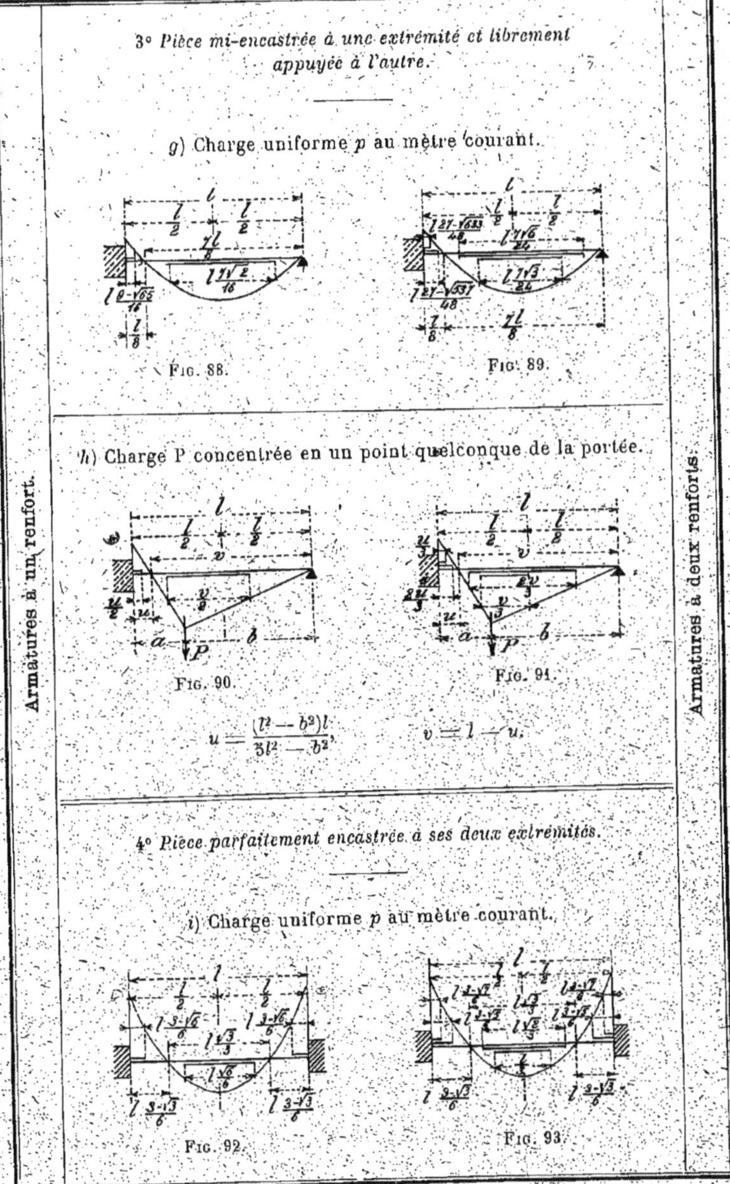

Fig. 88.

Fig. 89.

h) Charge P concentrée en un point quelconque de la portée.

Fig. 90.

Fig. 91.

$$u = \frac{(l^2 - b^2)l}{3l^2 - b^2} \qquad v = l - u.$$

4° Pièce parfaitement encastrée à ses deux extrémités.

i) Charge uniforme p au mètre courant.

Fig. 92.

Fig. 93.

j) Charge concentrée en un point quelconque de la portée.

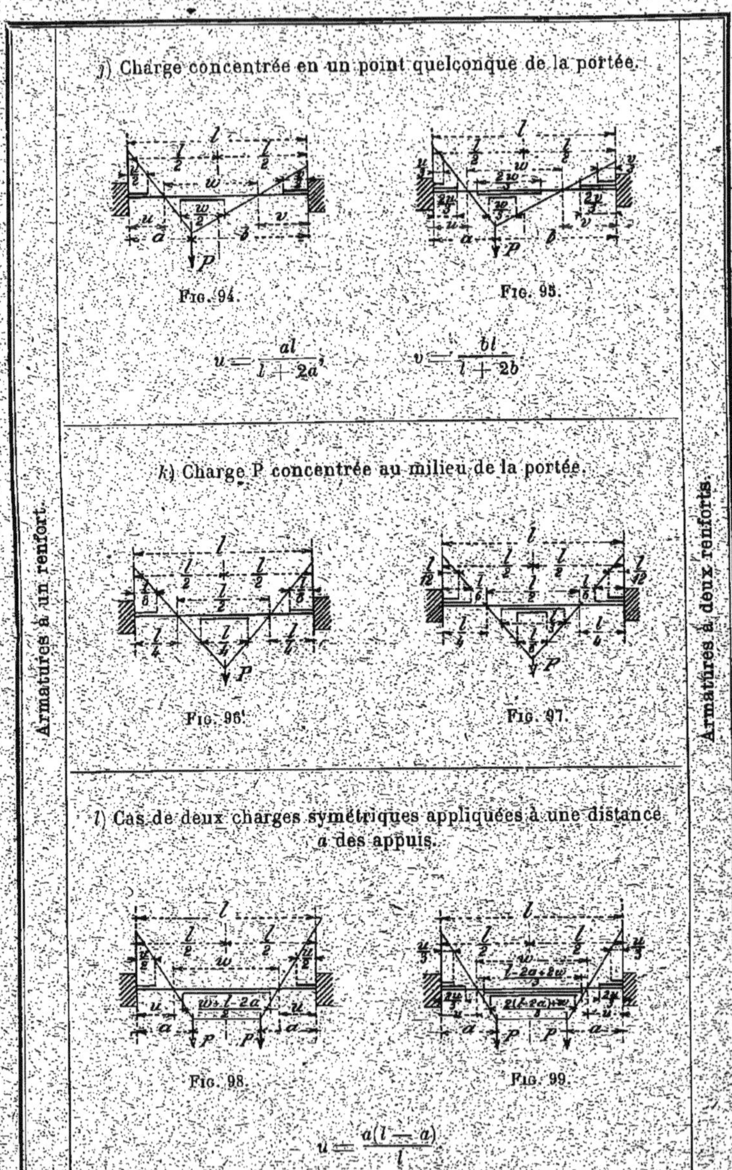

$$u = \frac{al}{l + 2a}, \qquad v = \frac{bl}{l + 2b}$$

k) Charge P concentrée au milieu de la portée.

l) Cas de deux charges symétriques appliquées à une distance *a* des appuis.

$$u = \frac{a(l - a)}{l}$$

5° Pièce mi-encastrée à ses deux extrémités.

m) Charge uniforme *p* au mètre courant.

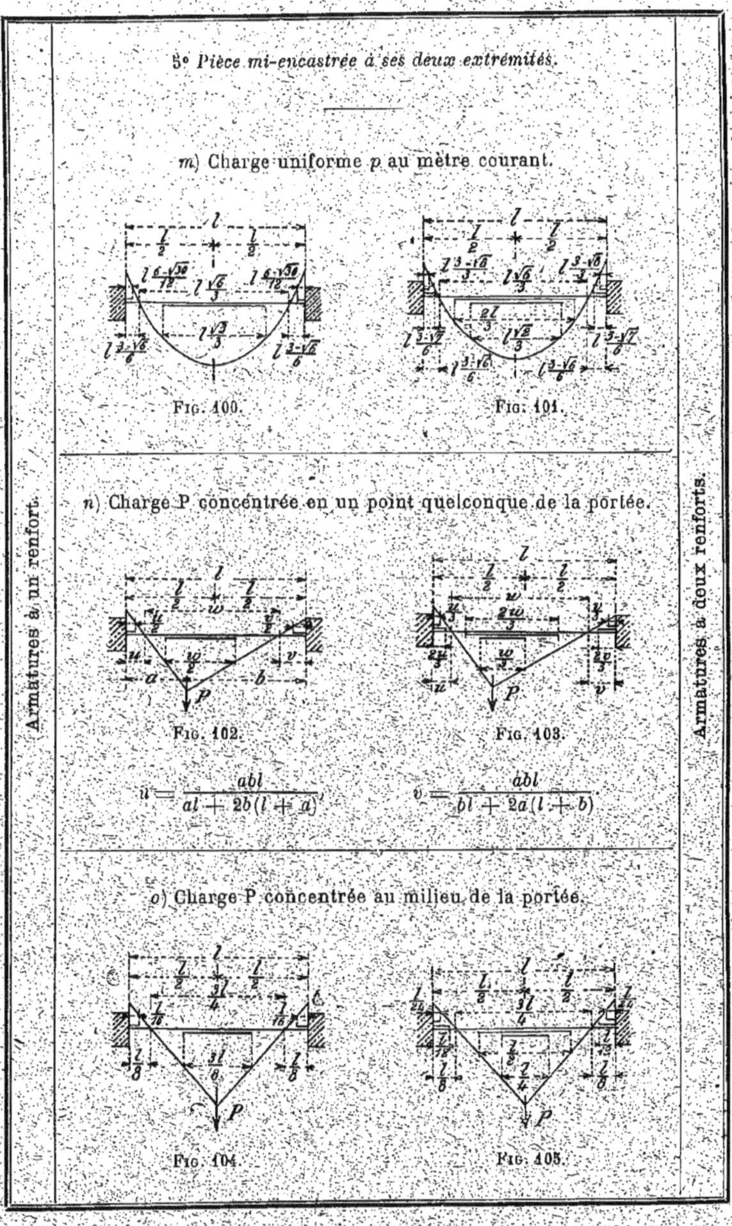

n) Charge P concentrée en un point quelconque de la portée.

$$u = \frac{abl}{al + 2b(l + a)}, \qquad v = \frac{abl}{bl + 2a(l + b)}$$

o) Charge P concentrée au milieu de la portée.

Armatures à deux renforts.
Armatures à un renfort.

p) Cas de deux charges P symétriques appliquées à une distance
a des appuis.

Fig. 106.

Fig. 107.

$$u = \frac{a(l-a)}{2l}, \qquad w = l - 2u.$$

6° *Pièce encastrée à une extrémité et libre à l'autre.*

q) Charge uniforme *p* au mètre courant.

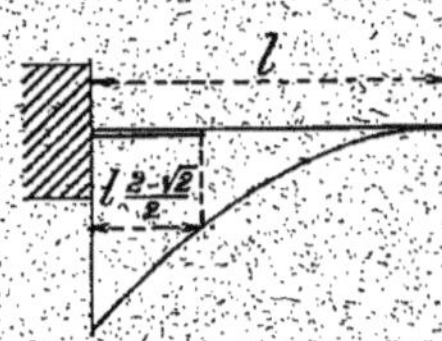

Fig. 108.

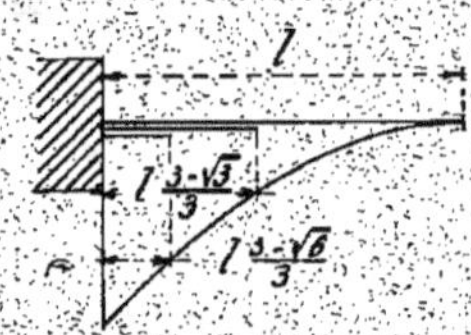

Fig. 109.

---

r) Charge P concentrée à une distance *x* de l'extrémité libre.

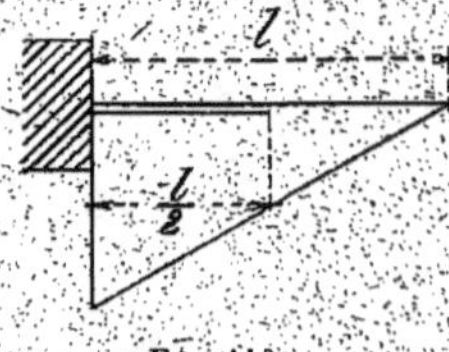

Fig. 110.

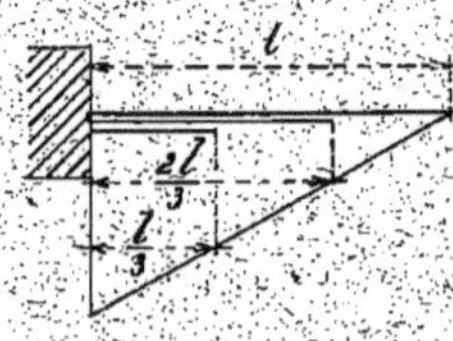

Fig. 111.

Dans une dalle reposant sur quatre cours de nervures orthogonales, chargée à outrance, la face inférieure se fissure suivant des directions partant du pourtour du rectangle d'appui et convergeant vers son

centre ; ce fait indique que les tensions se propagent, normalement à la direction des fissures, le long de trajectoires elliptiques dont les axes coïncident avec ceux de la dalle (*fig.* 112). Pour les dalles reposant sur une ligne d'appuis fermée,

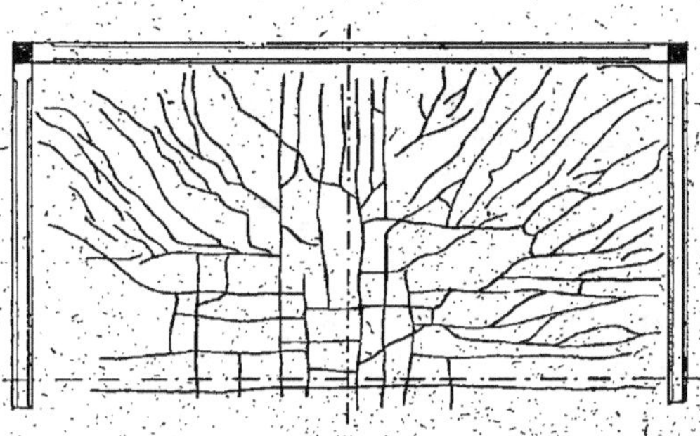

Fig. 112.

lorsque les dimensions extrêmes ne sont pas très différentes, on doit donc adopter de préférence le procédé de renforcement par réseaux ou quadrillés, qui permet d'envelopper les lignes de tension, tout en assurant une répartition plus uniforme des fatigues entre les différents éléments de la dalle.

67. Détermination de la section des armatures lorsque celle du béton est fixée à l'avance. — Ce problème se pose fréquemment dans l'établissement des pièces soumises à des moments de signes différents, lorsque la section du béton est constante et établie pour résister au moment fléchissant d'un certain signe, positif ou négatif, maximum en valeur absolue. Il s'agit alors, en partant des dimensions de la section de béton Ω ainsi fixée, de déterminer celles du renforcement en traction au point le plus chargé de la zone des moments de signe contraire.

Les deux inconnues sont : la section ω de l'armature et le travail maximum n du béton.

Si l'on pose :

$$(152) \qquad 1 - \zeta = u,$$

$$(153) \qquad \frac{mM}{\Omega ht} = \rho,$$

et si l'on élimine n entre les équations (135) et (137), on obtient :

$$(154) \quad u^3 - 3\,[1 + 2\rho\,(1 - \gamma) + 2\rho']\,u + 2\,[1 + 3\rho\,(1 - \gamma)^2] = 0.$$

Cette équation du troisième degré en u admet trois racines réelles : une

négative, et deux positives dont l'une supérieure et l'autre inférieure
à 1 ; la dernière seule est acceptable et peut s'établir au moyen d'approximations successives. (La première approximation, qu'on obtient en négligeant le terme en u^3, donne une limite inférieure de u, soit une limite supérieure de ζ).

La valeur de u étant connue, on déduit celle de ζ de l'équation (152) ; puis, la valeur de ρ, de l'équation de l'axe neutre (124) en y faisant $m'' = 0$:

$$\rho = \frac{\zeta^2 + 2\rho'\zeta - 2\gamma\rho'}{2(1 - \zeta)}$$

De la formule de définition du renforcement on tire enfin la section de l'armature tendue :

$$\omega = \frac{\rho\Omega}{m}.$$

Quant au travail maximum n du béton, on le déduit de la formule (135), soit :

$$n = \frac{t}{m} \cdot \frac{\zeta}{1 - \zeta}.$$

Dans un calcul d'avant-projet, on peut ne pas tenir compte de la présence éventuelle du renforcement en compression et déterminer la section de l'armature tendue au moyen de la formule (149). Cette simplification revient à admettre que la largeur de la section de béton intervenant dans la résistance est celle qui résulte de la formule (147).

68. Détermination de la section du béton quand celle des armatures tendues est fixée à l'avance. — Les deux inconnues du problème sont : la section Ω du béton et le travail t de l'armature.

La pièce étant supposée à un renforcement simple, si l'on pose :

$$(155) \qquad \frac{M}{m\omega h} = \mu'$$

on obtient, en éliminant t entre les équations (135) et (139) :

$$(156) \qquad \zeta^2 - (4 + 3\mu')\zeta + 3 = 0.$$

Cette équation du deuxième degré en ζ admet deux racines positives : l'une supérieure, l'autre inférieure à 1 ; cette dernière seule est acceptable.

La position de l'axe neutre étant connue, la section Ω du béton se déduira de la formule (138), et le travail t du métal de la formule (135).

69. Détermination des armatures d'une dalle à double renforcement. — Les inconnues sont : ω et ω'.

La valeur de ζ, fixant la position relative de l'axe neutre, est encore donnée par la formule (135) :

$$\zeta = \frac{mn}{mn + t}.$$

En négligeant la résistance du béton à la traction, le moment résistant d'une dalle à double renforcement est la somme de deux moments résistants : celui du béton comprimé M_1 et celui du renforcement en compression M_2, respectivement égaux aux deux premiers termes du second membre de l'équation (141) :

$$M = M_1 + M_2 = \frac{n}{2} \Omega h \zeta \left(1 - \frac{\zeta}{3}\right) + n' \omega' h (1 - \gamma').$$

L'emploi du renforcement en compression devient nécessaire dès que le moment résistant M_1 du béton est inférieur au moment fléchissant M, ce qui arrive lorsque la hauteur théorique de la dalle est inférieure à celle qui résulte de la formule (147). A moins d'évidence, on devra toujours s'en assurer.

Supposons donc que la section transversale de la pièce n'ait pas un développement suffisant pour que le béton puisse résister seul au moment fléchissant.

Le moment résistant M_1 du béton étant calculé, on déduit de la dernière équation la section de l'armature comprimée :

$$(157) \qquad \omega' = \frac{M - M_1}{n' h (1 - \gamma')}.$$

d'où la valeur du renforcement correspondant :

$$\rho' = \frac{m\omega'}{\Omega}.$$

De l'équation de l'axe neutre on tire alors :

$$\rho = \frac{\zeta^2 + 2\rho'\zeta - 2\gamma'\rho'}{1 - \zeta};$$

d'où la section de l'armature :

$$\omega = \frac{\rho\Omega}{m}.$$

Applications.

70. Problème. — *Établir les éléments d'un hourdis de plancher continu destiné à supporter une surcharge de 500 kilogrammes par mètre carré. L'écartement des nervures est de 1ᵐ,80. Les limites de fatigue admises sont : de 50 kilogrammes par centimètre carré pour le béton et de 12 kilogrammes par millimètre carré pour le métal. Le coefficient d'équivalence du métal est de 12, et la densité du béton armé est fixée à 2.500 kilogrammes par mètre cube.*

Poids hypothétique du hourdis au mètre carré.... 175 kilogrammes.
— Surcharge.. 500   —

$$\text{Total} \dots p = \overline{675} \text{ kilogrammes.}$$

Moment fléchissant au milieu de la portée, pour une bande de 1 mètre de largeur, en admettant le demi-encastrement sur appuis :

$$M = \frac{pl^2}{12} = \frac{675 \text{ kg.} \times \overline{1^m,80}^2}{12} = 182 \text{ kilogrammètres.}$$

Pour les coefficients de résistance imposés, le tableau II indique :

$$A = 3.67, \qquad C = 6.94.$$

Épaisseur théorique du hourdis :

$$h = A \sqrt{M} = 3.67 \sqrt{182} = 49 \text{ millimètres.}$$

Épaisseur réalisée :

$$70 \text{ millimètres.}$$

Section des armatures :

$$a = Cah = 6.94 \times 1 \text{ m.} \times 49 \text{ mm.} = 340 \text{ millimètres carrés.}$$

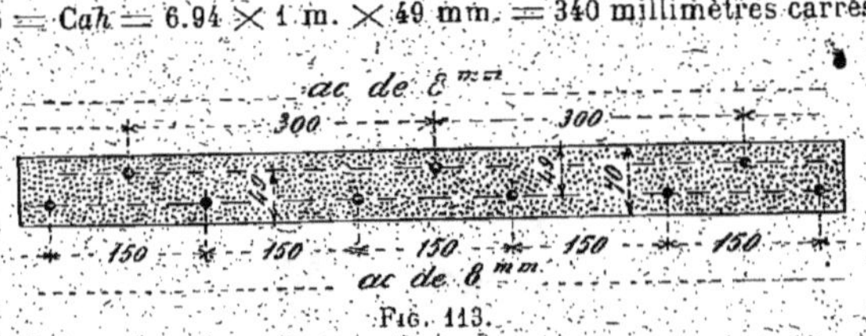

Fig. 113.

On disposera, par exemple, à la partie inférieure, des aciers de 8 millimètres tous les 150 millimètres (*fig.* 113); sur la largeur de 1 mètre la section totale ainsi réalisée est de 335 millimètres carrés.

Aux appuis le moment est la moitié du précédent, soit :

$$M' = 91 \text{ kilogrammètres.}$$

La valeur u' de u, déduite de l'équation (154) en négligeant le terme en u^3, est inférieure à la racine exacte dont u' est la valeur approchée. En calculant cette valeur de u', on trouve que, dans le cas actuel, au droit des appuis, les aciers de 8 millimètres appartiennent à la zone tendue et sont très voisins de l'axe neutre ; on peut donc dans le calcul les négliger sans erreur sensible.

La section ne possédant pas alors de renforcement en compression, $\rho' = 0$, et l'équation (154), fixant la position de l'axe neutre, devient :

$$u^3 - 3 (1 + 2\mu') u + 2 = 0.$$

Dans le cas actuel :

$$\Omega = 49 \text{ mm.} \times 1000 \text{ mm.} = 49.000 \text{ millimètres carrés,}$$

et

$$\mu' = \frac{m\mathrm{M}}{\Omega h t} = \frac{12 \times 91 \text{ kgm.}}{49.000 \text{ mm}^2 \times 0^\mathrm{m},049 \times 12 \text{ kg.}} = 0,038 ;$$

en introduisant cette valeur dans l'équation en u, on obtient :

$$u^3 - 3,228u + 2 = 0.$$

Cette équation admet trois racines : une négative et deux positives dont l'une supérieure et l'autre inférieure à 1. La dernière, seule acceptable, est :

$$u = 0,748.$$

On en déduit :

$$\zeta = 1 - u = 0,252,$$

et

$$\rho = \frac{\zeta^2}{2 (1 - \zeta)} = \frac{0,252^2}{2 \times 0,748} = 0,0428 ;$$

d'où :

$$\omega = \frac{\rho\Omega}{m} = \frac{0,0428 \times 49.000 \text{ mm}^2}{12} = 175 \text{ millimètres carrés.}$$

Cette section représente approximativement la moitié de celle des armatures inférieures ; il suffira donc de prendre les mêmes aciers de 8 millimètres, et de les placer à 300 millimètres d'intervalle.

Quant au travail du béton, il a pour valeur :

$$n = \frac{t\zeta}{m (1 - \zeta)} = \frac{12 \text{ kg.} \times 0,252}{12 \times 0,748} = 0^\mathrm{kg},336 \text{ par millimètre carré,}$$

soit, par centimètre carré : $33^\mathrm{kg},6$.

71. Problème. — *Établir la couverture d'un réservoir circulaire de 2ᵐ,50 de diamètre pour supporter une couche de terre de 0ᵐ,80 d'épaisseur. On donne :*

Densité du béton armé............	2.500 kilogrammes au mètre cube ;
Densité de la terre............	1.600 kilogrammes au mètre cube ;
Limite de fatigue du béton............	40 kilogrammes par centimètre carré ;
Limite de fatigue du métal............	10 kilogrammes par millimètre carré ;
Coefficient d'équivalence du métal......	15.

On a :

Poids hypothétique de la dalle au mètre carré...	250 kilogrammes.
Surcharge de terre : 1.600 kg. $\times$ 0ᵐ,80............	1.280 ——
Total au mètre carré...... $p =$	1.530 kilogrammes.

Nous armerons la dalle au moyen de deux systèmes de barres disposés orthogonalement. Le moment fléchissant moyen rapporté au mètre courant est, d'après la formule (120) :

$$M = \frac{pd^2}{24} = \frac{1.530 \text{ kg.} \times \overline{2^m,50}^2}{24} = 398 \text{ kilogrammètres.}$$

Pour les limites de fatigue et le coefficient d'équivalence fixés, le tableau II donne :

$$A = 3,90 \text{ et } C = 7,50.$$

Épaisseur théorique du hourdis :

$$h = A \sqrt{M} = 3,90 \sqrt{398} = 78 \text{ millimètres ;}$$

épaisseur réalisée : 100 millimètres.

Section d'acier nécessaire à la partie inférieure :

$$\omega = Cah = 7,50 \times 1 \text{ mètre} \times 78 \text{ mm.}$$
$$= 585 \text{ millimètres carrés.}$$

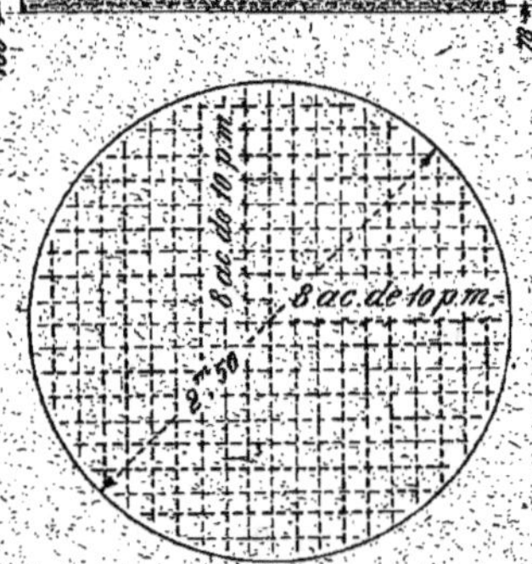

Fig. 114.

En disposant dans chaque sens des aciers de 10 millimètres répartis à raison de 8 par mètre, nous réalisons dans chaque système, sur une largeur de 1 mètre, une section de 628 millimètres carrés (*fig.* 114).

72. Problème. — *Établir une poutre de section rectangulaire de 0ᵐ,30 de largeur de manière à lui permettre de supporter une charge totale uniformément répartie de 8.000 kilogrammes, la pièce reposant librement* *sur des appuis écartés de 4 mètres. On donne :*

Densité du béton armé au mètre cube.............   2.500 *kilogrammes*;
Limite de travail du béton par centimètre carré . .   50 *kilogrammes*;
    —   —   du métal par millimètre carré...   12 *kilogrammes*;
Coefficient d'équivalence du métal..............   15.

Poids hypothétique de la pièce. .   300 kg. $\times$ 4 m. = 1.200 kilogrammes.
Surcharge........................   8.000   —

$$\text{Total......} \qquad P = 9.200 \text{ kilogrammes.}$$

Moment fléchissant au milieu de la portée :

$$M = \frac{Pl}{8} = \frac{9.200 \text{ kg.} \times 4 \text{ m.}}{8} = 4.600 \text{ kilogrammètres.}$$

Pour les coefficients fixés, le tableau II donne :

$$A = 3,45 \qquad \text{et} \qquad C = 8,02.$$

Hauteur théorique de la pièce :

$$h = A \sqrt{\frac{M}{a}} = 3,45 \sqrt{\frac{4.600}{0,30}} = 426 \text{ millimètres.}$$

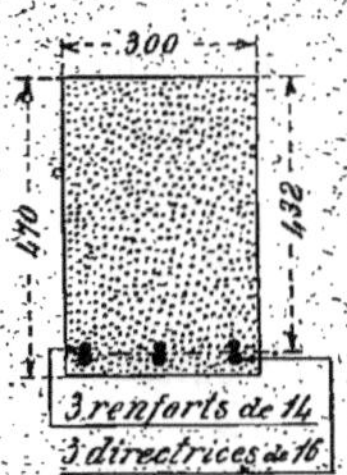

Fig. 115.

Le poids de 300 kilogrammes au mètre courant, admis pour la pièce, correspond à une hauteur totale de 400 millimètres. Il est donc un peu faible. En rectifiant et partant d'une hauteur de 470 millimètres, on trouve :

P = 9.410 kilogrammes;
M = 4.705 kilogrammètres;
h = 432 millimètres;
ω = Cah = 8,02 $\times$ 0^m,30 $\times$ 432 mm. = 1.039 millimètres carrés.

On prendra par exemple (*fig.* 115) :

3 directrices de 16 millimètres représentant .   603 millimètres carrés;
3 renforts de 14 millimètres.................   462   —

soit, au total...................... 1.065 millimètres carrés.

Les longueurs des renforts pourront être établies suivant les indications de la figure 76 ([1]).

____

([1]) La figure ne s'applique, en toute rigueur, qu'au cas où les renforts auraient même section que les directrices. Dans le cas où les renforts ont une section inférieure à celle des directrices, elle fournit pour les renforts une longueur supérieure à la longueur strictement nécessaire.

On trouvera plus loin (n° 96) la vérification de la résistance à l'effort tranchant et un mode d'établissement des armatures transversales.

73. Problème. — *Établir l'armature d'une poutre à section rectangulaire de 25 centimètres de large et 40 centimètres de haut (fig. 116), de manière à lui permettre de supporter en son milieu une charge de 5.000 kilogrammes. La pièce a une portée de 4 mètres et est supposée mi-encastrée sur ses appuis. On donne :*

Densité du béton armé . . . . 2.500 *kilogrammes par mètre cube ;*
Limite de fatigue du béton . . . . 50 *kilogrammes par centimètre carré ;*
    —   — *de l'acier* . . . . 12 *kilogrammes par millimètre carré ;*
Coefficient d'équivalence du métal . . . . . 15.

Poids de la poutre au mètre courant : $p = 250$ kilogrammes.
Moment résultant :

$$M' = \frac{pl^2}{12} = \frac{250 \text{ kg.} \times \overline{4 \text{ m}}^2}{12} = 333^{\text{kgm}},33.$$

Moment dû à la surcharge :

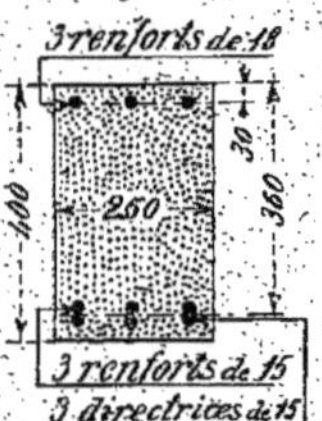

Fig. 116.

$$M'' = \frac{3Pl}{16} = \frac{3 \times 5.000 \text{ kg.} \times 4 \text{ m.}}{16} = 3.750 \text{ kilogrammètres.}$$

Moment total :

$$M = M' + M'' = 4.083^{\text{kgm}},33.$$

Pour les coefficients indiqués, le tableau II donne :

$$\zeta = 0,385.$$

En admettant que le centre des armatures tendues soit situé à 40 millimètres de la face inférieure de la poutre, le moment résistant du béton en compression est :

$$M_1 = \frac{n}{2} \Omega h \zeta \left(1 - \frac{\zeta}{3}\right) = \frac{50 \text{ kg.}}{2} (36 \text{ cm.} \times 25 \text{ cm.}) \times 0^{\text{m}},36 \times 0,385 \left(1 - \frac{0,385}{3}\right)$$
$$= 2.719^{\text{kgm}},33,$$

chiffre inférieur au moment fléchissant.

On devra donc employer en compression un renforcement offrant un moment résistant minimum :

$$M_2 = M - M_1 = 4.083^{\text{kgm}},33 - 2.719^{\text{kgm}},33 = 1.364 \text{ kilogrammètres.}$$

Plaçons le centre de ce renforcement à une distance $e = 30$ millimètres de la face supérieure de la poutre, nous aurons :

$$\gamma = \frac{c}{h} = \frac{30 \text{ mm}}{360 \text{ mm}} = 0,083 ;$$

on en déduit immédiatement le travail par centimètre carré du métal comprimé :

$$n' = mn \frac{\zeta - \gamma}{\zeta} = 15 \times 50 \text{ kg} \times \frac{0,385 - 0,083}{0,385} = 588^{\text{kg}},3,$$

soit par millimètre carré : $5^{\text{kg}},88$.

Le moment résistant de la section ω du métal comprimé étant donné par la relation :

$$M_2 = n'\omega h(1 - \gamma),$$

on en déduit :

$$\omega = \frac{M_2}{n'h(1 - \gamma)} = \frac{1.364 \text{ kgm}}{5^{\text{kg}},88 \times 0^{\text{m}},36 (1 - 0,083)} = 703 \text{ millimètres carrés} ;$$

d'où la valeur du renforcement en compression :

$$\rho = \frac{m\omega}{\Omega} = \frac{15 \times 7^{\text{cm}2},03}{36 \text{ cm} \times 25 \text{ cm}} = 0,117.$$

L'équation de l'axe neutre fournit alors le renforcement en tension :

$$\rho' = \frac{\zeta^2 + 2\rho\zeta - 2\gamma\rho}{2(1 - \zeta)}$$

$$= \frac{0,385^2 + 2 \times 0,117 \times 0,385 - 2 \times 0,083 \times 0,117}{2(1 - 0,385)} = 0,178 ;$$

la section d'acier correspondante est :

$$\omega = \frac{\rho'\Omega}{m} = \frac{0,178 \times 36 \text{ cm} \times 25 \text{ cm}}{15} = 10^{\text{cm}2},68 ;$$

soit : 1.068 millimètres carrés.

Nous disposerons en conséquence : à la partie supérieure

3 aciers de 18 millimètres représentant 763 millimètres carrés,

et à la partie inférieure

3 directrices de 15 millimètres représentant   530 millimètres carrés,
3 renforts de 15 millimètres................   530   —

soit, au total........ 1.060 millimètres carrés.

Les longueurs d'armatures se détermineront au moyen du diagramme des moments fléchissants, d'après les indications de la figure 104.

Le moment négatif maximum se présente au droit des appuis et a pour valeur :

$$M = \frac{pl^2}{24} + \frac{Pl}{16} = 166^{\text{kgm}},66 + 1.250 \text{ kgm}. = 1.416^{\text{kgm}},66.$$

Fig. 117.

Ce moment est inférieur au moment résistant M_1 du béton calculé plus haut. Comme, de plus, la section (*fig*. 117) a une hauteur théorique supérieure à celle de la section au milieu de la pièce, il serait superflu d'ajouter un renforcement en compression. Ce dernier se trouve néanmoins être réalisé par les directrices de 15 millimètres qui se prolongent sur les appuis. Sa valeur est :

$$\rho' = \frac{m\omega'}{\Omega} = \frac{15 \times 5^{\text{cm}^2},30}{37 \text{ cm}. \times 25 \text{ cm}.} = 0,086.$$

D'autre part, on a :

$$\gamma' = \frac{c}{h} = \frac{3^{\text{cm}},25}{37 \text{ cm}.} = 0,088,$$

et :

$$\mu' = \frac{mM}{\Omega ht} = \frac{15 \times 1416^{\text{kgm}},66}{37 \text{ cm}. \times 25 \text{ cm}. \times 0^{\text{m}},37 \times 1.200 \text{ kg}.} = 0,052;$$

de sorte qu'en y remplaçant les lettres par leurs valeurs, l'équation (154), fixant la position relative de l'axe neutre, devient :

$$u^3 - 3,783u + 2,429 = 0.$$

Cette équation admet trois racines ; une négative et deux positives dont l'une supérieure, l'autre inférieure à 1 ; cette dernière, seule acceptable, est :

$$u = 0,757;$$

on en déduit :

$$\zeta = 1 - u = 0,243;$$

d'où :

$$\rho = \frac{\zeta^2 + 2\rho'\zeta - 2\gamma'\rho'}{2(1 - \zeta)} = \frac{0,243^2 + 2 \times 0,086 \times 0,243 - 2 \times 0,088 \times 0,086}{2 \times 0,757} = 0,057;$$

et :

$$\omega = \frac{\rho\Omega}{m} = \frac{0,057 \times 37 \text{ cm}. \times 25 \text{ cm}.}{15} = 3^{\text{cm}^2},51,$$

soit : 351 millimètres carrés.

Cette section est inférieure à celle des renforts en compression de 18 millimètres à disposer dans le milieu de la poutre ; le plus simple sera donc de prolonger au moins deux de ces renforts jusqu'aux appuis où l'on réalisera ainsi une section minimum de 509 millimètres carrés.

Si, à la détermination des armatures tendues sur les appuis, on avait employé la méthode simplifiée qui consiste à faire usage de la formule (149) :

$$\omega = B \frac{M}{h}$$

on aurait obtenu :

$$\omega = 95,60 \times \frac{1.416^{kgm},66}{370 \text{ mm.}} = 366 \text{ millimètres carrés,}$$

c'est-à-dire une section supérieure quoique peu différente de la section de 351 millimètres carrés donnée par le calcul exact.

CHAPITRE XII

PIÈCES SOUMISES A LA FLEXION SIMPLE (*Suite*).
HOURDIS AVEC NERVURES

71. Participation du hourdis à la résistance des nervures. —
Dans les planchers en fer ou en bois, la liaison des hourdis ou des par-
quets avec les solives n'est d'ordinaire pas assurée d'une manière suffisamment étroite pour qu'on puisse compter sur la solidarité parfaite des
différents éléments. Chaque pièce du solivage se calcule en conséquence, comme si elle travaillait isolément, sans le concours de la couverture ou des poutres voisines.

Dans les constructions en béton armé, lorsque les portées sont trop
grandes pour être franchies économiquement par des dalles d'épaisseur
uniforme, on renforce les planchers au moyen de nervures dont la solidarité avec le hourdis est assurée par la
continuité même de la masse du béton,
ou par la présence d'armatures transversales montant de la partie inférieure
de la nervure à la partie supérieure du
hourdis. On obtient ainsi des ouvrages
monolithes où chaque nervure constitue
avec la portion de hourdis qui la surmonte une pièce en forme de T (*fig.* 118)

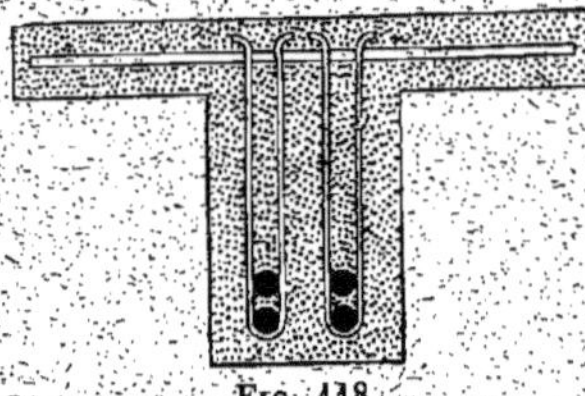

Fig. 118.

dont les ailes, en raison de leurs proportions, jouent un rôle important
dans la résistance.

Les expériences effectuées par la Commission, en vue de rechercher
le degré de participation du hourdis à la résistance des nervures, ont
porté sur deux pièces ayant la forme générale indiquée par la figure 118.

L'une de ces pièces avait 1^m,20 de largeur, et supportait une charge
uniforme sur la presque totalité de la surface du hourdis ; l'autre avait
2 mètres de largeur, et se trouvait chargée à l'aplomb de la nervure.

Dans les deux cas, sur toute la largeur de la pièce, et dans le sens de
la portée, on a relevé sur la face supérieure du hourdis des raccourcissements, c'est-à-dire des compressions, et sur la face inférieure des

allongements, c'est-à-dire des tensions. En utilisant les diagrammes des déformations, et en se basant, pour déterminer l'effet utile du hourdis en différents points de sa largeur, sur ce fait que « les pressions sont proportionnelles aux produits qu'on obtient en multipliant l'épaisseur de hourdis située au-dessus de l'axe neutre par le raccourcissement de la fibre supérieure du hourdis », la Commission est arrivée aux conclusions suivantes :

« Dans le cas du hourdis de $1^m,20$ où le rapport de la largeur à la portée était de 0,42, le hourdis a donné les 0,90 de la résistance qu'il aurait fournie si, dans toute sa largeur, il avait participé absolument aux déformations de la nervure. Dans le second plancher, dont le rapport de la largeur à la portée atteignait le chiffre exceptionnel de 0,70, la participation du hourdis à la résistance n'était que les 0,55 de ce qu'elle eût été dans le cas de la solidarité absolue. »

Dans d'autres expériences effectuées à Pantin, sur des planchers de bâtiment où le rapport de l'espacement des poutrelles à leur portée était de 0,52, le coefficient, par lequel il aurait fallu multiplier l'espacement d'axe en axe des nervures pour déterminer la largeur efficace du hourdis, aurait été de 0,68.

Du rapprochement des chiffres donnés par les essais en question il résulterait, d'après M. Considère, « qu'il s'en faut d'un dixième environ que le hourdis soit entièrement solidaire des déformations des nervures lorsque l'écartement de celles-ci est égale aux 0,40 de la portée, et que le concours qu'il donne augmente de plus en plus lentement lorsque la largeur du hourdis devient plus grande ».

La largeur de hourdis à faire intervenir dans les calculs doit donc, suivant la remarque de la circulaire ministérielle, « être en rapport avec l'épaisseur du hourdis, l'écartement des nervures et leur portée. Il convient de ne jamais dépasser pour cette largeur le tiers de la portée des nervures, ni les 3/4 de leur écartement ».

En ce qui concerne le principe de la déformation plane des sections transversales, M. Considère estime encore que, « dans les hourdis nervurés, comme dans les pièces à section rectangulaire, les déformations des sections planes ont, par rapport aux allongements et raccourcissements longitudinaux, une importance assez faible pour qu'on puisse les négliger sans inconvénient dans les calculs de résistance du béton armé, qui ne peuvent présenter le même degré d'exactitude que les calculs des constructions métalliques formées de matériaux ayant une qualité beaucoup plus régulière ».

75. Répartition des charges entre les poutres parallèles. — Les avantages que présentent, au point de vue de la résistance, les éléments d'un plancher en béton, ne sont pas réservés uniquement à chaque ensemble formé par une nervure et la fraction de hourdis qui la surmonte, ils s'étendent encore à toutes les parties d'un même plancher.

Les essais effectués par M. l'ingénieur en chef Rabut, sur les planchers du Palais des sciences et des arts de l'Exposition universelle de 1900, ont établi que, dans un hourdis comportant plusieurs cours de nervures, celle qui se trouve directement sous la charge ne supporte qu'une partie de l'effort total, une autre fraction notable étant prise par les deux nervures voisines, et le reste par les éléments plus éloignés.

Dans les essais en question, la nervure chargée fournissait en moyenne 50 0/0, et l'ensemble des deux voisines 40 0/0 de la résistance totale.

Le concours ainsi apporté par les nervures voisines à la nervure placée directement sous la charge semble être d'autant plus efficace que la charge est plus considérable.

Toutefois, en raison des dispositions et surtout des dimensions très variables des planchers formés de poutres, poutrelles et hourdis, la Commission s'est bornée à poser le principe de cette solidarité en laissant aux ingénieurs, pour l'appliquer, le soin de se reporter aux résultats des expériences faites sur des ouvrages analogues à ceux qu'ils auront à étudier. Le projet de circulaire d'envoi du règlement recommande d'ailleurs de « donner aux pièces transversales qui établiront cette solidarité les dispositions et dimensions nécessaires pour qu'il ne s'y développe pas d'efforts excessifs ».

Deux faits intéressants se dégagent des considérations précédentes : c'est d'abord la sécurité que les ouvrages en béton armé présentent par suite de leur continuité, les différentes poutres d'un même plancher étant établies individuellement pour une résistance maximum qu'elles atteignent seulement lorsque la surcharge recouvre la totalité de l'ouvrage ; c'est ensuite, si l'on veut faire servir les résultats d'essais au contrôle de la qualité des constructions ou des calculs d'établissement, la nécessité d'étendre les surcharges d'épreuve jusqu'à une certaine distance de part et d'autre de l'élément observé. Par exemple, dans un essai de plancher à nervures parallèles, la surcharge uniforme devrait couvrir au moins deux travées de chaque côté de la poutre essayée.

A. — Travail des matériaux.

76. Position de l'axe neutre. — Un élément de hourdis nervuré (*fig.* 119) peut être considéré comme formé par l'adjonction à une dalle, qui ne serait autre que la nervure prolongée jusqu'à la partie supérieure du hourdis, d'un renforcement en béton constitué par les deux ailes de

la pièce. Cette considération nous permettra de poser immédiatement
les formules applicables au calcul des hourdis nervurés.

Conservons donc pour les renforcements métalliques et pour la nervure telle que nous l'envisageons, c'est-à-dire prolongée jusqu'à la partie
supérieure du hourdis, les mêmes notations que pour les dalles, et désignons par :

e, l'épaisseur des ailes;

a', leur largeur totale, non compris celle de la nervure, la largeur totale de la
pièce étant alors $a' + a$;

α, le rapport $\dfrac{a'e}{ah}$ de la section des ailes à celle de la nervure, c'est-à-dire la
valeur du renforcement constitué par le hourdis;

ε, le rapport $\dfrac{e}{2h}$ de la demi-épaisseur du hourdis à la hauteur théorique de la
nervure.

Au cas où l'axe neutre tomberait à l'intérieur du hourdis, le calcul d'un
hourdis nervuré reviendrait, dans l'hypothèse où il n'est pas tenu compte
de la résistance du béton à la traction,
à celui d'une simple dalle. Nous supposerons donc que l'axe neutre coupe la
nervure à l'extérieur du hourdis; nous
verrons ensuite les conditions pour lesquelles cette circonstance se réalise.

On peut remarquer que, pour obtenir
les expressions des différents moments
des ailes, il suffit de prendre celles des
moments d'un renforcement métallique
en compression, et d'y remplacer les
coefficients ρ' et γ' respectivement par α et ε, en ajoutant, s'il s'agit de
moments d'inertie, le terme $\dfrac{\alpha\varepsilon^2}{3}$ correspondant au moment diamétral des
ailes qui n'est plus négligeable.

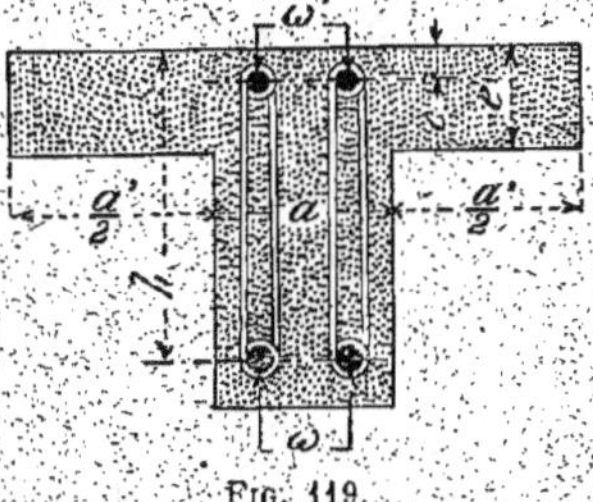

Fig. 119.

Comme conséquence, on obtiendra immédiatement les formules générales applicables aux hourdis nervurés en faisant suivre, dans les équa-
tions des dalles, chaque terme en ρ' ou γ' par un semblable en α ou ε, et
en ajoutant le terme complémentaire $\dfrac{\alpha\varepsilon^2}{3}$ si le terme considéré se rapporte à un moment d'inertie.

On forme ainsi l'équation de l'axe neutre (voir formule 124) :

$$(158) \quad (1 - m')\zeta^2 + 2(\rho + \rho' + \alpha + m')\zeta - [2(\rho + \gamma'\rho' + \varepsilon\alpha) + m''] = 0,$$

qui admet deux racines de signes contraires, dont la positive inférieure à 1 est seule acceptable :

$$(159) \quad \zeta = \frac{-(\rho + \rho' + \alpha + m'') + \sqrt{(\rho + \rho' + \alpha + m'')^2 + [2(\rho + \gamma'\rho' + \epsilon\alpha) + m''](1 - m'')}}{1 - m''}.$$

Si l'on ne tient pas compte de la résistance du béton à la traction, $m'' = 0$, et l'on a :

$$(160) \quad \zeta = -(\rho + \rho' + \alpha) + \sqrt{(\rho + \rho' + \alpha)^2 + 2(\rho + \gamma'\rho' + \epsilon\alpha)};$$

enfin, *si la pièce ne comporte qu'un seul renforcement métallique en tension*, $\rho' = 0$, et il reste :

$$(161) \quad \zeta = -(\rho + \alpha) + \sqrt{(\rho + \alpha)^2 + 2(\rho + \epsilon\alpha)}.$$

A une augmentation de l'importance du métal, ou de la section du nourdis, correspond une descente de l'axe neutre et inversement.

La condition pour que l'axe neutre tombe à l'intérieur de la nervure, correspond à l'inégalité :

$$\zeta \geq 2\epsilon,$$

qui peut être résolue par rapport à l'une quelconque des variables entrant dans la valeur de ζ.

Considérons, par exemple, le cas particulier d'une pièce ne possédant que des armatures tendues et où il n'est pas tenu compte de la résistance du béton en traction.

La valeur 2ϵ étant comprise entre les deux racines de l'équation (158), la substitution de 2ϵ à ζ doit donner au trinôme du premier membre un signe contraire à celui de son premier terme. Si, comme nous le supposons, $m'' = 0$ et $\rho' = 0$, on doit avoir :

$$(162) \quad 4\epsilon^2 + 4\epsilon(\rho + \alpha) - 2(\rho + \epsilon\alpha) \leq 0;$$

d'où, en résolvant par rapport à ρ par exemple :

$$(163) \quad \rho \geq \frac{2\epsilon + \alpha}{1 - 2\epsilon}\,\epsilon.$$

77. Travail des matériaux. — En complétant, d'après la règle indiquée plus haut (n° 76), le deuxième membre de l'équation (133), qui donne le travail maximum du béton dans une dalle, et en tenant compte notamment de ce que les termes du dénominateur résultent de l'expression d'un moment d'inertie, on obtient :

$$(164) \quad n = \frac{M}{\Omega h} \cdot \frac{\zeta}{\dfrac{\zeta^2}{2}\left(1 - \dfrac{\zeta}{3}\right) + \rho'(\zeta - \gamma')(1 - \gamma') + \alpha(\zeta - \epsilon)(1 - \epsilon) + \dfrac{\alpha\epsilon^2}{3} - m''\dfrac{(1 - \zeta)^3}{6}}$$

Le travail maximum du béton comprimé étant connu, celui d'un quelconque des autres éléments est encore donné par l'une des formules (134), (135) ou (136).

Si l'on ne tient pas compte de la résistance du béton à la traction, il suffit, dans la formule précédente, de faire $m'' = o$.

De plus, *si la pièce ne comporte pas de renforcement métallique en compression*, $\rho' = o$, et il reste :

$$(165) \qquad n = \frac{M}{\Omega h} \cdot \frac{\zeta}{\dfrac{\zeta^2}{2}\left(1 - \dfrac{\zeta}{3}\right) + \alpha(\zeta - \varepsilon)(1 - \varepsilon) + \dfrac{\alpha \varepsilon^2}{3}}$$

Les moments étant exprimés en kilogrammètres et les hauteurs en mètres, les tensions sont obtenues, comme pour les dalles, en kilogrammes par centimètre carré ou millimètre carré, suivant que les sections sont elles-mêmes exprimées en centimètres carrés ou millimètres carrés.

78. Moment et bras de levier du couple résistant. — En complétant de même l'équation (140), on obtient pour moment résistant du hourdis nervuré :

$$(166) \quad M_R = n\Omega h \frac{\dfrac{\zeta^2}{2}\left(1 - \dfrac{\zeta}{3}\right) + \rho'(\zeta - \gamma)(1 - \gamma) + \alpha(\zeta - \varepsilon)(1 - \varepsilon) + \dfrac{\alpha \varepsilon^2}{3} - m'' \dfrac{(1 - \zeta)^3}{6}}{\zeta}$$

ou, en tenant compte des relations (134), (135) et (136) :

$$(167) \quad M_R = \frac{n}{2}\Omega h \zeta\left(1 - \frac{\zeta}{3}\right) + n'\omega' h(1 - \gamma') + na'eh \frac{(\zeta - \varepsilon)(1 - \varepsilon) + \dfrac{\varepsilon^3}{3}}{\zeta} - \frac{t'}{2}\Omega h \frac{(1 - \zeta)^2}{3}$$

Dans le *cas où l'on néglige la résistance du béton à la traction*, il suffit d'annuler m'' ou t'.

De plus, *s'il n'existe pas de renforcement métallique en compression*, $\rho' = o$, $n' = o$, et il reste :

$$(168) \qquad M_R = \frac{n}{2}\Omega h \zeta\left(1 - \frac{\zeta}{3}\right) + na'eh \frac{(\zeta - \varepsilon)(1 - \varepsilon) + \dfrac{\varepsilon^3}{3}}{\zeta}$$

Le premier terme du second membre représente le moment résistant de la nervure, et le second, le moment résistant des ailes.

La formule (142), complétée d'une manière analogue, donne le bras de levier du couple résistant :

$$(169) \quad b = h \frac{\frac{\zeta^2}{2}\left(1 - \frac{\zeta}{3}\right) + \rho'(\zeta - \gamma')(1 - \gamma') + \alpha(\zeta - \varepsilon)(1 - \varepsilon) + \frac{\alpha \varepsilon^2}{3} - m''\frac{(1 - \zeta)^3}{6}}{(1 - \zeta)\left(\rho + m''\frac{1 - \zeta}{2}\right)}.$$

Si l'on ne fait pas état de la résistance du béton tendu, on posera $m'' = 0$. En outre, si le renforcement en tension existe seul, $\rho' = 0$, et il restera :

$$(170) \quad b = h \frac{\frac{\zeta^2}{2}\left(1 - \frac{\zeta}{3}\right) + \alpha(\zeta - \varepsilon)(1 - \varepsilon) + \frac{\alpha \varepsilon^2}{3}}{(1 - \zeta)\rho}.$$

79. Méthode simplifiée. — En raison de l'exiguïté de ses dimensions par rapport à celles du hourdis et de sa proximité de l'axe neutre, il arrive généralement que la partie comprimée de la nervure extérieure au hourdis ne participe que faiblement à la résistance. Comme, d'autre part, on ne tient pas compte de la résistance du béton à la traction, on peut, au point de vue du calcul, admettre que la largeur a et, par suite, la section Ω de la nervure sont nulles.

Dans cette hypothèse le coefficient α devient infini et a' représente la largeur totale de la pièce.

Posons :

$$(171) \quad \frac{\rho}{a} = \rho_1$$

et

$$(172) \quad \frac{\rho'}{a} = \rho'_1$$

ρ_1 et ρ'_1 représentent les nouveaux renforcements, c'est-à-dire l'importance de l'armature tendue et celle de l'armature comprimée par rapport au hourdis.

Si l'on divise alors par α les deux membres de l'équation (158) fixant la position de l'axe neutre, cette équation devient à la limite, pour $\alpha = \infty$:

$$(173) \quad (\rho_1 + \rho'_1 + 1)\zeta - (\rho_1 + \gamma \rho'_1 + \varepsilon) = 0,$$

et l'on en déduit :

$$(174) \quad \zeta = \frac{\rho_1 + \gamma \rho'_1 + \varepsilon}{\rho_1 + \rho'_1 + 1}.$$

Dans le cas où il n'existe pas de renforcement en compression, $\rho'_1 = 0$, et il reste :

$$(175) \qquad \zeta = \frac{\rho_1 + \varepsilon}{\rho_1 + 1}.$$

La condition, $\zeta \geqq 2\varepsilon$, pour laquelle l'axe neutre tombe à l'extérieur du hourdis, équivaut alors à la suivante :

$$(176) \qquad \rho_1 \geqq \frac{\varepsilon}{1 - 2\varepsilon};$$

cette formule n'est autre que celle qui a été obtenue précédemment (n° 34) par l'emploi de la méthode graphique.

Désignons maintenant par Ω_1 la section $a'e$ du hourdis, nous aurons :

$$\Omega_1 = \Omega\alpha.$$

Si, dans chaque terme de la formule (164) qui le contient, nous remplaçons les produits $\Omega\alpha$ et $\Omega\rho'$ par leurs valeurs Ω_1 et ρ'_1, et si, dans les autres termes, nous attribuons une valeur nulle à Ω, nous obtenons pour expression du travail maximum du béton :

$$(177) \qquad n = \frac{M}{\Omega_1 h} \cdot \frac{\zeta}{\rho'_1 (\zeta - \gamma')(1 - \gamma') + (\zeta - \varepsilon)(1 - \varepsilon) + \dfrac{\varepsilon^2}{3}}.$$

Dans le *cas où la pièce ne possède pas de renforcement en compression*, $\rho'_1 = 0$ et il reste :

$$(178) \qquad n = \frac{M}{\Omega_1 h} \cdot \frac{\zeta}{(\zeta - \varepsilon)(1 - \varepsilon) + \dfrac{\varepsilon^2}{3}}.$$

Le travail du métal comprimé ou tendu est toujours donné, en fonction de n et de ζ, par une des formules (134) ou (135).

De la formule (167) on déduit d'une manière analogue le moment résistant de la pièce en faisant $t' = 0$.

$$(179) \qquad M_R = n'\omega'h(1 - \gamma') + n\Omega_1 h \frac{(\zeta - \varepsilon)(1 - \varepsilon) + \dfrac{\varepsilon^2}{3}}{\zeta}.$$

S'il n'existe pas de renforcement en compression, $\omega' = 0$.

On obtient de même, en partant de la formule (169), le bras de levier du couple résistant :

$$(180) \qquad b = h \frac{\rho'_1 (\zeta - \gamma')(1 - \gamma') + (\zeta - \varepsilon)(1 - \varepsilon) + \dfrac{\varepsilon^2}{3}}{(1 - \zeta)\rho_1},$$

ou, *en l'absence d'armatures comprimées* :

$$(181) \qquad b = h \frac{(\zeta - \epsilon)(1 - \epsilon) + \frac{\epsilon^2}{3}}{(1 - \zeta)\,\rho_1}.$$

80. **Formule simple pour la détermination d'une valeur approchée du travail du métal tendu.** — La manière dont la répartition des pressions s'effectue dans le hourdis est figurée par un trapèze (*fig.* 120), ν désignant le coefficient angulaire de la droite de répartition, le travail à l'arête supérieure est νz, et à l'arête inférieure, $\nu(z - e)$; de sorte que le centre des pressions dans le hour-

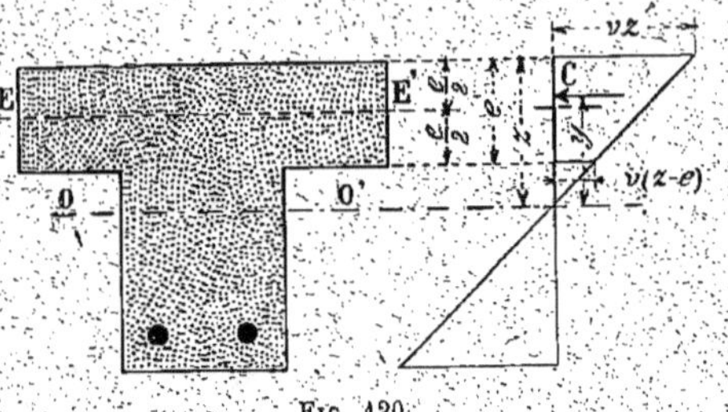

Fig. 120.

dis, situé au même niveau que le centre C de gravité du trapèze de répartition, se trouve à une distance de l'arête inférieure :

$$\frac{3z - e}{3(2z - e)}\,e = \left[\frac{1}{2} + \frac{1}{6(\zeta - \epsilon)}\right] e,$$

c'est-à-dire au-dessus de la ligne moyenne du hourdis.

Supposons maintenant que la partie comprimée de la nervure extérieure au hourdis soit assez peu importante pour qu'on puisse la négliger sans erreur sensible.

Si, dans la dernière égalité, on néglige le terme $\frac{1}{6(\zeta - \epsilon)}$ (ce qui revient à situer le centre des pressions au milieu du hourdis), on obtiendra une limite inférieure de la position du centre des compressions, c'est-à-dire une limite inférieure du bras de levier du couple résistant, et, par suite, un maximum de la fatigue de l'armature tendue. Ce maximum différera très peu d'ailleurs du travail réel du métal.

Le bras de levier du couple résistant, qui est la distance entre les centres des compressions et des tensions, aura ainsi pour valeur :

$$h' = h(1 - \epsilon).$$

C'est la valeur qu'on déduirait de la formule (181), en négligeant le terme $\frac{\epsilon^2}{3}$ correspondant au moment d'inertie diamétral des ailes, et en tenant compte de l'équation de l'axe neutre (175).

On aura, en conséquence, pour limite supérieure du travail du métal :

$$(182) \qquad t = \frac{M}{\omega h}$$

81. Pièces soumises à des moments de signes différents. — Lorsqu'un hourdis nervuré est soumis à des moments de signes différents, la résistance à la compression peut, dans certains endroits, être assumée par la partie inférieure de la nervure, et il convient, à ces endroits, d'appliquer à la détermination des fatigues des matériaux les méthodes de calcul indiquées pour les dalles.

Application.

82. Problème. — *Vérifier les conditions de résistance d'un élément de hourdis nervuré continu (fig. 121 et 122) se prolongeant au delà des appuis.*

L'épaisseur du hourdis est de 8 centimètres ; la portée de la nervure est de 5ᵐ,20, son écartement des deux voisines, de 1ᵐ,60, et sa section, prise sous hourdis, de 0ᵐ,36 × 0ᵐ,20. L'armature inférieure se compose de deux directrices de 20 millimètres et de deux renforts de 18 millimètres. La partie supérieure dans la région des appuis est pourvue de deux encastrements de 20 millimètres. Le plancher a été établi pour une surcharge uniforme de 800 kilogrammes par mètre carré. La densité du béton armé est fixée à 2.500 kilogrammes par mètre cube, et le coefficient d'équivalence du métal à 15.

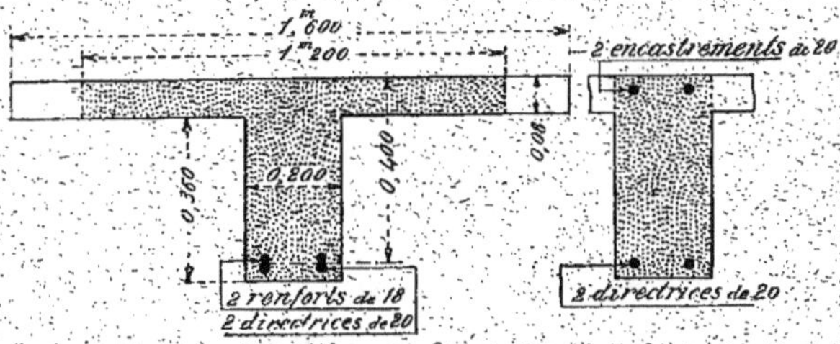

Fig. 121 et 122.

Pour résoudre le problème, nous nous servirons de la méthode de calcul simplifiée (n° 79), qui consiste à négliger éventuellement la partie comprimée de la nervure extérieure au hourdis.

Conformément aux prescriptions de la circulaire ministérielle, nous adopterons, comme largeur de hourdis intervenant en compression, les 3/4 de l'écartement des nervures, soit 1ᵐ,20 ; (dans le cas actuel cette largeur est inférieure au 1/3 de la portée).

Section du hourdis :

$$\Omega_1 = a'e = 120 \text{ cm.} \times 8 \text{ cm.} = 960 \text{ centimètres carrés.}$$

Section des deux directrices de 20 millimètres...   628 millimètres carrés.
—   renforts de 18 millimètres......   509   —

Section totale de l'armature : $\omega = $ 1.137 millimètres carrés.

Équivalent du métal en béton :

$$m\omega = 15 \times 11^{\text{cm}2},37 = 170^{\text{cm}2},55.$$

Valeur du renforcement :

$$\rho_1 = \frac{m\omega}{\Omega_1} = \frac{170^{\text{cm}2},55}{960 \text{ cm}^2} = 0,178.$$

La hauteur théorique h de la pièce étant de 40 centimètres, on a :

$$\varepsilon = \frac{e}{2h} = \frac{8 \text{ cm.}}{2 \times 40 \text{ cm.}} = 0,100.$$

Position relative de l'axe neutre :

$$\zeta = \frac{\rho_1 + \varepsilon}{\rho_1 + 1} = \frac{0,178 + 0,100}{0,178 + 1,00} = 0,236.$$

ζ étant supérieur à 2ε, l'axe neutre tombe à l'extérieur du hourdis.

Poids propre du hourdis au mètre carré....   200 kilogrammes.
Surcharge.......................................   800   —

Total au mètre carré...........   1.000 kilogrammes.

Poids du hourdis et de la surcharge par mètre courant de portée de la nervure :

$$p' = 1.000 \text{ kg.} \times 1^{\text{m}},60 = 1.600 \text{ kilogrammes.}$$

Poids propre de la nervure au mètre courant :

$$p' = 0^{\text{m}},36 \times 0^{\text{m}},20 \times 2.500 \text{ kg.} = 180 \text{ kilogrammes.}$$

Total au mètre courant :

$$p = p' + p'' = 1.780 \text{ kilogrammes.}$$

Moment fléchissant au milieu de la portée en admettant le demi-encastrement sur appuis :

$$M = \frac{p\ell^2}{12} = \frac{1.780 \text{ kg.} \times \overline{5^{\text{m}},20}^2}{12} = 4.011 \text{ kilogrammètres.}$$

Travail maximum du béton en compression :

$$n = \frac{M}{\Omega_1 h} \cdot \frac{\zeta}{(\zeta - \varepsilon)(1 - \varepsilon) + \frac{\varepsilon^2}{3}}$$

$$= \frac{4.011 \text{ kgm.}}{960 \text{ cm}^2 \times 0^m,40} \times \frac{0,236}{(0,236 - 0,100)(1 - 0,100) + \frac{0,100^2}{3}}$$

$= 19^{kg},61$ par centimètre carré.

Travail maximum du métal en tension, par centimètre carré :

$$t = mn \frac{1 - \zeta}{\zeta} = 15 \times 19^{kg},61 \times \frac{1 - 0,236}{0,236} = 952 \text{ kilogrammes,}$$

soit, par millimètre carré : $9^{kg},52$.

Sur les appuis, la résistance à la compression est fournie par la partie inférieure de la nervure. Les calculs s'établiront donc (n° 81) comme pour une dalle à double renforcement (*fig.* 122), le moment fléchissant ayant une valeur égale à la moitié de celle qui a été trouvée au milieu de la portée, soit de 2.006 kilogrammètres.

Nous donnons plus loin (n° 95) la vérification de la résistance à l'effort tranchant et au glissement longitudinal.

B. — Détermination des éléments d'un projet.

83. Situation du problème. — Théoriquement, la question d'établissement d'un hourdis nervuré peut se présenter, comme dans le cas des dalles, sous autant de formes qu'il existe de combinaisons deux à deux des quantités entrant dans la détermination de la section de la pièce.

Pratiquement, le nombre des problèmes qu'on est appelé à résoudre est très réduit.

En effet, les éléments du hourdis même sont généralement déterminés à l'avance, et il ne reste à fixer que les dimensions de la nervure, la section des armatures tendues et, éventuellement, celle des renforcements en compression.

Dans le cas, le plus ordinaire, où l'on néglige la résistance à la compression de la partie comprimée extérieure au hourdis et celle du béton à la traction, la largeur de la nervure n'intervient plus dans le calcul et se prend arbitrairement. Il n'y a plus alors qu'à déterminer la hauteur de la pièce sous hourdis et la section des renforcements métalliques.

La section des armatures tendues constituant toujours une des inconnues du problème, on peut se proposer de régler la hauteur de la nervure de manière à faire travailler le béton à son maximum de résistance.

Mais, le plus souvent, les dimensions de la nervure sont fixées à l'avance d'après certaines considérations d'encombrement, d'aspect ou d'économie, de sorte qu'il ne reste plus qu'à déterminer la section des armatures tendues et à vérifier incidemment la fatigue maximum du béton en compression.

Notons que, pour suppléer à une insuffisance du moment résistant, il y a intérêt, au point de vue économique, à augmenter soit la section de béton en donnant plus d'épaisseur au hourdis, soit le bras de levier du couple résistant en augmentant la hauteur de la nervure.

84. Détermination de la hauteur de la nervure et de la section des armatures tendues. — Les fatigues maxima du métal et du béton et, par suite, la position de l'axe neutre étant fixées, nous nous placerons dans l'hypothèse où, le hourdis étant entièrement comprimé, l'axe neutre lui est extérieur. En cas contraire, tout se passerait comme si l'on avait affaire à une simple dalle, dont la hauteur se déterminerait en conséquence.

L'hypothèse où nous nous plaçons revient à cette autre que le moment fléchissant est au moins égal au moment résistant,

$$\frac{n}{2}\,\Omega h\zeta\left(1 - \frac{\zeta}{3}\right),$$

d'une dalle où l'on aurait : $h\zeta = e$, et $\zeta\Omega = \Omega_1$; e et Ω_1 représentant l'épaisseur et la section du hourdis considéré.

Nous supposerons donc :

$$(183) \qquad M \geq \frac{n}{2}\,\Omega_1 e\,\frac{1 - \dfrac{\zeta}{3}}{\zeta}.$$

Si, dans l'équation (178), on remplace ε par sa valeur $\dfrac{e}{2h}$, et si, après avoir chassé le dénominateur, on ordonne par rapport à h, on obtient :

$$(184) \qquad h^2 - \left(\frac{e}{2}\cdot\frac{1+\zeta}{\zeta} + \frac{M}{\Omega_1 n}\right)h + \frac{e^2}{3\zeta} = 0.$$

Cette équation du second degré en h, où tout est connu sauf h, admet deux racines, simultanément positives ou imaginaires.

En substituant e à h dans le premier membre, on obtient l'expression :

$$-\frac{e}{\Omega_1 n}\left(M - \frac{n}{2}\,\Omega_1 e\,\frac{\zeta - \dfrac{1}{3}}{\zeta}\right),$$

qui est toujours négative ; il suffit, pour s'en rendre compte, de remarquer que $1 - \frac{\zeta}{3} > \zeta - \frac{1}{3}$, et de considérer l'inégalité (183).

Les deux racines de l'équation en h sont donc toutes deux positives ; l'une est inférieure et l'autre supérieure à e ; la plus grande seule est acceptable.

La valeur de h étant connue, on en déduit $\varepsilon = \frac{e}{2h}$; et, de l'équation (175) de l'axe neutre :

$$\rho_1 = \frac{\zeta - \varepsilon}{1 - \zeta};$$

d'où la section de l'armature :

$$\omega = \frac{\rho_1 \Omega_1}{m};$$

qu'on réalisera en se basant sur les considérations exposées précédemment (n° 66).

85. Sections économiques des nervures.

85. Sections économiques des nervures. — On adopte rarement la condition initiale du problème précédent qui consiste à faire travailler le béton à son maximum.

En effet, si l'on tient à utiliser complètement la résistance maximum du béton en compression, l'inégalité (183) n'est guère satisfaite que dans les pièces très fortement chargées, c'est-à-dire que, le plus ordinairement, l'axe neutre tombe à l'intérieur du hourdis. Les hauteurs données alors par les méthodes de calcul des dalles sont relativement réduites et ne laissent qu'une faible saillie à la nervure. Par contre, les dimensions des armatures sont considérables.

Aussi l'on n'emploie ce procédé d'établissement, peu économique à cause de l'importance des sections métalliques auxquelles il conduit, que dans le cas où le défaut de hauteur ne permet pas de donner aux nervures un développement suffisant.

La section de la pièce sous hourdis se détermine généralement par des considérations d'aspect ou d'économie. On calcule ensuite celle du métal en utilisant sa résistance maximum.

Avec quelque pratique, on arrive rapidement à fixer au jugé et d'une manière rationnelle les dimensions d'une nervure. A défaut d'indications préalables, on pourra, pour éviter les tâtonnements et les incertitudes, se servir des résultats donnés par le calcul suivant.

Nous avons vu (n° 80) que, lorsque la partie comprimée de la nervure extérieure au hourdis est négligeable, le centre des compressions est situé au-dessus de la ligne moyenne du hourdis, et qu'en adoptant, pour limite supérieure de la section des armatures tendues, la valeur ω donnée par la formule :

$$\omega = \frac{M}{th'},$$

où h' représente la distance du centre des armatures au milieu du hourdis, cette valeur ω est très peu différente de la section que fournirait le calcul exact (voir Problème n° 88).

Pratiquement, la distance h' n'est elle-même pas très différente de la hauteur de la poutre sous hourdis. La section des armatures tendues diminue donc à mesure que cette hauteur augmente et inversement. On se trouve ainsi, dans le choix des dimensions d'une nervure, en présence de deux facteurs économiques liés l'un à l'autre et variant en sens contraires : la section de la nervure et celle du métal.

Désignons par :

f_1, le prix du kilogramme d'acier ;
f_2, celui du mètre cube de béton ;
δ, la densité du métal ;
σ, le coefficient, variant de 1,25 à 1,50 suivant l'importance des ouvrages, par lequel il faudrait multiplier le poids du métal, correspondant à la section calculée, pour obtenir celui de l'armature complète de la nervure.

Nous aurons ainsi, pour prix au mètre courant de la nervure armée, abstraction faite du coffrage :

$$(185) \qquad A = f_2 ah' + f_1 \delta\sigma \frac{M}{th'} ;$$

et la valeur de h', correspondant au prix minimum, sera la racine de la dérivée de A par rapport à h' :

$$h' = \sqrt{\frac{f_1 \delta\sigma}{f_2 t}} \sqrt{\frac{M}{a}}.$$

Cette formule, que l'on peut écrire :

$$(186) \qquad h' = C\sqrt{\frac{M}{a}},$$

détermine la hauteur de la nervure sous hourdis en fonction de sa largeur a.

Si l'on se fixe le rapport $\lambda = \dfrac{a}{h'}$ de la largeur à la hauteur de la nervure, on obtient :

$$h' = \sqrt[3]{\frac{f_1 \delta\sigma}{f_2 \lambda t}} \sqrt[3]{M} ;$$

soit :

$$(187) \qquad h' = C' \sqrt[3]{M}.$$

La valeur de C est unique, celle de C′ varie avec le profil qu'on désire donner à la nervure.

En supposant, par exemple :

un travail de l'acier de 12 kilogrammes par millimètre carré ;
une densité du métal de 7.800 kilogrammes par mètre cube ;
un prix du béton de 65 francs au mètre cube ;
un prix du métal de 0 fr. 45 au kilogramme ;
une valeur du coefficient σ de 1,30 ;

on a :

$$C = 0,24,$$

et pour

$\lambda =$	3/2	4/3	1	3/4	3/5	1/2	1/3,
$C' =$	1,58	1,64	1,80	1,98	2,13	2,27	2,60.

Les rapports de la section des directrices à celle de la nervure sous hourdis, sont alors respectivement les suivants :

$\varpi =$	1,41	1,42	1,43	1,43	1,44	1,43	1,42 0/0.

Les coefficients C et C′ donnent les hauteurs h' en centimètres lorsque les moments M sont exprimés en kilogrammètres et les largeurs a en mètres.

Les chiffres indiqués ne sont évidemment donnés qu'à titre d'exemple, les coefficients C et C′ dépendant au moins de quatre variables. Dans chaque cas particulier, il sera facile de les préciser. On peut d'ailleurs, même par mesure d'économie, être amené à s'écarter des résultats fournis par les formules (186) et (187) ; par exemple, lorsque les dimensions des coffrages sont fixées à l'avance ; dans ce cas, on choisira, parmi les formes dont on dispose, celles qui répondent le mieux aux indications du calcul.

La section de la nervure étant déterminée, il reste, dans les pièces soumises à des moments de signes différents, à vérifier si, au point le plus chargé de la zone où la résistance à la compression est assurée par la partie basse de la nervure, le béton ne travaille pas à un taux supérieur à la limite admissible. S'il en était ainsi, il conviendrait d'augmenter la hauteur de la pièce dans les parties faibles. Les dispositions en forme de gousset, que l'on rencontre notamment à la jonction des poutres et des poteaux, répondent à cette nécessité ; elles contribuent d'ailleurs à accroître la rigidité de l'ensemble des ouvrages.

86. Détermination de la section du métal quand la hauteur de la nervure est fixée à l'avance. — C'est le problème qui fait suite au précédent et se pose le plus souvent en pratique, le travail maximum du béton comprimé représentant la seconde inconnue dont la recherche constitue la vérification de la résistance du hourdis en compression.

La section du métal pourrait être obtenue rapidement et d'une manière très approchée au moyen de l'équation (182). Si l'on tient à une plus grande précision, on pourra utiliser les résultats du calcul suivant.

En éliminant n entre les équations (135) et (178) on obtient, après avoir chassé le dénominateur et ordonné par rapport à ζ, l'équation de l'axe neutre :

$$(188) \quad [\Omega_1 ht(1 - \varepsilon) + mM]\,\zeta - \Omega_1 ht\left[\varepsilon(1 - \varepsilon) - \frac{\varepsilon^2}{3}\right] - mM = 0;$$

d'où, en posant :

$$\frac{mM}{\Omega_1 ht} = \mu',$$

l'on tire :

$$(189) \qquad \zeta = \frac{\varepsilon - 4\dfrac{\varepsilon^2}{3} + \mu'}{1 - \varepsilon + \mu'}.$$

La valeur de ζ ainsi trouvée doit être supérieure à 2ε; autrement on retomberait dans le cas des dalles (n° 67).

De l'équation (175) on déduit alors le renforcement :

$$\rho_1 = \frac{\zeta - \varepsilon}{1 - \zeta};$$

puis la section du métal :

$$\omega = \frac{\rho_1 \Omega_1}{m}.$$

Le travail maximum du béton est donné par la formule (178).

87. Détermination des armatures d'un hourdis nervuré à double renforcement. — Le problème se résout par une méthode analogue à celle qui a été indiquée pour l'établissement des armatures d'une dalle à double renforcement (n° 69).

La valeur de ζ fixant la position de l'axe neutre est donnée par la formule :

$$\zeta = \frac{mn}{mn + t}.$$

L'addition d'un renforcement en compression n'est nécessaire que si le moment fléchissant M est supérieur au moment résistant du hourdis donné par le dernier terme du second membre de la formule (179) :

$$M_1 = n\Omega_1 h \frac{(\zeta - \varepsilon)(1 - \varepsilon) + \dfrac{\varepsilon^2}{3}}{\zeta},$$

auquel cas, le moment résistant à réaliser par le métal comprimé est :

$$M_2 = M - M_1.$$

En remplaçant, dans le premier terme du deuxième membre de l'équation (179), n' par sa valeur déduite de l'équation (134). on arrive à l'expression suivante :

$$M_2 = mn\omega'h \frac{(\zeta - \gamma')(1 - \gamma')}{\zeta},$$

on en déduit :

$$(190) \qquad \omega' = \frac{M - M_1}{mnh} \cdot \frac{\zeta}{(\zeta - \gamma').(1 - \gamma')^2}.$$

d'où la valeur du renforcement en compression :

$$\rho'_1 = \frac{m\omega'}{\Omega_1}.$$

L'équation de l'axe neutre (173) fournit alors la valeur du renforcement en traction :

$$\rho_1 = \frac{\zeta + \rho'_1(\zeta - \gamma') - \varepsilon}{1 - \zeta},$$

et la section ω de l'armature tendue est donnée par l'égalité :

$$\omega = \frac{\rho_1 \Omega_1}{m}.$$

Nous établirons plus loin, dans l'étude des pièces soumises à la flexion composée (n° 117) des équations (284) et (285) qui fournissent les valeurs des coefficients ρ_1 et ρ'_1 indépendamment l'un de l'autre.

Application.

88. Problème. — *Établir les nervures d'un plancher dont le hourdis a 10 centimètres d'épaisseur (fig. 123). L'ouvrage est prévu pour une surcharge libre de 450 kilogrammes par mètre carré. Les nervures, supposées librement appuyées, ont une portée de 6 mètres et un écartement de 2ᵐ,40. On fixe : la densité du béton armé à 2.500 kilogrammes par mètre cube; le coefficient d'équivalence du métal à 15, et le travail du métal à 12 kilogrammes par millimètre carré.*

Nous allons d'abord chercher une section rationnelle de la nervure en admettant, par exemple, entre la largeur et la hauteur, un rapport d'environ $\lambda = \frac{3}{5}$.

Poids du hourdis au mètre carré... 250 kilogrammes.
Surcharge..................... 450   —
Total......... 700 kilogrammes.

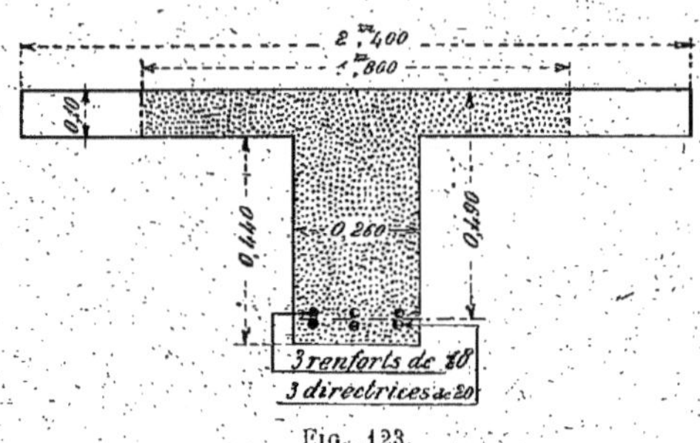

Fig. 123.

soit, par mètre courant de portée de la nervure :

700 kg × 2 m,40... 1.680 kilogrammes.
Poids propre hypothétique de la nervure... 300   —
Total.... $p =$ 1.980 kilogrammes.

Moment fléchissant résultant :

$$M = \frac{pl^2}{8} = \frac{1.980 \text{ kg.} \times 6 \text{ m.}^2}{8} = 8.910 \text{ kilogrammètres.}$$

Admettons que les conditions économiques soient telles que, pour la valeur $\lambda = \frac{3}{5}$ on ait $C' = 2,13$ (n° 85).

Hauteur de la nervure sous hourdis :

$$h' = C' \sqrt[3]{M} = 2,13 \sqrt[3]{8.910} = 44^{cm},2.$$

Nous prendrons $h' = 44$ centimètres.
La largeur de la nervure serait alors :

$$a = \frac{3}{5} \times 44 \text{ cm.} = 26^{cm},4.$$

Nous prendrons $a = 26$ centimètres.

Le poids réel de cette nervure serait de 275 kilogrammes au mètre courant, chiffre inférieur à celui que nous avons supposé. Nous conserverons donc les résultats précédents.

La méthode sommaire pour la détermination d'une limite supérieure de la section du métal donnerait :

$$\omega = \frac{M}{th'} = \frac{8.910 \text{ kgm.}}{12 \text{ kg.} \times 0^m,44} = 1.688 \text{ millimètres carrés.}$$

Voyons ce qu'on obtient par la méthode exacte (n° 86).

Section du hourdis, en admettant comme largeur intéressée à la compression les 3/4 de l'écartement des nervures, soit 180 centimètres :

$$\Omega_1 = a'e = 180 \text{ cm.} \times 10 \text{ cm.} = 1.800 \text{ centimètres carrés.}$$
$$\mu' = \frac{mM}{\Omega_1 ht} = \frac{15 \times 8.910 \text{ kgm.}}{1.800 \text{ cm}^2 \times 0^m,49 \times 1.200 \text{ kg.(}^1\text{)}} = 0,126.$$
$$\varepsilon = \frac{e}{2h} = \frac{10 \text{ cm.}}{2 \times 49 \text{ cm.}} = 0,102.$$

Position relative de l'axe neutre, donnée par la formule (189) :

$$\zeta = \frac{\varepsilon - 4\dfrac{\varepsilon^2}{3} + \mu'}{1 - \varepsilon + \mu'} = \frac{0,102 - 4 \times \dfrac{0,102^2}{3} + 0,126}{1 - 0,102 + 0,126} = 0,209.$$

La valeur de ζ étant supérieure à 2ε, l'axe neutre tombe à l'intérieur de la nervure.

Valeur du renforcement :

$$\rho_1 = \frac{\zeta - \varepsilon}{1 - \zeta} = \frac{0,209 - 0,102}{1 - 0,209} = 0,135.$$

Section d'acier nécessaire en tension :

$$\omega = \frac{\rho_1 \Omega_1}{m} = \frac{0,135 \times 1.800 \text{ cm}^2}{15} = 16^{cm^2},20,$$

soit : 1.620 millimètres carrés.

Nous réaliserons la section résistante au moyen de

3 directrices de 20 millimètres représentant...	942 millimètres carrés,
3 renforts de 18 millimètres..............	763 —
soit au total...............	1.705 millimètres carrés.

____

(1) La section Ω_1 étant exprimée en centimètres carrés, le travail de l'acier doit être exprimé en kilogrammes par centimètre carré, d'où le chiffre de 1.200 kilogrammes.

Travail maximum du béton en compression :

$$n = \frac{M}{\Omega_1 h} \cdot \frac{\zeta}{(\zeta - \varepsilon)(1 - \varepsilon) + \dfrac{\varepsilon^2}{3}}$$

$$= \frac{8.910 \text{ kgm.}}{1.800 \text{ cm}^2 \times 0^m,49} \times \frac{0,209}{(0,209 - 0,102)(1 - 0,102) + \dfrac{0,102^2}{3}}$$

$$= 21^{kg},2 \text{ par centimètre carré.}$$

CHAPITRE XIII

RÉSISTANCE AU GLISSEMENT

89. Effort tranchant. — L'effort tranchant est celui qui tend à faire glisser une partie d'une pièce par rapport à l'autre suivant un plan de section transversale. Il est représenté par la résultante des projections, sur le plan de la section, de toutes les forces situées d'un même côté.

Comme les propriétés élastiques des matériaux au cisaillement sont mal connues, on ne peut songer à déterminer la manière dont ils se partagent le travail dans une section hétérogène; tout ce qu'il paraît possible d'admettre c'est que la résistance totale de la section est au plus égale à la somme des résistances des éléments qui la composent, hypothèse qui se traduirait par l'inégalité :

$$T \leqq \theta\omega + \theta'\Omega ;$$

T représentant l'effort tranchant total;
θ, le travail total du métal;
θ', celui du béton.

Nous avons vu (n° 16) que, dans des pièces où la résistance à l'effort tranchant était assurée uniquement par les armatures longitudinales, les premiers glissements apparaissaient sous des fatigues de cisaillement de 5^{kg},8 à 6^{kg},8 par millimètre carré.

Ces résultats autorisent à penser que, pour déterminer une section rationnelle du métal, on se placera dans des conditions convenables en faisant abstraction de la résistance du béton au cisaillement, et en adoptant pour l'acier la limite ordinaire de 8 kilogrammes par millimètre carré, admise dans les constructions exclusivement métalliques. La section du métal sera alors donnée par la formule :

$$(191) \qquad \omega = \frac{T}{\theta}$$

Quant au béton, qui est le premier agent de transmission des efforts, et le plus exposé aux dangers de rupture, il conviendra d'en régler soigneusement la section.

Les instructions ministérielles françaises fixent au 1/10 du travail admissible en compression la fatigue du béton au cisaillement, ce qui correspond à un travail de 4 à 5 kilogrammes par centimètre carré. Toutefois, si dans la détermination de la section on fait abstraction de la présence des armatures, on pourra admettre une majoration des limites précédentes en adoptant, par exemple, une fatigue θ' de 6 à 8 kilogrammes par centimètre carré.

La section de béton sera donnée par la relation :

$$(192) \qquad \Omega = \frac{T}{\theta}$$

La résistance à l'effort tranchant est à vérifier particulièrement dans les pièces de faible portée, fortement chargées, où les sections métalliques nécessaires pour résister à la flexion sont peu considérables, et où la section de béton risquerait d'être exagérément faible si, dans sa détermination, on se basait uniquement sur les limites de pourcentage habituelles, ou sur les résultats du calcul de résistance aux moments fléchissants.

90. Glissement longitudinal. — Dans les pièces fléchies, la tendance au glissement longitudinal résulte de l'inégale répartition des tensions normales entre les différents points d'une même section, et de leurs variations d'une section à l'autre.

Nous avons vu (n° 27) que, dans une pièce à section constante soumise à la flexion simple, l'effort, qui tend à faire glisser un feuillet longitudinal, varie comme le moment statique S_1 de la base du feuillet par rapport à l'axe neutre ; en outre, qu'entre deux sections, où les moments sont respectivement M_1 et M_2, la valeur maximum de cet effort de glissement s'obtient en considérant l'ensemble de la pièce, situé d'un même côté du plan des fibres neutres, et est donnée par la relation :

$$G = \frac{M_1 - M_2}{b},$$

où b représente le bras de levier du couple résistant.

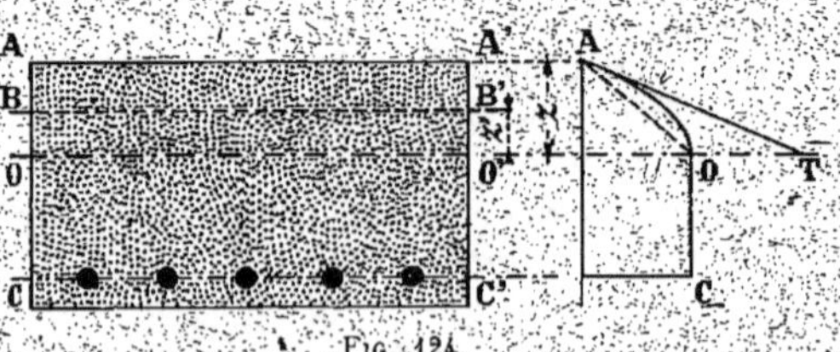

Fig. 124.

Considérons, par exemple, la section d'une dalle à renforcement simple (*fig.* 124) et la base ABB'A' d'un feuillet.

Désignons par z' la distance de l'arête BB' à l'axe neutre. Le moment statique S_1 de la base ABB'A' étant égal à la différence des moments des éléments AOO'A' et BOO'B', nous avons, en désignant par a la largeur de la section :

$$(193) \qquad S_1 = a \frac{z^2 - z'^2}{2}$$

Le glissement croît donc, suivant une loi parabolique, de l'arête supérieure de la pièce, où il est nul, jusqu'à l'axe neutre où il atteint un maximum dont la valeur est, d'après l'équation (75) :

$$(194) \qquad G = (\nu_1 - \nu_2) \frac{az^2}{2};$$

dans la zone tendue, si l'on néglige la résistance du béton à la traction, le glissement, comme le moment statique, demeure constant jusqu'au centre des armatures où il devient nul avec S_1.

La représentative du glissement (*fig.* 124) se compose donc : dans la zone comprimée, d'un arc de parabole AO ayant son sommet, en O, à hauteur de l'axe neutre qui sert d'axe à la parabole; dans la zone tendue, d'une droite OC, dirigée suivant la tangente au sommet, et d'une droite CC' suivant l'axe des tensions. La pente de la tangente en A à la parabole est la moitié de celle de la corde AO.

Dans le cas d'une dalle à double renforcement (*fig.* 125), la variation demeure parabolique, mais elle présente une discontinuité au droit des armatures comprimées. La représentative s'obtient en coupant la parabole du cas précédent à la hauteur du renforcement en com-

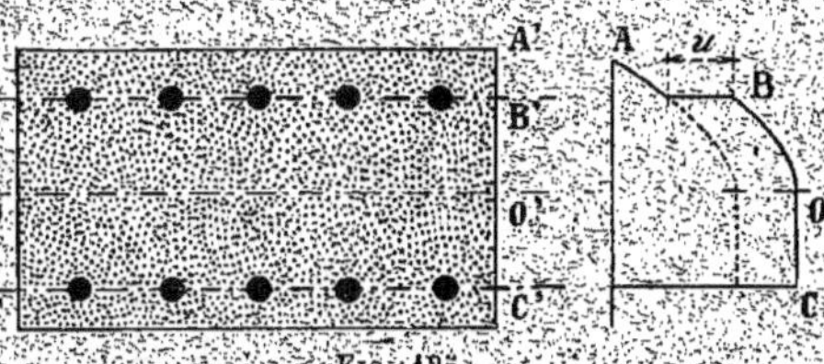

Fig. 125.

pression, et en déplaçant le segment inférieur, horizontalement et parallèlement à lui-même, d'une quantité u proportionnelle au moment statique du renforcement en compression.

En ce qui concerne la répartition du travail de glissement entre les deux matériaux, on ne peut que répéter ce qui a été dit à propos du cisaillement transversal. Même si l'on ne tenait compte que de la résistance du béton, il serait impossible de déterminer en un point la valeur exacte de la fatigue de glissement, la plasticité du béton ayant pour effet de répartir sur de grandes longueurs les efforts de cisaillement qui tendraient à se développer aux points les plus chargés. On est donc réduit à adopter des méthodes de calcul conventionnelles; la plus simple consiste à déterminer la valeur de l'effort de glissement entre deux points plus ou moins éloignés de la portée, et à se servir du résultat obtenu, comme dans le cas des efforts tranchants, soit pour vérifier la résistance au cisaillement de la section transversale du béton, soit pour établir une répartition des armatures transversales.

On utilisera, à cet effet, l'une des formules (191) ou (192), suivant le cas, en y remplaçant T par l'effort de glissement, et en attribuant à θ et à θ' les mêmes limites que dans le cas de l'effort tranchant.

91. Rapport entre le glissement et l'effort tranchant. — Entre deux points infiniment voisins de la portée d'une pièce soumise à la flexion simple, la valeur maximum du glissement est donnée par la relation :

$$(195) \qquad dG = \frac{dM}{b},$$

où b représente le bras de levier du couple résistant, et dM la variation du moment fléchissant.

L'effort tranchant en un point étant la dérivée du moment fléchissant par rapport à l'abscisse x, on a :

$$(196) \qquad T = \frac{dM}{dx}.$$

En éliminant dM entre ces deux équations, on obtient :

$$(197) \qquad dG = \frac{T}{b}\,dx ;$$

de sorte qu'entre deux points d'abscisses x_0 et x, la valeur du glissement maximum, dans une pièce à section constante, est :

$$(198) \qquad G = \frac{\int_{x_0}^{x} T dx}{b}.$$

Si l'on trace la ligne représentative RST des efforts tranchants (*fig.* 126), l'intégrale définie du second membre représente la surface $P_0 PQQ_0$ comprise entre l'axe des abscisses AB, la représentative des efforts tranchants et les verticales $P_0 Q_0$ et PQ des deux sections d'abscisses x_0 et x.

Considérons particulièrement le cas d'une pièce homogène.

a désignant la largeur de la pièce dans le plan de glissement, le travail dû au glissement longitudinal, en un point d'abscisse x, est :

$$(199) \qquad g = \frac{dG}{a\,dx} = \frac{T}{ab}.$$

Si la pièce est à section rectangulaire de hauteur h, et si les propriétés élastiques de la matière sont les mêmes en tension et en compression, on a :

$$b = \frac{2h}{3};$$

d'où :

$$(200) \qquad g = \frac{3}{2} \cdot \frac{T}{ah};$$

le travail maximum dû au glissement, comme le travail maximum à l'effort tranchant, est égal à 1,5 fois le travail moyen à l'effort tranchant dans la section correspondante.

92. Répartition des armatures transversales. — Dans les dalles et les hourdis d'épaisseur relativement faible, où le damage s'effectue d'une seule traite, on compte sur la cohésion du béton pour résister aux efforts de glissement; de plus, comme les fatigues en résultant sont généralement peu considérables en raison de l'importance des surfaces intéressées, on ne fait pas usage d'armatures transversales.

Dans les hourdis nervurés, le damage subit généralement une interruption à la jonction des nervures et du hourdis. Pour parer aux conséquences de malfaçons ou de défauts possibles dans les reprises qui devraient toujours être exécutées avec beaucoup de soin, on relie le hourdis aux nervures au moyen d'étriers traversant les surfaces de discontinuité.

Comme dans le cas des efforts tranchants, certains constructeurs établissent la section de ces armatures comme si elle devait supporter à elle seule la totalité des efforts de glissement; ils répartissent en conséquence la section métallique entre deux points de manière qu'elle soit proportionnelle à l'effort de glissement dans l'intervalle.

L'effort tranchant en un point étant la dérivée du moment fléchissant par rapport à l'abscisse, une ordonnée PE de la ligne ACB des moments (*fig.* 126) représente l'aire de la surface APQT des efforts tranchants, comptée depuis l'appui d'origine A jusqu'à cette ordonnée.

Si, comme il arrive le plus fréquemment, la section des étriers est constante,

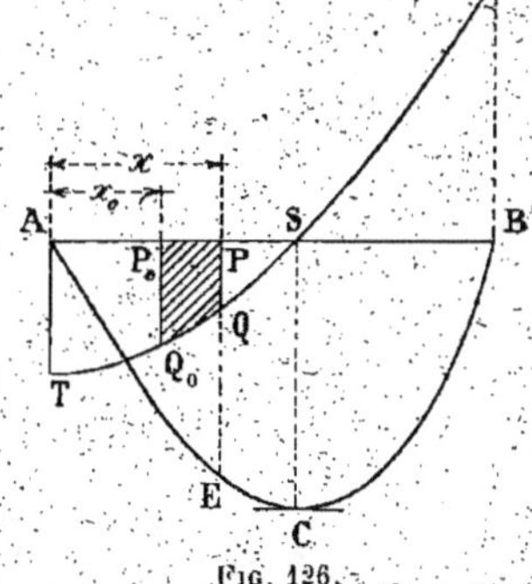

Fig. 126.

le problème de leur répartition, entre deux points P_0 et P, revient à celui de la division, en autant de parties égales qu'il y a d'étriers à répartir, soit de la différence des ordonnées de la ligne des moments aux points P_0 et P, soit de la surface $P_0 P Q Q_0$ des efforts tranchants entre ces deux points. (On trouvera au tableau I des diagrammes de moments fléchissants.)

Dans le cas, par exemple, d'une pièce reposant librement sur ses appuis et uniformément chargée (*fig.* 54), la représentative des moments est une parabole. Pour fixer la répartition des armatures transversales, il suffira de diviser la flèche de la parabole en autant de parties égales qu'il y a d'étriers à disposer dans une armature, du milieu de la portée jusqu'à l'un des appuis. Les parallèles à la ligne AB des appuis, menées par les points de division, couperont la parabole en des points qui, relevés sur la ligne des appuis, détermineront les emplacements des étriers.

Si l'on préfère se servir de la surface des efforts tranchants, on pourra utiliser les diagrammes du tableau IV.

Tableau IV.

Diagrammes d'efforts tranchants.

La lettre T indique l'effort tranchant sur un appui et l'indice qui l'accompagne, l'appui auquel se rapporte cet effort tranchant.

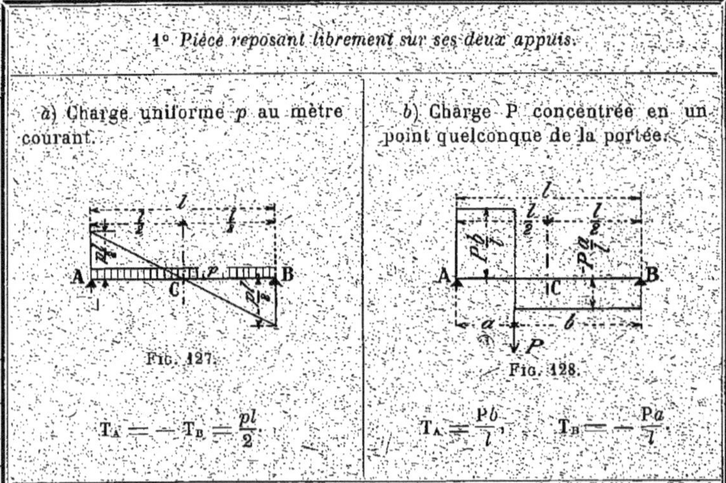

$$T_A = - T_B = \frac{pl}{2}$$

$$T_A = \frac{Pb}{l}, \qquad T_B = - \frac{Pa}{l}$$

NOTA. — Pour les cas envisagés au tableau I, et qui ne figurent pas dans celui-ci, les diagrammes pourront être tracés aisément. La valeur absolue de l'effort tranchant sur un appui y est égale à la réaction de cet appui qui est indiquée au tableau I.

c) Charge P concentrée au milieu de la portée.

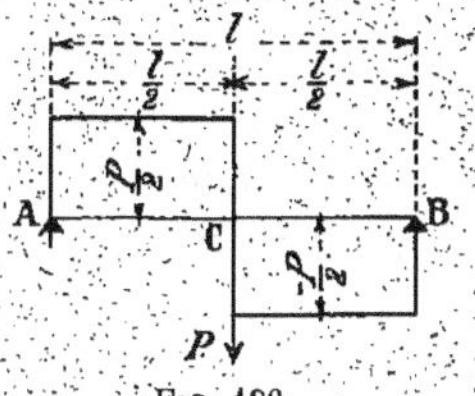

Fig. 129.

$$T_A = - T_B = \frac{P}{2}.$$

d) Cas de deux charges P symétriques appliquées à une distance a des appuis.

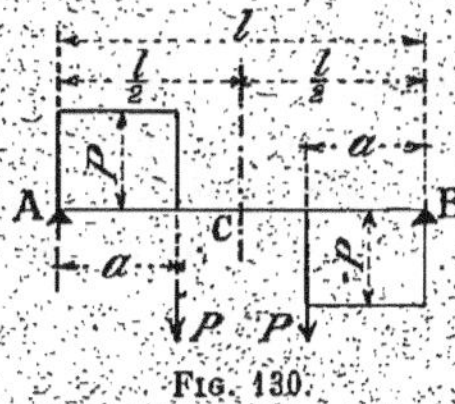

Fig. 130.

$$T_A = - T_B = P.$$

(Entre les deux charges, l'effort tranchant est nul.)

2° *Pièce parfaitement encastrée à une extrémité et librement appuyée à l'autre.*

e) Charge uniforme p au mètre courant.

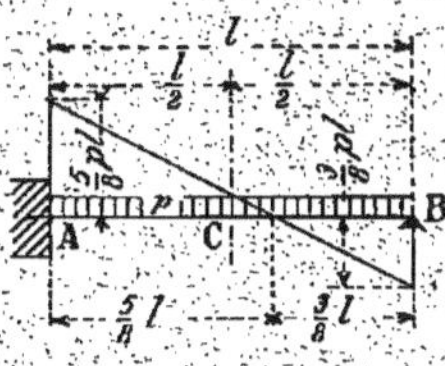

Fig. 131.

$$T_A = \frac{5}{8} pl, \qquad T_B = - \frac{3}{8} pl.$$

f) Charge P concentrée en un point quelconque de la portée.

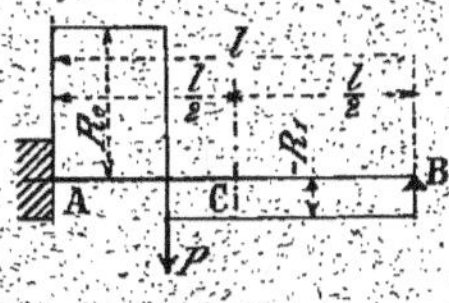

Fig. 132.

$$T_A = \frac{Pb(3l^2 - b^2)}{2l^3},$$

$$T_B = T_A - P = - \frac{Pa^2(2l + b)}{2l^3}.$$

3° *Pièce mi-encastrée à une extrémité et librement appuyée à l'autre.*

g) Charge uniforme p au mètre courant.

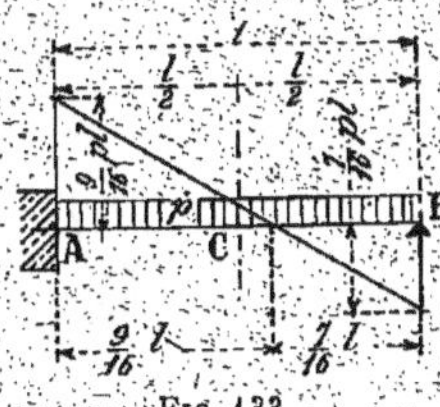

Fig. 133.

$$T_A = \frac{9}{16} pl, \qquad T_B = - \frac{7}{16} pl.$$

h) Charge P concentrée en un point quelconque de la portée.

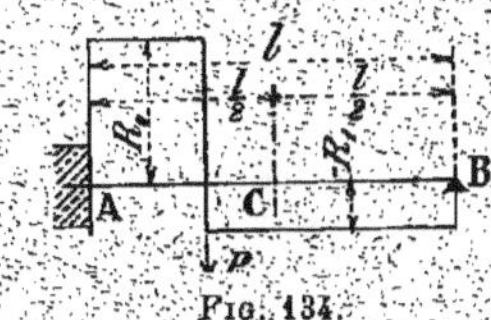

Fig. 134.

$$T_A = \frac{Pb(5l^2 - b^2)}{4l^3},$$

$$T_B = T_A - P = - \frac{Pa[4l^2 - b(l + b)]}{4l^3}.$$

Lorsque la pièce ne supporte qu'une charge isolée (*fig.* 128, 129, 132 et 134), le diagramme se compose de deux parallèles à la ligne des appuis, et la surface à diviser en parties égales, de deux rectangles dans chacun desquels la répartition des étriers sera uniforme.

Dans le cas d'une charge uniforme, le diagramme des efforts tranchants est une droite inclinée sur la ligne des appuis ; on pourra utiliser, en l'adaptant au cas particulier du triangle, la méthode suivante de division d'un trapèze en un certain nombre de parties égales.

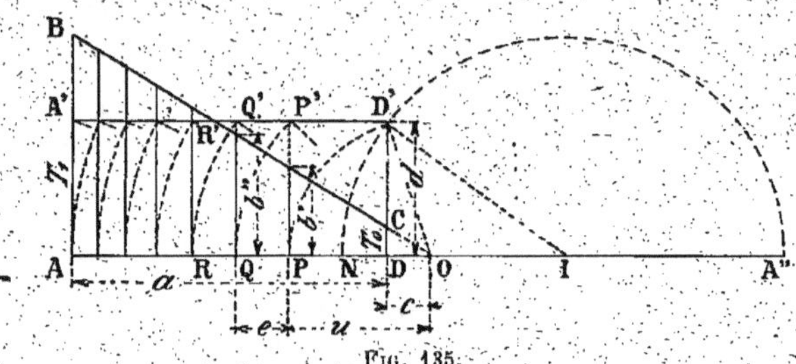

Fig. 135.

Soit ABCD (*fig.* 135) le trapèze à diviser en un nombre n de parties égales. O étant le point de concours des côtés non parallèles, prenons le symétrique A″ de A par rapport au point O, puis, sur DA, un point N tel que $ND = \dfrac{AD}{n}$. Sur A″N comme diamètre décrivons une demi-circonférence coupant en D′ le prolongement de la petite base CD. Par D′ menons une parallèle D′A′ à DA ; puis de O comme centre, avec OD′ comme rayon, décrivons un arc de cercle coupant AD en P. Menons la verticale PP′ coupant A′D′ en P′ ; puis, autour de O comme centre, rabattons P′ en Q sur DA. Menons la verticale QQ′ ; et ainsi de suite. Les points P, Q, R, obtenus par les rabattements successifs, constituent les points de division cherchés, et les ordonnées PP′, QQ′, RR′, etc., divisent en n parties égales le trapèze ABCD.

En effet, si l'on désigne par :

    T_0 et T_1, les bases AB et CD du trapèze à diviser ;
    a, sa hauteur AD ;
    c, la distance OD ;
    d, l'ordonnée DD′ ;
    $b′$ et $b″$ les bases d'un trapèze élémentaire quelconque ;
    e, sa hauteur PQ ;
    u, la distance OP,

on déduit de la construction du point A″,

$$A′D = a + 2c ;$$

du tracé de la demi-circonférence :

$$d^2 = \frac{a}{n}(a + 2c);$$

et, du tracé des arcs suivants :

$$d^2 = e(2u + e);$$

d'où :

(201) $$e(2u + e) = \frac{a}{n}(a + 2c).$$

D'autre part, de la similitude des triangles ayant le point O comme sommet commun, et T_0, b', b'' et T comme bases respectives, on déduit les proportions :

$$\frac{b'}{u} = \frac{b''}{u + e} = \frac{T_0}{c} = \frac{T_1}{a + c};$$

d'où :

(202) $$\frac{b' + b''}{2u + e} = \frac{T_0 + T_1}{a + 2c}.$$

Le trapèze élémentaire, de hauteur PQ, ayant pour surface :

(203) $$S = \frac{b' + b''}{2} e;$$

si l'on multiplie membre à membre les trois équations (201) (202) et (203), on obtient l'égalité :

$$S = \frac{T_0 + T_1}{2} \cdot \frac{a}{n},$$

qui exprime que la surface du trapèze élémentaire considéré est la n^e partie de celle du trapèze total ABCD.

Avec la répartition qu'on obtient en se servant des diagrammes des moments fléchissants ou des efforts tranchants, la partie médiane de la portée d'une pièce uniformément chargée se trouve presque complètement dépourvue d'étriers. On peut combler cette lacune en adoptant, pour l'établissement des armatures transversales, une méthode analogue à celle qu'on emploie pour déterminer les tensions maxima des barres de treillis dans les ponts métalliques, et qui consiste à utiliser la ligne enveloppe des efforts tranchants maxima résultant d'un avancement progressif de la surcharge.

Considérons, par exemple, le cas d'une pièce librement appuyée à ses deux extrémités.

En un point d'abscisse x, comptée à partir de l'appui B par lequel entrent les charges (*fig.* 136), l'effort tranchant est maximum lorsque le chargement atteint le point considéré et a pour valeur :

$$\frac{px^2}{2l},$$

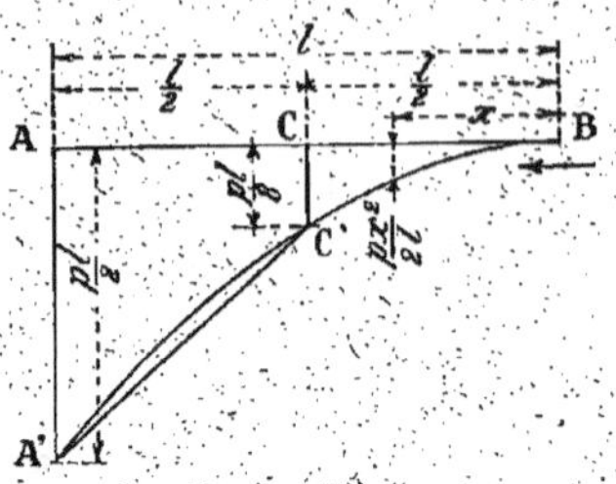

Fig. 136.

p étant la charge au mètre courant, et l la portée de la pièce. L'enveloppe des efforts tranchants maxima est donc une parabole ayant son sommet à l'appui d'entrée B, la verticale de cet appui comme axe, et la ligne AB des appuis comme tangente au sommet; sur l'appui de sortie A, son ordonnée est le $\frac{pl}{2}$.

Au milieu de la portée, pour $x = \frac{l}{2}$, l'ordonnée de la parabole est $\frac{pl}{8}$, c'est-à-dire $\frac{1}{4}$ de l'ordonnée sur l'appui de sortie.

L'aire à diviser, pour déterminer l'emplacement des étriers, serait ainsi celle de l'arc de parabole compris entre l'appui de sortie A et le milieu C de la portée. Pratiquement, on pourra substituer à l'arc de parabole la corde qui en joint les extrémités. L'aire à diviser sera alors celle du trapèze ACC'A' ayant comme surface $\frac{5}{32} pl^2$.

93. Adhérence. — Les différentes armatures longitudinales, dans les pièces en béton armé, constituent autant d'éléments prismatiques soumis à des efforts de glissement et retenus par l'adhérence du métal au béton. Pour empêcher le mouvement des barres dans leurs gaines, le travail d'adhérence ne doit pas dépasser une certaine limite que les instructions ministérielles françaises fixent au 1/10 de la résistance admise pour le béton en compression.

Considérons le cas d'une pièce fléchie à section constante, et désignons par :

S', le moment statique d'une des parties, tendue ou comprimée, de la section par rapport à l'axe neutre;
S_a, celui de la section équivalente d'une armature longitudinale.

En considérant que l'effort, qui tend à faire glisser un élément prismatique, est proportionnel au moment statique de la base du prisme par rapport à l'axe neutre, on déduit immédiatement de la formule (76) la valeur de l'effort longitudinal G qui sollicite l'armature entre deux points de la portée où les moments sont M_1 et M_2 ;

$$(204). \qquad G = \frac{M_1 - M_2}{b} \cdot \frac{S_a}{S'},$$

b représentant le bras de levier du couple résistant.

On déduirait de même, de la relation (197), le glissement élémentaire dG en un point où l'effort tranchant est T :

$$(205) \qquad dG = \frac{T}{b} \cdot \frac{S_a}{S'} \, dx ;$$

d'où, en désignant par χ_a le périmètre de la barre, le travail d'adhérence au même point :

$$(206) \qquad g = \frac{T}{b\chi_a} \cdot \frac{S_a}{S}$$

Pour l'armature tendue, dans le cas où il n'est pas tenu compte de la résistance du béton à la traction, on a $S_a = S'$, et :

$$(207) \qquad g = \frac{T}{b\chi_a}$$

Pour l'armature comprimée d'une dalle à double renforcement, on a :

$$S_a = m\omega' (z - c),$$
$$S' = m\omega (h - z) ;$$

d'où, en remarquant que le rapport $\dfrac{\omega'}{\chi_a}$ de la section de l'armature comprimée, de diamètre d', à son périmètre est égal à $\dfrac{d'}{4}$:

$$(208) \qquad g = \frac{Td'}{4b\omega} \cdot \frac{\zeta - \gamma}{1 - \zeta}$$

C'est au contact des armatures tendues que se développent généralement les plus grands efforts d'adhérence.

En réalité, et contrairement aux indications des formules précédentes, les glissements ne se répartissent pas le long des armatures proportionnellement à l'intensité de l'effort tranchant.

Dans une pièce reposant librement sur deux appuis, et soumise à l'action de deux charges symétriques, le glissement devrait être, comme l'effort tranchant, nul dans l'intervalle des charges et au delà des appuis. Or, il résulte des expériences de la Commission que, « tant que l'élasticité est intacte, tout se passe à peu près comme le suppose la formule. Les efforts de glissement sont presque proportionnels aux efforts tranchants. A partir du moment où l'élasticité a subi, en certains points, une notable altération, les efforts de glissement se propagent en deçà de la charge d'un côté, au delà de l'appui de l'autre, et l'équilibre s'établit avec des maxima d'efforts sensiblement inférieurs à ceux qu'aurait fait prévoir la formule.

« Dans le cas des poutres ordinaires dont la charge est répartie à peu près uniformément, longtemps avant la ruine, les efforts de glissement se propagent au delà de l'appui, et leur valeur maximum réelle est d'autant plus inférieure au maximum théorique que celui-ci dépasse davantage sa moyenne.

« Ces considérations ont conduit la Commission à penser qu'elle devait maintenir une limite assez basse des efforts de glissement en vue des cas où aucune résistance notable ne viendrait s'ajouter à celles dont la formule tient compte, mais qu'il est possible d'autoriser une majoration importante des efforts calculés dans le cas où il existe, au delà des appuis, des résistances au glissement dont il n'est pas possible de tenir compte rigoureusement dans les calculs. »

Le projet de règlement de la Commission admettait une majoration des limites normales de fatigue de 30 0/0 applicable aux armatures dont les extrémités présenteraient des dispositifs formant arrêt efficace et dépasseraient le nu des appuis d'une longueur atteignant au moins le 1/40 de la portée.

« On ignore », dit M. Considère, « la loi de répartition des efforts de glissement sur la longueur des armatures, et, par suite, il est impossible de déterminer la valeur maximum que ces efforts atteignent dans les parties les plus fatiguées. Il faut donc admettre un mode de calcul conventionnel auquel on n'attribuera aucune valeur scientifique, mais qui ne sera pas moins utile si on l'emploie de la même manière pour la vérification des projets et l'interprétation des expériences. »

Applications.

94. Problème. — *Déterminer les conditions de résistance à l'effort tranchant et au glissement longitudinal de la poutre de* 200^{mm} × 400 *millimètres étudiée au n° 65. L'armature transversale se compose de deux files d'étriers ronds de 5 millimètres (fig. 137) répartis tous les 100 millimètres.*

Effort tranchant sur appuis :

$$T = 5.275 \text{ kg.} - \frac{600 \text{ kg.}}{2} = 4.975 \text{ kilogrammes.}$$

Section des quatre aciers de 23 millimètres :

$$\omega = 1.662 \text{ millimètres carrés.}$$

Section du béton :

$$\Omega = 20 \text{ cm.} \times 40 \text{ cm.} = 800 \text{ centimètres carrés.}$$

Travail maximum du métal au cisaillement :

$$\theta = \frac{T}{\omega} = \frac{4.975 \text{ kg.}}{1.662 \text{ mm}^2} = 2^{kg},99.$$

Travail maximum du béton :

$$\theta' = \frac{T}{\Omega} = \frac{4.975 \text{ kg.}}{800 \text{ cm}^2} = 6^{kg},22.$$

En admettant qu'il se répartisse proportionnellement à l'intensité des efforts tranchants, le glissement longitudinal, abstraction faite du poids de la pièce, est nul dans l'intervalle des deux charges, et constant au delà jusqu'à l'appui.

A désignant la surface du rectangle (*fig.* 130) des efforts tranchants dus aux charges concentrées, et b le bras de levier du couple résistant, on a :

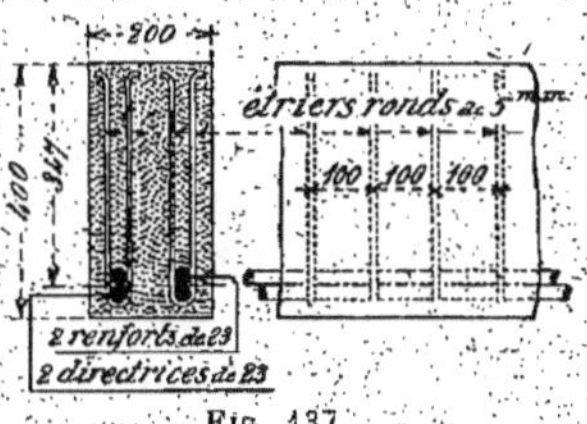

Fig. 137.

$$A = 5.275 \text{ kg.} \times 1 \text{ m.} = 5.275 \text{ kilogrammètres};$$
$$b = h\left(1 - \frac{\zeta}{3}\right) = 0^m,347 \left(1 - \frac{0,561}{3}\right) = 0^m,282;$$

d'où, selon la formule (198), la valeur totale du glissement du point d'application d'une charge à l'appui voisin :

$$G = \frac{A}{b} = \frac{5.275 \text{ kgm.}}{0^m,282} = 18.699 \text{ kilogrammes.}$$

Section horizontale de la pièce entre ces deux points :

$$\Omega = 20 \text{ cm.} \times 100 \text{ cm.} = 2.000 \text{ centimètres carrés.}$$

Limite supérieure du travail moyen du béton :

$$\theta' = \frac{G}{\Omega} = \frac{18.699 \text{ kg.}}{2.000 \text{ cm}^2} = 9^{kg},35.$$

Si l'on admet que, par suite de la plasticité du béton, les efforts de glissement dans la pièce fortement chargée se propagent en deçà des charges et au delà des appuis, sur la totalité de la pièce, c'est-à-dire sur une longueur double de la précédente, la limite de fatigue précédente s'abaisse à $4^{kg},67$.

Sur sa demi-longueur, la pièce est munie de 40 étriers de 5 millimètres à double branche présentant une section totale de 1.570 millimètres carrés.

Si l'on admet que le béton et le métal interviennent concurremment dans la résistance, respectivement à raison de 8 kilogrammes par millimètre carré et de $4^{kg},48$ par centimètre carré, ce dernier chiffre résultant de la composition du béton de la poutre, on aura comme somme des résistances disponibles :

$$8 \text{ kg} \times 1.570 \text{ mm}^2 + 4^{kg},48 \times 20 \text{ cm.} \times 200 \text{ cm.} = 30.480 \text{ kilogrammes.}$$

Cet exemple montre l'importance de la résistance que le béton peut offrir au glissement longitudinal, et l'avantage qu'on retire d'une cohésion parfaite de l'aggloméré et de l'absence de toute discontinuité dans le sens horizontal.

95. **Problème.** — *Déterminer les conditions de résistance à l'effort tranchant et au glissement longitudinal du hourdis nervuré étudié au n° 82. Les armatures transversales (fig. 138) se composent de deux files d'étriers verticaux, de $25^{mm} \times 2$ millimètres, répartis à raison de 22 par file.*

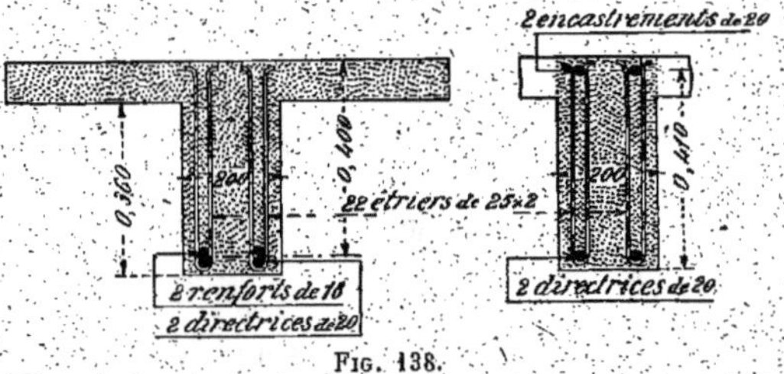

Fig. 138.

Effort tranchant sur appuis :

$$T = \frac{pl}{2} = \frac{1.780 \text{ kg.} \times 5^m,20}{2} = 4.628 \text{ kilogrammes.}$$

Section de la nervure comptée jusqu'à la partie supérieure du hourdis :

$$\Omega = 20 \text{ cm.} \times 44 \text{ cm.} = 880 \text{ centimètres carrés.}$$

Travail maximum du béton :

$$\theta' = \frac{T}{\Omega} = \frac{4.628 \text{ kg.}}{880 \text{ cm}^2} = 5^{\text{kg}},26.$$

Section du métal :

$$
\begin{array}{ll}
2 \text{ directrices de 20 millimètres} \ldots\ldots & 628 \text{ millimètres carrés ;} \\
2 \text{ encastrements de 20 millimètres} \ldots & 628 \qquad - \\
\hline
\text{Total, } \omega = & 1.256 \text{ millimètres carrés.}
\end{array}
$$

Travail maximum du métal :

$$\theta = \frac{T}{\omega} = \frac{4.628 \text{ kg.}}{1.256 \text{ mm}^2} = 3^{\text{kg}},68.$$

Bras de levier du couple résistant dans la région des moments positifs (formule 181) :

$$b = h\frac{(\zeta - \varepsilon)(1 - \varepsilon) + \frac{\varepsilon^2}{3}}{(1 - \zeta)\,\rho_1} = 0^{\text{m}},40 \times \frac{(0,236 - 0,100)(1 - 0,100) + \frac{0,100^2}{3}}{(1 - 0,236)\,0,178} = 0^{\text{m}},37\,(^1).$$

Dans la région des moments négatifs, la section de la pièce est celle d'une dalle à double renforcement dont la hauteur est de $0^{\text{m}},41$ et la largeur de $0^{\text{m}},20$. Les armatures tendues sont constituées par les deux encastrements de 20 millimètres, et les armatures comprimées par les deux directrices de 20 millimètres. Le bras de levier du couple résistant, d'après la formule (143), y est encore de $0^{\text{m}},37$. Le moment fléchissant à l'encastrement, égal à la moitié de celui qui se produit au milieu de la pièce, est de $2.005^{\text{kgm}},5$.

Dans la région des moments positifs, du milieu de la portée au point où les moments deviennent négatifs, le glissement a pour valeur :

$$\frac{4.011 \text{ kgm.}}{0^{\text{m}},37} = 10.840 \text{ kilogrammes,}$$

et dans la région des moments négatifs :

$$\frac{2.005^{\text{kgm}},5}{0^{\text{m}},37} = 5.420 \text{ kilogrammes ;}$$

soit du centre à l'appui :

$$G = 10.840 \text{ kg.} + 5.420 \text{ kg.} = 16.260 \text{ kilogrammes.}$$

(¹) Voir les valeurs de ζ, ε et ρ_1 au n° 82.

Section horizontale correspondante de la nervure :

$$\Omega = 20 \text{ cm.} \times 260 \text{ cm.} = 5.200 \text{ centimètres carrés.}$$

Limite supérieure du travail moyen du béton :

$$\theta' = \frac{G}{\Omega} = \frac{16.260 \text{ kg.}}{5.200 \text{ cm}^2} = 3^{kg},13.$$

Section des étriers :

$$2 \times 22 \times 25 \text{ mm.} \times 2 \text{ mm.} = 2.200 \text{ millimètres carrés.}$$

Si l'on admet que la section de métal doive supporter la totalité de l'effort de glissement, le travail moyen résultant sera de :

$$\frac{16.260 \text{ kg.}}{2.200 \text{ mm}^2} = 7^{kg},39.$$

L'effort de glissement, sollicitant les barres d'encastrement sur leur longueur que nous supposerons de 1 mètre, est de 5.420 kilogrammes. Surface latérale totale des encastrements :

$$2 \times 3,1416 \times 2 \text{ cm.} \times 100 \text{ cm.} = 1.257 \text{ centimètres carrés.}$$

Travail moyen d'adhérence, en admettant que la totalité de la surface latérale des barres y soit intéressée :

$$\frac{5.420 \text{ kg.}}{1.257 \text{ mm}^2} = 4^{kg},31.$$

96. Problème. — *Vérifier la résistance à l'effort tranchant et au glissement longitudinal de la poutre faisant l'objet du problème n° 72.*
Effort tranchant sur appuis :

$$T = \frac{9.410 \text{ kg.}}{2} = 4.705 \text{ kilogrammes.}$$

Section de la poutre (*fig.* 115 et 139) :

$$\Omega = 30 \text{ cm.} \times 47 \text{ cm.} = 1.410 \text{ cm}^2.$$

Travail maximum du béton :

$$\theta' = \frac{T}{\Omega} = \frac{4.705 \text{ kg.}}{1.410 \text{ cm}^2} = 3^{kg},33.$$

Section du métal :

3 directrices de 16 millimètres, $\omega = 603$ millimètres carrés.

Travail maximum du métal au cisaillement :

$$\theta = \frac{T}{\omega} = \frac{4.705 \text{ kg.}}{603 \text{ mm}^2} = 7^{kg},8.$$

Pour déterminer l'effort de glissement longitudinal dû à la surcharge, nous nous servirons de la méthode des enveloppes des efforts tranchants (n° 92), en substituant à l'arc de la demi-parabole enveloppe (*fig.* 136) la corde qui en joint les extrémités.

Aire du trapèze correspondant à la surcharge :

$$\frac{5}{32} \, P'l = \frac{5 \times 8.000 \text{ kg.} \times 4 \text{ m.}}{32} = 5.000 \text{ kilogrammètres.}$$

Aire du triangle correspondant au poids propre :

$$\frac{P'l}{8} = \frac{1.410 \text{ kg.} \times 4\text{m.}}{8} = 705 \text{ kilogrammètres.}$$

$$\text{Total : } 5.705 \text{ kilogrammètres.}$$

Pour les coefficients de résistance imposés, la valeur de ζ donnée par le tableau I est de 0,385.

Bras de levier du couple résistant :

$$b = h\left(1 - \frac{\zeta}{3}\right) = 0^m,432\left(1 - \frac{0,385}{3}\right) = 0^m,376.$$

Valeur du glissement, du milieu de la portée à un appui :

$$G = \frac{5.705 \text{ Kgm.}}{0^m,376} = 15.173 \text{ kilogrammes.}$$

Section horizontale de la poutre, du centre à un appui :

$$\Omega = 30 \text{ cm.} \times 200 \text{ cm.} = 6.000 \text{ centimètres carrés.}$$

Limite supérieure du travail moyen du béton :

$$\theta = \frac{G}{\Omega} = \frac{15.173 \text{ kg.}}{6.000 \text{ cm}^2} = 2^{kg},53.$$

En déterminant les armatures transversales de manière à leur permettre de supposer la totalité de l'effort de glissement, la section à réaliser serait de :

$$\frac{15.173 \text{ kg.}}{8 \text{ kg.}} = 1.896 \text{ millimètres carrés.}$$

Si l'on prend des étriers verticaux à double branche, en feuillards de

$20^{mm} \times 2$ millimètres, ayant chacun une section de :

$$2 \times 20 \text{ mm.} \times 2 \text{ mm.} = 80 \text{ millimètres carrés},$$

le nombre d'étriers à employer sera de :

$$\frac{1.896 \text{ mm}^2}{80 \text{ mm}^2} = 23,7, \text{ soit : } 24.$$

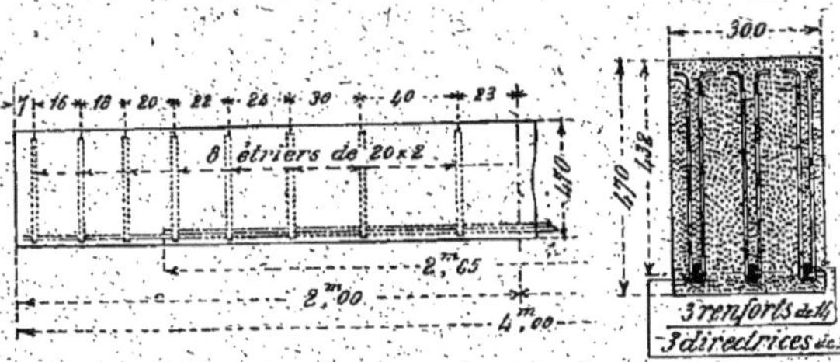

Fig. 139.

En les aménageant sur trois files, il faudra disposer dans chaque file, du milieu de la portée à un appui :

$$\frac{24}{3} = 8 \text{ étriers.}$$

dont les emplacements s'obtiendront (*fig.* 139) en divisant en huit parties égales (n° 92) le trapèze des efforts tranchants résultant du trapèze correspondant à la surcharge et du triangle correspondant au poids propre.

CHAPITRE XIV

CALCUL DES FLÈCHES

97. Méthode graphique. — Nous avons vu (n° 28) que dans une pièce homogène, à fibre moyenne continue et rectiligne, reposant sur deux appuis, la valeur de la flèche est, au signe près, donnée par la formule (81) :

$$f = \int_0^{x_1} \frac{Mx}{EI}\, dx,$$

x_1 représentant l'abscisse de la flèche à partir de l'appui d'origine ;
M, le moment fléchissant dans une section d'abscisse x ;
E, le module d'élasticité de la matière ;
I, le moment d'inertie de la section par rapport à l'axe perpendiculaire au plan de flexion mené par son centre de gravité.

Si la pièce est à section constante, le dénominateur EI peut être soustrait au signe d'intégration, et le problème se résoud facilement par la méthode analytique quand le moment M est une fonction simple de l'abscisse.

Lorsque la pièce est à section variable, il est préférable, sinon indispensable, de recourir à la méthode graphique.

En chaque point de la portée (*fig.* 140) menons en ordonnée, à partir de la ligne des appuis, un vecteur représentant le quotient $\dfrac{M}{EI}$ que M. Pillet appelle « *moment eifié* » ; le lieu des extrémités de ces vecteurs est la ligne des moments eifiés. D'après l'équation précédente, la valeur de la flèche sera représentée par le moment, pris par rapport à l'appui A, de l'aire des moments eifiés comprise entre cet appui A et la verticale du point C de la portée où la déformée admet une tangente horizontale ; les aires étant comptées positivement ou négativement suivant que les portions correspondantes de la courbe se trouvent situées au-dessous ou au-dessus de la ligne des appuis.

Si, avec une distance polaire quelconque k, nous traçons un dynamique $A_1 D_1 E_1 B_1$ et un funiculaire $A'C'B'$ de vecteurs verticaux $\frac{M}{EI} dx$ le moment, par rapport à A, de l'aire des moments eifiés ATQP comprise entre la verticale d'un point Q' du funiculaire et celle de l'appui A, est égal au produit ky_1; y_1 étant le segment intercepté sur la verticale du point A par le premier côté du funiculaire et la tangente en Q' à cette courbe.

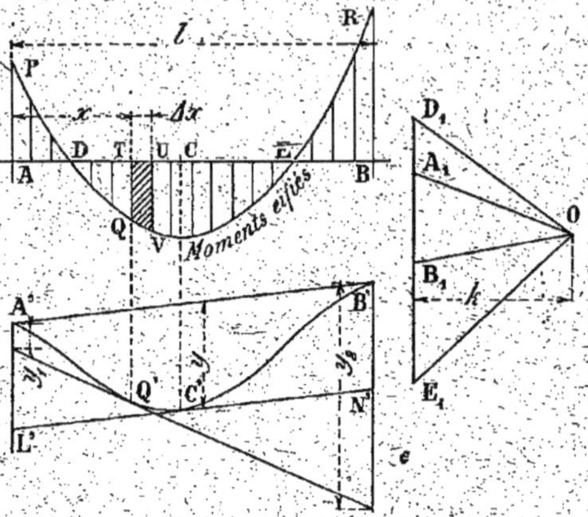

De même, le moment, par rapport à B, de l'aire des moments eifiés comprise entre la verticale de Q' et celle de l'appui B, est égal au produit hy_2; y_2 étant le segment intercepté sur la verticale du point B par le dernier côté du funiculaire et la tangente en Q'.

La valeur de la flèche étant indépendante du choix de l'appui auquel on rapporte les moments, le point C de la portée, où la tangente est horizontale, devra être tel qu'on ait : $y_1 = y_2$. La tangente L'N' en C' au funiculaire est donc parallèle à la ligne de fermeture A'B'.

Si l'on désigne alors par y la distance verticale entre A'B' et L'N', on aura pour valeur de la flèche :

$$f = ky.$$

Pratiquement, pour tracer le funiculaire, on divisera la portée AB en un certain nombre de parties égales de longueur Δx, et l'on substituera à la courbe réelle des moments eifiés le polygone obtenu en portant en chaque point de division une ordonnée représentant la valeur du rapport $\frac{M}{EI}$ en ce point. On appliquera ensuite au centre de gravité de chaque trapèze élémentaire TUVQ un vecteur $\frac{M}{EI} \Delta x$ représentant la surface de ce trapèze, et l'on tracera un dynamique du système des vecteurs ainsi obtenus, puis un polygone funiculaire qui remplacera le funiculaire réel.

Le rapport $\frac{M}{EI} \Delta x$ étant une quantité de dimensions nulles, c'est-à-dire un coefficient numérique, la mesure de la flèche s'effectuera comme il suit.

Supposons, par exemple, que le dynamique des vecteurs ait été tracé à l'échelle de 1 centimètre pour 1/1000, que la distance polaire k représente $1^m,50$ à l'échelle des longueurs et que la distance verticale y, entre la tangente en C' et la ligne de fermeture, soit de 4 centimètres sur l'épure ; nous aurons :

$$y = \frac{4}{1.000}, \qquad \text{et} \qquad f = \frac{4 \times 1^m,50}{1.000}, \text{ soit } 0^m,006.$$

98. Cas des pièces à section constante. — Au point de vue du calcul, les pièces en béton armé reposant librement sur deux appuis, ou disposées en encorbellement, sont à peu près les seules qui soient susceptibles d'être considérées comme étant à section constante.

Dans ce cas, la formule de la flèche peut s'écrire :

$$f = \frac{1}{EI} \int_0^{x_1} \mathrm{M}x\,dx ;$$

E représentant le module d'élasticité du béton ;
I, le moment d'inertie total de la section, réduite en béton, par rapport à l'axe neutre.

Ce moment d'inertie, d'après la formule (73), est lui-même égal au produit du moment statique S' de l'une des parties, tendue ou comprimée, par le bras de levier b du couple résistant.

Lorsqu'on ne tient pas compte de la résistance du béton à la traction, le moment S' se réduit à celui de la section équivalente $m\omega$ de l'armature tendue :

$$S' = m\omega h (1 - \zeta) ;$$

quant au bras du levier b du couple résistant, il est donné, suivant le cas, par une des relations (142), (143), (144), (169), (170), (180) ou (181).

Il reste à évaluer l'intégrale définie.

Si l'on considère une pièce reposant librement sur deux appuis et supportant une charge uniforme p au mètre courant, on a :

$$\int_0^{x_1} \mathrm{M}x\,dx = \int_0^{\frac{l}{2}} \frac{px^2(l-x)}{2}\,dx = \frac{5pl^4}{384};$$

donc, en désignant par P la charge totale :

$$(209) \qquad\qquad f = \frac{5Pl^3}{384EI}$$

Si la charge P est concentrée au milieu de la portée, on a :

$$\int_0^{x_1} M x\, dx = \int_0^{\frac{l}{2}} \frac{P x^2}{2}\, dx = \frac{P l^3}{48},$$

et

$$(210) \qquad\qquad f = \frac{P l^3}{48 EI}.$$

Si la pièce est soumise à l'action de deux charges symétriques P (*fig.* 57), le moment statique, par rapport à l'appui A, de l'aire des moments fléchissants, représenté par l'intégrale, est égal à la différence entre les moments statiques d'un rectangle et d'un triangle ayant même hauteur $M_E = Pa$, et comme bases : le premier, $AC = \dfrac{l}{2}$, et le second, $AE = a$.

$$\int_0^{x_1} M x\, dx = \frac{Pa}{2}\left(\frac{l^2}{4} - \frac{a^2}{3}\right);$$

d'où :

$$(211) \qquad\qquad f = \frac{P a\,(3 l^2 - 4 a^2)}{24 EI}.$$

Les valeurs des flèches ont donc les mêmes expressions que dans les cas similaires de la résistance ordinaire des matériaux.

99. Cas des pièces statiquement indéterminées. — Dans les pièces hétérogènes soumises à des moments de signes différents, le plan des fibres moyennes subit généralement une discontinuité et les sections à considérer varient aux points de la portée, inconnus *a priori*, où les moments changent de signe. Comme la recherche exacte de la répartition des effets des charges constituerait de ce fait un problème extrêmement complexe, pour ne pas dire insoluble, l'usage, consacré d'ailleurs par la circulaire ministérielle française, est d'admettre, comme nous l'avons déjà mentionné, que la loi de la répartition est la même que dans les pièces homogènes à section constante.

Admettons encore que la formule (81) demeure applicable au calcul des flèches.

Si nous désignons par :

x_2, la distance de l'appui d'encastrement au point d'inflexion voisin;
I_1, le moment d'inertie, supposé constant, dans la région comprise entre ce point d'inflexion et celui où la tangente à la déformée est horizontale;
I_2, le moment d'inertie de la section, supposé constant, entre l'appui d'encastrement et le point d'inflexion considéré,

nous aurons :

$$(212) \qquad f = \int_0^{x_2} \frac{Mx}{EI_2} \, dx + \int_{x_2}^{x_1} \frac{Mx}{EI_1} \, dx.$$

Cette relation peut s'écrire :

$$(213) \qquad f = \int_0^{x_1} \frac{Mx}{EI_1} \, dx + \frac{1}{E}\left(\frac{1}{I_2} - \frac{1}{I_1}\right) \int_0^{x_2} Mx\,dx.$$

Le premier terme du deuxième membre représente la flèche que prendrait, toutes choses égales d'ailleurs, une pièce homogène dont la section, constante sur toute l'étendue de la portée, aurait un moment d'inertie égal à I_1. Le deuxième terme représente la variation que fait subir à cette flèche la différence entre les moments d'inertie I_1 et I_2.

Plaçons-nous dans l'hypothèse des pièces symétriques par rapport au milieu de la portée et symétriquement chargées.

Considérons d'abord le *cas d'une pièce parfaitement encastrée*.

Si la pièce supporte une charge totale P uniformément répartie (*fig. 62*), on a :

$$x_1 = \frac{l}{2}, \qquad x_2 = \left(\frac{1}{2} - \frac{\sqrt{3}}{6}\right) l;$$

et, comme en résistance ordinaire des matériaux :

$$(214) \qquad \int_0^{x_1} \frac{Mx\,dx}{EI_1} = \frac{Pl^3}{384 EI_1}.$$

D'autre part, le moment en un point quelconque étant :

$$(215) \qquad M = \frac{p\left[l^2 - 6x(l - x)\right]}{12},$$

on trouve :

$$(216) \qquad \int_0^{x_2} Mx\,dx = -\,0{,}00054 Pl^3;$$

d'où, en additionnant membre à membre les égalités (214) et (216), après avoir multiplié les deux membres de cette dernière par $\frac{1}{E}\left(\frac{1}{I_2} - \frac{1}{I_1}\right)$:

$$(217) \qquad f = \frac{Pl^3}{384 EI_1}\left[1 - 0{,}207\left(\frac{I_1}{I_2} - 1\right)\right].$$

Si la pièce supporte une charge P isolée en son milieu, le diagramme des moments (*fig.* 64), de l'appui au milieu de la portée, se compose de deux triangles égaux, ayant chacun comme surface :

$$\frac{1}{2} \cdot \frac{Pl}{8} \cdot \frac{l}{4} = \frac{Pl^3}{64};$$

de l'appui A au centre de gravité du triangle adjacent, la distance est $\frac{l}{12}$, et le moment du triangle par rapport à A :

$$(218) \qquad \int_0^{x_2} Mx\,dx = -\frac{Pl^3}{768}.$$

Comme, dans le cas d'une pièce homogène à section constante, on a :

$$(219) \qquad \int_0^{x_1} \frac{Mx\,dx}{EI_1} = \frac{Pl^3}{192EI_1}.$$

si l'on multiplie par $\frac{1}{E}\left(\frac{1}{I_2} - \frac{1}{I_1}\right)$ les deux membres de la relation (218), et qu'on additionne membre à membre l'égalité résultante et l'égalité (219), on obtient :

$$(220) \qquad f = \frac{Pl^3}{192EI_1}\left[1 - \frac{1}{4}\left(\frac{I_1}{I_2} - 1\right)\right].$$

On peut remarquer que, dans la pièce *homogène* parfaitement encastrée à ses deux extrémités, la flèche produite par une charge concentrée (formule 219) est le double de celle que détermine la même charge uniformément répartie (formule 214). Ces deux flèches sont d'ailleurs respectivement quatre et cinq fois plus petites que celles que prennent, dans les mêmes conditions de chargement, les pièces librement appuyées (formules 210 et 209).

On établirait d'une manière analogue les formules applicables aux pièces encastrées supportant deux charges symétriquement disposées, chacune à une distance a de l'appui voisin. Dans cette hypothèse, les moments sont : à l'appui,

$$-\frac{Pa(l-a)}{l},$$

et au milieu de la portée,

$$\frac{Pa^2}{l}.$$

L'abscisse du point de la portée où les moments changent de signe est :

$$\frac{a\,(l - a)}{l}.$$

Il resterait à examiner le *cas des pièces partiellement encastrées*. Connaissant les moments fléchissants en deux points de la portée, notamment sur les appuis, on en déduira aisément la loi de leur répartition et l'abscisse x_2 du point d'inflexion de la fibre moyenne déformée. Il suffira de se rappeler que le moment, en un point quelconque de la portée, est égal à une fonction linéaire près représentée par la droite qui joint les extrémités des ordonnées des moments sur appuis, à celui qui se produirait dans la pièce librement appuyée. Le problème se résoudra alors de la même manière que dans le cas d'une pièce parfaitement encastrée en donnant à M, x_2, I_1 et I_2 les valeurs qui leur reviennent.

100. **Limites supérieures des flèches.** — Proposons-nous de déterminer une limite supérieure de la flèche que doit prendre une pièce en béton armé sous l'action de la charge qui a servi au calcul d'établissement.

Désignons par :

λ, le rapport de la portée de la pièce à sa hauteur théorique ;
φ, le rapport de la flèche à la portée ;

$$\lambda = \frac{l}{h};$$

et

$$\varphi = \frac{f}{l}.$$

Le travail maximum du béton à l'arête la plus comprimée est :

$$n = \frac{Mz}{I}.$$

M représentant le moment fléchissant au point considéré ;
z, la distance de l'axe neutre à l'arête la plus comprimée ;
I, le moment d'inertie de la section que nous supposons constante.

Le travail du métal est lié à celui du béton par la relation :

$$\frac{t}{mn} = \frac{h - z}{z}.$$

Considérons alors le *cas d'une pièce librement appuyée et uniformément chargée*. On a :

$$M = \frac{Pl}{8},$$

et (formule 209) :

$$f = \frac{5P\,l^3}{384EI}.$$

En éliminant n, M, I, l, f et P entre ces équations, et en tenant compte des deux relations :

$$\frac{E_a}{E} = m,$$

et

$$\frac{z}{h} = \zeta,$$

on arrive à la formule :

$$(221) \qquad \varphi = \frac{5}{48} \cdot \frac{\lambda t}{E_a(1-\zeta)},$$

que nous écrirons :

$$(222) \qquad \varphi = A\lambda,$$

A étant une constante ne dépendant que des coefficients adoptés.

Dans le *cas d'une charge isolée au milieu de la portée*, on obtiendrait de même :

$$(223) \qquad \varphi = \frac{1}{12} \cdot \frac{\lambda t}{E_a(1-\zeta)},$$

soit :

$$(224) \qquad \varphi = B\lambda.$$

Enfin, dans le *cas de deux charges concentrées et symétriques* :

$$(225) \qquad \varphi = \frac{3l^2 - 4a^2}{24\,l^2} \cdot \frac{\lambda t}{E_a(1-\zeta)},$$

soit :

$$(226) \qquad \varphi = C\,\frac{3l^2 - 4a^2}{12\,l^2}\,\lambda.$$

$$\left(\text{le quotient } \frac{t}{E_a(1-\zeta)} \text{ n'est autre que la somme } \frac{n}{E_b} + \frac{t}{E_a} \right)$$

Les limites des flèches croissent donc avec les résistances admises pour le métal et le béton, et diminuent quand les modules d'élasticité des matériaux augmentent.

Le tableau V donne les valeurs des constantes, A, B et C, en fonction des fatigues maxima n et t admises pour le béton et l'acier, et du coefficient d'équivalence m. Ces valeurs, établies en prenant 20×10^3 pour module d'élasticité de l'acier, fournissent celles de φ en millièmes de la portée. Elles supposent que la résistance du béton à la traction est

TABLEAU V.

TAUX DE TRAVAIL		m = 15			m = 12			m = 10			m = 8		
n	t	A	B	C	A	B	C	A	B	C	A	B	C
50	12	0,102	0,081	0,488	0,094	0,075	0,450	0,089	0,071	0,425	0,083	0,067	0,400
»	10	0,091	0,073	0,432	0,083	0,067	0,400	0,078	0,062	0,375	0,073	0,058	0,350
»	8	0,081	0,064	0,338	0,073	0,058	0,350	0,068	0,054	0,325	0,063	0,050	0,300
45	11	0,098	0,078	0,468	0,090	0,072	0,434	0,086	0,069	0,412	0,081	0,065	0,390
»	0	0,087	0,070	0,418	0,080	0,064	0,384	0,075	0,060	0,362	0,071	0,057	0,340
»	8	0,076	0,061	0,368	0,070	0,056	0,334	0,065	0,052	0,312	0,060	0,048	0,290
40	12	0,094	0,075	0,450	0,088	0,070	0,420	0,083	0,067	0,400	0,079	0,063	0,380
»	10	0,083	0,067	0,400	0,077	0,062	0,370	0,073	0,058	0,350	0,069	0,055	0,330
»	8	0,073	0,058	0,350	0,066	0,053	0,320	0,063	0,050	0,300	0,058	0,047	0,280
35	12	0,090	0,072	0,429	0,085	0,067	0,405	0,081	0,065	0,387	0,077	0,062	0,370
»	10	0,079	0,063	0,381	0,074	0,059	0,355	0,070	0,056	0,337	0,067	0,053	0,320
»	8	0,069	0,055	0,331	0,064	0,050	0,305	0,060	0,048	0,287	0,056	0,045	0,270
30	12	0,086	0,069	0,412	0,081	0,065	0,390	0,078	0,063	0,374	0,075	0,060	0,360
»	10	0,075	0,060	0,362	0,071	0,057	0,340	0,068	0,054	0,324	0,064	0,052	0,310
»	8	0,065	0,052	0,312	0,060	0,048	0,290	0,057	0,046	0,274	0,054	0,043	0,260
25	12	0,082	0,066	0,394	0,078	0,063	0,375	0,076	0,060	0,362	0,073	0,058	0,350
»	10	0,072	0,057	0,344	0,068	0,054	0,325	0,065	0,050	0,312	0,063	0,050	0,300
»	8	0,062	0,049	0,294	0,057	0,046	0,275	0,055	0,044	0,262	0,052	0,042	0,250

nulle, et correspondent, par conséquent, à des limites supérieures des flèches.

Dans le cas d'une pièce à moment d'inertie constant, parfaitement encastrée, les valeurs de φ sont encore données par une des formules (222) ou (224), suivant que la charge est uniformément répartie ou concentrée au milieu de la portée, mais on ne doit plus prendre pour A que le $\frac{1}{5}$ et pour B que le $\frac{1}{4}$ des valeurs indiquées par le tableau V.

Applications.

101. Problème. — *Une poutre de $0^m,400 \times 0^m,200$ de section, armée à sa partie inférieure de quatre aciers ronds de 23 millimètres, repose librement sur deux appuis écartés de 3 mètres. Elle est soumise à l'action de deux charges symétriques, de 8.110 kilogrammes chacune, appliquées à 1 mètre des appuis. Calculer une limite supérieure de la flèche que doit prendre la pièce.*

La pièce en question est la poutre B de la série des vingt-quatre essayées par la Commission.

Nous avons établi précédemment (n° 65) que, sous l'action de deux charges symétriques de 5275 kilogrammes, disposées aux mêmes points, le travail du béton était de $91^{kg},95$ par centimètre carré et celui de l'acier de $10^{kg},8$ par millimètre carré.

Bien qu'elles soient, dans l'hypothèse actuelle, assez éloignées des limites de rupture, la pièce ne s'étant rompue que sous un effort total de 24.095 kilogrammes, les fatigues des matériaux sont assez élevées pour qu'on puisse envisager, a priori, une certaine réduction de l'influence du béton tendu. Nous la négligerons complètement; mais, pour diminuer dans une certaine mesure l'erreur en résultant, nous attribuerons au métal un maximum d'importance en portant à 15 le coefficient d'équivalence, et à 22×10^3 le module d'élasticité de l'acier.

Si l'on ne tient pas compte du poids propre de la pièce, qui est négligeable en comparaison de la surcharge, la valeur de la flèche est donnée par la formule (211) :

$$f = \frac{Pa(3l^2 - 4a^2)}{24EI}$$

Comme nous convenons de faire abstraction de la résistance du béton tendu, on a :

$$S' = m\omega h(1 - \zeta),$$

et pour valeur du bras de levier du couple résistant :

$$b = h \left(1 - \frac{\zeta}{3}\right);$$

de sorte qu'en tenant compte des relations :

$$I = S'b$$

et

$$\frac{E_a}{E_b} = m,$$

l'expression de la flèche devient :

$$f = \frac{Pa}{24} \cdot \frac{(3l^2 - 4a^2)}{E_a \omega h^2 (1 - \zeta)\left(1 - \frac{\zeta}{3}\right)}.$$

On a dans le cas actuel :

Distance d'une charge à l'appui voisin..... $a =$ 1 mètre ;
Portée de la pièce,........................ $l =$ 3 mètres ;
Section des 4 aciers de 23 millimètres... $\omega =$ 1.662 millimètres carrés ;
Position relative de l'axe neutre (N° 65).. $\zeta =$ 0,561 ;
Hauteur théorique de la pièce........... $h =$ 34^{cm},7 ;

d'où :

$$f = \frac{8.110 \text{ kg.} \times 1 \text{ m.}}{24} \cdot \frac{(3 \times \overline{3 \text{ m}}^2 - 4 \times \overline{1 \text{ m}}^2)}{22 \times 10^3 \times 1.662 \text{ mm}^2 \times \overline{0^m,347}^2 (1 - 0,561)\left(1 - \frac{0.561}{3}\right)}$$

$$= 0^m,00495, \text{ soit } 4^{mm},95.$$

La flèche relevée à l'essai est de 3^{mm},53 [1].

102. Problème. — *Dans une dalle de 2 mètres de portée, reposant librement sur ses appuis, la distance du centre des armatures tendues à la face supérieure est de 9 centimètres. Cette pièce a été établie de manière que, sous une certaine charge uniformément répartie, le travail du béton ne dépasse pas 50 kilogrammes par centimètre carré, et celui du métal 12 kilogrammes par millimètre carré, avec un coefficient d'équivalence de l'acier égal à 12. Déterminer une limite supérieure de la flèche que doit prendre la pièce sous la charge qui a servi à son établissement.*

[1] Dans les conditions où nous nous sommes placé, c'est-à-dire, en limitant la hauteur de la pièce à sa hauteur théorique, et en conservant les mêmes coefficients, mais en tenant compte de la résistance du béton tendu, auquel on attribue un coefficient d'équivalence de 0,75, correspondant approximativement aux chiffres relevés au deuxième essai du prisme II, (n° 8). on trouve une flèche de 3^{mm},85.

Rapport de la portée de la pièce à sa hauteur théorique :

$$\lambda = \frac{l}{h} = \frac{2\ \text{m.}}{0^{\text{m}},09} = 22,2.$$

Pour les coefficients indiqués, le tableau V donne :

$$A = 0,094.$$

Valeur, en millièmes de la portée, de la flèche cherchée :

$$\varphi = A\lambda = 0,094 \times 22,2 = 2,08;$$

d'où :

$$f = \frac{\varphi l}{1.000} = \frac{2,08 \times 2\ \text{m.}}{1.000} = 0^{\text{m}},0042.$$

CHAPITRE XV

PIÈCES SOUMISES A LA FLEXION COMPOSÉE.
PIÈCES A SECTION RECTANGULAIRE

103. Généralités. — Lorsqu'une section hétérogène, soumise à la flexion composée, ne supporte que des tensions de même sens, elle se calcule, comme en résistance ordinaire des matériaux, au moyen de la formule (64) :

$$n = \frac{N}{\Omega} \pm \frac{M_G v}{I_G};$$

il suffit de réduire préalablement la section hétérogène à l'élément de base, en attribuant à chacun des autres éléments le coefficient d'équivalence afférent.

Nous n'examinerons donc ici que le cas des pièces armées comprimées et fléchies où, le point de passage de la résultante tombant à l'extérieur du noyau central de la section réduite, les sections supportent à la fois des fatigues de traction et de compression.

Rappelons que le point de passage de la résultante et l'axe neutre se trouvent de part et d'autre du centre de gravité de la section, et qu'ils définissent, sur la droite qui les joint, une involution dont le centre de gravité occupe le foyer.

Le passage de la résultante à l'un ou à l'autre des deux points extrêmes de l'involution, c'est-à-dire au foyer ou au point à l'infini, correspond à l'un ou à l'autre des deux états particuliers de sollicitation : tension longitudinale ou flexion simple.

Pour les positions intermédiaires, qui correspondent au cas général de la flexion composée, les distances respectives, a et v, du point de passage de la résultante et de l'axe neutre au centre de gravité de la section, sont liées par la relation involutive :

$$av = -r^2,$$

r étant le rayon de giration de la section.

Comme il arrive fréquemment que les pièces, à la fois comprimées et fléchies, comportent à différentes distances de l'axe neutre, en plus des armatures ordinaires des pièces à simple ou à double renforcement, des barres longitudinales dont le rôle, en raison de leur situation ou de leur importance, peut être très appréciable, nous étudierons le problème dans l'hypothèse d'une distribution quelconque des armatures.

Des formules ainsi obtenues on déduira aisément celles qui conviennent aux cas particuliers des pièces à simple ou à double renforcement.

A. — Travail des matériaux.

104. Position de l'axe neutre. — Nous conserverons les notations employées dans le calcul des pièces soumises à la flexion simple.

c désignant la distance à l'arête comprimée d'une armature de section ω (*fig.* 141), le moment d'inertie de la section totale réduite par rapport à l'axe neutre, abstraction faite de la résistance du béton tendu, est :

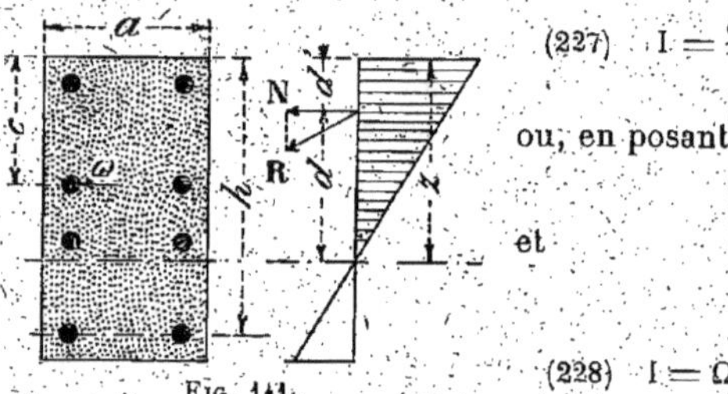

$$(227) \qquad I = \frac{az^3}{3} + \Sigma m\omega (z - c)^2,$$

ou, en posant :

$$ah = \Omega \, (^1)$$

et

$$\frac{c}{h} = \gamma,$$

$$(228) \qquad I = \Omega h^2 \left[\frac{\zeta^3}{3} + \Sigma\rho \, (\zeta - \gamma)^2 \right].$$

Le moment statique de la section pris par rapport au même axe est :

$$(229) \qquad S = \frac{az^2}{2} + \Sigma m\omega (z - c),$$

ou :

$$(230) \qquad S = \Omega h \left[\frac{\zeta^2}{2} + \Sigma\rho (\zeta - \gamma) \right].$$

D'autre part, en désignant par d et d' les valeurs algébriques des distances respectives du point de passage de la résultante à l'axe neutre et

<hr>

(¹) Nous continuons à prendre, pour la hauteur h de la pièce, la hauteur théorique c'est-à-dire, la distance de l'arête la plus comprimée au centre des armatures les plus tendues. Mais les formules générales qui suivent demeurent vraies si l'on désigne par h la hauteur réelle.

à l'arête comprimée, on a :

$$d = z + d' ;$$

ou, en posant :

$$(231) \qquad \frac{d'}{h} = \mu,$$

$$(232) \qquad d = h\,(\zeta + \mu).$$

La position de l'axe neutre étant définie par la relation : $I = Sd$, on a dans le cas actuel :

$$(233) \qquad \frac{\zeta^3}{3} + \Sigma\rho\,(\zeta - \gamma)^2 = \left[\frac{\zeta^2}{2} + \Sigma\rho\,(\zeta - \gamma)\right](\zeta + \mu),$$

et, en ordonnant par rapport à ζ :

$$(234) \qquad \zeta^3 + 3\mu\zeta^2 + 6\zeta\Sigma\rho\,(\gamma + \mu) - 6\Sigma\gamma\rho\,(\gamma + \mu) = 0.$$

Si l'on pose :

$$(235) \qquad Z = \zeta + \mu,$$

on obtient comme transformée de l'équation (234) :

$$(236) \qquad Z^3 - 3\,[\mu^2 - 2\Sigma\rho\,(\gamma + \mu)]\,Z + 2\mu^3 - 6\Sigma\rho\,(\gamma + \mu)^2 = 0,$$

équation de la forme :

$$(237) \qquad Z^3 + pZ + q = 0,$$

qui, dans le cas où les coefficients p et q sont tels que l'on ait :

$$(238) \qquad 4p^3 + 27q^2 > 0,$$

n'admet qu'une racine réelle donnée par la formule de Cardan :

$$(239) \qquad Z = \sqrt[3]{-\frac{q}{2} + \sqrt{\left(\frac{q}{2}\right)^2 + \left(\frac{p}{3}\right)^3}} + \sqrt[3]{-\frac{q}{2} - \sqrt{\left(\frac{q}{2}\right)^2 + \left(\frac{p}{3}\right)^3}}.$$

105. Variations de la position de l'axe neutre. — La figure 142 représente les variations de la fonction ζ de μ définie par l'équation de position (234).

Pour que la section soit à la fois tendue et comprimée, il faut que l'axe neutre traverse la section, c'est-à-dire que la valeur de ζ soit comprise entre 0 et 1 ; la valeur de μ doit donc être extérieure à l'intervalle limité par les deux valeurs particulières, μ_1 et μ_2, déduites de l'équation

(234) en y faisant successivement $\zeta = 1$ et $\zeta = 0$:

$$(240) \qquad \mu_1 = -\frac{1}{3} \cdot \frac{1 + 6\Sigma\gamma\rho\,(1 - \gamma)}{1 + 2\Sigma\rho\,(1 - \gamma)},$$

$$(241) \qquad \mu_2 = -\frac{\Sigma\gamma^2\rho}{\Sigma\gamma\rho}.$$

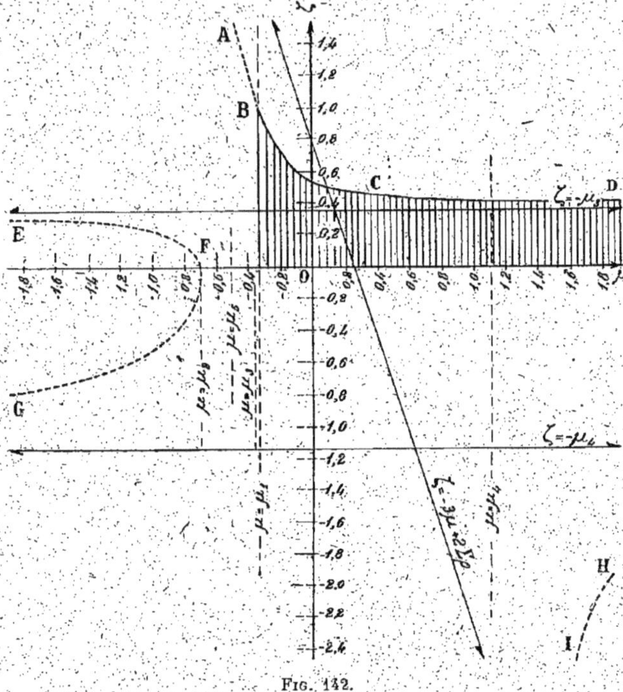

Fig. 142.

Les parties à retenir du diagramme sont ainsi limitées aux branches BCD et FE. La première correspond au cas où la résultante des efforts extérieurs est une compression agissant du côté de l'arête comprimée ; la deuxième, au cas où cette résultante est une traction agissant du côté de l'arête tendue.

La condition, pour laquelle l'équation (236) admet deux racines imaginaires, est certainement remplie si le coefficient du terme en Z est négatif, ce qui arrive lorsque la valeur de μ est comprise entre les racines μ_3 et μ_4 du trinôme :

$$\mu^2 - 2\mu\Sigma\rho - 2\Sigma\gamma\rho\,;$$

$$(242) \qquad \mu_3 = \Sigma\rho - \sqrt{(\Sigma\rho)^2 + 2\Sigma\gamma\rho},$$

et

$$(243) \qquad \mu_4 = \Sigma\rho + \sqrt{(\Sigma\rho)^2 + 2\Sigma\gamma\rho}.$$

La discussion complète des conditions, pour lesquelles l'équation de position n'admet qu'une racine réelle, serait très laborieuse. Toutefois, en formant $4p^3 + 27q^2$, on peut encore aisément se rendre compte que ce binôme est positif pour les valeurs négatives de μ inférieures en valeur absolue à :

$$(244) \qquad \mu_5 = - \frac{\Sigma\gamma\rho}{\Sigma\rho}.$$

Comme μ_5 est supérieur en valeur absolue à μ_3, on en conclut que, pour les valeurs de μ comprises entre μ_5 et μ_4, l'équation de position n'admet qu'une seule racine réelle ; on peut employer pour la déterminer la formule de Cardan.

En dehors de l'intervalle où la fonction n'admet qu'une seule racine réelle, il existe : une racine positive et deux négatives, ou deux racines positives et une négative, suivant que les valeurs de μ sont positives ou négatives.

La représentative admet une asymptote oblique :

$$\zeta = - 3\mu + 2\Sigma\rho,$$

et deux asymptotes horizontales :

$$\zeta = - \mu_3,$$
$$\zeta = - \mu_4,$$

dont la première seule offre quelque intérêt ; son équation n'est autre que celle de l'axe neutre dans le cas de la flexion simple auquel on arrive lorsque, la valeur de μ croissant au delà de toute limite, le point de passage de la résultante est rejeté à l'infini.

106. Cas particuliers. — Si la pièce est à renforcement simple, c'est-à-dire ne possède, du côté de l'arête tendue, qu'une ligne d'armatures parallèle à l'axe neutre, la hauteur de la section étant comptée à partir de cette ligne, on a : $\gamma = 1$. Le signe Σ disparaissant, les équations (234) et (236) deviennent respectivement :

$$(245) \qquad \zeta^3 + 3\mu\zeta^2 + 6\rho(1+\mu)\zeta - 6\rho(1+\mu) = 0,$$

et

$$(246) \qquad Z^3 - 3[\mu^2 - 2\rho(1+\mu)]Z + 2[\mu^3 - 3\rho(1+\mu)^2] = 0.$$

Pour que l'axe neutre coupe la section, il faut que les valeurs de μ soient extérieures à l'intervalle défini par les deux valeurs particulières :

$$\mu_1 = -\frac{1}{3} \qquad \text{et} \qquad \mu_2 = -1.$$

La flexion simple n'est que le cas particulier de la flexion composée où le point de passage de la résultante est rejeté à l'infini. L'axe neutre passe alors par le centre de gravité de la section réduite ; sa position s'obtient en faisant $\mu = \infty$ dans l'équation (234) qui s'abaisse au deuxième degré et devient :

$$(247) \qquad \zeta^2 + 2\Sigma\rho - 2\Sigma\gamma\rho = 0 ;$$

on en tire :

$$(248) \qquad \zeta = -\Sigma\rho + \sqrt{(\Sigma\rho)^2 + 2\Sigma\gamma\rho}.$$

Cette formule synthétise toutes celles que nous avons établies précédemment en recherchant la position de l'axe neutre dans les pièces soumises à la flexion simple.

107. Travail des matériaux. — La position de l'axe neutre étant connue, le travail maximum du béton est donné par la formule (51) :

$$n = \frac{Nz}{S},$$

que l'on peut écrire, en désignant par n_0 le travail apparent $\dfrac{N}{\Omega}$ dû à la composante normale :

$$(249) \qquad n = n_0 \frac{2\zeta}{\zeta^2 + 2\Sigma\rho\,(\zeta - \gamma)}.$$

Si la pièce est à renforcement simple : $\gamma = 1$, et il reste :

$$(250) \qquad n = n_0 \frac{2\zeta}{\zeta^2 - 2\rho\,(1 - \zeta)}.$$

Quant au travail du métal, il se déduit toujours, en fonction de celui du béton, de la formule (135) :

$$t = mn \frac{1 - \zeta}{\zeta}.$$

B. — Détermination des éléments d'un projet.

108. Section d'une pièce à simple renforcement. — Comme dans le cas de la flexion simple, les quantités, qui interviennent dans le calcul de la section transversale d'une pièce soumise à la flexion composée, sont liées par deux relations fondamentales : celle de l'axe neutre et celle du travail des matériaux; ces deux relations permettent de calculer deux de leurs quantités indépendantes quand on connaît les autres.

La section d'une pièce rectangulaire à renforcement simple comporte trois inconnues : la hauteur h de la pièce, sa largeur a, et la section d'acier ω; nous supposerons donnée la largeur a.

La position de l'axe neutre est définie par la formule :

$$\zeta = \frac{mn}{mn + t}.$$

Si la position du point de passage de la résultante est fixée par sa distance d'' au centre de la pièce supposé connu, on a :

$$(251) \qquad \mu = \left(\frac{d''}{h} - \frac{1}{2}\right).$$

En éliminant alors ρ entre les équations (245 et 250), et en remplaçant, dans l'équation résultante, μ par sa valeur, et Ω par ah, on obtient :

$$(252) \qquad \zeta\left(1 - \frac{\zeta}{3}\right) nah^2 - Nh - 2Nd'' = 0,$$

équation du second degré en h admettant deux racines : l'une positive, l'autre négative; on ne retiendra que la première :

$$(253) \qquad h = \frac{N + \sqrt{N^2 + 8\zeta\left(1 - \frac{\zeta}{3}\right) Nnad''}}{2\zeta\left(1 - \frac{\zeta}{3}\right) na}.$$

Connaissant h, on pourra calculer :

$$\mu = \frac{d'}{h}.$$

La section Ω du béton et la valeur de μ étant ainsi définies, on déduira la valeur du renforcement ρ de l'équation de l'axe neutre (245), et la section de l'armature, de la relation :

$$\omega = \frac{\rho\Omega}{m}.$$

La section métallique obtenue représente évidemment un minimum; on sera souvent amené à la majorer pour ne pas demeurer trop au-dessous des limites pratiques de pourcentage.

Le *cas particulier de la flexion simple* est celui vers lequel on tend lorsque, la composante normale décroissant constamment, le point de passage de la résultante s'éloigne indéfiniment; à la limite on a :

$$N = o \qquad \text{et} \qquad d' = \infty.$$

Comme d'autre part, pendant toute la durée de la variation, on a :

$$M = Nd',$$

M désignant le moment résultant des forces extérieures pris par rapport au centre de la section considérée, l'équation (253) devient à la limite :

$$h = \sqrt{\frac{2}{n\zeta\left(1 - \dfrac{\zeta}{3}\right)}} \; \sqrt{\frac{M}{a}};$$

c'est la formule (146), précédemment établie (n° 66), donnant la hauteur d'une pièce simplement fléchie.

109. Détermination de la section des armatures les plus tendues lorsque celles du béton et des autres armatures sont fixées à l'avance. — Les deux inconnues du problème sont : la section ω cherchée et la tension maximum n du béton.

Désignons par :

ρ', la valeur d'un quelconque des renforcements connus;

γ', le rapport $\dfrac{c'}{h}$, c' étant la distance du renforcement à l'arête comprimée, et h la hauteur de la pièce;

$\gamma = 1$ et ρ, les quantités analogues applicables au renforcement à déterminer ;

et posons :

$$1 - \zeta = u.$$

En éliminant ρ et n entre les équations (145), (234) et (249), on obtient :

$$(254) \quad u^3 - 3\left[1 + 2\Sigma\rho'(1 - \gamma') + 2(1 + \mu)\frac{mn_0}{t}\right]u + 2[1 + 3\Sigma\rho'(1 - \gamma')^2] = o.$$

La valeur de u étant donnée par cette équation, on en déduit celle de ζ; puis, de l'équation (234) de l'axe neutre :

$$(255) \qquad \rho = \frac{\zeta^3 + 3\mu\zeta^2 + 6\Sigma\rho'(\gamma' + \mu)(\zeta - \gamma')}{6(1 + \mu)(1 - \zeta)},$$

la section du métal est ensuite donnée par la relation :

$$\omega = \frac{\rho\Omega}{m}.$$

Dans le *cas particulier de la flexion simple*, on a :

$$n_0 = 0, \qquad \mu = \infty \quad \text{et} \qquad \mu n_0 = \frac{M}{\Omega h},$$

de sorte qu'en posant :

$$\frac{mM}{\Omega h t} = \mu',$$

les équations (254) et (255) deviennent respectivement :

$$(256) \quad u^3 - 3\left[1 + 2\Sigma\rho'(1 - \gamma') + 2u'\right]u + 2\left[1 + 3\Sigma\rho'(1 - \gamma')^2\right] = 0,$$

et

$$(257) \qquad \rho = \frac{\zeta^2 + 2\Sigma\rho'(\zeta - \gamma')}{2(1 - \zeta)}.$$

L'équation (154), précédemment obtenue (n° 67), n'est qu'une forme particulière de l'équation (256) correspondant au cas où il n'existe qu'un seul renforcement en compression.

110. Détermination des armatures d'une pièce à double renforcement. — Lorsque le béton, par suite d'un développement insuffisant de la section transversale, ne peut à lui seul assurer la résistance, on doit recourir à l'emploi du métal en compression. Les inconnues du problème sont alors : les sections ω de l'armature tendue et ω' de l'armature comprimée.

La formule de l'axe neutre (234) et celle du travail (249) constituent un système de deux équations en ρ et ρ'.

On en tire :

$$(258) \qquad \rho = \frac{\zeta}{(1 - \zeta)(1 - \gamma)} \cdot \frac{n_0(\gamma' + \mu) - \dfrac{n}{2}\zeta\left(\gamma' - \dfrac{\zeta}{3}\right)}{n};$$

$$(259) \qquad \rho' = \frac{\zeta}{(\zeta - \gamma')(1 - \gamma')} \cdot \frac{n_0(1 + \mu) - \dfrac{n}{2}\zeta\left(1 - \dfrac{\zeta}{3}\right)}{n}.$$

La section de l'une ou l'autre armature se déduit alors de l'équation définissant le renforcement.

Application.

111. Problème. — *Un pilier de 3 mètres de hauteur, de $0^m,40 \times 0^m,60$ de section, armé de quatre aciers ronds de 24 millimètres (fig. 143), supporte, à sa base, un effort de compression axial de 35.000 kilogrammes. En tête du pilier est appliqué un effort horizontal de 2.500 kilogrammes dans le plan diamétral passant par le grand axe d'une section transversale de la pièce. On demande de vérifier les conditions de résistance de la section de base. Le coefficient d'équivalence du métal est fixé à 15.*

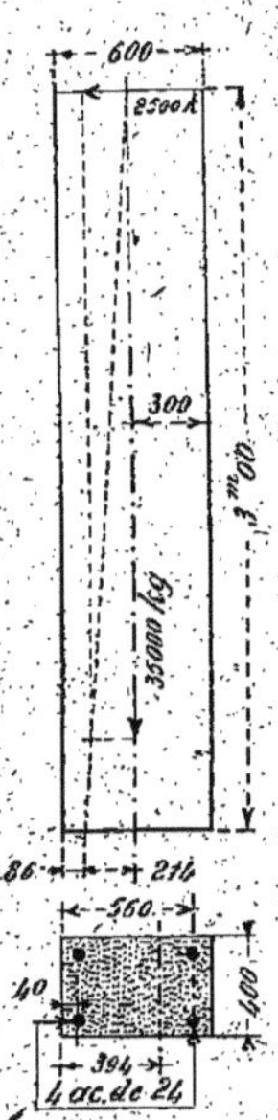

Distance du point de passage de la résultante au pied de la charge verticale :

$$d = 3^m,00 \times \frac{2.500 \text{ kg.}}{35.000 \text{ kg.}} = 0^m,214.$$

Distance du même point à l'arête la plus comprimée de la section :

$$d' = 0^m,214 - 0^m,300 = -0^m,086.$$

Hauteur théorique de la pièce : $h = 0^m,56$; d'où :

$$\mu = \frac{d'}{h} = -\frac{0^m,086}{0^m,56} = -0,153.$$

Section de la pièce :

$$\Omega = 40 \text{ cm.} \times 56 \text{ cm.} = 2.240 \text{ centimètres carrés.}$$

Section de deux aciers de 24 mm. : $\omega = 905$ millimètres.

Équivalent du métal en béton :

$$m\omega = 15 \times 9^{cm2},05 = 135^{cm2},7.$$

Valeur du renforcement correspondant :

$$\rho = \frac{m\omega}{\Omega} = \frac{135^{cm2},07}{2.240 \text{ cm}^2} = 0,06.$$

On a :

$$\gamma = 1,$$

$$\gamma' = \frac{4 \text{ cm.}}{56 \text{ cm.}} = 0,071.$$

FIG. 143.

Minimum de μ à partir duquel apparaissent les tensions :

$$\mu_1 = -\frac{1}{3} \cdot \frac{1 + 6\Sigma\gamma\rho\,(1 - \gamma)}{1 + 2\Sigma\rho\,(1 - \gamma)},$$

$$= -\frac{1}{3} \cdot \frac{1 + 6 \times 0,06 \times 0,071\,(1 - 0,071)}{1 + 2 \times 0,06\,(1 - 0,071)} = -0,307.$$

Comme $\mu > \mu_1$, l'axe neutre tombe à l'intérieur de la section.

Comme, de plus, μ est négatif, l'équation de position n'admet qu'une seule racine réelle (v. *fig.* 142).

Posons :

$$\frac{p}{3} = -[\mu^2 - 2\Sigma\rho\,(\gamma + \mu)] = -[0,153^2 - 2 \times 0,06\,(1 + 0,071 -$$
$$2 \times 0,153)] = 0,069.$$

$$\frac{q}{2} = \mu^3 - 3\Sigma\rho\,(\gamma + \mu)^2 = -0,153^3 - 3 \times 0,06\,[(0,071 - 0,153)^2 +$$
$$(1 - 0,153)^2]$$
$$= -0,134.$$

La valeur $Z = \zeta + \mu$ est donnée par application de la formule de Cardan (239) :

$$Z = \sqrt[3]{0,134 + \sqrt{0,134^2 + 0,069^3}} + \sqrt[3]{0,134 - \sqrt{0,134^2 + 0,069^3}}$$
$$= 0,646 - 0,106 = 0,539;$$

d'où :

$$\zeta = Z - \mu = 0,539 + 0,153 = 0,692.$$

Travail apparent du béton sous l'effet de la charge verticale :

$$n_0 = \frac{N}{\Omega} = \frac{35.000 \text{ kg.}}{2.240 \text{ cm}^2} = 15^{\text{kg}},62.$$

Travail maximum du béton :

$$n = n_0 \frac{2\zeta}{\zeta^2 + 2\Sigma\rho\,(\zeta - \gamma)} = 15^{\text{kg}},62 \cdot \frac{2 \times 0,692}{0,692^2 + 2 \times 0,06\,(2 \times 0,692 - 1 - 0,071)}$$
$$= 15^{\text{kg}},62 \times 2,68 = 41^{\text{kg}},88.$$

Travail des armatures tendues, par centimètre carré :

$$t = mn \frac{1 - \zeta}{\zeta} = 15 \times 41^{\text{kg}},88 \frac{1 - 0,692}{0,692} = 281 \text{ kilogrammes.}$$

soit, par millimètre carré :

$$2^{\text{kg}},81.$$

CHAPITRE XVI

PIÈCES SOUMISES A LA FLEXION COMPOSÉE (*suite*).
HOURDIS AVEC NERVURES

A. — Travail des matériaux.

112. Position de l'axe neutre. — De même que dans l'étude de la flexion simple, nous considérerons la dalle nervurée (*fig.* 144) comme une pièce à section rectangulaire ayant comme hauteur la hauteur totale théorique h de la pièce, comme largeur a celle de la nervure, et possédant, outre les armatures, un renforcement spécial constitué par les deux ailes.

En conservant le système des notations adoptées dans l'étude de la flexion simple, et comme dans ce cas, on peut poser immédiatement les équations générales applicables aux dalles nervurées ; il suffit, dans les formules obtenues pour les pièces à section rectangulaire, d'adjoindre à chaque somme de termes en ρ ou γ, se rapportant aux renforcements, un terme semblable en α ou ε, et, si les termes en ρ ou γ correspondent à des moments d'inertie, d'ajouter, en plus du terme semblable,

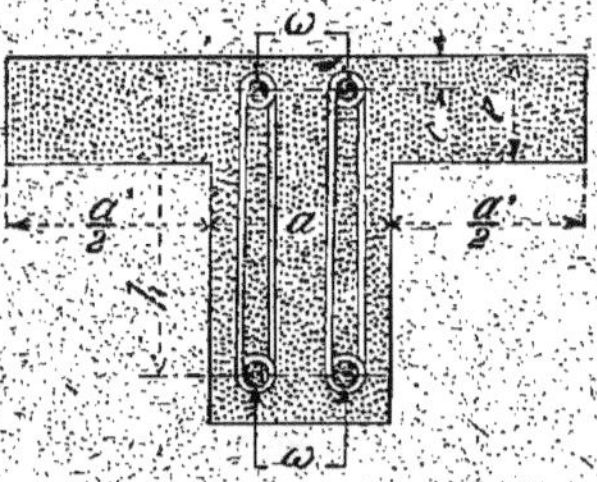

Fig. 144.

le complémentaire, $\dfrac{\alpha \varepsilon^2}{3}$, correspondant au moment d'inertie diamétral des ailes.

On obtient ainsi pour équation de l'axe neutre (v. formule 234) :

$$(260)\quad \zeta^3 + 3\mu\zeta^2 + 6\left[\Sigma\rho\,(\gamma+\mu) + \alpha\,(\varepsilon+\mu)\right]\zeta - 6\left[\Sigma\gamma\rho\,(\gamma+\mu) + \alpha\varepsilon\,(\varepsilon+\mu) + \frac{\alpha\varepsilon^2}{3}\right] = 0.$$

On peut donner à cette équation une forme plus simple et plus générale.

Désignons par :

S_ρ, la somme des produits tels que $\gamma\rho$, obtenus en multipliant chaque renforcement ρ par le rapport $\dfrac{c}{h} = \gamma$[1], qui n'est autre que la distance du centre de gravité de l'armature correspondante à l'arête comprimée, lorsque la hauteur théorique de la pièce est prise comme unité.

I_ρ, la somme des produits tels que, $\rho\,\dfrac{r^2}{h^2}$, obtenus en multipliant chaque renforcement par le carré du quotient $\dfrac{r}{h}$, r étant le rayon de giration du renforcement autour de l'arête comprimée.

Si, conformément à notre convention, on considère les ailes comme des éléments de renforcement, l'équation (260) peut s'écrire :

$$(261) \qquad \zeta^3 + 3\mu\zeta^2 + 6(\mu\Sigma\rho + S_\rho)\zeta - 6(\mu S_\rho + I_\rho) = 0;$$

et, en posant :

$$Z = \zeta + \mu,$$

$$(262)\quad Z^3 - 3\,[\mu^2 - 2(\mu\Sigma\rho + S_\rho)]\,Z + 2\,[\mu^3 - 3(\mu^2\Sigma\rho + 2\mu S_\rho + I_\rho)] = 0.$$

En faisant, dans la formule (261), $\zeta = 1$, on obtient la valeur μ_1 de μ au-dessus de laquelle l'axe neutre tombe à l'intérieur de la nervure :

$$(263) \qquad \mu_1 = -\frac{1}{3} \cdot \frac{1 + 6\,(S_\rho - I_\rho)}{1 + 2(\Sigma\rho - S_\rho)}.$$

On établirait, comme dans le cas des pièces à section rectangulaire, les deux limites certaines μ_4 et μ_5 à l'intérieur desquelles il n'existe qu'une seule racine réelle de l'équation (261) :

$$\mu_4 = \Sigma\rho + \sqrt{(\Sigma\rho)^2 + 2S_\rho},$$

et

$$\mu_5 = -\frac{S_\rho}{\Sigma\rho}.$$

La valeur de μ étant comprise entre ces limites, l'équation en Z est résoluble par la formule (239).

Les formules applicables aux *hourdis nervurés, armés de façon quelconque et soumis à la flexion simple*, se déduisent des précédentes en y faisant $\mu = \infty$.

L'équation de l'axe neutre devient alors :

$$(264) \qquad \zeta^2 + 2\zeta\Sigma\rho - 2S_\rho = 0,$$

[1] Cette valeur de γ est toujours positive ; il en est de même de S_ρ.

et l'on en tire :

$$(265) \qquad \zeta = - \Sigma \rho + \sqrt{(\Sigma \rho)^2 + 2 S_\rho}.$$

Les calculs qui précèdent supposent que la totalité des ailes intervient comme renforcement en compression, et que, par suite, l'axe neutre tombe à l'intérieur de la nervure. Il convient de s'assurer si cette condition est réalisée, ce qui a lieu lorsque :

$$\zeta \geqq 2\epsilon,$$

c'est-à-dire :

$$(266) \qquad \mu \leqq - \frac{1}{3} \cdot \frac{4\epsilon^3 + 6\epsilon S_\rho - 3 I_\rho}{2\epsilon^2 + 2\epsilon \Sigma \rho - S_\rho}.$$

Dans l'hypothèse contraire, on serait ramené au cas d'une pièce à section rectangulaire.

113. Travail des matériaux. — Le travail maximum du béton comprimé est donné par la formule :

$$(267) \qquad n = n_0 \frac{2\zeta}{\zeta^2 + 2\zeta \Sigma \rho - 2 S_\rho},$$

où n_0 représente le travail apparent de la nervure, c'est-à-dire de la section de la pièce sans les ailes, sous l'effet de la compression normale.

Le travail du métal est toujours donné, en fonction de celui du béton, par la formule (135).

114. Méthode de calcul simplifiée. — Si la partie de la nervure comprise entre l'axe neutre et les ailes est de faible importance, ou si l'axe neutre est suffisamment rapproché des ailes pour qu'on puisse, sans erreur sensible, négliger la portion de nervure comprimée extérieure au hourdis, la résolution du problème se simplifie.

Dans ce cas, en effet, nous l'avons vu à propos des hourdis nervurés simplement fléchis, la section de la nervure peut être considérée comme nulle et la valeur de α devient infinie.

Prenons alors, pour valeur ρ d'un renforcement, le quotient $\dfrac{m\omega}{a'e}$ obtenu en divisant la section équivalente correspondante du métal par la section totale du hourdis comptée d'une extrémité à l'autre de la pièce, et désignons par :

$\Sigma'\rho$, la somme de tous les renforcements ainsi définis ;
$S'\rho$, celle des produits tels que $\gamma \rho$;
$I'\rho$, celle des produits tels que $\rho \dfrac{r^2}{h^2}$;

γ, r, et h conservant leurs significations indiquées plus haut (n° 112).

En faisant $\alpha = \infty$ dans les relations (260) ou (261), on obtient l'équation de l'axe neutre :

$$(268) \qquad (\mu \Sigma'\rho + S'\rho)\,\zeta - (\mu S'\rho + I'\rho) = 0 ;$$

d'où l'on tire :

$$(269) \qquad \zeta = \frac{\mu S'\rho + I'\rho}{\mu \Sigma'\rho + S'\rho}.$$

On déduit de même, de la formule (267), l'expression du travail du béton :

$$(270) \qquad n = n_0\,\frac{\zeta}{\zeta \Sigma'\rho - S'\rho},$$

n_0 représentant ici le travail apparent du hourdis sous l'effet de la compression normale.

Dans le *cas particulier de la flexion simple*, la valeur de μ devenant elle-même infinie, il reste :

$$(271) \qquad \zeta = \frac{S'\rho}{\Sigma'\rho}.$$

En explicitant, dans ces formules, les valeurs de $\Sigma'\rho$, $S'\rho$ et $I'\rho$, on ne devra pas perdre de vue que la section du hourdis doit continuer à y figurer comme renforcement, et que la valeur de ρ correspondante est égale à 1.

Appliquons, par exemple, la formule (271) au hourdis nervuré à double renforcement.

Désignons par :

ρ_1, le renforcement dû au métal tendu ;
ρ'_1, le renforcement dû au métal comprimé ;

nous aurons :

$$\Sigma'\rho = \rho_1 + \rho'_1 + 1.$$

D'autre part, la valeur de γ étant égale à 1 pour l'armature tendue, et à ε pour le hourdis dont le coefficient de renforcement est égal à l'unité, nous avons :

$$S'\rho = \rho_1 + \gamma \rho'_1 + \varepsilon,$$

d'où :

$$\zeta = \frac{\rho_1 + \gamma \rho'_1 + \varepsilon}{\rho_1 + \rho'_1 + 1} ;$$

c'est la formule (174) précédemment établie dans l'étude des hourdis nervurés soumis à la flexion simple.

B. — Détermination des éléments d'un projet.

115. Détermination de la hauteur de la nervure et de la section des armatures d'une pièce à simple renforcement. — Nous n'envisagerons que l'établissement d'une pièce à renforcement simple, où l'axe neutre tombe à l'intérieur de la nervure. S'il tombait à l'intérieur du hourdis, on serait ramené au cas des pièces à section rectangulaire étudié au chapitre précédent.

La position relative de l'axe neutre est définie par la formule (145), en fonction des fatigues maxima admises pour les matériaux et du coefficient d'équivalence du métal.

Pour que l'axe neutre tombe à l'intérieur de la nervure, il est nécessaire que l'épaisseur e de la dalle soit au plus égale au produit ζh, h étant, dans une pièce à section rectangulaire, la hauteur qui serait définie par la relation (253) ; on doit donc avoir l'inégalité :

$$(272) \qquad e < \frac{N + \sqrt{N^2 + 8\zeta\left(1 - \frac{\zeta}{3}\right)Nnad''}}{2\zeta\left(1 - \frac{\zeta}{3}\right)na},$$

a représentant ici la largeur de la pièce entre les deux extrémités des ailes, et d'' la distance du point de passage de la résultante au milieu du hourdis.

Supposons la condition remplie.

Dans le cas actuel, la formule (269) explicitée donne :

$$(273) \qquad \zeta = \frac{\mu(\rho_1 + \varepsilon) + \rho_1 + \frac{4\varepsilon^2}{3}}{\mu(\rho_1 + 1) + \rho_1 + \varepsilon},$$

et l'équation (270) :

$$(274) \qquad n = n_0\,\frac{\zeta}{\zeta(\rho_1 + 1) - (\rho_1 + \varepsilon)}.$$

En éliminant ρ_1 entre ces deux relations, et en remplaçant ε par sa valeur $\frac{e}{2h}$, on obtient l'équation du deuxième degré en h :

$$(275) \qquad \left[1 - (1 + \mu)\frac{n_0}{n}\right]h^2 - \frac{e}{2}\cdot\frac{1 + \zeta}{\zeta}h + \frac{e^2}{3\zeta} = 0.$$

La valeur de h étant connue, on en déduit $\varepsilon = \frac{e}{2h}$ et, de l'équation

(273) de l'axe neutre, celle du renforcement :

$$(276) \qquad \rho_1 = \frac{\zeta (\varepsilon + \mu) - \varepsilon\mu - \dfrac{4\varepsilon^2}{3}}{(1 + \mu)(1 - \zeta)}$$

La section métallique est ensuite donnée par la formule :

$$\omega = \frac{\rho_1 \Omega_1}{m},$$

Ω_1 représentant la section du hourdis.

Dans l'hypothèse où *le point de passage de la résultante s'éloigne indéfiniment*, on a :

$$n_0 = 0, \qquad d' = \infty \qquad \text{et} \qquad \mu n_0 = \frac{M}{\Omega_1 h},$$

et l'équation (275) devient :

$$(277) \qquad h^2 - \left(\frac{c}{2} \cdot \frac{1 + \zeta}{\zeta} + \frac{M}{\Omega_1 n} \right) h + \frac{c^2}{3\zeta} = 0 ;$$

c'est l'équation (184) établie dans l'étude du cas similaire de la flexion simple auquel conduit l'hypothèse $d' = \infty$.

116. **Détermination de la section du métal quand la hauteur de la nervure est fixée à l'avance.** — Les deux inconnues du problème sont : la section du métal tendu et la fatigue maximum du béton en compression ; la recherche de cette dernière constituant la vérification de la résistance du hourdis en compression.

En éliminant n et ρ_1 entre les équations (135), (273) et (274), on obtient :

$$(278) \qquad \zeta = \frac{\varepsilon - \dfrac{4\varepsilon^2}{3} + \dfrac{mN}{\Omega_1 t}(1 + \mu)}{1 - \varepsilon + (1 + \mu)\dfrac{mN}{\Omega_1 t}},$$

La valeur du renforcement est alors donnée par l'équation (276).

Connaissant ρ_1 et ζ, on déduit le travail maximum du béton de la relation (274).

Dans le *cas particulier de la flexion simple*, on a :

$$N = 0, \qquad d' = \infty \qquad \text{et} \qquad \mu N = \frac{M}{h}.$$

En posant :

$$\frac{mM}{\Omega_1 ht} = \mu',$$

la formule (278) devient :

$$(279) \qquad \zeta = \frac{\varepsilon - \dfrac{4\varepsilon^2}{3} + \mu'}{1 - \varepsilon + \mu'};$$

c'est l'équation (189) précédemment obtenue dans le problème similaire en flexion simple.

117. Détermination des armatures d'une dalle nervurée à double renforcement. — La valeur de ζ fixant la position relative de l'axe neutre est toujours donnée par la formule (145).

En employant, comme dans les deux cas précédents, la méthode de calcul simplifiée (n° 114), et en désignant par ρ_1 et ρ'_1 les coefficients de renforcement correspondant respectivement à l'armature tendue et à l'armature comprimée, dont les positions sont supposées connues, on a :

$$\Sigma'\rho = \rho_1 + \rho'_1 + 1,$$
$$S'_\rho = \rho_1 + \gamma'\rho'_1 + \varepsilon,$$
$$I'_\rho = \rho_1 + \gamma'^2\rho'_1 + \frac{4\varepsilon^2}{3};$$

de sorte que, dans le cas actuel, les formules (269) et (270) explicitées donnent respectivement :

$$(280) \qquad \zeta = \frac{\mu(\rho_1 + \gamma'\rho'_1 + \varepsilon) + \rho_1 + \gamma'\rho'_1 + \dfrac{4\varepsilon^2}{3}}{\mu(\rho_1 + \rho'_1 + 1) + (\rho_1 + \gamma'\rho'_1 + \varepsilon)},$$

et

$$(281) \qquad n = n_0 \frac{\zeta}{\zeta(\rho_1 + \rho'_1 + 1) - (\rho_1 + \gamma'\rho'_1 + \varepsilon)}.$$

De ce système de deux équations du premier degré en ρ_1 et ρ'_1, on tire :

$$(282) \qquad \rho_1 = \frac{\zeta(\gamma' + \mu)\dfrac{n_0}{n} - (\zeta - \varepsilon)(\gamma' - \varepsilon) - \dfrac{\varepsilon^2}{3}}{(1 - \zeta)(1 - \gamma')},$$

et

$$(283) \qquad \rho'_1 = \frac{\zeta(1 + \mu)\dfrac{n_0}{n} - (\zeta - \varepsilon)(1 - \varepsilon) - \dfrac{\varepsilon^2}{3}}{(\zeta - \gamma')(1 - \gamma')}.$$

La section de l'une ou l'autre armature se déduit ensuite de l'équation (95) où l'on prendra pour section du béton celle du hourdis.

Dans le *cas particulier de la flexion simple* :

$$n_0 = 0, \qquad d' = \infty \qquad \text{et} \qquad un_0 = \frac{M}{\Omega_1 h}.$$

En posant :

$$\frac{M}{\Omega_1 nh} = \mu'',$$

les formules (282) et (283) deviennent :

$$(284) \qquad \rho_1 = \frac{\mu'' - (\zeta - \varepsilon)\,(\gamma' - \varepsilon) - \dfrac{\varepsilon^2}{3}}{(1 - \zeta)\,(1 - \gamma')},$$

et

$$(285) \qquad \rho'_1 = \frac{\mu'' - (\zeta - \varepsilon)\,(1 - \varepsilon) - \dfrac{\varepsilon^2}{3}}{(\zeta - \gamma')\,(1 - \gamma')}.$$

Ces deux équations fournissent directement la solution du problème (n° 87) de la détermination des deux renforcements dans un hourdis nervuré soumis à la flexion simple.

TROISIÈME PARTIE

ÉTUDE DE QUELQUES TYPES D'OUVRAGES EN BÉTON ARMÉ

CHAPITRE XVII

CHEMINÉES D'USINE

118. Avantages des cheminées en béton armé. — Le béton armé présente, dans la construction des cheminées d'usine, des avantages spéciaux dus à la propriété qu'il possède de rassembler les qualités individuelles de la maçonnerie et du fer et, par là même, de supprimer les inconvénients inhérents à l'emploi exclusif de l'un ou l'autre de ces deux matériaux.

La présence des armatures longitudinales, s'opposant aux efforts d'extension, permet d'utiliser complètement la résistance du béton et de limiter en conséquence l'épaisseur des parois. On obtient ainsi, avec un minimum d'encombrement, des ouvrages très stables, extrêmement légers si on les compare aux cheminées en brique, s'accommodant de fondations réduites, et particulièrement avantageux sur les terrains de qualité médiocre. Il est d'ailleurs facile, en graduant les sections d'acier et les épaisseurs des parois, de donner aux ouvrages des formes économiques se rapprochant de celles d'égale résistance.

Grâce à leur élasticité et à la solidarité que les armatures établissent entre les différentes parties de leurs masses, les cheminées en béton armé supportent aisément les efforts alternés du vent et les effets des contractions ou des dilatations que déterminent les variations de température. Elles risquent donc moins de se fissurer et de laisser pénétrer, à travers leurs parois, l'air froid préjudiciable au bon fonctionnement des ouvrages et au rendement des foyers.

La mauvaise conductibilité du béton réduit au minimum les pertes de charge qu'entraînent l'échange constant de température entre les deux côtés de la paroi et le refroidissement de la colonne gazeuse. Le tirage conserve donc presque entièrement son maximum d'intensité.

Enfin la mise en œuvre du béton à l'état plastique permet d'aménager facilement, à des niveaux quelconques, les ouvertures nécessaires au passage des conduits de fumée et les constructions accessoires, entre autres des réservoirs de grande capacité.

119. Hypothèses et notations. — En raison de l'épaisseur des différentes sections transversales, relativement faible par rapport à leurs diamètres, et de la distribution régulière des armatures verticales à l'intérieur de la paroi (*fig.* 145), on peut, au point de vue du calcul, admettre que le béton et l'acier sont répartis d'une manière uniforme et continue sur la circonférence moyenne d'une section annulaire.

Nous désignerons par :

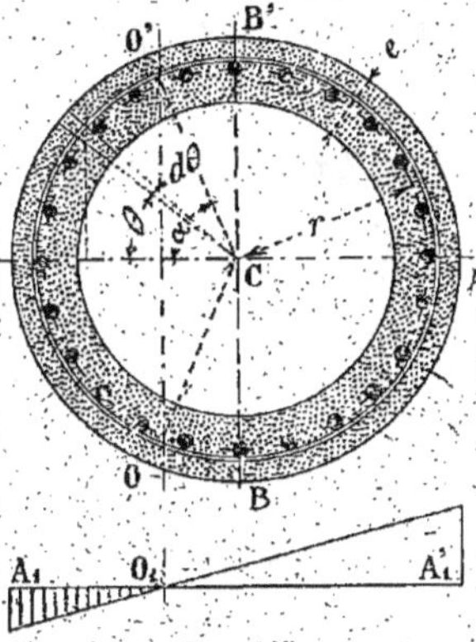

M, le moment de renversement dû au vent dans la section considérée ;

N, le poids total de l'ouvrage au-dessus de cette section ;

r, le rayon de la circonférence moyenne ;

Ω, la section totale du béton ;

ω, celle de l'acier ;

ρ, la valeur du renforcement $\dfrac{m\omega}{\Omega}$;

n_0, le travail apparent $\dfrac{N}{\Omega}$ du béton sous l'effet de la charge normale ;

μ, le rapport $\dfrac{M}{Nr}$ que nous appellerons *coefficient d'instabilité* ;

α, la demi-ouverture de l'arc comprimé OAO', compris entre les rayons CO et CO' aboutissant aux extrémités O et O' de l'axe neutre ;

θ, l'angle d'un rayon quelconque avec la projection AA' de la direction du vent.

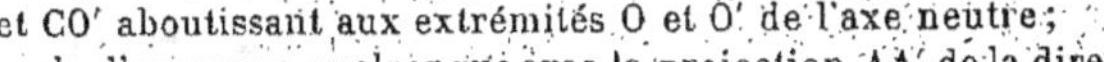

FIG. 145.

Nous poserons :

$$(286) \qquad \tan \alpha - \alpha = \Delta,$$

et

$$(287) \qquad \frac{2\alpha - \sin 2\alpha}{2} = \delta.$$

A. — Travail des matériaux.

120. Position de l'axe neutre. — Examinons d'abord le cas où la section considérée supporte à la fois des tractions et des compressions. Nous verrons plus loin (n° 122) que les tractions apparaissent quand le coefficient d'instabilité dépasse $\dfrac{1}{2}$.

La position de l'axe neutre est définie par la relation (50) :

$$I = Sd,$$

où S et I représentent respectivement le moment statique et le moment d'inertie de la section résistante par rapport à l'axe neutre OO', et d la distance à cet axe du point de passage de la résultante.

La section résistante se compose de l'équivalent de la section totale du métal, et de la partie comprimée du béton.

Le centre de gravité de la section métallique étant au centre de la circonférence moyenne, sa distance à l'axe neutre est $r \cos \alpha$, et l'on a pour moment statique, par rapport à cet axe, de l'équivalent de l'acier, en tenant compte de la convention antérieure des signes (n° 23) :

$$(288) \qquad S' = - m\omega r \cos \alpha.$$

Le moment statique d'un élément de béton, compris dans un angle $d\theta$, étant :

$$(289) \qquad dS'' = \frac{\Omega}{2\pi} r (\cos \theta - \cos \alpha) \, d\theta,$$

celui de la partie comprimée du béton sera :

$$S'' = 2 \int_0^\alpha \frac{\Omega}{2\pi} r (\cos \theta - \cos \alpha) \, d\theta,$$

où :

$$(290) \qquad S'' = \frac{\Omega r}{\pi} (\sin \alpha - \alpha \cos \alpha).$$

Le moment statique S de la section résistante étant égal à $S' + S''$, on obtient, en tenant compte de la relation (286) :

$$(291) \qquad S = \frac{\Omega r}{\pi} (\Delta - \pi\rho) \cos \alpha.$$

Le moment d'inertie, par rapport à l'axe neutre, de l'équivalent de la section totale du métal est :

$$I' = \frac{m\omega r^2}{2} + m\omega r^2 \cos^2 \alpha,$$

ou :

$$(292) \qquad I' = \frac{m\omega r^2}{2} (1 + 2 \cos^2 \alpha);$$

celui du béton, compris dans l'angle $d\theta$, étant :

$$(293) \qquad dI'' = \frac{\Omega}{2\pi} r^2 (\cos \theta - \cos \alpha)^2 \, d\theta,$$

on a pour moment d'inertie de la partie comprimée du béton :

$$I' = 2 \int_0^\alpha \frac{\Omega}{2\pi} r^2 (\cos\theta - \cos\alpha)^2 \, d\theta,$$

ou, après intégration, en tenant compte des relations (286) et (287) :

$$(294) \qquad I' = \frac{\Omega r^2}{\pi} \left(\frac{\delta}{2} - \Delta \cos^2\alpha \right).$$

Le moment d'inertie I de la section résistante, par rapport à l'axe neutre, étant égal à $I' + I''$, on obtient par addition membre à membre des égalités (292) et (294) :

$$(295) \qquad I = \frac{\Omega r^2}{\pi} \left[\frac{\delta + \pi\rho}{2} - (\Delta - \pi\rho) \cos^2\alpha \right].$$

Le point de passage de la résultante étant situé à une distance du centre de la section :

$$\frac{M}{N} = \mu r,$$

sa distance à l'axe neutre est :

$$(296) \qquad d = r (\mu - \cos\alpha),$$

et l'équation $I = Sd$, fixant la position de l'axe neutre, devient dans le cas actuel :

$$(297) \quad \frac{\Omega r^2}{\pi} \left[\frac{\delta + \pi\rho}{2} - (\Delta - \pi\rho) \cos^2\alpha \right] = \frac{\Omega r^2}{\pi} (\Delta - \pi\rho)(\mu - \cos\alpha) \cos\alpha ;$$

on en tire :

$$(298) \qquad \mu = \frac{\delta + \pi\rho}{2 (\Delta - \pi\rho) \cos\alpha}.$$

Cette relation définit la valeur de l'angle α, et par suite la position de l'axe neutre, en fonction du coefficient d'instabilité et du renforcement. Mais, comme les expressions δ et Δ renferment l'angle α sous les deux formes trigonométrique et algébrique, la résolution de l'équation ne pourrait s'effectuer, à défaut de tables, que par tâtonnements et interpolations.

121. **Travail des matériaux.** — La valeur de α étant supposée connue, le travail maximum du béton est donné par la formule (51) :

$$n = \frac{Nz}{S},$$

qui devient dans le cas actuel :

$$(299) \qquad n = \frac{N}{\Omega} \cdot \frac{\pi(1 - \cos\alpha)}{(\Delta - \pi\rho)\cos\alpha},$$

ou, en tenant compte de la relation (298) :

$$(300) \qquad n = \frac{N}{\Omega} \cdot \frac{2\pi\mu(1 - \cos\alpha)}{\delta + \pi\rho}.$$

n_0 désignant le travail apparent $\frac{N}{\Omega}$ du béton sous l'effet de la charge normale, on peut donc poser :

$$(301) \qquad n = An_0,$$

A étant un coefficient ne dépendant, comme l'angle α, que du coefficient d'instabilité et du renforcement.

Le travail maximum du métal pourrait se déduire de celui du béton, au moyen de l'équation (135) qui devient dans le cas actuel :

$$(302) \qquad t = mn\frac{1 + \cos\alpha}{1 - \cos\alpha}.$$

Si, maintenant, on élimine n et Ω entre les équations (299), (302) et la relation :

$$\rho = \frac{m\omega}{\Omega},$$

on obtient :

$$(303) \qquad t = \frac{N}{\omega} \cdot \frac{\pi\rho(1 + \cos\alpha)}{(\Delta - \pi\rho)\cos\alpha}.$$

t_0 désignant la tension $\frac{N}{\omega}$ que supporterait le métal sous l'effet de la charge normale, nous poserons encore :

$$(304) \qquad t = Bt_0.$$

Les coefficients A et B sont ainsi liés par la relation :

$$(305) \qquad B = A\rho\frac{1 + \cos\alpha}{1 - \cos\alpha}.$$

Les tableaux VI et VII donnent les valeurs de A et de B en fonction de certaines valeurs de μ et de ρ. Pour déterminer les valeurs intermédiaires, on pourra procéder par interpolation linéaire.

122. Cas de la compression totale. — Sur une hauteur égale à cinq ou six fois le diamètre au sommet, les cheminées en béton armé présentent, à leur partie supérieure, une stabilité telle que les diverses sections demeurent entièrement comprimées. De plus, en raison des épaisseurs minima au-dessous desquelles il est pratiquement impossible de descendre, le travail des matériaux n'y est jamais très élevé.

Mais, dans certains cas, où les ouvrages supportent, outre leur poids propre, des surcharges importantes résultant de l'aménagement d'éléments accessoires tels que des réservoirs, l'état de compression totale peut également exister dans les parties basses. Pour établir alors les conditions de résistance d'une section, il suffira de l'exprimer en béton et de lui appliquer la formule générale de la flexion composée :

$$n = \frac{N}{\Omega_1} \pm \frac{Mr}{I} ,$$

où Ω_1 représente la section totale réduite en béton, et r le rayon de la circonférence moyenne.

Ω désignant la section du béton seul, on a :

$$\Omega_1 = \Omega (1 + \rho) ;$$

comme d'autre part :

$$I = \frac{\Omega_1 r^2}{2} ,$$

et

$$\mu = \frac{M}{Nr} ,$$

si l'on pose :

$$n_0 = \frac{N}{\Omega} ,$$

on obtient, par combinaison des cinq dernières relations, la formule :

$$(306) \qquad n = \frac{n_0}{1 + \rho} (1 \pm 2\mu),$$

qui, dans le cas d'une section entièrement comprimée, définit les travaux maximum et minimum du béton en fonction de son travail apparent n_0, du renforcement et du coefficient d'instabilité.

Pour que la section demeure totalement comprimée, il faut que l'on ait :

$$1 - 2\mu \geqq 0 ;$$

donc :

$$\mu \leqq \frac{1}{2} .$$

B. — Détermination des dimensions.

123. **Équations des dimensions.** — On pourrait, dans la détermination des éléments d'une section, suivre une méthode analogue à celles qui ont été employées précédemment pour l'établissement de la section transversale d'une dalle ou d'un hourdis nervuré.

De la relation (302) on tirerait :

$$\cos \alpha = \frac{t - mn}{t + mn}$$

L'angle α étant ainsi fixé en fonction des fatigues des matériaux et du coefficient d'équivalence du métal, on déduirait la valeur du renforcement de l'équation (298), et la section Ω du béton, de l'équation (299).

Il est plus commode de se servir du procédé suivant, qui fournit directement la section totale de l'armature et l'épaisseur e de la paroi en béton.

Si l'on y remplace Ω par sa valeur $2\pi re$, les deux équations (299) et (300) donnent respectivement :

$$(307) \qquad 2\Delta re - m\omega = \frac{N}{n} \cdot \frac{1 - \cos \alpha}{\cos \alpha},$$

et

$$308) \qquad 2\delta re + m\omega = \frac{2N}{n} \mu \, (1 - \cos \alpha).$$

On obtient ainsi un système de deux équations du premier degré en e et ω d'où, en tenant compte de la relation :

$$(309) \qquad \cos \alpha \, (\Delta + \delta) = \sin^3 \alpha,$$

on tire :

$$(310) \qquad e = \frac{N}{nr} \cdot \frac{(1 - \cos \alpha)}{2 \sin^3 \alpha} (1 + 2\mu \cos \alpha),$$

et

$$(311) \qquad \omega = \frac{N}{mn} \cdot \frac{1 - \cos \alpha}{\sin^3 \alpha} (2\mu\Delta \cos \alpha - \delta).$$

On peut donc poser :

$$(312) \qquad e = \frac{N}{r} (C\mu + C'),$$

$$(313) \qquad \omega = N (C'\mu - C''),$$

C, C', C'', C''' étant des coefficients ne dépendant que des limites de fatigue.

des matériaux et du coefficient d'équivalence du métal. Les valeurs, que
nous en donnons dans le tableau VIII, sont calculées en admettant un
coefficient d'équivalence égal à 15. Elles fournissent les épaisseurs des
parois en centimètres et les sections d'acier en millimètres carrés, lorsque
les moments sont exprimés en kilogrammètres, les charges en kilogrammes et les rayons en mètres.

TABLEAU VIII

n	t	α	$C \times 10^6$	$C' \times 10^6$	C''	C'''	$\dfrac{C''}{C'''}$
50 kg.	12 kg	76° 39' 10"	33,5	83,5	0,1480	0,1240	0,83
»	10	81° 47' 20"	25,2	88,4	0,1852	0,1515	0,81
»	8	87° 52' 40"	6,3	97,4	0,2454	0,1950	0,79
»	7,5	90°	0	100,0	0,2666	0,2094	0,78
»	6	96° 22' 50"	— 24,6	111,2	0,3488	0,2645	0,77
»	4	107° 43' 10"	— 91,8	151,1	0,6135	0,4365	0,71
»	2	125° 22' 40"	— 337,0	283,4	1,6178	1,0331	0,64
»	0	180°	— ∞	∞	∞	∞	0,50
40 kg.	12 kg.	70° 31' 50"	66,4	100,0	0,1412	0,1216	0,86
»	10	75° 31' 20"	51,6	103,3	0,1759	0,1481	0,84
»	4	101° 32' 20"	— 63,8	159,5	0,5677	0,4187	0,74
»	2	120°	— 238,5	283,5	1,4715	0,9720	0,66
»	0	180°	— ∞	∞	∞	∞	0,50
30 kg.	12 kg.	62° 58'	116,8	123,0	0,1341	0,1190	0,88
»	10	67° 42' 40"	99,0	130,6	0,1661	0,1446	0,87
»	8	73° 44' 44"	76,0	135,5	0,2168	0,1841	0,85
»	4	93° 22' 20"	— 20,8	177,4	0,5175	0,3993	0,77
»	2	112° 37' 10"	— 215,1	293,0	1,3130	0,9058	0,69
»	0	180°	— ∞	∞	∞	∞	0,50
20 kg.	12 kg.	53° 7' 40"	234,4	192,0	0,1258	0,1155	0,91
»	10	57° 25' 30"	208,8	192,8	0,1568	0,1410	0,89
»	8	62° 58'	175,4	193,2	0,2012	0,1785	0,88
»	0	180°	— ∞	∞	∞	∞	0,50

La grandeur de l'angle α et, par conséquent, la position de l'axe neutre
ne changent pas lorsque, les quantités m, n et t variant, le rapport $\dfrac{mn}{t}$
demeure constant. Cette dernière condition étant réalisée, on passera
aisément des valeurs C, C', C'' et C''' correspondant à des coefficients m,
n, t, à d'autres valeurs C_1, C'_1, C''_1 et C'''_1 correspondant à des coefficients
m_1, n_1 et t_1; il suffira de multiplier les paramètres C et C' par le rapport
$\dfrac{n}{n_1}$, et C'' et C''' par $\dfrac{mn}{m_1 n_1}$.

Étant données, par exemple, les valeurs de C, C', C'', C''', établies en supposant : $m = 15$, $n = 40$ kilogrammes et $t = 12$ kilogrammes, on obtiendra celles qui conviennent au cas où $m_1 = 10$, $n_1 = 50$ kilogrammes et $t_1 = 10$ kilogrammes, en multipliant les paramètres des épaisseurs, C et C', par $\dfrac{40 \text{ kg.}}{50 \text{ kg.}}$, soit $\dfrac{4}{5}$, et ceux de la section de métal, C'' et C''', par $\dfrac{15 \times 40 \text{ kg.}}{10 \times 50 \text{ kg.}}$, soit $\dfrac{6}{5}$.

124. Conditions de compatibilité du métal et du béton. — Les épaisseurs de béton et les sections d'acier données par les formules (310) et (311) ne peuvent être que positives ; il faut donc que les expressions :

$$(314) \qquad 1 + 2\mu \cos \alpha,$$

et

$$(315) \qquad 2\mu\Delta \cos \alpha - t,$$

soient elles-mêmes positives.

Il arrive, en effet, ce qui peut paraître singulier au premier abord, que, dans certains cas de sollicitation et pour une position de l'axe neutre déterminée par le choix des limites de fatigue des matériaux, il est impossible d'associer dans un rapport quelconque le métal et le béton ; l'emploi de l'un ou l'autre des deux matériaux permettant seul d'utiliser entièrement sa résistance maximum. Nous verrons tout à l'heure (n° 125) les formules à employer dans ces cas.

Traçons, dans un plan, deux axes de coordonnées (*fig.* 146), et portons en abscisses les valeurs de α, et en ordonnées celles de μ satisfaisant à la relation :

$$(314^{\text{bis}}) \qquad 1 + 2\mu \cos \alpha = 0.$$

La courbe A ainsi obtenue est périodique ; elle admet, entre autres, comme asymptote la verticale $\alpha = \dfrac{\pi}{2}$, et une tangente horizontale au point qui a pour coordonnées : $\alpha = \pi$ et $\mu = 1/2$.

L'équation :

$$(315\ bis) \qquad 2\mu\Delta \cos \alpha - \delta = 0,$$

représente une courbe B tangente à la précédente au point d'abscisse : $\alpha = \pi$, et ayant pour ordonnée à l'origine : $\mu = 1$.

Chacune de ces courbes divise le plan en un certain nombre de régions. Dans chacune des régions ainsi délimitées, la fonction (314) ou (315) correspondante possède un certain signe, qui change quand on passe dans la région voisine en franchissant la courbe. Comme il n'y a lieu de considérer que les valeurs de μ supérieures à 1/2 et celles de α comprises entre 0 et π, on en conclut que l'association du métal et du béton n'est possible que pour les valeurs de α et de μ correspondant aux points de la région C pour laquelle les deux fonctions (314) et (315) sont toutes deux positives.

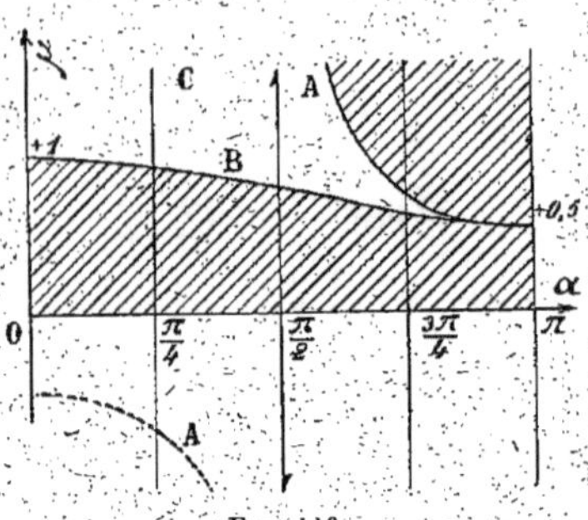

Fig. 146.

Supposons maintenant qu'on ait fixé les fatigues maxima de l'acier et du béton et le coefficient d'équivalence du métal, c'est-à-dire qu'on ait donné à α une valeur déterminée, et étudions l'influence du moment de renversement sur le renforcement.

De l'équation (298) définissant la position de l'axe neutre on tire :

$$\rho = \frac{1}{\pi} \cdot \frac{2\mu\Delta \cos\alpha - \delta}{1 + 2\mu \cos\alpha}$$

La fonction ρ de μ, définie par cette équation, représente une hyperbole équilatère (*fig.* 147 et 148) admettant comme asymptotes :

$$(316) \qquad \rho_1 = \frac{\Delta}{\pi},$$

et

$$(317) \qquad \mu_1 = -\frac{1}{2 \cos\alpha}.$$

La fonction s'annule pour une valeur :

$$(318) \qquad \mu_2 = \frac{\delta}{2\Delta \cos\alpha},$$

qui, entre 0 et π, est toujours positive et décroît de 1 à 1/2.

Les fonctions μ_1 et μ_2 de α sont représentées par les courbes A et B (*fig.* 146).

Si α est *inférieur* à $\frac{\pi}{2}$ (*fig.* 147), on a :

$$\Delta > 0 \qquad \text{et} \qquad \mu_1 < 0,$$

d'où la disposition des asymptotes dans la figure.

Pour que ρ soit positif, il faut que μ soit extérieur à l'intervalle $\mu_1\mu_2$; donc, comme on ne considère que le cas où μ est supérieur à 1/2, que μ soit supérieur à μ_2 ; μ variant alors de μ_2 à l'infini, ρ croît de 0 à $\dfrac{\Delta}{\pi}$.

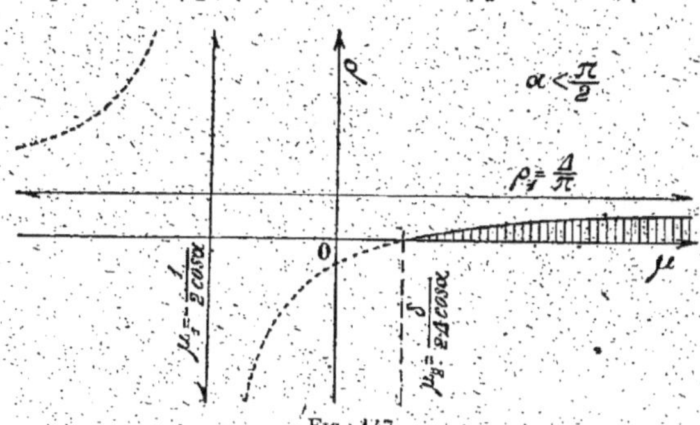

Fig. 147.

Si α est supérieur à $\dfrac{\pi}{2}$ (fig. 148), on a :

$$\Delta < 0 \qquad\qquad \text{et} \qquad\qquad \mu_1 > \mu_2 > 0,$$

d'où la disposition des asymptotes dans la figure.

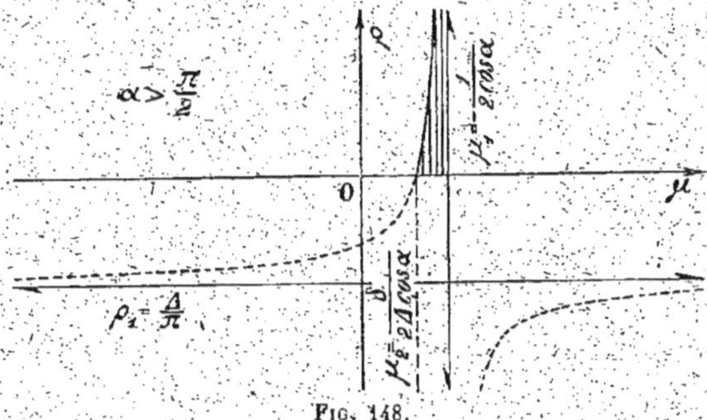

Fig. 148.

Pour que ρ soit positif, il faut que μ soit compris à l'intérieur de l'intervalle $\mu_1\mu_2$; μ variant alors de μ_2 à μ_1, ρ croît de 0 à l'infini.

Lorsque α est égal à $\dfrac{\pi}{2}$ on a :

$$(319) \qquad\qquad \rho = \frac{2\mu}{\pi} - \frac{1}{2}$$

Cette équation représente une droite. Pour que ρ soit positif, il faut que μ soit supérieur à $\dfrac{\pi}{4}$.

125. Cas limites. Ouvrages en maçonnerie ou en fer. — Au point de vue du calcul, les cheminées en maçonnerie ou en fer peuvent être considérées comme des cas particuliers des ouvrages en béton armé où le renforcement aurait, suivant le cas, une valeur nulle ou infinie.

Considérons d'abord la section d'une *cheminée en maçonnerie*, dans l'hypothèse où la résultante tombe à l'extérieur du noyau central.

La position de l'axe neutre est définie, en fonction du coefficient d'instabilité, par la relation (315 *bis*) résultant de l'équation (298), en faisant dans cette dernière $\rho = 0$.

De la formule (299) on déduit de même le travail maximum de la maçonnerie :

$$(320) \qquad n = n_0 \frac{\pi (1 - \cos \alpha)}{\Delta \cos \alpha}.$$

Quant à l'épaisseur de la paroi, elle est encore donnée par la formule (310).

Les équations applicables aux *ouvrages métalliques* s'obtiennent en faisant $\rho = \infty$ dans les formules générales établies pour les ouvrages en béton et fer.

La position de l'axe neutre est ainsi définie par la relation (314 *bis*).

On obtient, par ailleurs, pour les travaux maximum ou minimum du métal :

$$(321) \qquad n = n_0 (1 \pm 2\mu);$$

n_0 étant le travail moyen ; et, pour épaisseur de la paroi :

$$(322) \qquad e = \frac{N}{2\pi r n} (1 + 2\mu).$$

Les équations (314 *bis*), (321) et (322) ne sont autres que les formules ordinaires de la flexion composée, applicables aux sections exclusivement métalliques, quel que soit leur état de sollicitation, et aux sections hétérogènes, après réduction à l'élément de base, dans le cas où elles sont totalement comprimées.

C. — Évaluation des quantités qui interviennent dans l'établissement d'un projet.

126. Action du vent. — Le vent exerce sur les surfaces planes, qu'il frappe normalement, une pression proportionnelle au carré de sa vitesse.

v représentant la vitesse en mètres à la seconde, la pression, en kilogrammes par mètre carré, est donnée approximativement par la formule :

$$(323) \qquad p = \frac{v^2}{8},$$

qui permet d'établir l'échelle suivante :

	VITESSE A LA SECONDE en mètres		PRESSION PAR MÈTRE CARRÉ en kilogrammes	
Vent frais............................	de 3	à 8	de 1,1	à 8
— fort........................	8	13	8	21,1
— très fort.................	13	20	21,1	50
Tempête...........................	20	28	50	98
Ouragan..........................	28	38	98	180,5
Grand ouragan.................	38	47	180,5	276,1

Si la surface rencontrée par le vent est cylindrique, la poussée qu'elle reçoit du vent se réduit aux $\frac{2}{3}$ de celle qu'exercerait le même vent sur la section diamétrale du cylindre. Dans le calcul des moments de renversement, on substituera donc à la cheminée cylindrique une surface plane, limitée au contour apparent de l'ouvrage, et à laquelle on supposera appliquée une pression, que nous appellerons *pression diamétrale*, égale aux $\frac{2}{3}$ de la limite admise sur un plan frappé normalement.

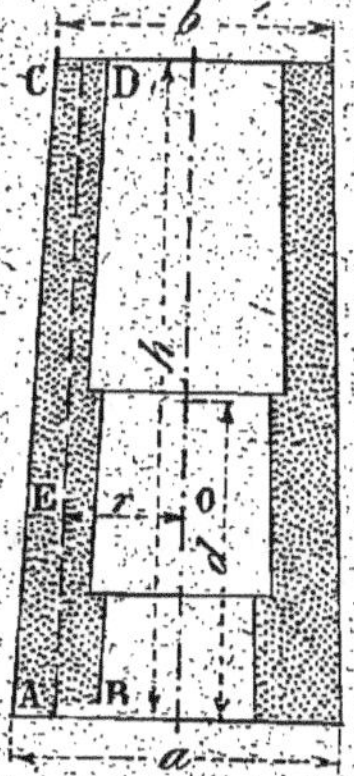

Généralement, le contour apparent extérieur des cheminées est tronconique et la section diamétrale à considérer est celle d'un trapèze (*fig.* 149).

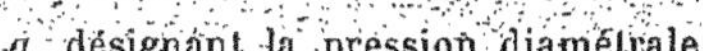

q, désignant la pression diamétrale ;
a, la grande base du trapèze ;
b, sa petite base ;
h, sa hauteur,

l'effort, qui s'exerce sur la section diamétrale, est :

$$(324) \qquad Q = q\,\frac{a+b}{2}\,h.$$

Fig. 149.

Le centre des pressions étant situé au centre de gravité du trapèze, sa distance à la grande base est :

$$(325) \qquad d = \frac{a+2b}{3\,(a+b)}\,h,$$

et l'on a, pour moment de renversement à une distance h du sommet :

$$(326) \qquad M = Qd = \frac{q}{6}(a + 2b)\, h^2 ;$$

on y ajoutera, s'il y a lieu, le moment résultant de l'action du vent sur les surfaces débordant le contour apparent normal de la cheminée au-dessus de la section considérée.

De légères différences, dans l'évaluation de la limite des efforts du vent, entraînent des variations importantes dans les épaisseurs des parois, et, surtout, dans les sections des armatures longitudinales des cheminées en béton armé. On devra donc dans chaque cas, à défaut de prescriptions, fixer judicieusement la pression maximum en tenant compte des conditions climatériques, de la situation de l'ouvrage, et, éventuellement, de la protection qu'il peut attendre des accidents naturels du terrain ou des constructions environnantes.

127. Évaluation des poids. — Dans une construction existante, le poids de l'ouvrage, au-dessus d'une section quelconque, ressort du métré même de l'ouvrage.

Dans l'établissement d'un projet, on doit, comme d'ordinaire, procéder par approximations successives, en partant de certaines hypothèses et en utilisant, à chaque nouvelle opération, les résultats obtenus dans la précédente.

À défaut d'indications, on pourra, dans un premier essai, prendre les poids correspondant au volume de béton armé donné par la formule :

$$(327) \qquad V = A\,(2Dh + h - 20D),$$

où

    V représente le volume en mètres cubes ;
    D, le diamètre intérieur au sommet exprimé en mètres ;
    h, la distance en mètres de la section considérée au sommet ;
    A, un coefficient variant de 0,32 à 0,36 lorsque le fruit varie de $1^{cm},5$ à 2 centimètres par mètre.

Pour les hauteurs courantes, c'est-à-dire jusqu'à 70 mètres, cette formule fournit approximativement le cube des parois des ouvrages établis avec les coefficients suivants :

Travail maximum du béton par centimètre carré.   40 kilogrammes ;
       —   du métal par millimètre carré.   12   —
Coefficient d'équivalence de l'acier.............   15
Densité du béton armé par mètre cube...........   2.500 kilogrammes ;
Effort du vent par mètre carré de surface plane
    frappée normalement.........................   180   —

128. Détermination des rayons moyens. — Le rayon moyen d'une section est la moyenne de ses rayons extérieur et intérieur.

A la partie supérieure, l'épaisseur de la paroi est généralement de 8 à 10 centimètres. Connaissant cette épaisseur CD (*fig.* 149), le diamètre intérieur au sommet et le fruit extérieur, on peut déterminer le rayon extérieur à un niveau quelconque.

La hauteur variant de 20 à 70 mètres, on pourra, dans une première approximation, prendre à la base une épaisseur AB de 10 à 30 centimètres, et, pour rayon moyen à un niveau quelconque, la distance horizontale OE du centre de la section à la droite qui joint les milieux de AB et de CD.

Les moments et les poids à différents niveaux étant fixés d'autre part, on établira, au moyen de la formule (312), une première échelle d'épaisseurs dont on se servira pour calculer les poids et les rayons moyens dans l'approximation suivante.

Dans les ouvrages de grandes dimensions, on trouvera généralement que le coefficient d'instabilité croît, à mesure que l'on descend, du niveau supérieur de l'ouvrage jusqu'à une profondeur de 50 à 60 mètres, et qu'il diminue ensuite sous l'influence prépondérante du poids de la cheminée.

129. Choix des taux de travail. — Au point de vue économique, le choix des limites de fatigue dépend du prix de revient des deux matériaux.

Si l'on réduit le travail du béton, l'épaisseur des parois augmente, mais la section des armatures longitudinales diminue ; les variations dans les quantités de matériaux sont d'ailleurs d'autant plus notables que le taux du travail du métal est plus élevé.

A une réduction de travail de l'acier correspondent, au contraire, un accroissement des quantités du métal et une réduction de celles du béton ; ces variations sont d'autant plus importantes que le taux de travail du béton est plus faible.

Le poids moyen d'acier, rapporté au mètre cube de béton, est une fonction sensiblement linéaire de l'élancement, c'est-à-dire du rapport de la hauteur au diamètre intérieur au sommet. Pour les coefficients précédemment indiqués (n° 127), l'élancement variant de 20 à 45, le poids d'acier s'élève de 50 kilogrammes à 95 kilogrammes par mètre cube de béton dans les cheminées où le fruit extérieur est de 1^{cm},5 par mètre, et de 32 kilogrammes à 62 kilogrammes dans les cheminées où le fruit est de 2 centimètres.

Nous donnons ci-dessous, à titre d'indication, des quantités de matériaux et des prix, s'appliquant à un fût de cheminée de 50 mètres de hauteur et de 2 mètres de diamètre intérieur au sommet, calculés dans différentes hypothèses relatives au travail des matériaux et au fruit de l'ouvrage; et, par ailleurs, avec la pression du vent, la densité du béton armé et le coefficient d'équivalence indiqués plus haut (n° 127); le béton est estimé à 60 francs le mètre cube et le métal, à 45 francs les 100 kilogrammes.

TRAVAIL du BÉTON	TRAVAIL du MÉTAL	FRUIT de L'OUVRAGE	QUANTITÉS de BÉTON	QUANTITÉS D'ACIER	PRIX du BÉTON	PRIX de L'ACIER	PRIX TOTAL
kilogr.	kilogr.	centim.	m3.	kilogr.	fr.	fr.	fr.
50	12	2,0	62	3.300	3.720	1.485	5.205
50	10	»	60	4.200	3.600	1.890	5.490
40	12	»	75	1.900	4.500	855	5.355
40	10	»	69	3.600	4.140	1.620	5.760
40	12	1,5	67	3.900	4.020	1.755	5.775

D. — Cas particulier. — Tuyaux travaillant à la flexion simple.

130. Travail des matériaux. — Les formules applicables au calcul des tuyaux en béton armé soumis à la flexion simple, se déduisent immédiatement des équations des cheminées. Il suffit, dans ces dernières, de poser

$$N = o,$$

et de tenir compte de la relation :

$$\mu = \frac{M}{Nr}.$$

L'axe neutre passant par le centre de gravité de la section réduite, le moment statique S, donné par la formule (291), devient nul. On obtient ainsi la relation :

$$(328) \qquad \Delta - \pi \rho = o,$$

qui détermine la valeur de α fixant la position de l'axe neutre. Comme dans les dalles et les hourdis nervurés simplement fléchis, cette position ne dépend que de la valeur du renforcement.

En tenant compte des relations (309) et (328), on déduit de la formule (300) le travail maximum du béton :

$$(329) \qquad n = \frac{2M}{\Omega r} \cdot \frac{\pi}{\tan g \alpha \,(1 + \cos \alpha)},$$

celui du métal est encore donné par la formule (302).

Le moment statique de la partie comprimée a pour valeur :

$$(330) \qquad S' = \frac{\Omega(1 + \rho)}{\pi} r\Delta \cos\alpha.$$

D'autre part, en tenant compte de la relation (328), on déduit de la formule (295) le moment d'inertie total de la section :

$$(331) \qquad I = \frac{\Omega r^2}{\pi} \cdot \frac{\delta + \pi\rho}{2}.$$

Le quotient $\dfrac{I}{S'}$ représentant le bras de levier b du couple résistant, si l'on remplace b par cette valeur dans l'équation (76), qui définit l'effort de glissement entre deux sections où les moments sont M_1 et M_2, on obtient dans le cas actuel :

$$(332) \qquad G = 2 \frac{M_1 - M_2}{r} (1 + \rho) \frac{\Delta}{\sin\alpha \, \text{tang}^2 \alpha}.$$

131. **Détermination des éléments d'un projet.** — On déduit de même, de l'équation (312), l'épaisseur du tube :

$$(333) \qquad e = C \frac{M}{r^2},$$

et, de l'équation (313), la section totale des armatures longitudinales :

$$(334) \qquad \omega = C' \frac{M}{r}.$$

Les valeurs de C et C″ sont les mêmes que dans le cas des cheminées. On pourra donc se servir de celles qui figurent au tableau VIII.

Si les limites de fatigue et le coefficient d'équivalence imposés étaient différents de ceux qui ont servi à l'établissement des chiffres du tableau, on calculera les coefficients C et C″ en attribuant à l'angle α la valeur résultant de la relation :

$$\cos\alpha = \frac{t - mn}{t + mn}.$$

CHAPITRE XVIII

FONDATIONS

A. — Radiers continus.

132. Hypothèses et notations. — Nous n'envisagerons que le cas des semelles dont la surface d'appui affecte une forme géométrique régulière et simple, la résultante des efforts, supportés par l'assiette, étant située dans un plan vertical passant par un des axes de la surface d'appui.

Nous admettrons, en outre, que la répartition des charges sur la surface d'appui s'effectue suivant une loi linéaire ; cette hypothèse nous permettra d'étendre les formules générales de la résistance des matériaux au calcul de la pression maximum supportée par l'assiette.

Nous désignerons par :

M, le moment de la résultante des charges par rapport à l'axe BB' (*fig.* 150, 153 et 154) mené par le centre de la surface d'appui perpendiculairement à la direction AA' de la résultante ;

N, leur composante verticale ;

b, la base d'une assiette rectangulaire (*fig.* 150), c'est-à-dire la dimension perpendiculaire à la direction de la résultante ;

h, sa hauteur ;

R et r, les deux rayons, extérieur et intérieur, d'une semelle annulaire (*fig.* 154) ;

d, la distance du point de passage de la composante normale des charges au centre de la surface d'appui ;

μ, le coefficient d'instabilité, c'est-à-dire, suivant le cas, l'un des rapports $\dfrac{2d}{h}$ ou $\dfrac{d}{R}$;

Ω, la surface de l'assiette ;

I, le moment d'inertie de cette surface par rapport à l'axe BB' ;

n_0, le quotient $\dfrac{N}{\Omega}$, c'est-à-dire le travail apparent du sol sous l'action de la charge verticale N ;

n, le travail maximum.

Remarquons qu'il existe une différence entre les significations du coefficient d'instabilité actuel et du coefficient μ que nous avons employé dans l'étude de la résistance à la flexion composée. Dans ce dernier cas, en effet, d'' représentait la distance à l'arête comprimée du point de passage de la résultante, et μ, le rapport de cette distance à la hauteur totale de la pièce. On peut facilement vérifier que ce rapport serait, en fonction du coefficient d'instabilité actuel, représenté par :

$$\frac{\mu - 1}{2}.$$

133. Semelles rectangulaires. — Si toute la surface du sol sous la semelle demeure comprimée (*fig.* 150), on déduit le travail maximum du sol de la formule de la flexion composée :

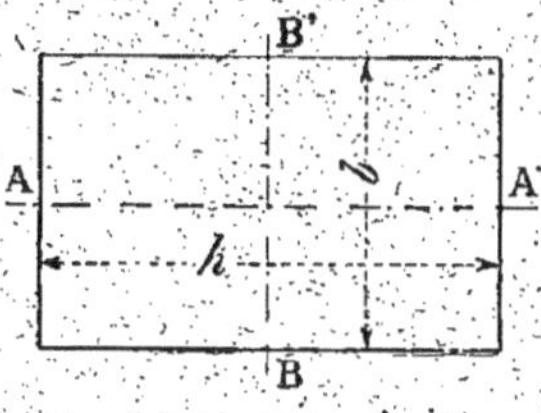

Fig. 150.

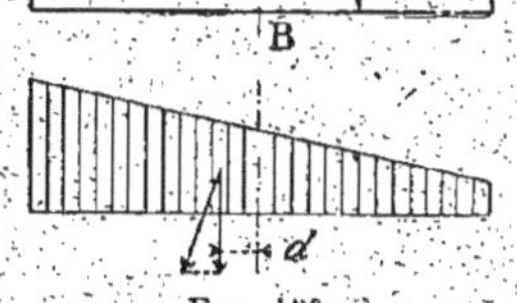

Fig. 151.

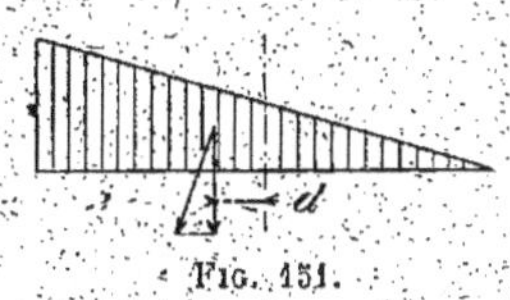

Fig. 152.

$$n = \frac{N}{\Omega} \pm \frac{Mh}{2I},$$

qui, en tenant compte des relations :

$$(335) \qquad \mu = \frac{2M}{Nh},$$

$$(336) \qquad I = \frac{\Omega h^2}{12}$$

et

$$n_0 = \frac{N}{\Omega},$$

devient :

$$(337) \qquad n = n_0 (1 \pm 3\mu).$$

Pour que toute la surface sous la semelle demeure comprimée, il faut que l'on ait :

$$\mu < \frac{1}{3}.$$

Si $\mu = \frac{1}{3}$ (*fig.* 151), la pression est nulle sur une arête, et, sur l'autre, égale au double, $2n_0$, de la pression moyenne.

Si $\mu > \frac{1}{3}$ (*fig.* 152), une partie du sol sous la semelle se trouve être déchargée. Les formules applicables à ce cas se déduisent immédiatement de celles qui ont été établies précédemment (chap. xv), dans l'étude des pièces en béton armé à section rectangulaire soumises à la flexion composée : il suffit de supprimer les termes où les divers renforcements entrent en facteur, et, conformément à la remarque précédente, de remplacer μ par $\dfrac{\mu - 1}{2}$.

On déduit ainsi, de l'équation (245), la position relative de la ligne des pressions nulles à partir de l'arête comprimée :

$$(338) \qquad \zeta = \frac{3}{2}(1 - \mu);$$

et, des équations (250) et (338), le travail maximum du sol :

$$(339) \qquad n = \frac{4}{3}\, n_0 \frac{1}{1 - \mu}.$$

134. Semelles circulaires. — Le moment d'inertie diamétral d'un cercle étant :

$$(340) \qquad I = \frac{\Omega R^2}{4};$$

on obtient, dans le cas de compression totale de l'assiette :

$$(341) \qquad n = n_0 (1 \pm 4\mu).$$

La condition de compression totale est :

$$\mu < \frac{1}{4}.$$

Si $\mu = \frac{1}{4}$, la pression est nulle à l'une des extrémités du diamètre suivant lequel se projette la résultante des forces. A l'extrémité opposée, elle est encore le double de la pression moyenne.

Si $\mu > \frac{1}{4}$ (*fig.* 153), une partie du sol sous la semelle se trouve être déchargée.

Dans ce dernier cas, désignons par α le demi-angle des rayons qui aboutissent aux points d'intersection, O et O', de la ligne OO' des pressions nulles avec la circonférence de la semelle.

La valeur de α est définie par l'équation (50) :

$$I = Sd,$$

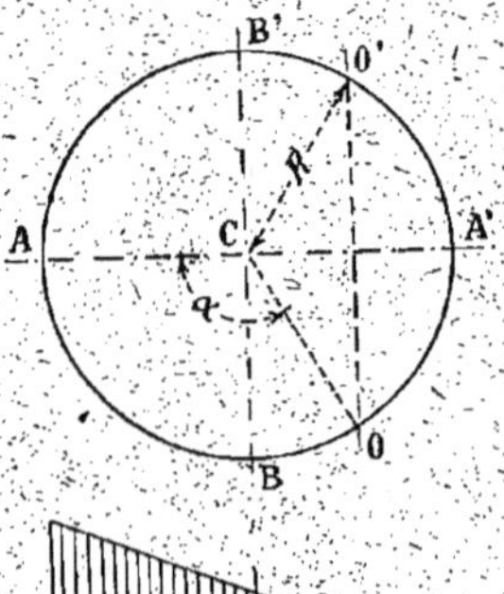

Fig. 153.

où d représente la distance à l'axe neutre du point de passage de la composante normale des charges.

En posant :

$$\text{(342)} \qquad \delta' = \frac{4\alpha - \sin 4\alpha}{4};$$

on trouve que le moment d'inertie de la partie comprimée, par rapport à l'axe neutre, est :

$$\text{(343)} \qquad I = \left[\frac{\delta'}{4} - (4\Delta + \delta) \frac{\cos^2 \alpha}{3} \right] R^4;$$

Δ et δ ayant les mêmes significations que dans l'étude des cheminées (n° 119).

Le moment statique du même segment est :

$$\text{(344)} \qquad S = (2\Delta - \delta) \frac{\cos \alpha}{3} R^3.$$

Comme, d'autre part, la distance d à l'axe neutre du point de passage de la résultante est :

$$d = R(\mu - \cos \alpha);$$

si l'on remplace les quantités I, S et d par leurs valeurs dans l'équation (50), on obtient la relation :

$$\text{(345)} \qquad \mu = \frac{1}{8} \cdot \frac{3\delta' - 8(\Delta + \delta) \cos^2 \alpha}{(2\Delta - \delta) \cos \alpha};$$

qui définit l'angle α en fonction du coefficient d'instabilité.

La position de l'axe neutre étant ainsi déterminée, le travail maximum du sol est donné par la formule :

$$n = \frac{Nz}{S};$$

qui, dans le cas actuel, peut s'écrire :

$$\text{(346)} \qquad n = \frac{3\pi(1 - \cos \alpha)}{(2\Delta - \delta) \cos \alpha} n_0.$$

135. Semelles annulaires. — Le moment d'inertie diamétral de la totalité de la couronne (*fig.* 154) est égal à la différence entre les moments d'inertie du cercle extérieur et du cercle intérieur :

$$I = \frac{\pi(R^4 - r^4)}{4},$$

ou, en désignant par Ω la surface de la couronne :

$$(347) \qquad I = \frac{\Omega(R^2 + r^2)}{4}.$$

Posons :

$$\frac{r}{R} = \lambda.$$

Dans le cas où l'assiette demeure entièrement comprimée, on obtient par application de la formule générale de la flexion composée :

$$(348) \qquad n = n_0\left(1 \pm 4\,\frac{\mu}{1 + \lambda^2}\right).$$

La valeur $\lambda = 0$ correspondrait au cas de la semelle circulaire, et la valeur $\lambda = 1$, à celui de la semelle annulaire infiniment mince.

Pour que l'assiette soit totalement comprimée, il faut que l'on ait :

$$\mu \leq \frac{1 + \lambda^2}{4}.$$

Dans l'hypothèse contraire (*fig.* 154), une partie du sol sous la semelle est déchargée et l'on trouve que, lorsque l'axe neutre ne rencontre que la circonférence extérieure, la valeur de l'angle α fixant la position de cet axe est définie par la relation :

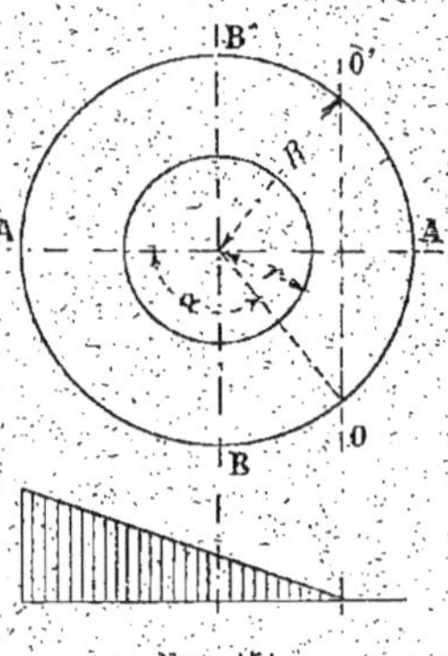

$$(349) \qquad \mu = \frac{1}{8}\,\frac{3\delta' - 8\,(\Delta + \delta)\cos^2\alpha - 3\pi\lambda^4}{(2\Delta - \delta + 3\pi\lambda^2)\cos\alpha};$$

le travail maximum du sol est donné par la formule :

$$(350) \qquad n = \frac{3\pi\,(1 - \lambda^2)\,(1 - \cos\alpha)}{(2\Delta - \delta + 3\pi\lambda^2)\cos\alpha}\,n_0.$$

n_0 représentant le travail normal de l'assiette annulaire.

$B.$ — Pilotis.

136. Hypothèses et notations. — Nous admettrons encore que la répartition des efforts sur des appuis dispersés s'effectue suivant une loi linéaire dans le sens parallèle à la projection de la résultante sur le plan de l'assiette, et que la section de chaque appui est relativement assez faible pour qu'on puisse admettre, sans erreur sensible, qu'elle est condensée en son centre.

Nous désignerons par :

Q, le nombre total des points d'appui ;

Ω, leur section totale ;

ω, la section de chacun d'eux supposée constante ;

q_1, le nombre des éléments disposés dans une file parallèle à la projection AA' de la résultante, lorsque ces appuis sont disposés en rectangles *(fig.* 155 à 157) ;

q_2, le nombre des éléments contenus dans chaque colonne perpendiculaire à la direction des files ;

b, la base du rectangle des appuis, c'est-à-dire la distance entre les deux éléments extrêmes d'une même colonne ;

h, sa hauteur, c'est-à-dire la distance entre les deux éléments extrêmes d'une même file ;

q_k, le nombre des éléments d'une couronne de rang k à partir du centre, lorsque les appuis sont disposés en cercle *(fig.* 158 et 159) ;

r_k, le rayon de la couronne de même rang ;

R, celui de la couronne extérieure ;

W_0, la charge que supporterait chaque élément sous l'influence de la composante verticale des charges, si celles-ci étaient uniformément réparties entre tous les appuis ;

W, la charge réelle supportée par l'élément le plus chargé.

137. Formule hollandaise. — Le procédé de fondation sur pieux constitue un moyen simple et économique d'atteindre un terrain résistant à une certaine profondeur. Mais, pour qu'on puisse compter sur la stabilité parfaite de la liaison qu'ils établissent entre ce terrain et la surface, les pieux doivent être enfoncés à un point tel qu'ils ne risquent plus de descendre ultérieurement sous le poids des ouvrages qu'ils sont destinés à supporter. A cet effet, on les soumet à un battage plus ou moins énergique, obtenu par le choc d'un mouton tombant d'une certaine hauteur. Pour vérifier le degré de résistance à l'enfoncement, on se sert soit de formules empiriques traduisant des résultats d'expérience, soit de formules basées sur des principes de mécanique.

De ces dernières, une des plus employées est la formule hollandaise qui s'établit ainsi qu'il suit.

Désignons par :

W, la charge que doit porter le pieu ;

m, sa masse ;

M, celle du mouton ;

h, la hauteur de chute ;

v, la vitesse du mouton à l'instant du choc ;

v', celle de l'ensemble formé par le mouton et le pieu à l'instant immédiatement suivant ;

e, l'enfoncement du pieu sous un coup de mouton ;

R, la résistance moyenne à l'enfoncement ;

g, l'accélération due à la pesanteur.

A l'instant du choc, la vitesse v du mouton est définie par la relation :

$$(351) \qquad v^2 = 2gh.$$

En supposant que la puissance vive, perdue par le mouton et le pieu après le choc, soit totalement absorbée par la résistance à l'enfoncement, on a :

$$(352) \qquad Re = \frac{(M + m)\,v'^2}{2},$$

et, comme les quantités de mouvement ont même valeur totale avant et après le choc :

$$(353) \qquad (M + m)\,v' = Mv.$$

Si l'on élimine v et v' entre ces trois relations, il vient :

$$(354) \qquad e = \frac{M^2 h}{M + m} \cdot \frac{g}{R}.$$

En admettant que la résistance à l'enfoncement doive équilibrer le poids d'une masse KW, K étant un coefficient de sécurité, on devra avoir :

$$\frac{R}{g} = KW;$$

d'où, en éliminant $\dfrac{g}{R}$ entre les deux dernières relations :

$$(355) \qquad e = \frac{M^2 h}{K\,(M + m)\,W}.$$

On donne ordinairement au coefficient K une valeur de 4 à 6.

Pratiquement, la vérification de la résistance à l'enfoncement s'opère sur l'ensemble d'une volée de dix à vingt coups, et le refus est considéré comme suffisant lorsque la descente moyenne, par coup de la volée de contrôle, ne dépasse pas la valeur de e obtenue par application de la formule (355).

138. Pilotis rectangulaires totalement chargés. — Considérons d'abord (*fig.* 155) le cas où il existe une ligne d'appuis BB' suivant l'axe du rectangle perpendiculaire à la projection AA' de la résultante, et posons :

$$(356) \qquad q_1 = 2q'_1 + 1.$$

y désignant l'équidistance des colonnes, le moment d'inertie I du pilotis par rapport à BB', est :

$$2q_2\omega \, (y^2 + 4y^2 + \dots + q_1^2 y^2),$$

ou :

$$I = 2q_2\omega y^2 \Sigma q_1'^2,$$

$\Sigma q'^2_1$ représentant la somme des carrés des q'_1 premiers nombres entiers. Cette somme est égale à :

$$\frac{q'_1 \, (q'_1 + 1) \, (2q'_1 + 1)}{6},$$

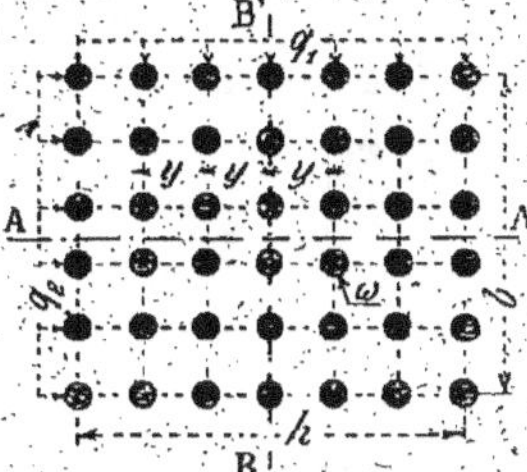

ou, en tenant compte de la relation (356), à :

$$\frac{q_1 \, (q_1^2 - 1)}{24}.$$

Comme, d'autre part :

$$y^2 = \left(\frac{h}{q_1 - 1}\right)^2,$$

on obtient pour moment d'inertie de l'ensemble :

$$I = 2q_1 q_2 \omega \, \frac{h^2}{(q_1 - 1)^2} \cdot \frac{(q_1^2 - 1)}{24}$$

d'où :

$$(357) \qquad I = \frac{\Omega h^2}{12} \cdot \frac{q_1 + 1}{q_1 - 1}.$$

Si l'on remplace I par cette valeur dans la formule générale de la flexion composée, et si l'on tient compte des relations :

$$n_0 = \frac{N}{\Omega}$$

et

$$\mu = \frac{2M}{Nh},$$

il vient :

$$(358) \qquad n = n_0 \left(1 \pm 3\mu \, \frac{q_1 - 1}{q_1 + 1}\right).$$

Les charges étant proportionnelles aux pressions, on déduit de la dernière équation :

$$(359) \qquad W = W_0 \left(1 \pm 3\mu \, \frac{q_1 - 1}{q_1 + 1}\right).$$

Pour que le pilotis soit totalement chargé, il faut que l'on ait :

$$(360) \qquad \mu \leqq \frac{1}{3} \, \frac{q_1 + 1}{q_1 - 1}.$$

dans le cas de l'égalité, l'effort maximum supporté par chaque élément de la colonne la plus chargée, est égal au double, $2W_0$, de la charge moyenne.

S'il n'existait pas de pieux dans l'axe BB' du pilotis (*fig.* 156), on poserait :

$$(361) \qquad\qquad q_1 = 2q'_1.$$

Le moment d'inertie par rapport à BB' aurait alors pour valeur :

$$2q_2{}^{\omega} \left[\left(\frac{y}{2}\right)^2 + \left(\frac{3y}{2}\right)^2 + \dots + \left(\frac{2q'_1 - 1}{2}\right)^2 y^2 \right],$$

ou :

$$I = \frac{q_2{}^{\omega} y^2}{2} \Sigma (2q'_1 - 1)^2,$$

$\Sigma (2q'_1 - 1)^2$ représentant la somme des carrés des q'_1 premiers nombres impairs.

Cette somme est égale à :

$$\frac{q'_1 (4q'_1{}^2 - 1)}{3},$$

ou, en tenant compte de la relation (361), à :

$$\frac{q_1 (q_1{}^2 - 1)}{6}.$$

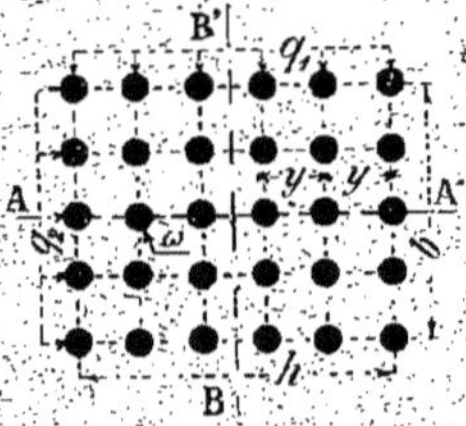

Comme on a toujours :

$$y^2 = \left(\frac{h}{q_1 - 1}\right)^2,$$

on obtient pour moment d'inertie de l'ensemble :

$$I = \frac{q_1 q_2{}^{\omega}}{2} \cdot \frac{h^2}{(q_1 - 1)^2} \cdot \frac{(q_1{}^2 - 1)}{6},$$

d'où :

$$I = \frac{\Omega h^2}{12} \cdot \frac{q_1 + 1}{q_1 - 1}.$$

Cette valeur est la même que dans le cas précédent, et les charges maximum et minimum sont encore données par la formule (359).

139. Pilotis rectangulaires incomplètement chargés. — Si une partie de l'assiette se trouve être déchargée (*fig.* 157), sans qu'on puisse compter sur la résistance à la traction des appuis situés dans cette partie, les formules précédentes ne sont plus applicables.

Fig. 156.

Au point de vue du calcul, on peut assimiler un tel pilotis à la section rectangulaire d'une pièce hétérogène qui aurait une hauteur h, une section et, partant, une largeur nulle, et posséderait un système de renforcement constitué par les éléments de la partie chargée.

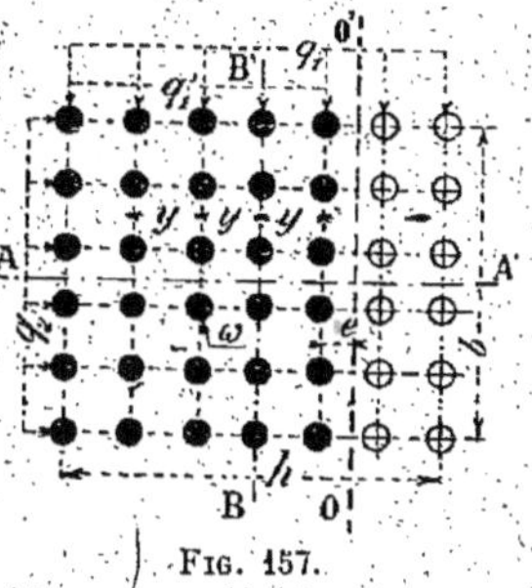

Fig. 157.

Cette considération permet de déduire les formules, applicables au cas actuel, de celles qui ont été établies dans le cas général des pièces armées à section rectangulaire. Il suffit, dans ces dernières formules (ch. xv), de chasser le dénominateur Ω, qui figure dans l'expression de chaque renforcement; puis, après avoir annulé tous les termes où Ω entre en facteur, de remplacer, dans chacun des termes qui restent, et où elle se rencontre, la section équivalente d'un renforcement par la section totale $q_2\omega$ des éléments d'une colonne; enfin, conformément à une remarque précédente (n°. 132), de remplacer μ par $\dfrac{\mu-1}{2}$.

De l'équation (234) on déduit ainsi :

$$(362) \qquad \zeta\Sigma\left(\gamma + \frac{\mu-1}{2}\right) - \Sigma\gamma\left(\gamma + \frac{\mu-1}{2}\right) = 0,$$

d'où :

$$(363) \qquad \mu = 1 - 2\,\frac{\zeta\Sigma\gamma - \Sigma\gamma^2}{\Sigma\zeta - \Sigma\gamma}.$$

Désignons alors par :

q'_1, le nombre des pieux chargés suivant une ligne ;
e, la distance de l'axe neutre à la colonne chargée la plus voisine ;
$\varepsilon = \dfrac{e}{y}$, le rapport de cette distance à celle des colonnes.

Nous aurons :

$$\Sigma\gamma^2 = [1^2 + 2^2 + \ldots + (q'_1 - 1)^2]\left(\frac{y}{h}\right)^2;$$

et, comme :

$$y = \frac{h}{q_1 - 1},$$

$$(364) \qquad \Sigma\gamma^2 = \frac{(q'_1 - 1)\,q'_1\,(2q'_1 - 1)}{6\,(q_1 - 1)^2}.$$

D'autre part :

$$\Sigma\gamma = [1 + 2 + \ldots + (q'_1 - 1)]\frac{y}{h},$$

ou :

$$(365) \qquad \Sigma\gamma = \frac{(q'_1 - 1)\, q'_1}{2\,(q_1 - 1)}.$$

Enfin :

$$\zeta = (q'_1 - 1 + \varepsilon)\,\frac{y}{h},$$

soit :

$$(366) \qquad \zeta = \frac{(q'_1 - 1 + \varepsilon)}{q_1 - 1},$$

d'où :

$$(367) \qquad \Sigma\zeta = q'_1\,\frac{q'_1 - 1 + \varepsilon}{q_1 - 1}.$$

En remplaçant alors les différentes sommes par leurs valeurs dans l'équation (363), on obtient :

$$(368) \qquad \mu = 1 - \frac{2}{3}\cdot\frac{q'_1 - 1}{q_1 - 1}\left(1 - \frac{1 - \varepsilon}{q'_1 - 1 + 2\varepsilon}\right).$$

La ligne des pressions nulles tombera généralement entre deux colonnes. Dans le cas particulier où elle coïnciderait avec l'axe de l'une ou de l'autre de ces deux colonnes, la valeur particulière, μ_1 ou μ_2, correspondante s'obtiendrait en faisant dans l'équation (368) : $\varepsilon = 0$ ou $\varepsilon = 1$, ce qui donne :

$$(369) \qquad \mu_1 = 1 - \frac{2}{3}\cdot\frac{q'_1 - 2}{q_1 - 1},$$

ou :

$$(370) \qquad \mu_2 = 1 - \frac{2}{3}\cdot\frac{q'_1 - 1}{q_1 - 1}.$$

La valeur de μ étant comprise entre μ_1 et μ_2, on a :

$$(371) \qquad 1 - \frac{2}{3}\cdot\frac{q'_1 - 1}{q_1 - 1} < \mu < 1 - \frac{2}{3}\cdot\frac{q'_1 - 2}{q_1 - 1},$$

d'où :

$$(372) \qquad q'_1 < 2 + \frac{3}{2}\,(1 - \mu)\,(q_1 - 1) < q'_1 + 1.$$

Le nombre q'_1 des colonnes comprimés est ainsi donné par la partie entière de la valeur numérique de l'expression :

$$(373) \qquad 2 + \frac{3}{2}\,(1 - \mu)\,(q_1 - 1).$$

q'_1 étant connu, on déduit la valeur de ε de l'équation (368) ; la position de l'axe neutre est alors déterminée.

La pression sur chaque élément de la colonne la plus chargée se déduit ensuite de l'équation (249), qui devient dans le cas actuel :

$$(374) \qquad n = \frac{N}{q_2 \omega} \cdot \frac{\zeta}{\Sigma\zeta - \Sigma\gamma}.$$

Si l'on remplace dans cette équation les quantités ζ, $\Sigma\zeta$ et $\Sigma\gamma$ par leurs valeurs établies plus haut, on obtient :

$$(375) \qquad n = \frac{2N}{q_2 q'_1 \omega}\left[1 - \frac{\varepsilon}{q'_1 - 1 + 2\varepsilon}\right],$$

ou, en éliminant ε entre les équations (368) et (375) :

$$(376) \qquad n = \frac{N}{q_2 q'_1 \omega}\left[1 - 3\frac{(1 - \mu)(q_1 - 1) - (q'_1 - 1)}{q'_1 + 1}\right];$$

la charge que supporterait chaque élément du pilotis sous l'effet de la composante verticale étant :

$$W_0 = \frac{N}{q_1 q_2},$$

et la charge maximum sur chaque pieu de la colonne la plus comprimée :

$$W = n\omega,$$

on obtient par combinaison des trois dernières équations :

$$(377) \qquad W = W_0 \frac{q_1}{q'_1}\left[1 - 3\frac{(1 - \mu)(q_1 - 1) - (q'_1 - 1)}{q'_1 + 1}\right].$$

Si la ligne des pressions nulles coïncidait avec l'axe d'une colonne, on aurait : $\varepsilon = 0$, et l'on déduirait de l'équation (375) :

$$(378) \qquad W = 2W_0 \frac{q_1}{q'_1},$$

q'_1 représentant le nombre des colonnes chargées.

140. Pilotis circulaires totalement chargés. — Considérons (*fig.* 158) un pilotis constitué par n couronnes de pieux. Prenons la $k^{ème}$ couronne à partir du centre, et numérotons les pieux de la couronne à partir de l'un d'entre eux, G par exemple.

Si l'on désigne par α l'angle que fait le diamètre BB', perpendicu-

laire à la direction de la résultante, avec le rayon aboutissant en C,
l'angle θ de BB' avec le rayon aboutissant à l'élément D portant le nu-
méro t, sera :

$$\theta = \alpha + 2\pi \frac{t-1}{q_k},$$

de sorte que l'on aura pour distance de
D à BB' :

$$r_k \sin \theta = r_k \sin\left(\alpha + 2\pi \frac{t-1}{q_k}\right),$$

et pour moment d'inertie de l'élément
par rapport au même axe :

$$\omega r_k^2 \sin^2\left(\alpha + 2\pi \frac{t-1}{q_k}\right)$$

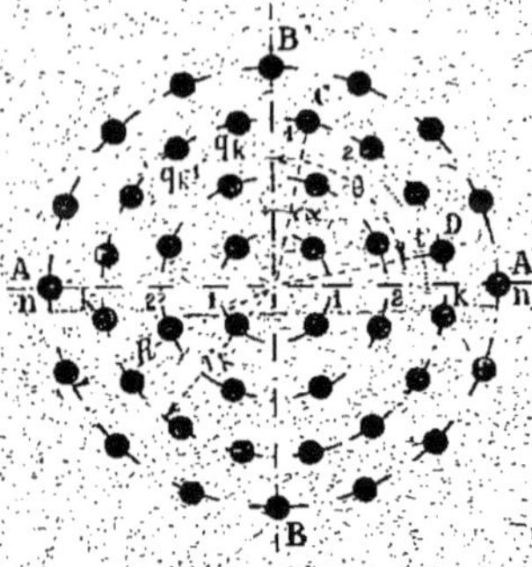

Fig. 158.

Le moment d'inertie de la couronne entière sera donc :

$$I_k = \omega r_k^2 \sum_{t=1}^{t=q^k} \sin^2\left(\alpha + 2\pi \frac{t-1}{q_k}\right),$$

ou :

$$I_k = \frac{\omega r_k^2}{2} \sum_{t=1}^{t=q^k} \left[1 - \cos 2\left(\alpha + 2\pi \frac{t-1}{q_k}\right) \right];$$

comme :

$$\sum_{t=1}^{t=q^k} \cos 2\left(\alpha + 2\pi \frac{t-1}{q_k}\right) = 0,$$

il reste :

$$(379) \qquad\qquad I_k = \frac{q_k \omega r^2}{2}$$

On aura donc pour moment d'inertie total du pilotis :

$$(380) \qquad\qquad I = \frac{\omega}{2} \sum_{k=1}^{k=n} q\, r_k^2$$

La relation (379) montre que le moment d'inertie diamétral d'une couronne d'appuis équidistants est le même que celui d'un anneau continu,
de même surface, supposé uniformément réparti sur la circonférence
moyenne de la couronne.

La pression maximum ou minimum en un point de la couronne extérieure est donnée par la formule générale de la flexion composée :

$$n \quad \frac{N}{\Omega} + \frac{MR}{I}.$$

Si l'on tient compte des relations :

$$W_0 = \frac{N}{\Omega},$$
$$W = n\omega,$$
$$\Omega = Q\omega,$$

et

$$(381) \qquad \mu = \frac{M}{NR};$$

on trouve que la charge maximum sur un élément situé à l'extrémité du diamètre parallèle à la projection de la résultante est :

$$(382) \qquad W = W_0 \left(1 \pm 2\mu \, \frac{QR^2}{\sum_{k=1}^{k=n} q_k r_k^2} \right).$$

Dans le cas particulier où il n'existe qu'une couronne d'appuis, $\sum_{k=1}^{k=n} q_k r_k^2$ se réduit à QR^2, et l'on a :

$$(383) \qquad W = W_0 \, (1 \pm 2\mu).$$

Pour que l'axe neutre devienne tangent à la couronne extérieure à l'endroit d'un élément, il faut que l'on ait :

$$(384) \qquad \mu = \frac{1}{2} \cdot \frac{\sum_{k=1}^{k=n} q_k r_k^2}{QR^2};$$

un élément diamétralement opposé supporte alors une charge, $2 W_0$, double de la charge moyenne.

Pour les valeurs de μ supérieures, l'axe neutre entre dans le pilotis.

141. Pilotis circulaires incomplètement chargés. — Si une partie des éléments d'un pilotis circulaire se trouve être déchargée (*fig.* 159), sans qu'on puisse compter sur sa résistance à la traction, les formules précédentes ne sont plus applicables.

Nous admettrons alors que la section totale des éléments d'une même couronne se trouve être répartie d'une manière uniforme sur la circonférence moyenne de la couronne. Au point de vue du calcul, cette hypothèse permettra d'assimiler la section de chaque anneau partiellement déchargé à celle d'une cheminée qui serait dépourvue de renforcement, et de calculer ses différents moments par rapport à l'axe neutre en se servant des équations (291) et (295) où il suffira de faire $\rho = 0$.

Supposons donc que le pilotis se compose de n couronnes, dont p à partir du centre entièrement comprimées, les $(n - p)$ autres n'étant qu'incomplètement chargées, et désignons par α_k le demi-angle des rayons aboutissant à l'intersection de l'axe neutre OO′ avec la couronne de rang k à partir du centre, α représentant la valeur de α_k pour la couronne extérieure.

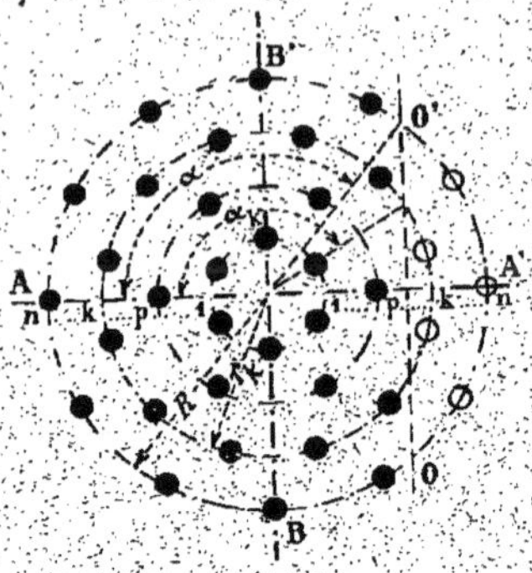

Le moment d'inertie par rapport à l'axe neutre des p couronnes entièrement chargées est :

$$(385) \quad I' = \sum_1^p q_k \omega_k \left(\frac{r_k^2}{2} + R^2 \cos^2 \alpha \right),$$

et celui des autres, d'après la formule (294) :

$$(386) \quad I'' = \sum_{p+1}^n q_k \omega_k \frac{r_k^2}{\pi} \left(\frac{\delta_k}{2} - \Delta_k \cos^2 \alpha_k \right);$$

le moment d'inertie total $I' + I''$ sera donc :

$$(387) \quad I = \sum_1^p q_k \omega_k \left(\frac{r_k^2}{2} + R^2 \cos^2 \alpha \right) + \sum_{p+1}^n q_k \omega_k \frac{r_k^2}{\pi} \left(\frac{\delta_k}{2} - \Delta_k \cos^2 \alpha_k \right)$$

Le moment statique, par rapport au même axe, des p couronnes entièrement chargées est :

$$(388) \quad S' = - \sum_1^p q_k \omega_k R \cos \alpha;$$

et celui des autres, d'après la formule (291) :

$$(389) \quad S'' = \sum_{p+1}^n q_k \omega_k \frac{r_k}{\pi} \Delta_k \cos \alpha_k;$$

le moment statique total $S' + S''$ sera donc :

$$(390) \quad S = - \sum_1^p q_k \omega_k R \cos \alpha + \sum_{p+1}^n q_k \omega_k \frac{r_k}{\pi} \Delta_k \cos \alpha_k.$$

D'autre part, la distance du point de passage de la résultante à l'axe neutre est :

$$d = R (\mu - \cos \alpha).$$

Remplaçons alors les lettres par leurs valeurs dans l'équation générale : $I = Sd$, et résolvons-la par rapport à μ.

En posant :

$$\frac{r_k}{R} = \lambda_k,$$

FIG. 159.

et en tenant compte de la relation :

$$(391) \qquad r_k \cos \alpha_k = R \cos \alpha,$$

nous obtiendrons l'équation :

$$(392) \qquad \mu = - \frac{1}{2 \cos \alpha} \cdot \frac{\pi \sum_1^p q_k \omega_k \lambda_k^2 + \sum_{p+1}^n q_k \omega_k \lambda_k^2 \delta_k}{\pi \sum_1^p q_k \omega_k - \sum_{p+1}^n q_k \omega_k \Delta_k},$$

qui, dans le cas le plus ordinaire où tous les éléments ont même surface, devient :

$$(393) \qquad \mu = - \frac{1}{2 \cos \alpha} \cdot \frac{\pi \sum_1^p q_k \lambda_k^2 + \sum_{p+1}^n q_k \lambda_k^2 \delta_k}{\pi \sum_1^p q_k - \sum_{p+1}^n q_k \Delta_k}.$$

Pour déterminer la situation de l'axe neutre, on le déplacera parallèlement à lui-même à partir de l'extérieur de manière à le rendre successivement tangent à la circonférence moyenne de chacune des couronnes. En appliquant les formules (392) ou (393) à chacune de ces positions, on obtiendra différentes valeurs de μ. La situation de l'axe neutre sera comprise entre deux positions de la tangente mobile correspondant à des valeur μ_p et μ_{p+1} telles que :

$$(394) \qquad \mu_p > \mu > \mu_{p+1}.$$

Pour déterminer cette position, on pourra procéder par interpolations. Par exemple, en désignant par α_p et α_{p+1} les valeurs de α correspondant respectivement à μ_p et μ_{p+1}, on obtiendra une première valeur approchée :

$$(395) \qquad \alpha = \alpha_p + (\alpha_{p+1} - \alpha_p) \frac{\mu_p - \mu}{\mu_p - \mu_{p+1}}.$$

Pour resserrer l'intervalle d'interpolation, il suffira de transporter cette valeur de α dans les formules (392) ou (393), après en avoir préalablement tenu compte dans les expressions des quantités δ_k et Δ_k, et de calculer la nouvelle valeur de μ.

La distance à l'axe neutre de l'élément le plus chargé est :

$$(396) \qquad z = R (1 - \cos \alpha),$$

et la pression maximum sur cet élément :

$$n = \frac{Nz}{S}.$$

En représentant par χ_k le rapport $\dfrac{q_k}{Q}$ du nombre d'éléments de la couronne de rang k au nombre total des éléments du pilotis, on déduit, de la dernière équation, la valeur de la charge maximum sur un élément de la couronne extérieure :

$$(397) \qquad W = W_0 \cdot \pi \, \frac{1 - \cos \alpha}{\cos \alpha} \cdot \frac{1}{\Sigma_{k=1}^{n} \chi_k \Delta_k - \pi \Sigma_1^p \chi_k},$$

W_0 représentant encore la charge moyenne d'un pieu sous l'effet de la composante verticale supposée uniformément répartie entre tous les éléments du pilotis.

CHAPITRE XIX

ARCS

I. — NOTIONS PRÉLIMINAIRES

142. Lignes de pression et poussées dans les arcs. — Un arc
est un solide engendré par une surface plane, de section constante ou variable, dont le centre de gravité se déplace suivant une courbe plane
à laquelle la surface génératrice reste constamment normale dans son
déplacement. Le lieu des centres de gravité est la *fibre moyenne* de l'arc.
La position d'une section quelconque est donc déterminée par celle de
son centre de gravité sur la fibre moyenne.

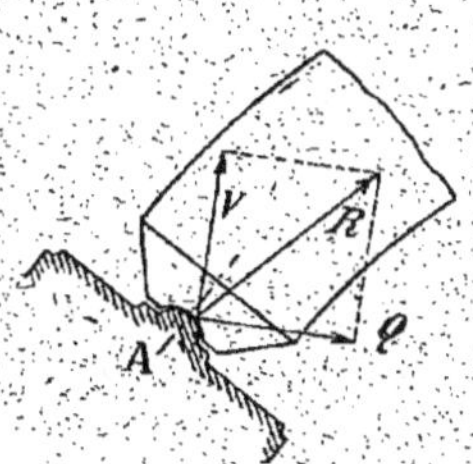

On appelle *ligne des pressions* dans un arc, le
lieu du point d'application de la résultante des
efforts élastiques développés dans les différentes
sections par les charges appliquées sur l'arc.
Comme la ligne des pressions est généralement
distincte de la fibre moyenne, les différentes
sections d'un arc sont soumises à la *flexion composée*.

Nous avons vu, dans la deuxième partie (ch. xv
et xvi), comment on peut calculer la section d'une

Fig. 160.

pièce armée comprimée et fléchie quand on connaît la grandeur et la position de la résultante des pressions. L'objet du
présent chapitre est de rechercher dans les arcs
ces deux éléments fondamentaux du calcul.

Considérons en particulier la section d'un
appui.

La résultante des pressions sur un appui peut
se résoudre en deux composantes (*fig.* 160). l'une
verticale V, l'autre Q dite *poussée horizontale*.

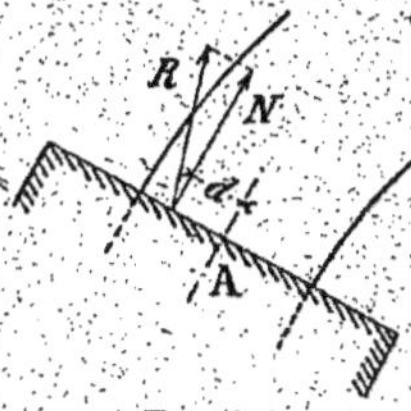

Fig. 161.

Si la résultante passe à une certaine distance *d*
du centre de gravité A de la section (*fig.* 161), cette dernière est soumise

à une flexion, et le moment de la résultante par rapport au point A, qu'on appelle *moment d'encastrement*, est égal au produit de la composante normale N par la distance d :

$$M = Nd.$$

Nous ne considérerons que le cas d'un arc reposant sur deux appuis et sollicité par des charges verticales. Si l'on désigne alors par :

> P, la résultante de ces charges ;
> V et V', les réactions verticales des appuis ;
> Q et Q', les poussées horizontales,

on a, d'une part, en projetant les forces sur un axe vertical :

$$(398) \qquad P = V + V',$$

et, d'autre part, en les projetant sur un axe horizontal :

$$(399) \qquad Q = Q'.$$

Donc, quel que soit le système des charges verticales appliquées sur l'arc, les poussées sur les deux appuis sont toujours égales[1].

143. Détermination graphique des lignes de pression. — La ligne des pressions dans un arc s'obtient en traçant, avec une distance polaire égale à la poussée, un funiculaire des charges appliquées sur l'arc.

En effet, soit A'D'L'B' la ligne des pressions (*fig.* 162).

À partir d'une origine A_1 construisons un dynamique des charges verticales, $f_1, f_2, ..., f_n$, agissant sur l'arc, dans l'ordre où elles se présentent à partir d'un appui, et supposons que les segments A_1I et IB_1 représentent respectivement les réactions verticales V et V' des appuis A et B. Par le point I menons un vecteur IO égal et parallèle à la poussée Q, et joignons le point O aux points extrêmes A_1 et B_1 du dynamique.

Le premier rayon OA_1 du faisceau polaire est, par construction, égal et parallèle à la résultante sollicitant la section d'appui, résultante dirigée suivant A'C'. De même le second rayon OC_1 qui est la résultante de OA_1 et de f_1, est parallèle au second côté C'D' de la ligne des pressions.

---

[1] L'égalité des poussées sur les appuis peut disparaître par l'intervention d'efforts obliques ou horizontaux ; notamment par suite du freinage des trains à leur passage sur les ouvrages. Dans ce dernier cas, H désignant l'effort horizontal résultant du freinage, le train marchant vers l'appui où la poussée est Q, on a :

$$Q = Q' + H.$$

On démontrerait ainsi, de proche en proche, qu'un rayon quelconque OL_1, compris entre deux forces f_7 et f_8 du dynamique, est parallèle au côté L'M' de la ligne des pressions compris entre les deux forces f_7 et f_8 appliquées sur l'arc, et qu'en outre OL_1 représente la grandeur de la résultante dont L'M' est la ligne d'action.

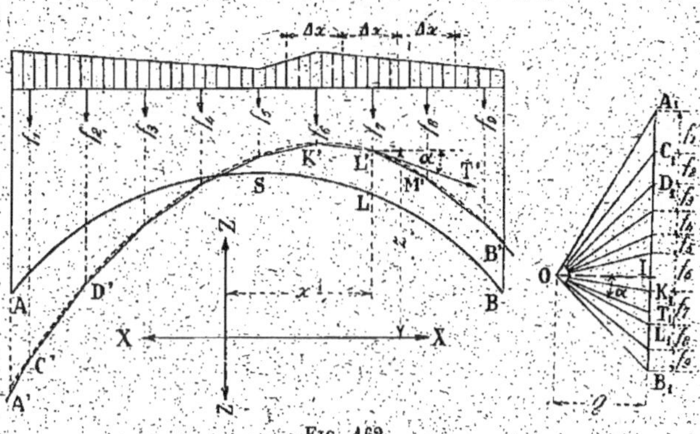

Fig. 162.

La ligne des pressions n'est donc autre qu'un funiculaire des charges appliquées sur l'arc, tracé avec une distance polaire égale à la poussée.

Considérons maintenant un arc soumis à l'action d'une charge continue répartie d'une manière quelconque le long de la portée (*fig.* 162).

Divisons cette portée en un nombre quelconque de parties égales, et, à chaque charge élémentaire continue recouvrant une division Δx, substituons la résultante de cette charge supposée appliquée à son centre de gravité; puis traçons un dynamique et un funiculaire du système de forces isolées ainsi obtenu.

Lorsque Δx tend vers 0, deux forces voisines de ce système, f_7 et f_8 par exemple, se rapprochent indéfiniment en devenant infiniment petites, et le polygone funiculaire tend vers une courbe. A la limite, le côté L'M' du polygone funiculaire, compris entre f_7 et f_8, devient tangent à la courbe en L'.

Comme, pendant toute la durée de la variation, le côté L'M' du polygone représente la ligne d'action de la résultante des efforts dans les sections comprises entre L' et M', à la limite, la résultante des efforts dans la section située sur la verticale du point L', sera dirigée suivant la tangente L'T', en L', à la courbe funiculaire.

La grandeur de cette résultante sera donnée par la parallèle OT_1 à L'T' menée par le pôle. Cette droite OT_1 est telle que A_1T_1 représente sur le dynamique la somme des charges appliquées sur l'arc depuis un appui jusqu'à la section considérée.

Dans tous les cas, la ligne des pressions est définie quand on en connaît un point, les réactions verticales des appuis et la poussée horizontale de l'arc. Les calculs qui vont suivre auront particulièrement pour objet la détermination de ces éléments.

144. Équation générale différentielle des lignes de pression. — Comme conséquence de ce qui précède, les lignes de pression admettent une équation générale différentielle qui est celle des courbes funiculaires.

Si l'on désigne (*fig.* 162) par :

x, l'abscisse d'un point quelconque L de la ligne des pressions ;
z, son ordonnée ;
p, la charge par unité de longueur au point L ;
α, l'angle d'inclinaison sur l'horizontale de la tangente L T à la courbe funiculaire, le même que pour le rayon polaire OT, aboutissant à l'extrémité de la force $p\,dx$;
Q, la distance polaire égale à la poussée,

on aura :

$$(400) \qquad d \tang \alpha = -\frac{p\,dx}{Q},$$

et, comme :

$$\tang \alpha = \frac{dz}{dx},$$

$$(401) \qquad \frac{d^2z}{dx^2} = -\frac{p}{Q}.$$

Connaissant trois points de la courbe, par exemple A et B au droit des appuis et un autre point, on peut déterminer la valeur de la poussée et celle des deux constantes introduites par les deux intégrations qui doivent fournir z.

Dans le cas particulier d'une répartition uniforme, on aurait :

$$(402) \qquad z = -\frac{px^2}{2Q} + Ax + B.$$

Le funiculaire est un arc de parabole.

145. Détermination des moments [1]. — Supposons tracés (*fig.* 163), avec une distance polaire égale à la poussée, un dynamique des charges et le funiculaire des pressions.

[1] Voir dans les *Annales des Ponts et Chaussées* du 21 janvier 1905, une note de M. Considère, relative à la répartition des efforts entre l'arc et les éléments du tablier.

La résultante R des efforts sur une section quelconque L de l'arc est dirigée suivant la tangente L'T' à la ligne des pressions, au point L' sur la verticale du point L ; sa grandeur est donnée par le rayon OL_1 du dynamique parallèle à L'T'.

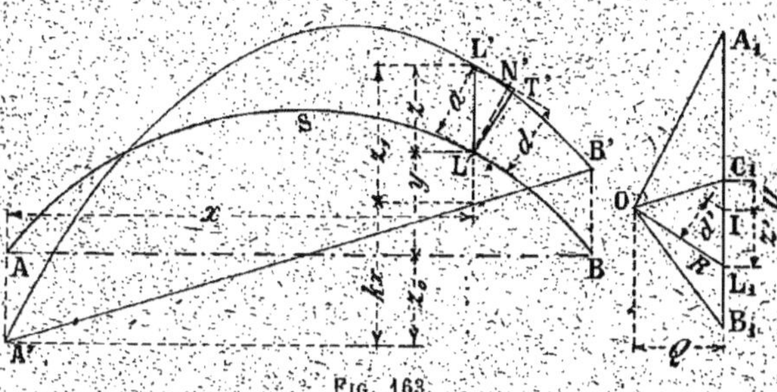

Fig. 163.

d désignant la distance LN' du centre de la section à la tangente L'T', le moment de la résultante, par rapport à L, est :

$$(403) \qquad M = Rd.$$

Le point T', où la résultante rencontre la section, est donné par l'intersection de la normale en L à l'arc avec la tangente L'T', de sorte que, N désignant la composante normale, et a la distance du point L au point T', on a également :

$$(404) \qquad M = Na ;$$

le moment M est positif ou négatif suivant que le point de passage de la résultante est situé au-dessus ou au-dessous de la fibre moyenne de l'arc.

Q représentant la poussée, et z la distance verticale du point L à la ligne des pressions, distance comptée positivement ou négativement suivant que L est situé au-dessus ou au-dessous de la ligne des pressions, le moment, par rapport à L, des efforts qui agissent sur la section correspondante, est encore donné par la formule :

$$(405) \qquad M = Qz.$$

En effet, IO représentant la distance polaire Q, d' la distance du point I au rayon OL_1 du dynamique, et z' le segment IL_1, on a, dans le triangle OIL_1 :

$$(406) \qquad Rd' = Qz' ;$$

et, d'autre part, par raison de similitude :

(407)
$$\frac{d}{d'} = \frac{z}{z'}.$$

Si l'on multiplie alors, membre à membre, les trois équations (403), (406) et (407), on obtient :

$$M = Qz.$$

En particulier, sur un des appuis A, la distance de la ligne des pressions à A étant z_0, le moment d'encastrement a pour valeur :

(408)
$$M_0 = Qz_0.$$

Enfin, la valeur du moment, en un point quelconque, peut être mise sous une autre forme dont nous nous servirons particulièrement.

Désignons par :

z_1, l'ordonnée, en un point d'abscisse x, de la ligne des pressions comptée à partir de la ligne de fermeture A'B' du funiculaire;

k, le coefficient angulaire de cette dernière;

x, l'abscisse, comptée à partir d'un appui A, du point de l'arc où le moment est M';

y, l'ordonnée de ce point comptée à partir de la ligne des naissances ;

nous aurons :

(409)
$$z = z_1 + z_0 + kx - y ;$$

d'où :

(410)
$$M = Qz_1 + Qz_0 + Qkx - Qy.$$

Qz_1 n'est autre que le moment μ qui se développerait au point L, sous l'influence des mêmes charges, dans une poutre droite librement appuyée ayant l'ouverture de l'arc comme portée, et qu'on appelle *poutre droite correspondant à l'arc*.

De plus, la réaction verticale de l'appui A, dans cette poutre droite, est représentée sur le dynamique par le segment compris entre le premier rayon polaire OA_1 et la parallèle OC_1 à la ligne de fermeture menée par le pôle. En désignant par U la différence IC_1 qui existe entre les réactions d'un même appui A dans l'arc et dans la pièce droite, nous aurons donc :

(411)
$$U = kQ,$$

de sorte que l'équation (410) pourra s'écrire :

(412)
$$M = \mu + M_0 + Ux - Qy.$$

Il résulte de l'équation (405) que la valeur de M est maximum avec z.

Dans le cas d'un arc soumis à l'action d'une charge continue, les valeurs maxima de z se rencontrent aux sections d'appui pour les arcs encastrés et, en général, dans celles où, sur une même verticale, les tangentes à la ligne des pressions et à la fibre moyenne de l'arc sont parallèles.

146. Équations des déplacements élastiques. — Le second membre de l'équation (412) contient trois paramètres indépendants, M_0, U et Q ; trois conditions sont donc nécessaires pour déterminer la ligne des pressions.

Nous avons vu (n° 143) qu'il suffisait de connaître la poussée, les réactions verticales des appuis et un point du funiculaire. Au lieu de ces trois éléments on peut disposer, par exemple, soit de deux points du funiculaire des pressions avec la poussée, soit de trois points du funiculaire. Dans ces cas, le seul emploi de la statique permet d'établir les éléments nécessaires au tracé du funiculaire; *l'arc est statiquement déterminé.*

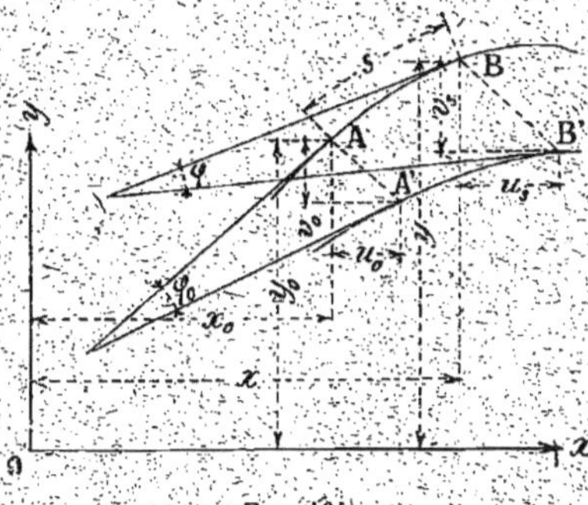

Fig. 164.

Si les trois conditions fondamentales nécessaires au tracé du funiculaire ne résultent pas des données mêmes du problème, ou si elles ne peuvent en être toutes déduites par les seules ressources de la statique, on doit, pour achever de les déterminer, recourir à la théorie de l'élasticité. On dit que *l'arc est statiquement indéterminé ou hyperstatique.*

Si l'on désigne (*fig. 164*) par :

u_s et v_s, les composantes horizontale et verticale du déplacement élastique d'un point B de coordonnées x, y_s;

u_0 et v_0, celles du déplacement d'un point A de coordonnées x_0, y_0;

s, la longueur de l'arc AB;

φ_s et φ_0, les angles de rotation des tangentes aux points B et A;

E, le module d'élasticité de la matière;

δ, son coefficient de dilatation linéaire;

t, la variation de température positive ou négative pendant la période d'imposition des charges;

I, le moment d'inertie d'une section de coordonnées x et y située entre A et B;

N, la composante normale, positive ou négative, suivant qu'il s'agit de compressions ou de tractions, des efforts agissant sur cette section;

M, le moment de la résultante par rapport au centre de gravité de la section, on a, entre ces diverses quantités, le système des trois relations :

$$(413) \quad u_s = u_0 + \varphi_0(y_s - y_0) - y_s \int_0^s \frac{M}{EI}\, ds + \int_0^s \frac{My}{EI}\, ds + \int_0^s \left(\delta t - \frac{N}{E\Omega}\right) dx,$$

$$(414) \quad v_s = v_0 - \varphi_0(x_s - x_0) + x_s \int_0^s \frac{M}{EI}\, ds - \int_0^s \frac{Mx}{EI}\, ds + \int_0^s \left(\delta t - \frac{N}{E\Omega}\right) dy,$$

$$(415) \quad \varphi_s = \varphi_0 - \int_0^s \frac{M}{EI}\, ds ;$$

ou le système équivalent :

$$(416) \quad u_s = u_0 + \varphi_s y_s - \varphi_0 y_0 + \int_0^s \frac{My}{EI}\, ds + \int_0^s \left(\delta t - \frac{N}{E\Omega}\right) dx,$$

$$(417) \quad v_s = v_0 - \varphi_s x_s + \varphi_0 x_0 - \int_0^s \frac{Mx}{EI}\, ds + \int_0^s \left(\delta t - \frac{N}{E\Omega}\right) dy,$$

$$(418) \quad \varphi_s = \varphi_0 - \int_0^s \frac{M}{EI}\, ds.$$

Les déplacements dus à la compression normale sont généralement faibles par rapport à ceux que déterminent les moments fléchissants.

Si l'on néglige l'influence de ce facteur, les trois dernières équations deviennent :

$$(419) \quad u_s = u_0 + \varphi_s y_s - \varphi_0 y_0 + \int_0^s \frac{My}{EI}\, ds + \int_0^s \delta t\, dx,$$

$$(420) \quad v_s = v_0 - \varphi_s x_s + \varphi_0 x_0 - \int_0^s \frac{Mx}{EI}\, ds + \int_0^s \delta t\, dy,$$

$$(421) \quad \varphi_s = \varphi_0 - \int_0^s \frac{M}{EI}\, ds.$$

Dans le cas où les points A et B sont fixes et situés dans un même plan horizontal de comparaison, l'équation (419) devient :

$$(422) \quad \int_0^s \frac{My}{EI}\, ds + \delta t l = 0,$$

l désignant la distance horizontale entre les points A et B.

Si, de plus la direction de la tangente à la fibre moyenne en chacun de ces points demeure invariable, les formules (420) et (421) se réduiront à :

$$(423) \qquad \int_0^s \frac{\mathrm{M}x}{\mathrm{EI}}\, ds = 0,$$

$$(424) \qquad \int_0^s \frac{\mathrm{M}}{\mathrm{EI}}\, ds = 0.$$

Il se peut que, dans certaines sections d'un arc en béton, la résultante passe à l'extérieur du noyau central. Dans ce cas, comme les propriétés élastiques de la matière changent avec le sens des efforts, le centre de gravité de la section résistante ne coïncide plus avec celui de la figure plane génératrice de l'arc. On élude les difficultés qui résulteraient de ce fait en admettant, comme le tolèrent d'ailleurs les instructions ministérielles françaises, que le béton conserve, quelles que soient les conditions de travail, un module d'élasticité constant. On peut alors extraire la quantité E du signe d'intégration, et écrire la formule (422) :

$$(425) \qquad \int_0^s \frac{\mathrm{M}y}{\mathrm{I}}\, ds + \mathrm{E}\delta t l = 0,$$

ou, en supposant la température constante comme nous le ferons dans la suite [1] :

$$(426) \qquad \int_0^s \frac{\mathrm{M}y}{\mathrm{I}}\, ds = 0.$$

Quant aux formules (423) et (424) elles deviennent respectivement :

$$(427) \qquad \int_0^s \frac{\mathrm{M}x}{\mathrm{I}}\, ds = 0,$$

$$(428) \qquad \int_0^s \frac{\mathrm{M}}{\mathrm{I}}\, ds = 0.$$

En remplaçant le facteur M par le deuxième membre de l'égalité

---

[1] Pour tenir compte de la température il suffira, dans les calculs, d'employer la formule (425) au lieu de (426). D'ailleurs, pour des valeurs déterminées de t et de l, le terme $\mathrm{E}\delta t l$ est constant.

(412), on dispose ainsi dans le cas le plus général, d'un système de trois équations du premier degré en Q, U et M_0 permettant de déterminer ces quantités, et, par suite, de tracer le funiculaire des pressions.

II. — EFFETS DES CHARGES FIXES

147. Arcs à trois articulations. — Le funiculaire des pressions ADB (*fig.* 165) passe par les trois articulations où les moments sont nuls. On a donc :

$$M_0 = o.$$

Comme les réactions sur appuis s'obtiennent de la même manière et ont les mêmes valeurs que dans la poutre droite correspondante, on a d'autre part :

$$U = o ;$$

et l'équation (412), donnant le moment en un point E, se réduit à :

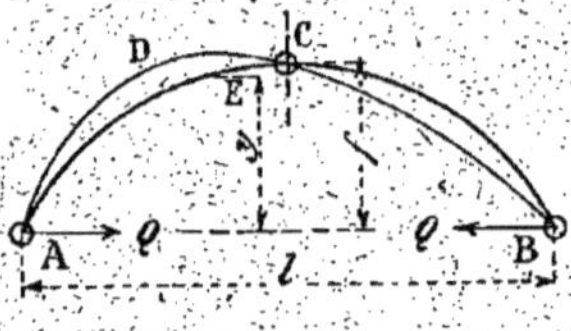

Fig. 165.

$$(429) \qquad M = \mu - Qy.$$

Si l'on désigne par :

μ_1, le moment qui se produirait dans la poutre droite correspondante ;
f, la flèche de l'arc,

le moment étant nul à la clé, on a :

$$\mu_1 - Qf = o ;$$

d'où :

$$Q = \frac{\mu_1}{f}.$$

Dans le cas d'un arc supportant une charge uniforme :

$$\mu_1 = \frac{pl^2}{8} ,$$

p, représentant la charge par unité de longueur,
l, l'ouverture de l'arc ;

la poussée a donc pour valeur :

$$(430) \qquad Q = \frac{pl^2}{8f}$$

148. Arcs paraboliques. — Dans le cas d'un arc supportant une charge uniforme, la ligne des pressions est parabolique. Si l'arc est lui-même parabolique et à trois articulations (*fig.* 166), la ligne des pressions, passant par les trois articulations, se confond avec la fibre moyenne de l'arc. Les différentes sections ne supportent que des efforts normaux et la répartition des pressions dans chacune d'elles est uniforme. En prenant comme axe des abscisses la ligne des naissances, et comme origine un des appuis, l'équation (402) qui est commune aux deux courbes devient :

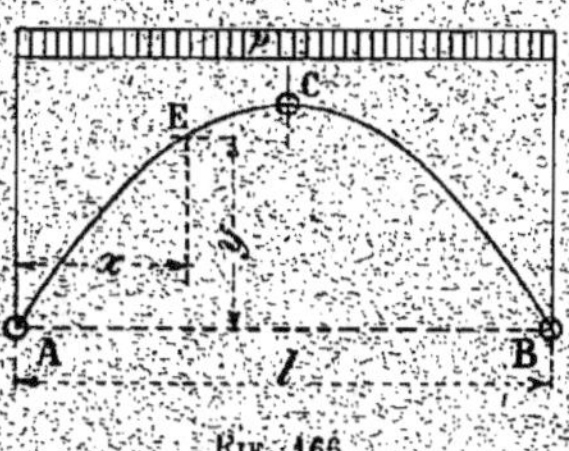

Fig. 166.

$$(431) \qquad y = \frac{p}{2Q} (l - x)\, x.$$

149. Arcs à deux articulations (*fig.* 167). — Comme dans le cas d'un arc à trois articulations, les moments aux naissances sont nuls, et les réactions verticales des appuis sont les mêmes que dans la poutre droite correspondante ; l'équation (412) se réduit donc encore à :

$$M = \mu - Qy.$$

En remplaçant M par cette valeur dans la relation (426), et en considérant l'intervalle entre les deux appuis de niveau A et B dont les déplacements sont nuls, on a :

$$\int_A^B \frac{(\mu - Qy)\, y}{I}\, ds = o.$$

De cette équation on tire :

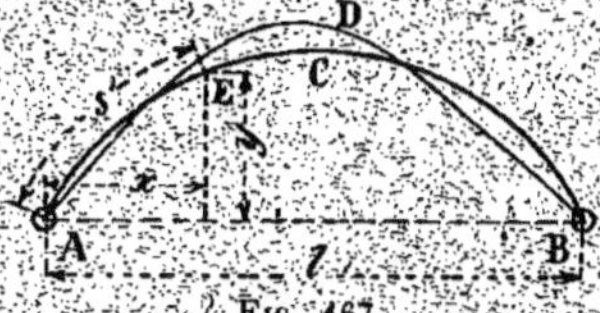

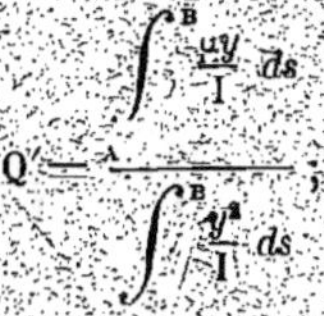

$$(432) \qquad Q' = \frac{\displaystyle\int_A^B \frac{\mu y}{I}\, ds}{\displaystyle\int_A^B \frac{y^2}{I}\, ds} ;$$

Fig. 167.

y représentant l'ordonnée, à partir de la ligne des naissances, d'un point de l'arc dont la distance, comptée sur l'arc, à l'appui d'origine est s ;

μ, le moment qui se produirait au point de même abscisse dans la poutre droite correspondante ;

I, le moment d'inertie de la section en ce point.

On trouvera plus loin (n° 152) le calcul des intégrales.

Comme la ligne des pressions passe par les naissances, on possède, avec les réactions verticales et la poussée, les éléments nécessaires au tracé du funiculaire.

150. Arcs inarticulés et parfaitement encastrés. — Dans l'équation (412), les coordonnées x et y d'un point quelconque de l'arc sont rapportées à la ligne des naissances et à la perpendiculaire élevée sur un appui A.

Transportons les axes parallèlement à eux-mêmes (*fig.* 168), et prenons comme nouvelle origine le centre de gravité du système obtenu en appliquant à chaque élément ds de l'arc une masse représentée par le quotient $\dfrac{ds}{1}$

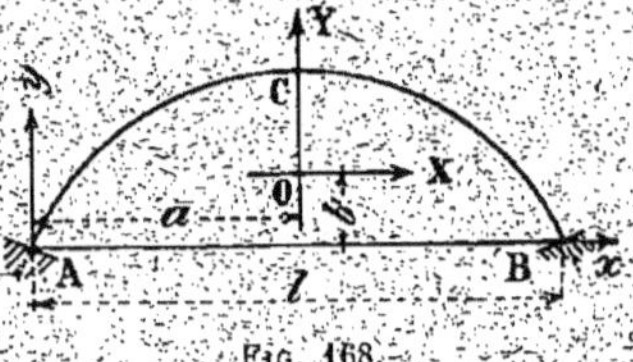

Fig. 168.

a et b, désignant les cordonnés de la nouvelle origine par rapport à l'ancienne ;

X et Y, les coordonnées, dans le nouveau système, d'un point quelconque de l'arc ;

on aura :

$$(433) \qquad x = X + a,$$

et

$$(434) \qquad y = Y + b ;$$

d'où, en remplaçant x et y par leurs valeurs dans l'équation (412) :

$$(435) \qquad M = \mu + M_0 + U(X + a) - Q(Y + b).$$

Les déplacements étant nuls aux naissances, et la tangente à la fibre moyenne en chacun de ces points conservant une direction invariable, les formules (426), (427) et (428) sont applicables dans l'intervalle des appuis. En y remplaçant M par le second membre de l'égalité (435), on obtient :

$$(436) \qquad \int_A^B \frac{\mu Y}{1} ds + M_0 \int_A^B \frac{Y}{1} ds + U \int_A^B \frac{(X+a)Y}{1} ds - Q \int_A^B \frac{(Y+b)Y}{1} ds = 0,$$

$$(437) \qquad \int_A^B \frac{\mu X}{1} ds + M_0 \int_A^B \frac{X}{1} ds + U \int_A^B \frac{(X+a)X}{1} ds - Q \int_A^B \frac{(Y+b)X}{1} ds = 0,$$

$$(438) \qquad \int_A^B \frac{\mu}{1} ds + M_0 \int_A^B \frac{ds}{1} + U \int_A^B \frac{(X+a)}{1} ds - Q \int_A^B \frac{(Y+b)}{1} ds = 0.$$

L'origine étant le centre de gravité du système obtenu en attribuant à chaque élément une masse égale à $\dfrac{ds}{I}$, on a :

$$(439) \qquad \int_A^B \frac{X}{I}\,ds = 0,$$

et

$$(440) \qquad \int_A^B \frac{Y}{I}\,ds = 0;$$

de plus, si, comme il arrive le plus souvent, l'arc est symétrique par rapport à la verticale du sommet :

$$(441) \qquad \int_A^B \frac{XY}{I}\,ds = 0.$$

Dans ce cas, les trois équations (436), (437) et (438) se réduisent à :

$$(442) \qquad \int_A^B \frac{\mu Y}{I}\,ds - Q \int_A^B \frac{Y^2}{I}\,ds = 0,$$

$$(443) \qquad \int_A^B \frac{\mu X}{I}\,ds + U \int_A^B \frac{X^2}{I}\,ds = 0,$$

et

$$(444) \qquad \int_A^B \frac{\mu}{I}\,ds + M_0 \int_A^B \frac{ds}{I} + aU \int_A^B \frac{ds}{I} - bQ \int_A^B \frac{ds}{I} = 0.$$

De ce système on tire :

$$(445) \qquad Q = \frac{\displaystyle\int_A^B \frac{\mu Y}{I}\,ds}{\displaystyle\int_A^B \frac{Y^2}{I}\,ds},$$

$$(446) \qquad U = -\frac{\displaystyle\int_A^B \frac{\mu X}{I}\,ds}{\displaystyle\int_A^B \frac{X^2}{I}\,ds}$$

et

$$(447) \qquad M_0 = \frac{\displaystyle\int_A^B \frac{\mu}{I} ds}{\displaystyle\int_A^B \frac{ds}{I}} - (aU - bQ).$$

On trouvera plus loin (n° 152) les procédés de calcul des différentes intégrales.

Avec les quantités Q, U et M_0, on dispose des trois éléments nécessaires au tracé du funiculaire. La distance polaire sera représentée par la poussée. La réaction verticale de l'appui A de coordonnées $(-a, -b)$ s'obtiendra en ajoutant algébriquement la quantité U à la réaction qu'offrirait le même appui dans la poutre droite correspondante ; on en déduira la réaction du second appui. Enfin, la distance verticale de la ligne des pressions A sera définie par la relation (408).

Si les charges sont réparties d'une manière uniforme, on a par raison de symétrie :

$$\int_A^B \frac{\mu X}{I} ds = 0, \qquad \text{d'où} \qquad U = 0,$$

les réactions des appuis sont, évidemment, égales et les mêmes que dans la poutre droite correspondante.

151. Recherche du centre de gravité du système des masses $\frac{ds}{I}$.

— La distance s, comptée sur la fibre moyenne, d'une section à l'origine des distances et son moment d'inertie I sont le plus souvent des fonctions inconnues ou complexes de l'abscisse de la section, ce qui rend impossible, ou tout au moins laborieux, la détermination analytique exacte des différentes intégrales.

On simplifie alors le problème en divisant la fibre moyenne en un certain nombre de parties, et en substituant à l'intégrale à calculer une somme de quantités finies, composée d'autant de termes qu'il y a de divisions dans la fibre moyenne. Chaque terme de cette somme est semblable à la différentielle qu'il s'agirait d'intégrer ; sa valeur s'obtient en y remplaçant ds par la longueur Δs de la division correspondante de la fibre moyenne, et en attribuant aux autres variables, x, y et I, leurs valeurs moyennes dans le même intervalle. La valeur de chaque intégrale s'obtient alors soit par de simples opérations arithmétiques, c'est-à-dire en calculant la valeur numérique de chacun des termes et en additionnant les résultats, soit par des méthodes graphiques dont le principe est indiqué ci-après (n° 152).

Ceci posé, si l'on applique au centre de chaque élément Δs une masse représentée par le quotient $\dfrac{\Delta s}{I}$, l'ordonnée b, à partir de la ligne des naissances, du centre de gravité de ce système, s'obtiendra en exprimant que le moment de la résultante, par rapport à la ligne des naissances, est égal à la somme des moments des différentes masses élémentaires. On en déduira :

$$(448) \qquad b = \frac{\sum \frac{\Delta s}{I} y}{\sum \frac{\Delta s}{I}}$$

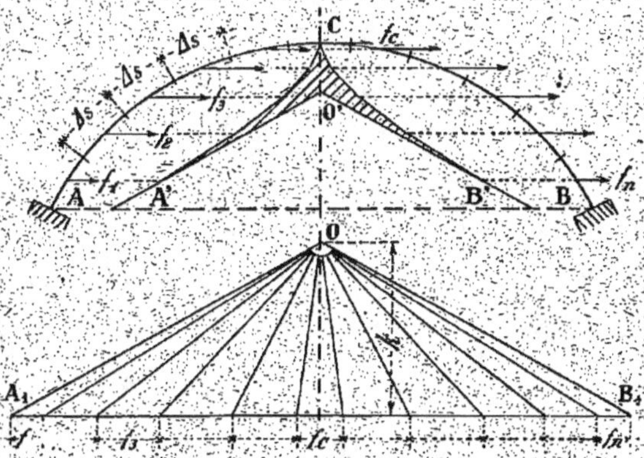

Fig. 169.

Si, comme nous l'admettrons, l'arc est symétrique par rapport à la verticale de son sommet, le centre de gravité est situé sur cette verticale, et sa position est alors définie. En cas contraire, l'abscisse a du centre de gravité, à partir de l'appui d'origine, serait donnée par la formule :

$$(449) \qquad a = \frac{\sum \frac{\Delta s}{I} x}{\sum \frac{\Delta s}{I}}$$

Pour résoudre le problème graphiquement, il suffira d'appliquer, au milieu de chaque élément Δs, un vecteur horizontal f représentant le quotient $\dfrac{\Delta s}{I}$ (*fig.* 169) ; puis de tracer un dynamique $A_1 B_1$ et un funiculaire A'CB' de ce système de vecteurs. Le centre de gravité cherché sera situé sur la parallèle à la direction commune des vecteurs menée par le point de concours O' des rayons extrêmes A'O' et B'O' du funiculaire, et, dans le cas d'un arc symétrique, à l'intersection de cette parallèle et de la verticale du sommet de l'arc.

On obtiendra un funiculaire symétrique par rapport à l'axe de l'ouvrage en prenant le pôle sur la perpendiculaire élevée au milieu du dynamique, et en disposant le point de rebroussement C du funiculaire sur la verticale du sommet de l'arc; on peut ainsi n'opérer que sur une moitié de la figure. Le centre de gravité cherché est à l'intersection de l'axe de l'arc et de l'un des deux côtés extrêmes, A'O' ou B'O', du funiculaire.

152. Calcul des intégrales. — $1^\circ \int_1^2 \frac{y^2}{1} ds$. — Cette intégrale représente le moment d'inertie du système des masses $\frac{ds}{1}$ par rapport à l'axe AB des abscisses (*fig.* 169 et 170), ou encore le moment d'inertie du système des vecteurs horizontaux qui les représentent, par rapport à un point A de l'axe des abscisses.

Nous avons vu (n° 32) que le moment d'inertie d'un système de vecteurs parallèles était égal au produit, par la distance polaire h, du double de l'aire Ω limitée par le funiculaire, ses côtés extrêmes et la parallèle à la direction commune des vecteurs menée par le point auquel on rapporte les moments; on a donc

$$(150) \qquad \int_1^2 \frac{y^2}{1} ds = 2h\Omega$$

Dans le *cas de l'arc à deux articulations*, nous avons pris comme axe des abscisses la ligne des naissances; l'aire Ω à considérer est donc la surface hachurée limitée par le contour A'CB' (*fig.* 170).

Dans le *cas de l'arc encastré*, nous avons pris comme axe des abscisses la parallèle à la ligne des naissances passant par le centre de gravité du système des masses; l'aire Ω à considérer est alors la surface limitée par le contour A'ACB' (*fig.* 169).

2° $\int \dfrac{X^2}{1}\, ds$ — Cette intégrale représente le moment d'inertie du système des masses $\dfrac{ds}{1}$ par rapport à un point de l'axe vertical de l'ouvrage. Pour l'obtenir, il suffit de rendre verticaux les vecteurs du système précédent, et de tracer un nouveau funiculaire. Le moment d'inertie cherché sera égal au produit, par la distance polaire h, du double de l'aire C' limitée par le funiculaire AG'B (fig. 171) et ses côtés extrêmes AG' et BO'; on aura donc

$$(451) \qquad \int \frac{X^2}{1}\, ds = 2hb$$

Fig. 171.

3° $\int \dfrac{pY}{1}\, ds$ — p étant la valeur moyenne, dans un élément ds, du mouvement qui se produirait à son aplomb dans la poutre droite correspondante, appliquons au centre de chaque élément (fig. 172) un vecteur horizontal Y égal à $\dfrac{pds}{1}$, puis, avec une distance polaire h, traçons la dynamique A'B' et un funiculaire O'A'G'B' du système. La diagonale cherchée représente le moment statique du système des forces élémentaires $\dfrac{pds}{1}$ par rapport à un point de l'axe des abscisses. Ce moment est égal (n° 32) au produit, par la distance polaire h, du segment intercepté par les côtés extrêmes du funiculaire sur la parallèle à la direction commune des vecteurs menée par le point auquel on rapporte le moments, on a donc :

$$(452) \qquad \int_A^B \frac{\mu V}{I}\, ds = ku$$

Dans le cas de l'arc à deux articulations, le segment $u = u_1 = A'B'$ doit être pris sur la ligne des naissances ; dans le cas de l'arc encastré, le segment $u = u_1$ sera pris sur la parallèle à AB menée par le centre de gravité G du sys- tème des masses $\frac{ds}{I}$.

La valeur de u doit être considérée comme positive ou négative suivant que l'axe sur lequel on la

compte, se trouve être au-dessous ou au-dessus du point O'

$4°\ \int_A^B \frac{\mu X}{I}\, ds$ — Cette intégrale représente le moment, par rapport à un point de l'axe de l'ouvrage, du système des vecteurs précédents après rotation de 90° autour de leurs points d'application. Le moment cherché est égal au produit, par la distance polaire h, du segment u (fig. 173) intercepté sur l'axe de l'arc par les côtés extrêmes du funicu- laire ; on a donc :

$$(453) \qquad \int_A^B \frac{\mu X}{I}\, ds = hu$$

En remplaçant les intégrales par leurs valeurs ainsi établies, on déduit des équations (432) ou (445)

$$(454) \qquad Q = \frac{u}{2b}$$

et de l'équation (446)

$$(455) \qquad U = \frac{u}{2b}$$

La valeur de u' doit être considérée comme positive ou négative sui-

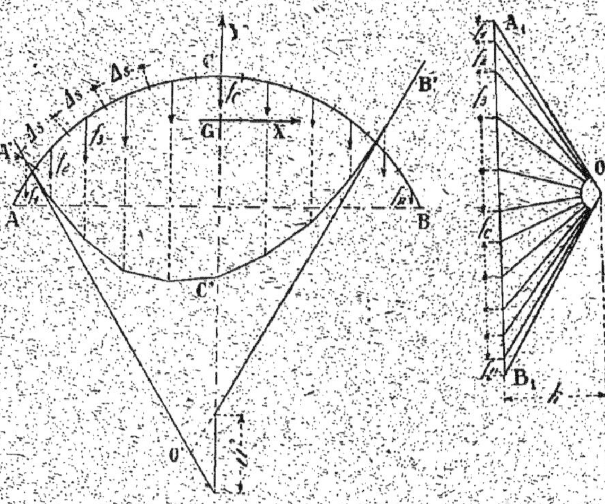

Fig. 173.

vant que le point O' se trouve être à droite ou à gauche de l'axe GC de l'arc.

III. — EFFETS DES CHARGES MOBILES. — LIGNES D'INFLUENCE

A. — Arcs à trois articulations.

153. Définition et utilisation des lignes d'influence. — On appelle *influence* l'effet produit, en un point d'une pièce, par la charge unitaire placée à distance.

Si, en chaque point de la ligne des appuis, on porte en ordonnée un vecteur représentant la grandeur de l'effet que la charge unitaire placée en ce point produit en un autre point fixe de la portée, le lieu des extrémités des ordonnées est une certaine ligne dite, *ligne d'influence* relative au point fixe considéré.

Pour obtenir l'effet total produit au point fixe par un système de charges isolées, il suffit de multiplier chacune des charges par l'ordonnée de la ligne d'influence à son aplomb et de totaliser les résultats.

154. Lignes d'influence des réactions verticales. — Les réactions verticales des appuis, dans un arc à trois articulations, sont les mêmes

que dans la poutre droite correspondante. La ligne d'influence des réactions verticales, sur un appui A, est donc constituée par une droite A′B
(*fig.* 174), partant de l'appui B, et dont l'ordonnée en A est égale à
l'unité. Dans le cas d'un ouvrage destiné à porter des voies ferrées, la
réaction totale maximum s'obtiendra généralement en disposant le train-
type de manière que le plus chargé des essieux de tête se trouve au droit
de l'appui considéré.

**155. Lignes d'in-
fluence des pous-
sées.** — Nous avons
vu (n° 147) que, dans
un arc à trois articu-
lations, la poussée
était donnée par la
formule :

$$Q = \frac{\mu_1}{f},$$

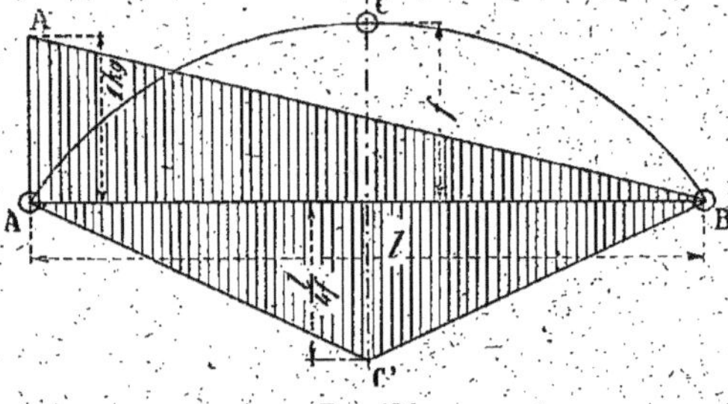

Fig. 174.

où f représente la flèche de l'arc et μ_1, le moment fléchissant qui se
produirait au milieu de la portée dans la poutre droite correspondante.

Désignons par :

> x_0, l'abscisse d'une charge P à partir d'un appui, celui de gauche, A,
> par exemple ;
> l, l'ouverture de l'arc ;

la charge P étant située dans la moitié de gauche, on a :

$$(456) \qquad \mu_1 = \frac{P.x_0}{2},$$

d'où, en désignant par q la poussée $\dfrac{Q}{P}$ produite par une charge égale à
l'unité :

$$(457) \qquad q = \frac{x_0}{2f}$$

La ligne d'influence des poussées, dans la moitié de gauche, est donc
constituée par une droite AC′ (*fig.* 174) partant de l'appui A et ayant
comme ordonnée au milieu de l'arc : $\dfrac{l}{4f}$

On établirait de même que, dans la moitié de droite, la ligne d'influence est constituée par la droite BC′ symétrique de la première par
rapport à l'axe de l'ouvrage.

Dans le cas d'une charge mobile unique, le maximum de la poussée se produira au passage de la charge au milieu de l'ouvrage.

156. Ligne d'influence des moments. — Dans une section D (*fig.* 175), la valeur du moment est donnée par la formule (429) :

$$M = \mu - Qy,$$

où

Q représente la poussée de l'arc ;

y, la hauteur de la section considérée au-dessus de la ligne des naissances ;

μ, le moment fléchissant qui se produirait au point de même abscisse dans la poutre droite correspondante.

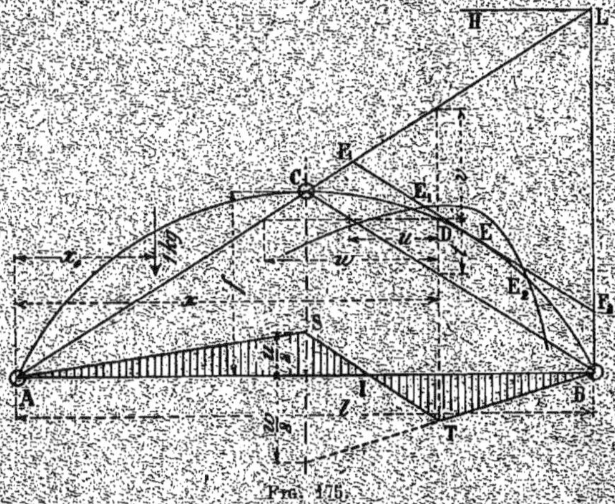

Fig. 175.

Il y a lieu de considérer trois cas, suivant que la charge se trouve sur la moitié AC de l'arc qui ne contient pas la section D, dans la partie CD comprise entre le sommet de l'arc et la section considérée, ou dans l'intervalle DB compris entre la section et l'appui voisin.

Désignons par

x, l'abscisse de la section D à partir de l'appui A ;

x_0, celle de la charge.

Dans le premier cas, on a pour valeur du moment en D

$$(458) \qquad \mu = \frac{P x_0 (l - x)}{l}$$

Si la charge est égale à l'unité, la poussée qu'elle détermine est donnée par la formule (457); de sorte que, en désignant par M' l'ordonnée $\dfrac{M}{P}$ de la ligne d'influence au point d'abscisse x_0, on déduit de la formule (429), en y remplaçant μ et Q par leurs valeurs :

$$(459) \qquad M' = x_0 \left(\frac{l - x}{l} - \frac{y}{2f} \right).$$

Menons les cordes AC et BC joignant les appuis au sommet de l'arc, et désignons par :

> t, la distance verticale du point D à la corde BC située dans la même moitié de l'ouvrage ;
> u, la distance horizontale de D à la même corde ;
> v, la distance verticale de D à la corde AC ;
> w, sa distance horizontale à la même corde.

Par raison de similitude, on a :

$$\frac{l - x}{l} = \frac{y - t}{2f},$$

de sorte que l'équation (459) peut s'écrire :

$$(460) \qquad M' = - \frac{x_0 t}{2f}.$$

La ligne d'influence cherchée, dans la partie AC de l'arc, se compose donc d'une droite AS passant par l'appui A et ayant comme ordonnée sur l'axe de l'ouvrage :

$$M'_1 = - \frac{lt}{4f},$$

où, comme :

$$\frac{l}{2f} = \frac{u}{t},$$

$$(461) \qquad M'_1 = - \frac{u}{2}.$$

Dans le troisième cas, où la charge est comprise entre la section et l'appui voisin, la valeur du moment se déduit du précédent en changeant x_0 en $(l - x_0)$ et $(l - x)$ en x.

$$(462) \qquad M' = (l - x_0) \left(\frac{x}{l} - \frac{y}{2f} \right);$$

comme :

$$\frac{x}{l} = \frac{y + v}{2f},$$

on en déduit :

$$(463) \qquad M = \frac{(l - x_0)\, v}{2f}.$$

La ligne d'influence dans cette partie se compose ainsi d'une droite BT passant par l'appui B, le plus rapproché de la section, et ayant comme ordonnée au milieu de l'ouvrage :

$$M'_2 = \frac{lv}{4f};$$

ou, comme :

$$\frac{l}{2f} = \frac{w}{v},$$

$$(464) \qquad M'_2 = \frac{w}{2}.$$

Le segment intercepté par les droites AS et BT sur l'axe CS est ainsi égal à $\frac{u + w}{2}$ c'est-à-dire à la distance du point D à la verticale du sommet de l'arc.

La ligne d'influence change donc de signe dans l'intervalle compris entre le point D et le milieu de l'arc.

Dans le deuxième cas où la charge est située dans cet intervalle, on a :

$$\mu = \frac{P x_0\,(l - x)}{l},$$

et

$$Q = \frac{P\,(l - x_0)}{2f},$$

d'où :

$$(465) \qquad M' = \frac{x_0\,(l - x)}{l} - \frac{(l - x_0)\, y}{2f}$$

La ligne d'influence est encore une droite ST ; il est facile de vérifier qu'elle rejoint la première en S sur l'axe de l'ouvrage, et la deuxième, en T sur la verticale de la section considérée.

La ligne d'influence des moments relative à une section donnée D est ainsi constituée par une ligne brisée ASTB.

On voit que le moment positif maximum est réalisé lorsque la charge passe au droit de la section considérée, et que, pour toutes les sections, le moment négatif le plus grand en valeur absolue se produit quand la charge passe dans l'axe de l'ouvrage.

Le point I, où la droite SP coupe la ligne des naissances, est un point où l'influence est nulle, c'est-à-dire que, lorsque la charge concentrée unique passe au droit du point I, un des deux côtés de son funiculaire passe par le centre de gravité D de la section considérée.

Pour calculer une section d'un arc destiné à supporter des convois mobiles, on devra disposer le train-type dans deux positions différentes, de manière à rassembler les plus fortes charges de tête successivement au droit de la section et au milieu de l'arc. Dans chaque cas, la position la plus défavorable étant fixée, on déterminera les réactions verticales et la poussée ; on tracera ensuite un dynamique des charges et le funiculaire des pressions. Connaissant le point de rencontre du funiculaire avec la section considérée, on disposera de tous les éléments nécessaires au calcul de la section.

157. Sections dangereuses. — Nous avons vu (n° 145) que dans un arc soumis à l'action d'une surcharge fixe et continue, où la ligne des pressions est une ligne courbe, les sections qui supportent les plus grands efforts de flexion sont : les sections d'appui pour les arcs encastrés, et, en général, celles où, sur une même verticale, les tangentes à la fibre moyenne de l'arc et à la ligne des pressions sont parallèles.

Dans un arc soumis à l'action d'une charge mobile unique, la valeur du moment négatif dans une section quelconque est maximum lorsque, nous venons de le voir, la charge passe dans l'axe de l'ouvrage ; et le point de l'arc où ce maximum, variable d'une section à l'autre, présente lui-même sa plus grande valeur est, d'après la formule (461), celui pour lequel u est maximum, c'est-à-dire le point E où la tangente F_1F_2 à la fibre moyenne est parallèle à la corde BC.

Le moment positif maximum, dans une section quelconque, se produit lorsque la charge passe au droit de la section. Dans le cas d'une charge égale à l'unité, la valeur de ce moment, donnée par la formule (463) en y faisant $x_0 = x$, est :

$$(460) \qquad M' = \frac{(l - x)\,v}{2f}.$$

Ce moment est lui-même maximum avec le produit $(l - x)\,v$, en un certain point E que nous définirons de la manière suivante.

Par le point L (*fig.* 173) où la verticale de B rencontre la corde AC, menons une horizontale LH. Prenons LH comme axe des abscisses, LB comme axe des ordonnées, et désignons par X et Y les coordonnées du point D.

Le coefficient angulaire de CA étant $\frac{2f}{l}$, nous aurons :

$$l - x = X,$$
$$v = Y - \frac{2f}{l} X ;$$

et, par suite, pour une valeur donnée K du produit $(l-x)\,v$

$$(467) \qquad X\left(Y - \frac{2l}{l}X\right) = K$$

Cette équation représente une hyperbole admettant comme asymptotes :

$$X = o,$$

et

$$Y - \frac{2l}{l}X = o,$$

c'est-à-dire les droites LB et LA. Cette hyperbole coupe la fibre moyenne de l'arc en deux points E_1 et E_2 où K et, par conséquent, les moments M' ont mêmes valeurs. Si K varie, les deux points E_1 et E_2 se déplacent sur la fibre moyenne, se rapprochant quand K augmente et s'éloignant en cas contraire. La valeur maximum de M' correspondra donc à la limite où, les deux points étant confondus, l'hyperbole devient tangente à la fibre moyenne de l'arc en un certain point E'.

Or, dans une hyperbole, le segment de tangente compris entre les deux asymptotes est divisé en deux parties égales par le point de contact. Le point E', où se développent les plus grands moments positifs, est donc tel que, sur la tangente à la fibre moyenne en ce point, le segment $F_1 F_2$, compris entre la verticale de B et le prolongement de la corde AC, se trouve être divisé en deux parties égales par le point de contact.

Si la fibre moyenne est un tiers de circonférence, les points E et E' se confondent en un seul, où se développent à la fois les plus grands moments positifs ou négatifs.

B — Arcs à deux articulations.

158. Lignes d'influence des réactions verticales. — Les réactions verticales des appuis étant déterminables par les seuls moyens de la statique, *la ligne d'influence des réactions verticales, relatives à un appui A, est constituée, comme dans les arcs à trois articulations (fig. 174), par une droite BA passant par le second appui B et ayant au droit de l'appui A une ordonnée égale à l'unité.*

159. Lignes d'influence des poussées. — *La ligne des naissances étant prise comme axe des abscisses, la ligne d'influence des poussées est* *un funiculaire de vecteurs verticaux* $\dfrac{y\,ds}{\mathrm{I}}$, *tracé avec une distance polaire :*

$$k = \int_{A}^{B} \frac{y^2}{\mathrm{I}}\,ds.$$

En effet, la valeur de la poussée est donnée par la formule (432) :

$$Q = \frac{\displaystyle\int_{A}^{B} \frac{\mu y}{\mathrm{I}}\,ds}{\displaystyle\int_{A}^{B} \frac{y^2}{\mathrm{I}}\,ds},$$

où μ représente le moment qui se développerait dans la poutre droite correspondante à l'aplomb du point de coordonnées x et y.

Désignons par :

x, l'abscisse d'une section D comptée à partir d'un appui A ;
x_0, celle de la charge située en E.

Si la section est placée entre l'appui d'origine A et la charge, le moment qu'elle supporte est :

$$468) \qquad \mu = \frac{Px(l - x_0)}{l} ;$$

et, si elle est placée entre la charge et l'appui B :

$$(469) \qquad \mu = \frac{Px_0(l - x)}{l} ;$$

on en déduit pour ordonnée de la ligne d'influence des poussées au point d'abscisse x_0 :

$$q = \frac{1}{k}\left[\int_{A}^{E} \frac{x(l - x_0)}{l} \cdot \frac{y}{\mathrm{I}}\,ds + \int_{E}^{B} \frac{x_0(l - x)}{l} \cdot \frac{y}{\mathrm{I}}\,ds \right].$$

Cette équation peut s'écrire :

$$(470) \qquad q = \frac{1}{k}\left[\frac{l - x_0}{l} \int_{A}^{B} x\,\frac{y}{\mathrm{I}}\,ds - \int_{E}^{B} (x - x_0)\,\frac{y}{\mathrm{I}}\,ds \right].$$

$\displaystyle\int_A^B x \frac{y}{l}\, ds$ représente le moment, par rapport au point A, d'un système

de vecteurs verticaux $\dfrac{y\,ds}{l}$ appliqués à la fibre moyenne, chacun au point

correspondant D d'ordonnée y ; en désignant par C la somme de tous ces vecteurs, on aura donc :

$$(471) \qquad \int_A^B x\,\frac{y}{l}\,ds = \frac{Cl}{2};$$

et, en désignant par v le premier terme du deuxième membre de l'équation (470) :

$$(472) \qquad v = (l - x_0)\frac{C}{2k}.$$

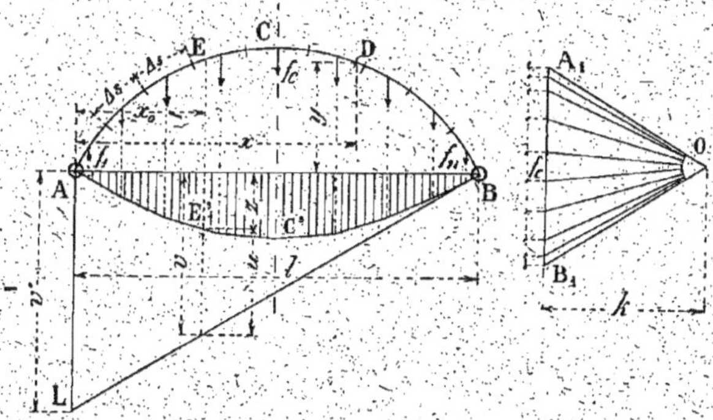

Fig. 176.

Cette fonction v de x_0 est représentée par une droite BL (*fig.* 176) passant par B et ayant comme coefficient angulaire : $-\dfrac{C}{2k}$.

Traçons maintenant, avec une distance polaire k, un dynamique $A_1 B_1$ et un funiculaire AC'B des vecteurs verticaux : $f = \dfrac{y\,ds}{l}$. Le pôle étant pris sur la perpendiculaire élevée au milieu du dynamique, le funiculaire de ces vecteurs sera symétrique par rapport à l'axe de l'ouvrage.

L'expression :

$$\int_E^B (x - x_0)\frac{y}{l}\,ds$$

représente le moment, par rapport au point E d'application de la charge, de tous les vecteurs situés entre le point E et l'appui B ; elle est donc égale au produit, par la distance polaire h, de la distance verticale u du funiculaire à sa tangente en B, et l'on a :

$$(473) \qquad \int_{E}^{B} (x - x_0)\frac{y}{I}\, ds = ku.$$

Or, la tangente en B n'est autre que la droite BL. En effet, le côté du dynamique parallèle à cette tangente a pour coefficient angulaire : $-\dfrac{C}{2h}$. Si nous posons alors :

$$z = v - u,$$

l'équation (470) devient :

$$q = z;$$

z représentant l'ordonnée, comptée à partir de la ligne des naissances du funiculaire des charges $\dfrac{yds}{I}$. Ce funiculaire constitue ainsi la ligne d'influence des poussées.

De la forme symétrique du funiculaire on conclut que, dans le cas d'un convoi mobile, les plus grandes poussées se développent généralement lorsque les essieux les plus chargés sont rassemblés vers l'axe de l'ouvrage.

160. Échelle de la ligne d'influence des poussées. — Les ordonnées de la ligne d'influence des poussées représentent de simples nombres, c'est-à-dire des rapports de quantités de mêmes dimensions, dont on doit déterminer l'échelle γ, c'est-à-dire la longueur qui sur le dessin représentera le nombre 1.

A cet effet, désignons par :

λ, l'échelle des longueurs à laquelle l'arc a été tracé ;
α, celle de la distance polaire ;
β, celle des vecteurs $\dfrac{yds}{I}$;
v, le nombre que représente l'ordonnée AL, au droit de l'appui A, de la tangente en B au funiculaire.

Dans le faisceau polaire, le coefficient angulaire du rayon OB_1, parallèle à la tangente en B au funiculaire, est sur l'épure $\dfrac{\beta C}{2\alpha h}$.

Le coefficient angulaire de la tangente en B étant $\dfrac{\chi v}{\lambda l}$, on a :

$$\frac{\chi v}{\lambda l} = \frac{\beta C}{2 a k};$$

comme, d'autre part, le moment, par rapport au point A, du système des vecteurs $\dfrac{y ds}{I}$ a pour valeur :

$$v k = \frac{C l}{2};$$

on en déduit :

$$(474) \qquad \chi = \frac{\lambda \beta}{a}$$

Supposons, par exemple, que le mètre soit l'unité adoptée dans les différentes mesures de longueur, que l'arc ait été tracé à une échelle λ de 1 centimètre par mètre, que les quantités $\dfrac{y ds}{I}$ aient été représentées à une échelle β de 1 centimètre par 100 unités, et les quantités $\dfrac{y^2 ds}{I}$ à une échelle a de 1 centimètre par 1.000 unités, on aura en centimètres :

$$\chi = \frac{1 \text{ cent.} \times 0^{cm},01}{0^{cm},001} = 10 \text{ centimètres.}$$

Sur les ordonnées de la ligne d'influence, le nombre 1 sera donc représenté par une longueur de 10 centimètres, c'est-à-dire que l'échelle de la ligne d'influence sera de 0,1 par centimètre.

Dans ce cas, si, à l'aplomb d'une charge de 7000 kilogrammes, l'ordonnée de la ligne d'influence est de 5 centimètres sur l'épure, la poussée correspondante sera de

$$0,1 \times 5 \times 7.000 \text{ kg.} = 3.500 \text{ kilogrammes.}$$

161. Lignes d'influence des moments. — D'après l'équation

$$M = \mu - Q y,$$

la ligne d'influence des moments est la résultante de deux autres : d'une part, la ligne d'influence des moments qui se produiraient dans la poutre droite correspondante, et, d'autre part, la ligne d'influence des poussées amplifiée en multipliant chacune des ordonnées par la distance verticale y de la section correspondante à la ligne des naissances.

Dans la poutre droite correspondante, le moment produit en un point D situé à une distance x d'un appui, par une charge P située à une dis-

tance x_0 du même appui, est donné par l'une ou l'autre des deux équations (468) ou (469), suivant que
l'on a $x \leqslant x_0$ ou $x > x_0$.

Ces deux équations représentent deux droites (fig. 177) passant, la première par l'appui B, la seconde par l'appui A, et ayant comme ordonnée commune sur la verticale du point D considéré :

$$(475) \quad \mu_1 = \frac{P x (l - x)}{l}.$$

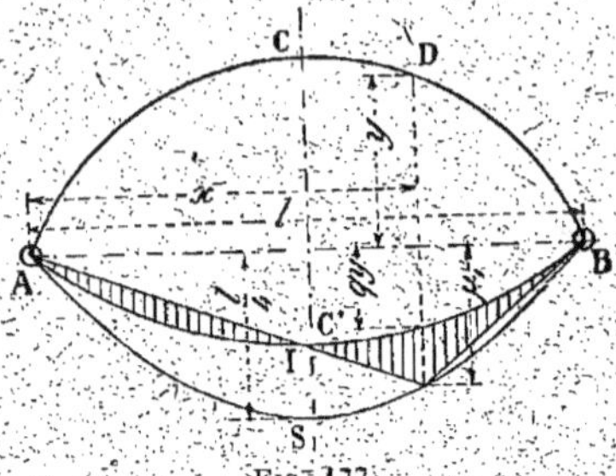

Fig. 177.

Dans le cas où P est égal à l'unité, l'ensemble de ces deux droites constitue la ligne d'influence des moments dans la poutre droite correspondante. Le lieu de leur point de concours est une parabole ASB ayant comme axe celui de l'ouvrage, et comme flèche : $\frac{l}{4}$; on pourra ainsi la tracer aisément.

On obtiendra donc immédiatement la ligne d'influence des moments μ relative à une section, en joignant aux appuis le point de rencontre de la parabole ASB avec la verticale de la section D considérée.

Supposons maintenant tracée la ligne d'influence AC'B des poussées amplifiées qy. Le moment produit dans une section par la charge unitaire placée en un point quelconque, sera représenté par la différence entre les ordonnées des deux lignes d'influence. Il sera positif ou négatif suivant que les ordonnées de la ligne d'influence des moments μ seront supérieures ou inférieures à celles de la ligne AC'B. Les conditions de sollicitation les plus défavorables s'obtiendront généralement : pour les moments positifs, en rassemblant les plus fortes charges vers la section D considérée, et, pour les moments négatifs, au droit du point de la ligne d'influence AC'B des poussées amplifiées où la tangente est parallèle à la ligne d'influence des moments μ.

Le moment en D est nul lorsque la charge mobile passe au droit de l'intersection I des deux lignes d'influence.

C. — Arcs inarticulés parfaitement encastrés.

162. Lignes d'influence des réactions verticales. — L'arc étant supposé symétrique, nous prendrons comme axe de coordonnées (fig. 178), ainsi que nous l'avons déjà fait dans le cas des charges fixes, l'horizontale GX et la verticale GY passant par le centre de gravité du système des masses $\frac{ds}{I}$

X désignant l'abscisse d'un point de l'arc dans ce système, *la ligne*

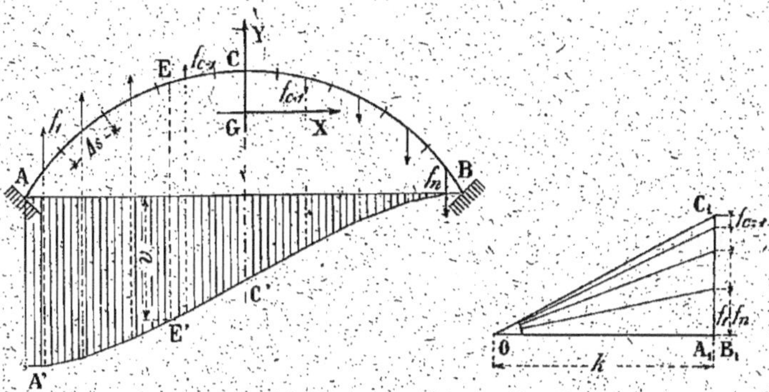

Fig. 178.

d'influence des réactions verticales est un funiculaire de vecteurs verti-caux $\frac{Xds}{I}$ *tracé avec une distance polaire :*

$$k = \int_A^B \frac{X^2}{I} ds.$$

En effet, la réaction V, développée par un appui, est égale à la somme de la réaction V', qu'il développerait sous l'effet de la même charge dans la poutre droite correspondante, et de la réaction complémentaire U définie par la formule (446) :

$$V = V' + U.$$

Considérons alors une charge P placée en un point E sur l'arc. x_0 dési-gnant sa distance à un appui, A par exemple, la réaction V' de cet appui, dans le cas de la poutre droite, serait :

$$V' = P \frac{(l - x_0)}{l},$$

comme :

$$x_0 = \frac{l}{2} + X_0,$$

on en déduit la réaction verticale v' due à la charge unitaire :

$$(476) \qquad v' = \frac{l - 2X_0}{2l}.$$

On établirait de même, en partant des formules (468) et (469), que le moment produit par la charge P, dans une section d'abscisse X, a pour valeur :

$$(477) \qquad \mu = \frac{P (l - 2X_0) (l + 2X)}{4l}.$$

ou :

$$(478) \qquad \mu = \frac{P (l + 2X_0) (l - 2X)}{4l}.$$

suivant que l'on a : $X < X_0$ ou $X > X_0$.

En remplaçant μ par ces valeurs dans le numérateur de l'équation (446), on obtient :

$$(479) \qquad \int_A^B \frac{\mu X}{I} ds = P \int_A^E \frac{(l - 2X_0) (l + 2X)}{4l} \frac{X ds}{I} + P \int_E^B \frac{(l + 2X_0) (l - 2X)}{4l} \frac{X ds}{I}$$

ou, par transformation du second membre de cette égalité :

$$\int_A^B \frac{\mu X}{I} ds = P \int_A^B \frac{(l - 2X_0) (l + 2X)}{4l} \frac{X ds}{I} - P \int_E^B (X - X_0) \frac{X ds}{I}.$$

Le moment par rapport à l'origine des coordonnées du système des vecteurs $\frac{X ds}{I}$ étant nul, il reste :

$$(480) \qquad \int_A^B \frac{\mu X}{I} ds = P \frac{(l - 2X_0)}{2l} \int_A^B \frac{X^2}{I} ds - P \int_E^B (X - X_0) \frac{X ds}{I}.$$

Si l'on remplace alors par sa valeur le numérateur du deuxième membre de l'équation (446), il vient, en désignant par u la réaction complémentaire correspondant à la charge unitaire :

$$(481) \qquad u = -\frac{l - 2X_0}{2l} + \frac{\displaystyle\int_E^B (X - X_0) \frac{X ds}{I}}{\displaystyle\int_A^B \frac{X^2}{I} ds} ;$$

de sorte qu'en additionnant membre à membre les égalités (476) et (481), on obtient pour réaction verticale de l'appui A dans le cas de la charge unitaire :

$$(482) \qquad v = v' + u = \frac{\displaystyle\int_E^B (X - X_0)\frac{X\,ds}{I}}{\displaystyle\int_A^B \frac{X^2}{I}\,ds}.$$

Avec une distance polaire $k = \displaystyle\int_A^B \frac{X^2}{I}\,ds$, traçons maintenant (*fig.* 178) un funiculaire du système des vecteurs verticaux : $f = \dfrac{X\,ds}{I}$, appliqués chacun au point d'abscisse X correspondante, et considérons les éléments f situés entre le point d'application E de la charge et l'appui B. Le moment de ces vecteurs par rapport à E, représenté par l'expression $\displaystyle\int_E^B (X - X_0)\frac{X\,ds}{I}$, est égal au produit de la distance polaire k par le segment compris, sur la verticale du point E, entre le funiculaire et sa tangente en B. La mesure de ce segment est donc v, et le funiculaire constitue bien la ligne d'influence cherchée.

Pour que la tangente en B soit horizontale, il suffira de prendre le pôle sur la perpendiculaire élevée au dynamique à l'une de ses deux extrémités, A_1 ou B_1, qui sont d'ailleurs confondues.

Suivant que la charge est située dans la moitié de l'ouvrage attenant à l'appui A, ou dans l'autre moitié, la réaction de l'appui A est plus grande, ou plus petite, que celle qu'on obtiendrait dans le cas de la poutre droite correspondante.

163. **Lignes d'influence des poussées.** — *La ligne d'influence des poussées est un funiculaire de vecteurs verticaux* $\dfrac{Y\,ds}{I}$ *tracé avec une distance polaire :*

$$k = \int_A^B \frac{Y^2}{I}\,ds.$$

En effet, la valeur de la poussée est donnée par l'équation (445). Si, dans le numérateur du second membre de cette équation, on remplace les moments μ par leurs valeurs déduites des relations (477) et (478), on obtient :

$$(483) \qquad \int_A^B \frac{\mu Y}{I} \, ds = P \int_A^B \frac{(l-2X_0)(l+2X)}{4l} \cdot \frac{Yds}{I} + P \int_E^B \frac{(l+2X_0)(l-2X)}{4l} \cdot \frac{Yds}{I} ;$$

ou, par transformation du second membre de cette égalité :

$$(484) \qquad \int_A^B \frac{\mu Yds}{I} = P \int_A^B \frac{(l-2X_0)(l+2X)}{4l} \cdot \frac{Yds}{I} - P \int_E^B (X - X_0) \frac{Yds}{I}$$

L'arc étant supposé symétrique, les moments statique et centrifuge du système des masses $\frac{ds}{I}$ par rapport à l'origine des coordonnées, qui est le centre de gravité du système, sont nuls. Il reste ainsi :

$$(485) \qquad \int_A^B \frac{\mu Yds}{I} = - P \int_E^B (X - X_0) \frac{Yds}{I} ;$$

de sorte que, dans le cas d'une charge P égale à l'unité, l'équation (445) devient :

$$(486) \qquad q = - \frac{\displaystyle\int_E^B (X - X_0) \frac{Yds}{I}}{\displaystyle\int_A^B \frac{Y^2}{I} \, ds}$$

Avec une distance polaire

$$k = \int_A^B \frac{Y^2}{I} \, ds,$$

traçons alors (fig. 179) un funiculaire du système des vecteurs $f = \frac{Yds}{I}$ supposés verticaux et appliqués chacun au centre de gravité de l'élément d'arc correspondant ; pour que les côtés extrêmes du funiculaire se confondent avec la ligne des naissances, il suffira de prendre le pôle sur la perpendiculaire élevée au milieu du dynamique.

Le numérateur de la valeur de q représente le moment, par rapport

au point E d'application de la charge, de tous les vecteurs situés entre E
et l'appui B ; il est donc égal au produit, par la distance polaire k, de

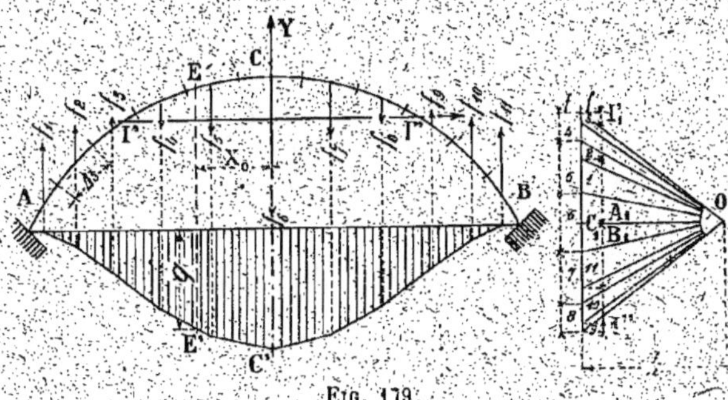

Fig. 179.

l'ordonnée q du funiculaire au point E d'abscisse X_0 ; cette ordonnée
représente donc la poussée définie par l'équation (443), et le funiculaire
constitue bien la ligne d'influence cherchée.

164. Lignes d'influence des moments. — Si, dans l'équation (435)
des moments, on remplace le moment d'encastrement M_0 par sa valeur
déduite de l'égalité (447), on obtient :

$$(487) \qquad M = \mu - \frac{\displaystyle\int_A^B \frac{\mu}{I}\,ds}{\displaystyle\int_A^B \frac{ds}{I}} + UX_1 - QY_1,$$

X_1 et Y_1 représentant les coordonnées de la section de l'arc où le moment est M.

Les valeurs de μ étant données, suivant les positions respectives de
la charge et de la section, par l'une des formules (477) ou (478), on a :

$$(488) \quad \int_A^B \frac{\mu}{I}\,ds = P \int_A^E \frac{(l - 2X_0)(l + 2X)}{4l}\cdot\frac{ds}{I} + P \int_E^B \frac{(l + 2X_0)(l - 2X)}{4l}\cdot\frac{ds}{I}$$

ou, par transformation du deuxième membre :

$$\int_A^B \frac{\mu}{I}\,ds = P \int_A^B \frac{(l - 2X_0)(l + 2X)}{4l}\cdot\frac{ds}{I} - P \int_E^B (X - X_0)\frac{ds}{I},$$

comme le moment du système des masses $\dfrac{ds}{I}$ par rapport à l'origine est
nul, cette dernière équation devient :

$$(489) \qquad \int_A^B \frac{\mu}{I}\, ds = \frac{P\,(l - 2X_0)}{4} \int_A^B \frac{ds}{I} - P \int_B^B (X - X_0) \frac{ds}{I} ;$$

et l'on en tire :

$$(490) \qquad \frac{\displaystyle\int_A^B \frac{\mu}{I}\, ds}{\displaystyle\int_A^B \frac{ds}{I}} = \frac{P\,(l - 2X_0)}{4} - P\, \frac{\displaystyle\int_E^B (X - X_0) \frac{ds}{I}}{\displaystyle\int_A^B \frac{ds}{I}}.$$

Si l'on désigne alors par :

> M', le moment produit, dans la section D d'abscisse X_1, par la charge
> unitaire située au point d'abscisse X_0 ;
> μ, celui qu'elle produirait dans la poutre droite correspondante ;
> v, la réaction de l'appui A dans cette même poutre,

on déduit, des équations (487) et (490), celle de la ligne d'influence des
moments :

$$(491) \qquad \overline{M'} = \mu - \frac{(l - 2X_0)}{4} - v\,X_1 + \frac{\displaystyle\int_E^B \frac{(X - X_0)}{I}\, ds}{\displaystyle\int_A^B \frac{ds}{I}} + v\,X_1 - q\,Y_1.$$

La ligne d'influence des moments peut donc être considérée comme
la résultante de six autres correspondant aux six termes du second
membre de cette équation.

Considérons d'abord les composantes représentées par les trois premiers termes (*fig.* 180).

La première est la ligne d'influence $A'_1 D'_1 B'_1$ des moments qui se
développeraient dans la poutre droite correspondante. Elle se compose
de deux droites, l'une $A'_1 D'_1$ dont l'ordonnée $B'_1 B''_1$ sur l'appui B
est $\dfrac{l}{2} - X_1$, l'autre $D'_1 B'_1$ dont l'ordonnée $A'_1 A''_1$ sur l'appui A est $\dfrac{l}{2} + X_1$.

Quant à la résultante des deux termes suivants, il est facile de vérifier
qu'elle est représentée par la droite symétrique de $A''_1 B'_1$ par rapport à
$A'_1 B'_1$.

Entre la section D et l'appui B, la résultante des trois premiers termes est donc nulle; entre l'appui A et le point D, elle est négative et représentée par la distance verticale entre les droites $A''_1 D'_1$ et $A'_1 D'_1$.

Considérons maintenant les composantes représentées par les trois derniers termes.

Avec une distance polaire k égale

à $\int_A^B \dfrac{ds}{I}$, traçons d'abord (*fig.* 181)

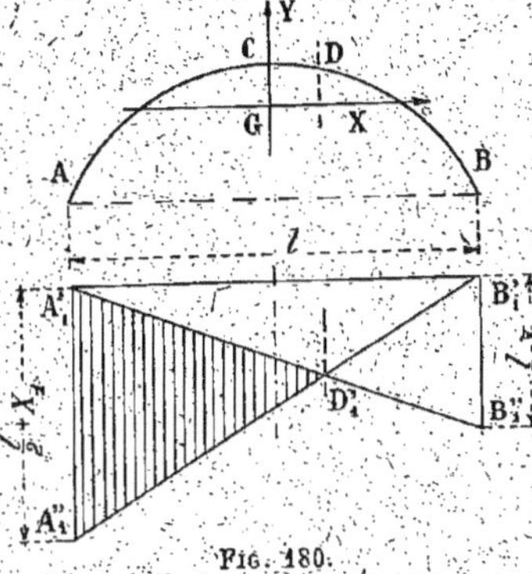

Fig. 180.

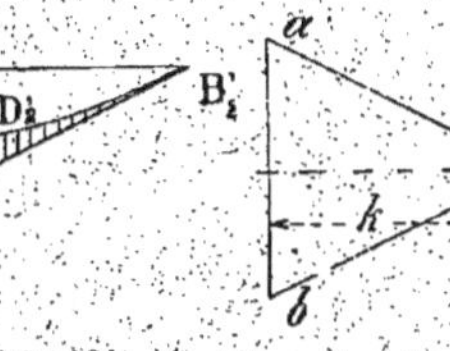

un funiculaire des vecteurs verticaux $\dfrac{ds}{I}$, le pôle étant pris sur la perpendiculaire élevée au milieu du dynamique. (En adoptant la même échelle pour la distance polaire et le dynamique, les rayons extrêmes du faisceau polaire auront un coefficient angulaire égal à $1/2$; sur chaque appui, les tangentes au funiculaire étant parallèles aux rayons extrêmes du dynamique, sur l'appui opposé, elles auront $\dfrac{l}{2}$ pour ordonnée). L'expression :

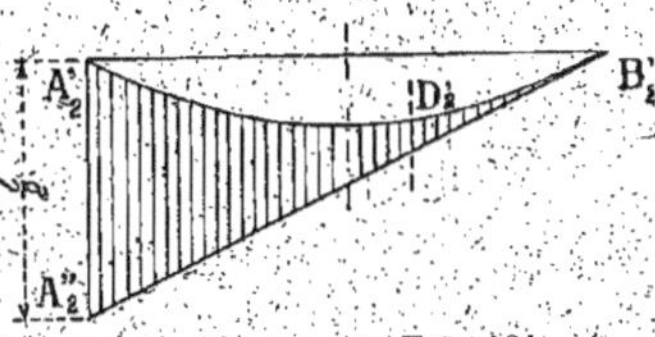

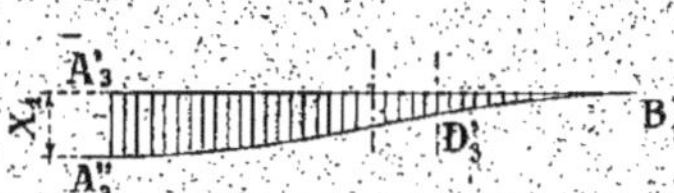

Fig. 181.

$$\int_B^B (X - X_0) \frac{ds}{I}$$

Fig. 182.

représente le moment, par rapport au point d'application de la charge, du système des vecteurs $\dfrac{ds}{I}$ compris entre cette charge et l'appui B. Ce moment est égal au produit, par la distance polaire k, de l'ordonnée comprise entre le funiculaire et la tangente en B. Cette ordonnée

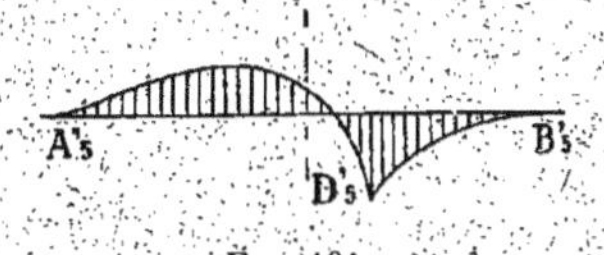

Fig. 183.

Fig. 184.

donnée comprise entre le funiculaire et la tangente en B. Cette ordonnée représente donc le quotient :

$$\frac{\displaystyle\int_{E}^{B}(X - X_0)\frac{ds}{I}}{\displaystyle\int_{A}^{B}\frac{ds}{I}},$$

et elle est positive.

Le terme vX_1 représente une ligne (*fig.* 182) obtenue en multipliant, par l'abscisse X_1 de la section, les ordonnées de la ligne d'influence des réactions verticales (*fig.* 178) définie par l'équation (482). Il est positif ou négatif, suivant que le point D se trouve à droite ou à gauche de l'axe de l'ouvrage.

Le terme $— qY_1$ représente une ligne (*fig.* 183) obtenue en multipliant, par l'ordonnée Y_1 de la section, les ordonnées de la ligne d'influence des poussées (*fig.* 179) définie par l'équation (486). Il est négatif ou positif suivant que le point D se trouve au-dessus ou au-dessous de l'axe GX.

L'ordonnée en un point de la ligne d'influence des moments résultants s'obtiendra (*fig.* 184) en additionnant algébriquement les ordonnées correspondantes des composantes (*fig.* 180, 181, 182 et 183).

La détermination de la ligne d'influence des moments dans un arc encastré peut en somme s'effectuer d'une manière assez simple. La figure 180 ne comporte que deux lignes droites qu'on peut tracer immédiatement. Les figures 182 et 183 se déduisent, par amplification, de tracés qui ont dû être exécutés antérieurement, (calculs des réactions verticales et des poussées). Seule, la figure 181 nécessitera une épure spéciale qui n'offre d'ailleurs aucune difficulté.

CHAPITRE XX

MURS DE SOUTÈNEMENT

165. **Talus naturel des terres.** — Considérons (*fig.* 185) une masse de poids P immobile sur un plan incliné AB faisant un angle ω avec l'horizon. Le poids P peut se résoudre en deux composantes ; l'une :

$$(492) \qquad N = P \cos \omega,$$

normale au plan ; l'autre :

$$(493) \qquad T = P \sin \omega,$$

dirigée suivant la pente du plan et tendant à faire descendre la masse.

Si l'angle ω augmente, la composante T croît jusqu'à une certaine limite marquée par l'ébranlement de la masse sur le plan incliné. En désignant par f la valeur du rapport $\dfrac{T}{N}$, et par φ celle de l'angle ω correspondant à l'état d'équilibre limite, on a donc :

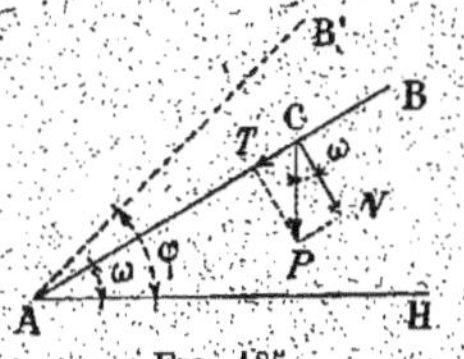

$$(494) \qquad f = \tang \varphi.$$

Fig. 185.

f est le *coefficient de frottement* de la masse sur le plan incliné.

La surface libre des terres ameublies, comme celle des matières granuleuses mises en tas, fait avec l'horizon un angle, constant pour une nature de terre déterminée, appelé *angle du talus naturel*. Dans l'étude des conditions de stabilité des masses granuleuses, où l'on assimile un élément de la surface libre à un solide en état d'équilibre limite sur un plan incliné de même nature, la pente du naturel représente ainsi le coefficient de frottement de la matière granuleuse sur elle-même.

Nous extrayons du *Traité de Stabilité* de M. Pillet les coefficients suivants publiés en 1846 par le capitaine du génie Blondeau.

NATURE DES TERRES	POIDS DU MÈTRE CUBE en KILOGRAMMES	φ	tang φ
Marnes sèches à l'état naturel............	1.600 à 1.700	38°	0.78
— — ameublées et damées.....	» »	35°	0.70
— naturelles saturées d'eau sans être en bouillie.............	» »	29°	0.56
Terres végétales sèches et naturelles.....	1.200 à 1.500	38°	0.79
Arènes sèches à l'état naturel..........	1.300 à 1.500	35°	0.70
— — ameublées et damées.....	» »	33°	0.65
— naturelles saturées d'eau sans être en bouillie............	» »	31°	0.60
— ameublées, saturées d'eau et damées...............	» »	27°	0.51

A défaut d'indications, M. Pillet conseille d'adopter dans les calculs un angle de 35° avec une densité des terres de 1.800 kilogrammes.

166. Prisme de plus grande poussée. — Par suite de la cohésion, les surfaces de rupture des terres vierges ne sont pas planes, mais courbes; leur concavité est tournée vers l'extérieur et elles se redressent presque verticalement à la partie supérieure du terrain.

Dans la détermination des poussées qu'exercent les terres sur les ouvrages destinés à s'opposer à leur descente, on ne tient généralement pas compte de la cohésion, mais simplement du frottement des terres sur elles-mêmes et contre les parois des murs de soutènement. En outre, quels que soient l'état et la nature des terres à retenir, on admet que le terrain tend à glisser d'un bloc suivant un plan incliné OC passant par l'arête inférieure du mur (*fig.* 186), et l'on détermine la position du plan de glissement par la condition qu'il corresponde à la plus grande poussée sur la paroi de soutènement.

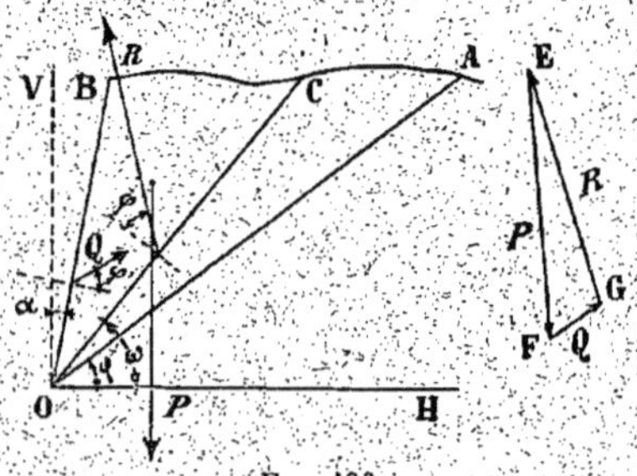

Fig. 186.

Il est facile de se rendre compte que cette position de maximum existe elle ne peut d'ailleurs être comprise que dans l'angle AOB formé par le talus naturel OA et la paroi du mur OB en contact avec les terres.

En effet, considérons un plan pivotant autour de l'arête inférieure O du mur et occupant successivement toutes les positions à l'intérieur de l'angle AOB. Lorsque le plan mobile OC coïncide avec celui OA du talus naturel, le bloc prismatique correspondant AOB est en état d'équilibre limite sur le talus, et la poussée est nulle : lorsque le plan mobile vient s'appliquer sur la face intérieure OB du mur de soutènement, la masse du prisme glissant devenant nulle, la poussée est encore nulle ; entre ces deux positions extrêmes il en existe donc une pour lequel la poussée est maximum. Le prisme correspondant est dit *prisme de plus grande poussée*. Dans sa tendance à descendre, ce prisme agit à la manière d'un coin pressant d'une face sur le mur et, de l'autre, sur le plan de glissement.

167. Formule de la poussée. — Considérons un terrain à profil supérieur quelconque (*fig.* 186), retenu par un mur OB dont la paroi en contact avec les terres est plane, et désignons par :

    φ, l'angle HOA du talus naturel ;
    φ', l'angle de frottement de la terre sur le mur ;
    ω, l'angle HOC du plan de glissement avec l'horizon ;
    α, celui du mur avec la verticale, à compter positivement ou néga-
        tivement suivant que le dièdre HOB, formé par la paroi de
        retenue et le plan horizontal passant par le pied du mur, est
        obtus ou aigu ;
    P, le poids du prisme glissant ;
    Q, la résultante des poussées qu'il exerce sur l'ouvrage.

Le prisme est en équilibre sous l'action de son poids, de la réaction du mur égale à Q, et de celle R du plan de glissement ; les deux réactions faisant respectivement les angles φ' et φ avec les normales aux surfaces d'appui.

Traçons le dynamique EFG des trois forces P, Q et R. Il est aisé de vérifier que, dans le triangle EFG, on a :

$$\widehat{FEG} = (\omega - \varphi),$$
$$\widehat{FGE} = \frac{\pi}{2} + \omega - (\varphi + \varphi' + \alpha) ;$$

et, comme les côtés d'un triangle sont proportionnels aux sinus des angles opposés :

$$\frac{Q}{\sin(\omega - \varphi)} = \frac{P}{\cos[\omega - (\varphi + \varphi' + \alpha)]}$$

On en déduit l'équation de la poussée :

$$(495) \qquad Q = P \frac{\sin(\omega - \varphi)}{\cos[\omega - (\varphi + \varphi' + \alpha)]}$$

On admet souvent que, par suite de l'adhérence de parties terreuses aux maçonneries, le frottement, développé au contact de la paroi, est celui de terre sur terre ; dans ce cas on a :

$$\varphi' = \varphi.$$

Les valeurs de Q et de P dépendant de l'inclinaison du plan de glissement sur l'horizon, la détermination algébrique de la valeur de ω, correspondant au maximum de poussée, n'est commode que lorsque le terrain présente un profil supérieur rectiligne.

Si le terrain est à profil supérieur quelconque, on devra recourir à la méthode graphique, qui peut d'ailleurs être employée dans tous les cas.

168. **Détermination graphique du prisme de plus grande poussée.** — Supposons qu'on ait divisé, en un certain nombre de parties (*fig.* 187), l'angle AOB formé par le talus naturel et la paroi du mur en contact avec les terres, et désignons par P_1, P_2, ..., P_n les poids des différents prismes élémentaires obtenus par cette division. Portons sur un dynamique ED, les uns à la suite des autres, les vecteurs P_1, P_2, ..., P_n, puis sur le vecteur EL correspondant à un prisme BOK, construisons le triangle d'équilibre ELM, en menant, par les extrémités E et L du vecteur, des parallèles EM et LM à la réaction R du terrain et à celle Q du mur. Le lieu du point M est une certaine courbe, qu'on appelle *courbe de poussée*, passant par les deux extrémités E et D du dynamique. Au point E, autour duquel pivote le vecteur EM parallèle à la réaction du plan de glissement, la tangente fait avec la normale à la direction du mur un angle égal à φ et avec l'horizon, un angle égal à (φ — α).

La plus grande valeur de la poussée correspondra au point G de la courbe de poussée où la tangente à cette courbe est parallèle au dynamique. L'angle que fait le plan de glissement avec le talus naturel, est

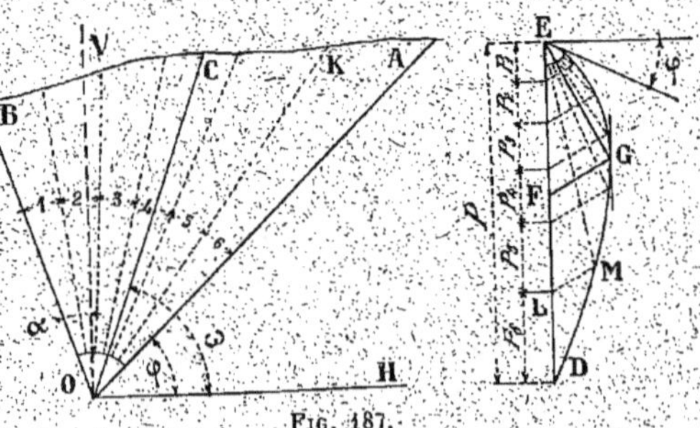

égal à DEG. Le poids du prisme de poussée maximum est représenté sur le dynamique par le vecteur EF obtenu en menant par G une parallèle à la direction constante de la poussée. La poussée maximum est elle-même représentée par le vecteur FG.

La poussée maximum étant connue, on en déduit la composante normale à la paroi :

$$N = Q \cos \varphi',$$

et la composante tangentielle :

$$T = Q \sin \varphi',$$

φ' étant l'angle de frottement de la terre sur le mur. On simplifie le tracé de la courbe de poussée en partageant l'angle AOB en parties égales.

169. Méthode des enveloppes. — La méthode que nous proposons ici ramène la recherche de la poussée maximum à celle de l'intersection d'une droite fixe et de l'enveloppe d'une droite mobile. Nous verrons

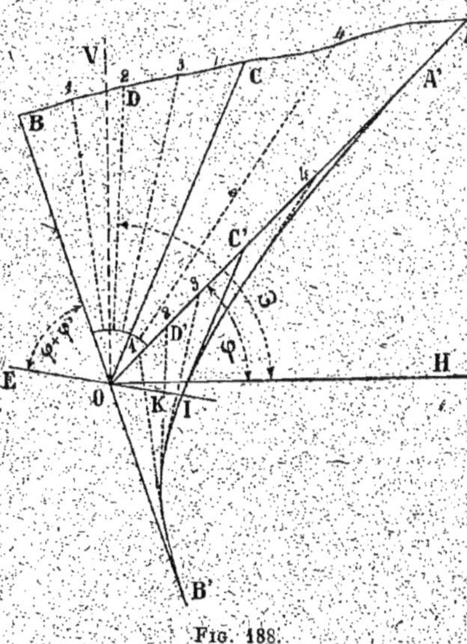

que, dans le cas particulier d'un terrain dont le profil supérieur est rectiligne, cette enveloppe n'est autre qu'une parabole qu'on peut tracer facilement.

Considérons un terrain de profil quelconque (*fig.* 188); soit OA le talus naturel des terres et OD un plan de glissement mobile autour de l'arête O.

Par le point O menons une droite OE faisant avec la paroi de soutènement, du côté extérieur, un angle égal à $\varphi + \varphi'$. Portons ensuite, sur la ligne du talus naturel, un vecteur OD' représentant le poids du prisme de terre BOD, puis menons par le point D' une

Fig. 188.

parallèle D'K à OD. Cette parallèle coupant la droite OE en K, on a dans le triangle OD'K :

$$\frac{P}{\sin\left(\frac{\pi}{2} + \varphi + \varphi' + \alpha - \omega\right)} = \frac{OK}{\sin(\omega - \varphi)},$$

α représentant la valeur algébrique, précédemment définie, de l'angle de la verticale OV avec le mur de soutènement OB.

On en déduit :

$$OK = P \frac{\sin(\omega - \varphi)}{\cos[\omega - (\varphi + \varphi' + \alpha)]}.$$

D'après la relation (495), on voit que OK représente, à l'échelle des forces, la poussée exercée par le prisme BOD.

La valeur de la poussée, correspondant à un plan de glissement OD, est donc représentée par le segment OK que détermine sur l'axe OE, faisant avec la paroi de soutènement un angle égal à $\varphi + \varphi'$, la parallèle au plan de glissement menée par l'extrémité D' du vecteur OD'; le vecteur OD' figurant, sur la ligne du talus naturel, le poids du prisme glissant BOD.

Lorsque OD pivote autour du point O, le point D' se meut sur OA et la droite D'K se déplace en demeurant parallèle à OD. L'enveloppe des différentes positions de D'K est une courbe A'IB' que l'axe OE coupe en un point I.

Le vecteur OI représente la plus grande valeur de la poussée. Il correspond au plan de glissement OC parallèle à la tangente IC' en I à l'enveloppe. Le prisme COB est celui de poussée maximum et son poids est représenté par le vecteur OC', C' étant le point où la tangente en I rencontre la ligne du talus naturel OA.

L'enveloppe est tangente en un certain point A' à la ligne du talus naturel OA, et, en un point B', à la paroi OB; OA et OB représentant les deux positions extrêmes de la droite pivotante OD. Le point A' est tel que OA' représente le poids total du prisme AOB.

170. Cas particulier d'un terrain à profil supérieur rectiligne. — Admettons que le poids total du prisme AOB soit représenté sur la ligne du talus naturel par le vecteur OA (*fig.* 189). Tous les prismes tels que BOD, ayant leur sommet en O, ont même hauteur et leurs surfaces sont proportionnelles à

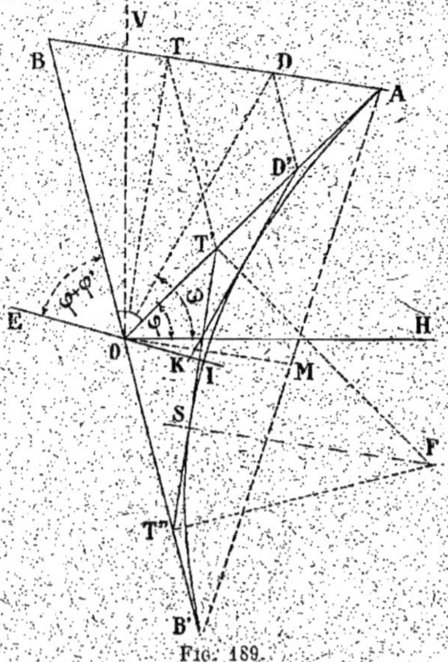

Fig. 189.

leurs bases BD, ou encore au segment OD' obtenu en menant par D une parallèle DD' à la paroi intérieure du mur. A l'échelle des poids adoptée, OD' représentera donc le poids du prisme BOD, et l'enveloppe cherchée s'obtiendra en menant, par chaque point D' ainsi défini, une parallèle D'K au plan de glissement correspondant OD.

En s'aidant d'une perspective (*fig.* 190), on peut se rendre compte que cette enveloppe peut être considérée comme le contour apparent horizontal d'un paraboloïde hyperbolique qui aurait comme plan directeur le plan horizontal H, et comme directrices deux droites AO' et OB' dont la ligne du talus naturel et celle du mur seraient respectivement les projections; O' étant un point de la verticale de O, et OB' une parallèle à la droite BO'.

Ce contour apparent n'est autre qu'une parabole (*fig.* 189) tangente à la ligne du talus naturel en son point d'intersection A avec le profil supérieur du terrain, et au prolongement de la paroi en un point B' symétrique du sommet B par rapport au pied O du mur.

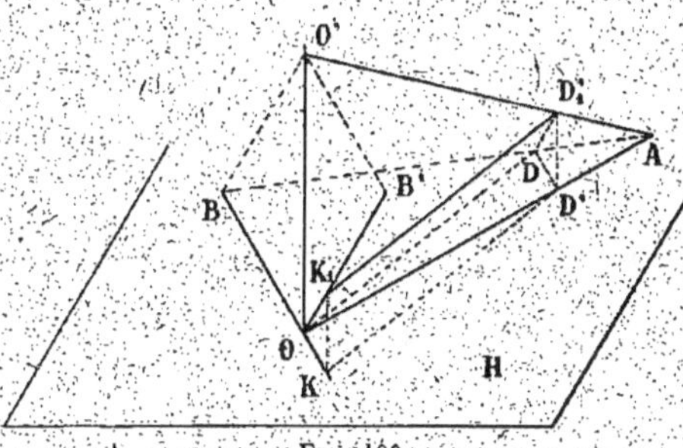

Fig. 190.

La droite OM, joignant le point de concours O des tangentes OA et OB' au milieu de la corde des contacts, est le diamètre conjugué de la direction AB'. Cette droite OM étant parallèle à BA, on en conclut que la direction de l'axe de la parabole est donnée par le profil supérieur AB du terrain. Pour obtenir la tangente T'ST" au sommet de la parabole, il suffira donc de placer la droite pivotante OD dans une position OT perpendiculaire à la ligne de crête AB. La tangente au sommet étant le lieu des projections du foyer sur les tangentes, on trouvera le foyer F au point de concours des perpendiculaires élevées : à la ligne du talus naturel en T', et à la paroi intérieure du mur en son intersection T" avec la tangente T'ST" au sommet de la parabole.

Le problème de la détermination de la poussée maximum revient alors à celui, dont nous avons précédemment rappelé la solution (n° 34), de l'intersection I d'une parabole, définie par son foyer et sa tangente au sommet, avec une droite OE qui, dans le cas actuel, passe par le point O et fait avec la paroi de soutènement un angle $(\rho + \varphi')$. La poussée sera, à l'échelle des forces, représentée par la distance OI, comptée sur cette droite, du point O à la parabole.

Considérons maintenant le cas, le plus simple, d'un terrain à surface supérieure horizontale (*fig.* 191), retenu par un mur à paroi intérieure verticale, et supposons qu'il n'y ait pas de frottement entre le terrain et la paroi; on aura donc $\varphi' = 0$.

La crête du terrain étant horizontale, il en est de même de l'axe de la parabole; la ligne OB de la paroi devient alors la tangente au sommet, et ce sommet n'est autre que le point B' symétrique du point B par rapport au pied O du mur. Le foyer est situé, d'une part, sur l'axe des poussées OI lequel, faisant un angle φ avec la paroi, est perpendiculaire à la ligne du talus naturel; et, d'autre part, sur l'axe de la parabole, c'est-à-dire sur la perpendiculaire B'F élevée à BB' en B'. Par le point I où OF rencontre la parabole, menons une tangente IC' à la courbe; puis,

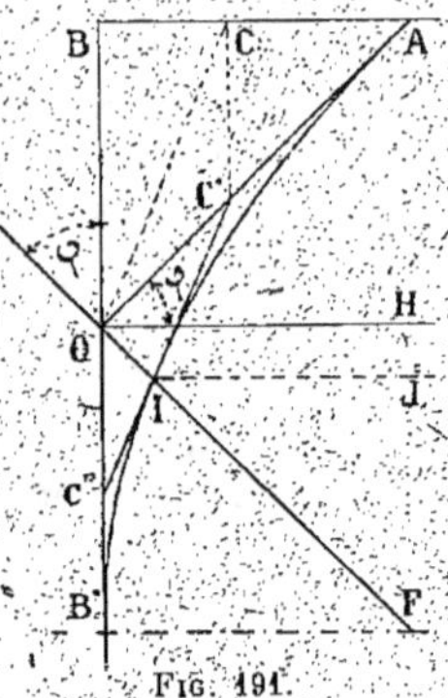

Fig. 191.

par le point C' d'intersection de cette tangente avec la ligne du talus naturel, une verticale C'C coupant la ligne supérieure du terrain en C, le plan de glissement correspondant à la poussée maximum sera dirigé suivant OC. Menons enfin par le point I une horizontale IJ.

D'après une propriété connue, l'angle JIC' sera égal à l'angle FIC'. On en conclut que les angles HOC et EOC sont égaux, et, par suite, que la direction OC est bissectrice de l'angle AOB.

Dans l'hypotèse actuelle, le plan de glissement correspondant à la poussée maximum est donc bissecteur du dièdre formé par la paroi de soutènement et le plan du talus naturel.

171. Expressions particulières de la poussée maximum. — Proposons-nous de déterminer analytiquement les valeurs de la poussée dans le cas particulier des terrains à profil rectiligne.

Prenons comme axe des abscisses (*fig.* 192) la ligne du talus naturel OA, comme axe des ordonnées la paroi de soutènement OB, et désignons par

    a, l'abscisse du point A où le profil du terrain coupe la ligne du talus naturel;
    b, l'ordonnée OB du sommet du mur.

On pourrait établir l'équation de la parabole AIB' en la considérant comme l'enveloppe d'une droite mobile LD' parallèle à OD, et en éliminant le paramètre de position entre l'équation de la droite et sa dérivée par rapport au paramètre. On y arrive un peu plus simplement en utilisant les résultats que nous venons d'obtenir par des considérations géométriques.

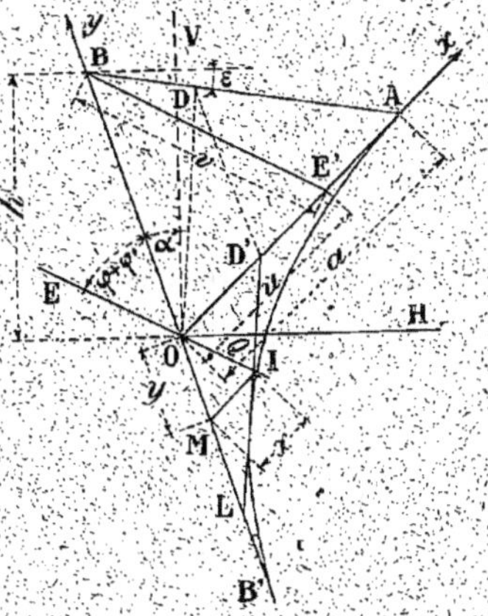

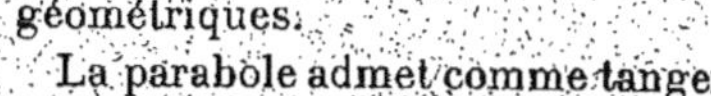

La parabole admet comme tangente la ligne du talus naturel :

$$y = 0,$$

et, comme diamètre au point A, la ligne de crête du terrain qui a pour équation :

$$(496) \qquad \frac{x}{a} + \frac{y}{b} - 1 = 0.$$

Elle appartient donc au groupe des paraboles représentées par l'équation générale :

$$(497) \qquad \left(\frac{x}{a} + \frac{y}{b} - 1 \right)^2 + \lambda y = 0,$$

Fig. 192.

λ étant un coefficient variable. Comme elle passe par le point B' symétrique du point B par rapport à l'origine, pour

$$x = 0,$$

on doit avoir :

$$y = -b ;$$

on en déduit :

$$\lambda = \frac{4}{b} ;$$

de sorte que la parabole considérée a pour équation :

$$(498) \qquad \left(\frac{x}{a} + \frac{y}{b} - 1 \right)^2 + \frac{4y}{b} = 0.$$

Menons par le point B, parallèlement à OE, une droite BE' coupant en E' la ligne du talus naturel, et désignons par :

$$u, \text{ la longueur du segment OE'} ;$$
$$v, \text{ celle du segment BE'} ;$$

x et y, désignant les coordonnées du point I où la droite OE coupe la parabole, on a, de par la similitude des triangles IMO et E'OB ;

$$(499) \qquad \frac{Q}{v} = \frac{x}{u} = -\frac{y}{b}.$$

Si l'on élimine x et y entre les équations (498 et 499), et si l'on pose :

$$(500) \qquad \frac{u}{a} = \mu,$$

il vient après réduction :

$$(501) \qquad \frac{Q^2}{v^2}\,(1 - \mu)^2 - 2\,\frac{Q}{v}\,(1 + \mu) + 1 = 0.$$

Cette équation du second degré en Q admet deux racines positives correspondant aux deux points d'intersection de la droite OI avec la parabole ; on n'en retiendra que la plus petite :

$$(502) \qquad Q = \frac{v}{(1 + \sqrt{\mu})^2};$$

le segment v représentant une force à l'échelle où le segment OA représente le poids total du prisme AOB.

Ce procédé est extrêmement simple, la détermination du point E' étant immédiate et indépendante du tracé, dont on peut d'ailleurs se dispenser, de la parabole enveloppe. On pourra ainsi, connaissant les quantités v et μ, éviter la recherche graphique de l'intersection d'une droite et d'une parabole en employant la formule (502) au calcul de la valeur maximum de la poussée.

Désignons maintenant par :

h, la distance verticale du sommet du mur au plan horizontal par son pied ;

ε, l'angle que fait l'horizon avec le profil supérieur du terrain, angle compté positivement ou négativement suivant que BA est au-dessus ou au-dessous de l'horizontale du point B.

En posant, dans le triangle OBE', la proportionnalité des côtés aux sinus des angles opposés, on obtient :

$$(503) \qquad \frac{b}{\cos(\varphi' + \alpha)} = \frac{u}{\sin(\varphi + \varphi')} = \frac{v}{\cos(\varphi - \alpha)}$$

et, dans le triangle AOB :

$$(504) \qquad \frac{b}{\sin(\varphi - \varepsilon)} = \frac{a}{\cos(\alpha - \varepsilon)}.$$

En éliminant b entre ces équations, il vient :

$$(505) \qquad v = a\,\frac{\sin(\varphi - \varepsilon)\,\cos(\varphi - \alpha)}{\cos(\alpha - \varepsilon)\,\cos(\varphi' + \alpha)}.$$

et :

$$(506) \qquad \mu = \frac{u}{a} = \frac{\sin(\varphi - \varepsilon)\sin(\varphi + \varphi')}{\cos(\alpha - \varepsilon)\cos(\varphi' + \alpha)}.$$

Si, dans l'égalité (505), on admet que a représente le poids du prisme AOB, le second membre représentera la force v qui entre dans l'expression de la poussée maximum.

δ désignant la densité de la terre, le poids du prisme AOB, sur une longueur du mur égale à l'unité, a pour valeur en fonction des côtés a et b de sa base AOB :

$$\frac{\delta ab}{2}\cos(\varphi - \alpha).$$

En remplaçant a par cette valeur dans l'équation (505), il vient :

$$(507) \qquad v = \frac{\delta ab}{2}\cdot\frac{\sin(\varphi - \varepsilon)\cos^2(\varphi - \alpha)}{\cos(\alpha - \varepsilon)\cos(\varphi' + \alpha)},$$

ou, en tenant compte de l'égalité (504) :

$$(508) \qquad v = \frac{\delta b^2}{2}\cdot\frac{\cos^2(\varphi - \alpha)}{\cos(\varphi' + \alpha)}.$$

En fonction de la hauteur :

$$(509) \qquad h = b\cos\alpha,$$

on aurait :

$$(510) \qquad v = \frac{\delta h^2}{2}\cdot\frac{\cos^2(\varphi - \alpha)}{\cos^2\alpha\,\cos(\varphi' + \alpha)},$$

de sorte qu'en remplaçant, dans l'équation (502), v et μ par leurs valeurs déduites des égalités (510) et (506), on obtient finalement pour expression de la poussée maximum :

$$(511) \qquad Q = \frac{\delta h^2}{2}\cdot\frac{\cos^2(\varphi - \alpha)}{\cos^2\alpha\,\cos(\varphi' + \alpha)\left[1 + \sqrt{\dfrac{\sin(\varphi - \varepsilon)\sin(\varphi + \varphi')}{\cos(\alpha - \varepsilon)\cos(\varphi' + \alpha)}}\right]^2}$$

Si l'on considère le cas, le plus simple, d'un mur à paroi intérieure verticale retenant un terrain à profil supérieur horizontal, sans qu'il existe de frottement entre la terre et le mur (*fig.* 191), on a :

$$\alpha = 0,$$
$$\varepsilon = 0,$$
$$\varphi' = 0,$$

et il reste :

$$Q = \frac{\delta h^2}{2}\cdot\frac{\cos^2\varphi}{(1 + \sin\varphi)^2}.$$

Cette formule peut s'écrire :

$$Q = \frac{\delta h^2}{2} \cdot \frac{1 - \sin \varphi}{1 + \sin \varphi},$$

ou :

$$Q = \frac{\delta h^2}{2} \cdot \frac{\tang\left(\frac{\pi}{4} - \frac{\varphi}{2}\right)}{\tang\left(\frac{\pi}{4} + \frac{\varphi}{2}\right)},$$

et, comme les arcs figurant au numérateur et au dénominateur sont complémentaires :

$$(512) \qquad Q = \frac{\delta h^2}{2} \tang^2\left(\frac{\pi}{4} - \frac{\varphi}{2}\right).$$

Pour $\varphi = 20°$, on a $\tang^2\left(\frac{\pi}{4} - \frac{\varphi}{2}\right) = 0{,}490$;

—	25°	— 0,406 ;
—	30°	— 0,333 ;
—	35°	— 0,271 ;
—	40°	— 0,217 ;
—	45°	— 0,172 ;
—	50°	— 0,132.

172. Cas où le profil supérieur du terrain est illimité et parallèle à la ligne du talus naturel. — Le point d'intersection A du profil avec la ligne du talus naturel partant du pied du mur, est alors rejeté à l'infini (*fig.* 193), de sorte que l'on a :

$$\varepsilon = \varphi ;$$
$$a = \infty ;$$
$$\mu = 0.$$

L'équation (498) de la parabole enveloppe devient :

$$(513) \qquad \left(\frac{y}{b} + 1\right)^2 = 0,$$

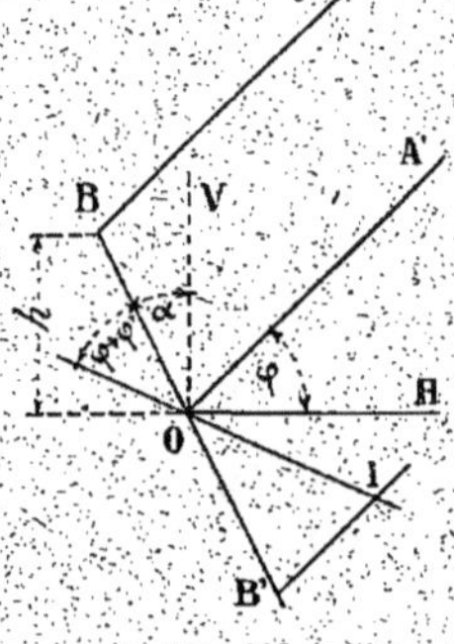

Fig. 193.

et la parabole se réduit à la droite double B'I parallèle au talus naturel et passant par le point B' symétrique du sommet B par rapport au pied du mur O. Au point où la droite OI rencontre cette droite double, la tangente, qui est la limite de la tangente à la parabole, n'est autre que la droite double elle-même. Les points D' et D se trouvent donc être rejetés à l'infini dans la direction du talus naturel, de sorte que le plan de glissement maximum n'est autre, ce qui était évident *a priori*, que celui du talus naturel OA partant du pied du mur.

Les équations (502) et (511) se réduisent alors respectivement à :

$$(514) \qquad Q = v,$$

et

$$(515) \qquad Q = \frac{\delta h^2}{2} \sqrt{\frac{\cos^2 (\varphi - \alpha)}{\cos^2 \alpha \cos (\varphi' + \alpha)}}$$

Si, de plus, la paroi du mur est verticale, et si l'on ne tient pas compte du frottement entre la terre et le mur, on a : $\alpha = o$, $\varphi = o$, et il reste pour expression de la poussée :

$$(516) \qquad Q = \frac{\delta h^2}{2} \cos^2 \varphi.$$

173. Position de la résultante des poussées. — Il résulte de ce qui précède que, dans le cas où le profil supérieur du terrain est rectiligne, la poussée totale exercée sur la paroi, sur une hauteur h à partir du sommet, est proportionnelle au carré de cette hauteur. Si l'on pose :

$$(517) \qquad Q = K h^2,$$

la pression au même niveau, qui est la dérivée de la poussée totale par rapport à h, aura pour valeur :

$$(518) \qquad q = 2 K h,$$

elle est donc proportionnelle à la profondeur h, et le point d'application de la résultante Q des pressions est située au $\frac{1}{3}$ de la hauteur à partir de la base.

Dans le cas d'un terrain à profil quelconque, la détermination exacte de la position du point d'application de la poussée serait assez laborieuse. D'après Poncelet, cette position, pour les profils courants de fortification, est comprise entre les 0,33 et les 0,35 de la hauteur à partir du pied du mur ; on pourra donc en pratique l'admettre au $\frac{1}{3}$ comme s'il s'agissait de profils rectilignes.

174. Calcul de la paroi de soutènement. — A un niveau quelconque, la section horizontale d'un mur de soutènement est soumise à l'action du poids de la partie dominante de l'ouvrage et à celle de la poussée des terres, dont la résultante est appliquée au $\frac{1}{3}$ de la hauteur du mur à partir de la section considérée.

La poussée peut se résoudre en deux composantes ; l'une, T, suivant la pente de la face de la paroi en contact avec les terres :

$$T = Q \cos \varphi',$$

et l'autre, N, normale à la paroi :

$$N = Q \sin \varphi'.$$

Dans les ouvrages en béton armé de moyenne importance, les effets résultant du poids de l'ouvrage et de la composante tangentielle sont assez faibles par rapport à ceux que développe la poussée normale. On ne tient généralement compte que de cette dernière. Les différents éléments se calculent alors comme ceux d'un plancher où la charge par unité de surface, en un point situé à une profondeur h à partir du sommet du mur, serait :

$$2Kh \sin \varphi',$$

et la charge totale, par unité de longueur de l'ouvrage, entre deux niveaux H et h :

$$K (H^2 - h^2) \sin \varphi'.$$

Dans les ouvrages de grande importance, la paroi se compose généralement d'un hourdis nervuré s'appuyant sur des contreforts destinés à résister au renversement. On détermine les dimensions du hourdis et celles des nervures, suivant la situation des éléments, comme s'il s'agissait d'un plancher soumis aux efforts normaux donnés par l'une ou l'autre des deux dernières expressions, ou pour résister à l'action combinée de la poussée et du poids des éléments supérieurs.

Pour réduire ou même supprimer complètement la poussée sur la paroi, on aménage quelquefois, à des niveaux plus ou moins rapprochés, des planchers horizontaux destinés à retenir les terres (*fig.* 194).

Fig. 194.

175. Stabilité de l'ensemble. — Les éléments, qui ont principalement à résister aux efforts de renversement, doivent être ancrés solidement dans les fondations. Les dimensions des empattements doivent être déterminées de manière à obtenir un coefficient de stabilité suffisant, et à ne pas imposer à l'assiette un travail supérieur à la limite admissible.

Le travail de l'assiette s'établira, suivant les méthodes indiquées précédemment (chapitre xviii), en rapportant à l'axe longitudinal de la semelle les moments des différents efforts qu'elle supporte.

Pour augmenter le coefficient de stabilité, on pourra utiliser le poids des terres elles-mêmes, en engageant plus ou moins les semelles de fondation, ou les planchers horizontaux de retenue, à l'intérieur du terrain.

Cette possibilité d'intéresser les terres à leur propre stabilité procure au béton armé un certain avantage sur les maçonneries ordinaires, qui, toutes choses égales d'ailleurs, exigent l'emploi d'une quantité considérable de matériaux dont les propriétés résistantes ne sont qu'imparfaitement utilisées.

L'emploi du béton armé présente, en outre, l'avantage de solidariser les différentes parties d'un même ouvrage, et de diminuer ainsi le risque des déformations locales qui tendraient à se produire sous l'effet de poussées anormales. Il résulte, en effet, des expériences effectuées par M. Rabut sur un mur de soutènement au quai Debilly, que les ouvrages en béton armé se comportent, jusqu'à la limite où leur renversement tend à se produire, comme de véritables monolithes pivotant autour de leur base.

CHAPITRE XXI

SILOS

176. Poussées des matières granuleuses sur les parois. — Les matières granuleuses, comme les terres ameublées, lorsqu'on les met en tas, s'établissent suivant des cônes dont les génératrices font avec l'horizon un angle constant pour chaque espèce de matière.

Si l'on accumule une matière granuleuse dans un espace clos, elle exerce sur les parois des pressions dont la direction, par suite du frottement développé au contact de la matière et de son enveloppe, est oblique par rapport à cette dernière. Comme dans le cas des murs de soutènement, la poussée Q en un point admet donc deux composantes (*fig.* 195), l'une normale N, et l'autre T, dirigée de haut en bas, tangente à la surface interne de la paroi OB.

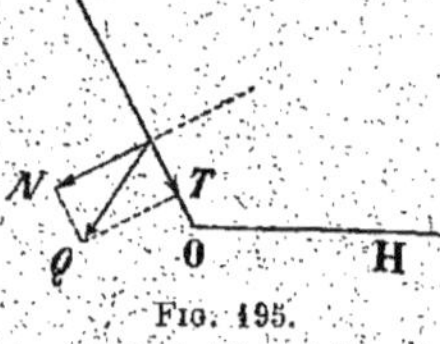

Fig. 195.

La composante normale tend à faire éclater l'enveloppe ; la composante tangentielle, due au frottement, a pour effet de reporter sur la paroi une fraction plus ou moins notable de la charge intérieure qui, en l'absence de frottement, reposerait entièrement sur le fond.

La différence principale, entre les conditions de résistance des murs de soutènement et des parois de silos, réside dans l'importance des efforts verticaux ainsi reportés sur les parois. Dans certains ouvrages, où la profondeur est considérable par rapport aux dimensions transversales, ces efforts peuvent représenter la presque totalité du poids des matières emmagasinées.

La valeur de la poussée dépend de l'angle du talus naturel et du coefficient de frottement entre la matière granuleuse et la surface interne des parois. Ces deux facteurs varient eux-mêmes avec la nature de la matière, son degré de finesse et son état hygrométrique.

On trouvera dans les tableaux suivants les angles φ du talus naturel de quelques matières, et les angles φ de frottement contre les natures de parois les plus usitées dans la construction des silos.

TALUS NATUREL

DÉSIGNATION DES MATIÈRES	DENSITÉ en KILOGRAMMES	φ	$f = \mathrm{tg}\varphi$
Blé......................................	790	28°	0,532
Charbon gras............................	790	35°	0,700
Charbon maigre.........................	825	27°	0,509
Sable sec...............................	1.420	84°	0,675
Cendres................................	635	40°	0,839

COEFFICIENTS DE FROTTEMENT

NATURE DES CONTACTS	φ	$f = \mathrm{tg}\varphi$
Blé sur tôles planes.......................	25°	0,468
— cintrées et rivées..............	20°	0,365 à 0,375
— sur béton lissé ou brut...............	22° à 23°	0,400 à 0,425.
— sur briques à parements lisses ou bruts.	id.	id.
— sur bois.............................	23° à 24°	0,420 à 0,450
Charbon gras sur tôles planes...........	18°	0,325
— maigre	16°	0,287
Sable sec sur tôles planes...............	18°	0,325
Cendres	31°	0,600

Complétons ces indications par quelques autres relatives aux variations d'efforts dues aux mouvements des charges à l'intérieur des ouvrages.

Les mouvements produits par l'ensilage ou la vidange ont pour effet d'augmenter l'intensité des poussées. D'après les observations de M. Jamieson, l'augmentation est d'autant plus sensible que la vidange est plus rapide; elle atteindrait 4 0/0 dans les silos de dimensions courantes.

A l'arrêt produit par une fermeture brusque des trappes, la pression subit encore un léger accroissement qui disparaît à la reprise des opérations.

Lorsque la vidange s'effectue par une ouverture latérale, la pression croît sur la paroi située du côté opposé ; elle décroît, au contraire, sur le fond et sur la paroi où est pratiquée l'ouverture ; au voisinage de l'orifice de sortie elle est presque nulle. Dans les ouvrages cylindriques, cette inégale répartition des pressions sur le pourtour des parois tend, comme le fait remarquer M. Jamieson, à en ovaliser la section transversale, et cette tendance peut être préjudiciable à la bonne tenue des constructions qui, dans le sens horizontal, ne présenteraient qu'une faible rigidité.

Par suite du frottement, les masses granuleuses descendent d'autant moins vite qu'elles se trouvent plus près des parois. Les tirants et entre-toises, et autres obstacles disposés dans le sens transversal, retardent également la descente; leur influence est d'autant plus sensible qu'ils sont plus rapprochés de l'axe de l'ouvrage. Dans des essais effectués sur des modèles de 30 centimètres de côté et de 2 mètres de hauteur, munis de traverses métalliques disposées en croix tous les 15 centimètres, M. Jamieson a constaté que le débit n'était que les $\frac{2}{3}$ de celui que fournissaient les mêmes appareils libres intérieurement. Il en conclut que les traverses sont exposées à supporter des efforts considérables et qu'il est préférable autant que possible d'en éviter l'emploi.

Il s'établit à la partie inférieure, en dehors de l'entonnoir formé par la matière granuleuse elle-même suivant son talus naturel, et par où s'écoule la charge du silo, une zone inerte dont les masses ne s'échappent qu'en dernier lieu. Pour éviter la stagnation d'une certaine quantité de matière, dans les réservoirs dont la vidange complète ne s'opère qu'à intervalles éloignés, il est donc nécessaire de donner une forte pente aux plans inclinés des trémies.

177. Calcul des pressions. — L'état des matières granuleuses est intermédiaire entre celui des liquides dont les pressions sont partout normales aux parois qui les retiennent, et celui des solides compacts qui peuvent reposer entièrement soit sur le fond, soit, par adhérence, sur les parois des espaces où on les enferme.

Il en résulte que la poussée, produite par une matière granuleuse sur les parois de silos, ne dépasse guère le tiers de celle qu'exercerait un liquide de même densité, et que les efforts verticaux supportés, soit par les parois, soit par les fonds, sont séparément inférieurs au poids d'un solide d'égal volume et de même densité.

Comme on ignore la loi suivant laquelle se répartissent les pressions à l'intérieur des masses granuleuses, on n'a pu jusqu'ici déterminer d'une manière certaine, comme pour les liquides, par exemple, les efforts qu'elles exercent sur les parois des enveloppes.

Entre toutes les formules qui ont été proposées dans ce but, la plus simple et la plus exacte, à notre connaissance, est celle du professeur H.-A. Janssen. C'est également, croyons-nous, celle qui s'accorde le mieux avec les résultats d'essais effectués en 1895 par Janssens lui-même, et en 1900 par M. Jamieson en Amérique. Elle offre, par ailleurs, l'avantage de s'appliquer à toutes les formes courantes de silos à parois verticales.

Le principe de l'établissement de cette formule consiste à admettre que, sur tout le périmètre de la section transversale d'un silo, la poussée horizontale due à la charge intérieure est constante, et qu'il existe aux différents points de la masse granuleuse un rapport constant K entre la pression horizontale et la pression verticale.

Les expériences de M. Jamieson ont montré que pour les ouvrages de forme courante ces deux hypothèses sont suffisamment exactes, et que, pour le blé, la valeur du coefficient K était de 0,6 environ. Nous croyons pouvoir en déduire que, lorsque le talus naturel des matières varie de 20° à 45°, la valeur de K doit varier de 0,70 à 0,40.

Considérons alors la section droite d'un ouvrage à un niveau quelconque (*fig.* 196), et désignons par :

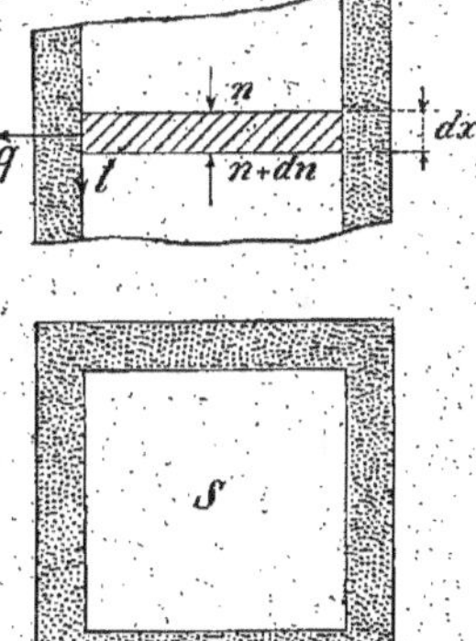

Fig. 196.

x, la distance de la section considérée au niveau supérieur de l'ouvrage ;

S, la surface de la section droite du silo ;

C, son périmètre ;

A, le rapport $\dfrac{S}{C}$ de la section à son périmètre ;

σ, le rapport, $\dfrac{Cx}{S} = \dfrac{x}{A}$ de la surface latérale de la paroi, au-dessus de la section considérée, à l'aire de cette dernière ;

q, la composante, normale à la paroi, de la poussée au niveau considéré ;

t, la composante tangentielle ;

n, la pression verticale supposée constante sur toute l'étendue de la section ;

K, le rapport $\dfrac{q}{n}$;

f, le coefficient de frottement $\dfrac{t}{q}$ de la matière contre les parois du silo ;

δ, la densité de la charge intérieure.

La colonne élémentaire de hauteur dx est en équilibre, dans le sens vertical, sous l'action de son poids, des réactions verticales dues au frottement contre les parois, et de la différence Sdn des pressions normales agissant sur les bases ; on a donc l'égalité :

$$\delta S dx = Ct dx + S dn ;$$

ou, en divisant les deux membres par C et en se rapportant aux désignations adoptées :

$$\delta A dx = Kf n dx + A dn.$$

On en déduit, en séparant les variables, l'équation différentielle :

$$(519) \qquad dx = \frac{A}{\delta A - Kf'n}\, dn,$$

dont l'intégrale, entre la section considérée et le sommet de l'ouvrage, est :

$$(520) \qquad x = -\frac{A}{Kf'}\, L\left(1 - \frac{Kf'}{\delta A}\, n\right).$$

où L désigne un logarithme népérien.

En représentant par e la base de ce système de logarithmes, on peut écrire :

$$(521) \qquad 1 - \frac{Kf'}{\delta A}\, n = e^{-\frac{Kf'x}{A}}.$$

Si l'on tient compte maintenant de la relation :

$$\sigma = \frac{x}{A},$$

et si l'on pose :

$$1 - e^{-Kf'\sigma} = \lambda,$$

on déduit, de l'équation (521), la valeur de la pression normale :

$$(522) \qquad n = \lambda\, \frac{\delta A}{Kf'},$$

d'où, celle de la poussée horizontale :

$$(523) \qquad q = \lambda\, \frac{\delta A}{f'}.$$

La valeur du terme $e^{-Kf'\sigma}$ diminue rapidement à mesure que la profondeur augmente ; on verra par le tableau ci-dessous que la valeur de λ est déjà égale à 0,917 lorsque $Kf'\sigma$ est égal à 2,500 ; ce qui, pour les ouvrages de formes courantes, c'est-à-dire à section transversale ronde ou carrée, correspond à une profondeur égale à 2,5 fois le diamètre ou le côté. Pratiquement, on pourra adopter la valeur limite : $\lambda = 1$.

Dans le cas où $\lambda = 1$, les formules (522) et (523) deviennent respectivement :

$$(524) \qquad n = \frac{\delta A}{Kf'},$$

et

$$(525) \qquad q = \frac{\delta A}{f'}.$$

VALEURS DE λ EN FONCTION DU PRODUIT $Kf'\sigma$.

$Kf'\sigma$	λ	$Kf'\sigma$	λ	$Kf'\sigma$	λ
0,125	0,117	2,000	0,865	3,875	0,979
0,250	0,221	2,125	0,881	4,000	0,982
0,375	0,313	2,250	0,895	4,125	0,984
0,500	0,393	2,375	0,901	4,250	0,986
0,625	0,465	2,500	0,917	4,375	0,987
0,750	0,528	2,625	0,928	4,500	0,989
0,875	0,583	2,750	0,936	4,625	0,990
1,000	0,632	2,875	0,944	4,750	0,991
1,125	0,675	3,000	0,950	4,875	0,992
1,250	0,713	3,125	0,956	5,000	0,993
1,375	0,747	3,250	0,961	5,250	0,995
1,500	0,777	3,375	0,966	5,500	0,996
1,625	0,803	3,500	0,970	5,750	0,997
1,750	0,826	3,625	0,973	6,000	0,998
1,875	0,847	3,750	0,977	6,750	0,999

La charge totale ainsi supportée par le fond est :

$$(526) \qquad P' = nS = \frac{\delta AS}{Kf'}.$$

Quant à la charge P'' reportée sur les parois, elle est la différence entre la charge totale intérieure et la charge P' reposant sur le fond. On a donc :

$$(527) \qquad P'' = \delta S \left(x - \frac{A}{Kf'} \right).$$

Dans les ouvrages à section transversale carrée ou circulaire, on a :

$$A = \frac{a}{4},$$

a désignant le côté ou le diamètre de la section. D'autre part, pour les ouvrages en béton ou en tôle contenant du blé, on a approximativement :

$$Kf' = 0,25.$$

En introduisant ces valeurs dans la formule (526) il vient :

$$(528) \qquad P' = \delta a S.$$

La charge totale supportée par le fond est égale au poids de la colonne de matière ayant comme hauteur la dimension transversale de l'ouvrage. Le reste de la charge intérieure est reportée sur les parois.

Nous donnons, dans le tableau IX, à titre d'indication, les résultats d'essais effectués par M. Jamieson sur un silo à blé de la *Canadian Pacific Ry* à West St. John.

TABLEAU IX

ORDRE des CHARGEMENTS	POIDS TOTAL du blé dans le silo.	HAUTEUR de la colonne de blé	PRESSIONS OBSERVÉES par cm2		PRESSION D'UN LIQUIDE de même densité	POUSSÉE totale sur la partie inférieure des parois de 1m,143 de hauteur.	CHARGES VERTICALES				0/0 du poids total sur le fond d'après la formule de Janssen
			VERTICALE	LATÉRALE			SUR LE FOND		SUR LES PAROIS		
							Poids	0/0 du poids total.	Poids	0/0 du poids total	
1	2	3	4	5	6	7	8	9	10	11	12
1	13.612 kg.	1m,143	0kg,0786	0kg,0241	0kg,0905	4.282 kg.	11.828 kg.	86,9	1.784 kg.	13,1	85,8
2	27.223	2 ,286	0 ,1369	0 ,0659	0 ,1809	11.708	20.602	75,7	6.621	24,3	75,5
3	40.834	3 ,429	0 ,1757	0 ,0926	0 ,2713	16.452	26.440	64,7	14.394	35,3	66,3
4	54.445	4 ,572	0 ,2056	0 ,1135	0 ,3618	20.165	30.940	56,9	23.505	43,1	60,0
5	68.056	5 ,715	0 ,2283	0 ,1286	0 ,4523	22.848	34.356	50,4	33.700	49,6	52,5
6	81.667	6 ,858	0 ,2448	0 ,1434	0 ,5427	25.478	36.839	45,1	44.828	54,9	45,5
7	95.278	8 ,001	0 ,2555	0 ,1484	0 ,6332	26.366	38.449	40,3	56.829	59,7	42,7
8	108.889	9 ,144	0 ,2638	0 ,1547	0 ,7236	27.485	39.698	36,4	69.191	63,6	38,6
9	122.500	10 ,287	0 ,2702	0 ,1601	0 ,8141	23.445	40.661	33,2	81.839	66,8	35,2
10	136.112	11 ,433	0 ,2758	0 ,1648	0 ,9046	29.280	41.504	30,5	94.608	69,5	32,6
11	149.723	12 ,573	0 ,2803	0 ,1674	0 ,9951	29.742	42.182	28,1	107.541	71,9	30,0
12	163.334	13 ,716	0 ,2841	0 ,1699	1 ,0855	30.186	42.753	26,1	120.581	73,9	27,7
13	176.945	14 ,859	0 ,2866	0 ,1712	1 ,1760	30.416	43.130	24,3	133.815	75,7	25,8
14	190.556	16 ,002	0 ,2878	0 ,1724	1 ,2664	30.630	43.310	22,7	147.246	77,3	24,0
15	204.167	17 ,145	0 ,2891	0 ,1724	1 ,3569	30.630	43.506	21,3	160.661	78,7	22,6
16	217.778	18 ,288	0 ,2903	0 ,1724	1 ,4473	30.630	43.686	20,1	174.092	79,9	21,2
17	231.389	19 ,431	0 ,2903	0 ,1731	1 ,5378	30.754	43.686	18,8	187.703	81,2	20,0
18	245.000	20 ,574	0 ,2903	0 ,1731	1 ,6282	30.754	43.686	17,8	201.314	82,2	18,9
						TOTAL.. 456,251 kg.					

Ce silo, dont les parois étaient en bois, avait une section rectangulaire de 3ᵐ,657 × 4ᵐ,115, et une profondeur de 20ᵐ,574 au-dessus de la partie supérieure des trémies. Le blé, d'une densité de 791ᵏᵍ,365, était déversé par charges de 13.611 kilogrammes correspondant, à l'intérieur du silo, à une hauteur de 1ᵐ,143. Le poids du grain sur la hauteur de 20ᵐ,574 était de 245.000 kilogrammes. La trémie en renfermait 7.484 kilogrammes. La charge totale intérieure était donc de 252.484 kilogrammes.

Les chiffres des colonnes 4 et 5, qui ont servi à dresser les colonnes suivantes, représentent les pressions verticales et horizontales enregistrées au fond du silo, à la partie supérieure des trémies.

Vis-à-vis des chiffres de la colonne 9, résultant des essais, nous avons indiqué, dans la colonne 12, ceux qu'on obtiendrait par application de la formule de Janssen, en attribuant au produit Kf' une valeur de 0,25. On voit que, nulle part, la différence ne dépasse pas 2,5 0/0.

178. **Établissement des parois.** — Une section transversale des parois d'un silo est donc soumise à deux genres d'efforts ; un d'expansion dû aux poussées horizontales, et un autre de compression dû au poids de la partie supérieure de l'ouvrage et à celui de la charge intérieure partiellement reportée sur les parois.

Pour établir les éléments des parois, notamment les armatures destinées à prévenir l'éclatement, la méthode à suivre est la même que dans le cas des murs de soutènement ou des réservoirs circulaires, suivant que la section transversale du silo est polygonale ou circulaire.

On devra ensuite assurer aux parois la rigidité nécessaire pour résister au poids propre de l'ouvrage et à l'action verticale des charges intérieures qui s'exerce dans le plan des faces internes des parois en soumettant les différentes sections transversales à la flexion composée.

Ajoutons en terminant que l'emploi du béton se recommande, particulièrement dans la construction des appareils devant contenir des stocks considérables de matières inflammables. En dehors de ses avantages ordinaires, il offre ici, aux installations et aux marchandises, un maximum de sécurité.

QUATRIÈME PARTIE

MINISTÈRE
des
TRAVAUX PUBLICS
DES POSTES
et
DES TÉLÉGRAPHES

Direction du Personnel
et de la
Comptabilité

Service intérieur

Instructions relatives
à l'emploi du béton armé

CIRCULAIRE

RÉPUBLIQUE FRANÇAISE

Paris, le 20 octobre 1906.

Le Ministre

à Monsieur   , ingénieur en chef des Ponts et Chaussées, à

En présence du développement que prennent les applications du béton armé aux travaux publics, il est nécessaire de faire connaître aux ingénieurs les conditions générales, moyennant lesquelles les constructions faites avec cette matière nouvelle présentent les mêmes caractères de stabilité et offrent au public les mêmes garanties de sécurité que celles qui sont édifiées avec les matériaux anciennement éprouvés.

La question a fait l'objet de longues études et de recherches expérimentales, qui se sont poursuivies durant trois années, pour aboutir au dépôt d'un rapport dont le Conseil général des Ponts et Chaussées a été saisi et qu'il a renvoyé à une Commission spéciale composée d'inspecteurs généraux.

Sur le rapport de cette Commission, en date du 20 juillet 1906, dont une copie est annexée à la présente circulaire, et après une discussion approfondie, le Conseil général des Ponts et Chaussées a adopté un projet d'instructions applicables à l'emploi du béton armé dans les ouvrages dépendant du ministère des Travaux publics.

Conformément aux décisions du Conseil, j'ai approuvé ces instructions dont vous trouverez plus loin le texte.

Elles sont conformes à l'état actuel de nos connaissances en la matière, mais seront sans doute à reprendre, lorsque l'expérience des chantiers et des laboratoires, et une plus longue carrière du béton armé, auront fourni, en ce qui le concerne, des données plus certaines que celles que l'on possède aujourd'hui.

Les explications qui suivent ont pour objet de préciser, en tant que de besoin, le sens et la portée de ces instructions.

I. — DONNÉES A ADMETTRE
DANS LA PRÉPARATION DES PROJETS

A. — Surcharges.

Articles 1, 2, 3. — De ces trois articles, les deux premiers se justifient d'eux-mêmes.

Le troisième, qui prescrit que les ouvrages qu'il vise seront calculés en vue des plus grandes surcharges qu'ils auront à supporter en service, semble inutile, puisque tout ouvrage doit être établi et, par conséquent, calculé en vue de sa destination. C'est bien ce qui a lieu pour les ouvrages métalliques ou autres qui ont précédé le ciment armé. On les calcule en vue des charges effectives les plus grandes auxquelles on prévoit qu'ils pourront être soumis avec un coefficient de sécurité convenable, c'est-à-dire de façon telle que, sous l'effet de ces charges, les forces élastiques n'atteignent qu'une fraction déterminée de celles qui seraient capables de produire la rupture.

Pour les constructions en béton armé, certains spécialistes préconisent une autre marche. Elle consisterait non pas à chercher les forces élastiques déterminées par les surcharges effectives, mais à chercher dans quelle proportion il faudrait amplifier fictivement ces surcharges pour provoquer la rupture, et c'est le coefficient d'amplification qui serait, en ce cas, le coefficient de sécurité.

Cette procédure, qui peut avoir son intérêt, semble pourtant ne pas devoir offrir de suffisantes garanties parce que jamais un ouvrage ne périt par amplification proportionnelle des charge qu'il a à supporter. La chute d'un ouvrage arrive soit par une cause accidentelle, soit par quelque mal interne dont le développement finit par être fatal.

Dans ces conditions, il semble convenable de calculer les ouvrages en béton armé comme les autres pour les charges effectives les plus défavorables qu'ils pourront avoir à supporter et avec des coefficients de sécurité suffisants pour que ces charges ne puissent, à aucun degré, les mettre en danger.

Ces calculs sont obligatoires. Mais si les ingénieurs trouvent utile d'y joindre des calculs établis dans l'hypothèse de majorations des charges réelles afin de se rendre compte des charges virtuelles qui provoqueraient la rupture, ils sont libres de le faire et d'exposer les conséquences qu'ils croiront pouvoir en tirer.

B. — Limites de travail et de fatigue.

Art. 4. — La limite de fatigue à la compression fixée aux $\frac{28}{100}$ de la résistance à l'écrasement du béton non armé, après quatre-vingt-dix jours de prise, est notablement plus élevée que celle généralement admise par les règlements étrangers. Les chiffres résultant de ces derniers règlements conduiraient plutôt à admettre comme limite de fatigue à la compression d'un béton armé, le quart de la résistance à l'écrasement du béton similaire non armé après vingt-huit jours de prise.

Or, si on compare les deux règles pour les trois sortes de bétons armés, expérimentés par la Commission du ciment armé, on arrive aux résultats ci-après :

La Commission a expérimenté les bétons formés de 400 litres de sable, 800 litres de gravier, avec ciment Portland, aux dosages variant de 250 à 600 kilogrammes.

Elle a reconnu qu'on peut compter sur les résistances suivantes en kilogrammes par centimètre carré, respectivement pour les dosages de 300, 350 et 400 kilogrammes.

Au bout de vingt-huit jours :

(a)   107 kilogrammes ;   120 kilogrammes ;   133 kilogrammes.

Au bout de quatre-vingt-dix jours :

(b)   160 kilogrammes ;   180 kilogrammes ;   200 kilogrammes.

Si donc on admettait comme limites de fatigue le 1/4 des résistances (a), on trouverait respectivement :

27 kilogrammes ;   30 kilogrammes ;   33 kilogrammes.

Si, au contraire, suivant l'article 4 de l'instruction, on adopte les $\frac{28}{100}$ des résistances (b), on trouve :

$44^{kg},8$; $50^{kg},4$;   56 kilogrammes.

chiffres notablement supérieurs aux précédents. On voit donc qu'à ce point de vue l'article 4 est beaucoup plus hardi que les règlements étrangers. Mais ces règlements sont plus ou moins anciens et il est vraisemblable que s'ils viennent à être refaits, en tenant compte des constructions existantes et des qualités qu'y montre le béton armé, on en modifiera les prescriptions dans le sens où elles se trouvent modifiées par l'article 4 lui-même.

L'industrie privée qui, en France plus qu'ailleurs, se règle sur les préceptes administratifs, même pour les constructions privées, a à gagner à la hardiesse des prescriptions de l'article 4, qu'elle appliquera d'ailleurs sous sa responsabilité.

Les ingénieurs de l'Etat ne sont pas tenus d'aller jusqu'à l'extrême limite de ce que permet le règlement. Ils peuvent se tenir au-dessous. Ils doivent d'ailleurs se rappeler que la sécurité d'un ouvrage en béton armé n'est assurée, quelles que soient les limites de fatigue adoptées dans les calculs, que par la perfection des matériaux employés, leur dosage mathématique et le soin apporté dans leur emploi. Leur surveillance doit donc être plus stricte encore pour les ouvrages en béton armé que pour ceux qu'ils construisent habituellement.

Art. 5. — Il convient d'encourager l'emploi judicieux du métal, non seulement comme armature longitudinale, mais aussi dans le sens transversal ou oblique, de façon à empêcher le gonflement du béton sous l'influence des compressions longitudinales auxquelles il peut être soumis. Sa résistance à l'écrasement augmente ainsi dans des proportions considérables et qui atteignent, lorsque l'armature transversale va jusqu'à un frettage suffisamment serré, des proportions qu'on n'eût pas pu prévoir avant que l'expérience les ait fait connaître. Il est donc naturel d'augmenter aussi la limite de fatigue à admettre suivant le volume et la disposition des armatures transversales ou obliques. Il serait difficile de donner à cet égard une indication absolue. Quelques expériences de laboratoire ou de chantier faites comparativement sur des bétons sans armature transversale et les mêmes avec de telles armatures, en indiquant l'augmentation de résistance à l'écrasement obtenue par ces dernières, permettront de déterminer l'augmentation qu'on pourrait, sans danger, adopter pour la limite de fatigue. Toutefois, les expériences faites par la Commission du ciment permettent, faute de mieux, d'admettre que les armatures transversales et les frettages multiplient la résistance à l'écrasement d'un prisme de béton par un coefficient :

$$1 + m' \frac{V'}{V},$$

V' étant le volume des armatures transversales ou obliques et V le volume du béton pour une même longueur du prisme. m' est un coefficient variable avec le degré d'efficacité des liaisons établies entre les barres longitudinales. Lorsque ces liaisons consistent en ligatures transversales, formant des rectangles en projection sur une section transversale du prisme, le coefficient m' peut varier de 8 à 15, le minimum se rapportant au cas où l'espacement des armatures transversales atteint la plus faible dimension transversale de la pièce considérée, et le maximum, lorsque le dit espacement descend au tiers au plus de cette dimension.

Lorsque les armatures transversales consistent en un frettage formé par des spires plus ou moins serrées, le coefficient m' peut varier de 15 à 32. Le minimum serait à appliquer lorsque l'écartement des frettes atteindrait les $\frac{2}{5}$ de la plus petite dimension transversale de la pièce considérée et le maximum lorsque cet écartement atteindrait :

$\frac{1}{5}$ de la dite dimension pour une compression longitudinale de 50 kilogrammes par centimètre carré.

$\frac{1}{8}$ de la dite dimension pour une compression de 100 kilogrammes par centimètre carré.

Les indications qui précèdent sont soumises à la réserve essentielle, formulée à l'article 5, qu'en aucun cas, quel que soit le pourcentage du métal et quelle que soit la valeur du coefficient $1 + m'\dfrac{V'}{V}$, la limite de fatigue à admettre ne pourra dépasser les 0,60 du béton non armé telle qu'elle est définie à l'article 4. Cette disposition a pour effet de se tenir, dans tous les cas, à une limite de fatigue qui ne dépasse pas la moitié de la pression qui commence à provoquer la fissuration superficielle du béton armé et qui, d'après les expériences de la Commission du ciment armé, dépasse, suivant les cas, de 25 à 60 0/0, celle qui produit l'écrasement du béton armé.

II. — CALCULS DE RÉSISTANCE

Art. 9. — Se justifie de lui-même.

Art. 10. — Cet article a pour objet d'écarter les procédés de calcul purement empiriques. Les principes de la résistance des matériaux fournissent ici, comme pour les constructions ordinaires, des solutions plus sûres. L'expérience, dans les limites où elle s'est révélée jusqu'ici, conduit à admettre que le principe de Navier relatif à la déformation plane des sections transversales peut encore être appliqué ici.

Combiné avec le principe de la proportionnalité des efforts aux déformations, il suffit dans le cas des pièces soumises à des compressions. Il suffit de remplacer chaque section hétérogène par une section fictive ayant même masse que la section hétérogène réelle, en attribuant aux parties de la section formées par le béton une densité 1 et aux parties formées par les armatures longitudinales une certaine densité m (¹).

Théoriquement, cette densité m serait le rapport :

$$(1) \qquad m = \frac{E_a}{E_b},$$

du module d'élasticité E_a du métal de l'armature au module d'élasticité E_b du béton. Ce rapport, dans les limites de charges admises par l'article 4, est d'environ 10. Il s'accroît avec les charges du béton et peut doubler ou tripler au moment de la rupture si elle a lieu par écrasement du béton ; il diminuera, au contraire, si la rupture avait lieu par excès de charge de l'armature.

Ce fait suffirait à montrer combien incertains seraient les calculs de résistance basés sur la majoration fictive, jusqu'à rupture, des charges réelles, dont il a été parlé plus haut (art. 3).

En tout cas, les expériences sur le module E_b portent sur du béton non armé. Dans quelle mesure le rapport m, qu'on en déduit, reste-t-il applicable au béton armé ? Cela peut dépendre du degré de facilité que l'on a pour le damer dans toutes ses parties, pour l'enrober autour du métal, etc.

Il est donc préférable de regarder le coefficient m comme résultant de l'expérience et pouvant, dans une pièce à armatures complexes (longitudinales et transversales), ne pas représenter exactement le rapport des modules d'élasticité du métal et du béton expérimentés séparément.

(¹) Les armatures transversales n'ont pas à intervenir ici. Leur rôle essentiel se trouve déjà pris en considération par la majoration (art. 5) qu'elles permettent d'attribuer à la limite de fatigue du béton. C'est en effet, dans l'augmentation de la résistance à l'écrasement, due à ce qu'elles s'opposent au gonflement transversal, que réside leur principale efficacité.

On pourra admettre que ce coefficient peut varier de 8 à 15. Le minimum s'appliquera lorsque les barres longitudinales auront un diamètre égal au dixième $\left(\frac{1}{10}\right)$ de la plus petite dimension de la pièce, des ligatures ou entretoises transversales espacées de cette dernière dimension et des abouts peu éloignés des surfaces libres du béton. Le maximum s'appliquera lorsque le diamètre des barres longitudinales ne sera que le vingtième $\left(\frac{1}{20}\right)$ de la plus petite dimension de la pièce, et l'espacement des ligatures ou armatures transversales, le tiers de cette même dimension.

La plupart des auteurs admettent pour m une valeur fixe et qui, souvent, est prise égale à 15. On attribue sans doute ainsi, dans beaucoup de cas, au métal, une part de résistance supérieure et au béton une part inférieure à celles qui se produisent réellement. Il s'ensuit qu'on peut avoir des déboires en ce que la compression du béton est, en fait, supérieure à celle qu'on a admise et que le coefficient de sécurité, en ce qui le concerne, est inférieur à celui qu'on voulait admettre.

En faisant varier m entre un maximum de 15 et un minimum de 8, suivant les dispositions des armatures, tant longitudinales que transversales, on serre de plus près la réalité et on compense ainsi, en partie, le coefficient de fatigue un peu élevé autorisé par l'article 4.

Une fois le coefficient m choisi, les formules à appliquer peuvent aisément se mettre sous la forme classique qui convient à un solide homogène.

a. **Compression simple.** — On considère la section homogène fictive Ω donnée par la relation :

$$(2) \qquad \Omega = \Omega_b + m\Omega_a,$$

Ω_b étant l'aire de la section en béton, et Ω_a l'aire totale des sections faites dans les armatures métalliques longitudinales. Comme cette dernière est faible par rapport à la première, on confond souvent Ω_b avec la section totale $\Omega_b + \Omega_a$ de la pièce.

Si N est la compression totale qui agit normalement à la section, on aura pour la pression, par unité de surface R_b que supporte le béton et celle R_a que supportent les armatures :

$$(3) \qquad R_b = \frac{N}{\Omega}. \qquad R_a = m\,\frac{N}{\Omega}.$$

Si R_b est donné, on en conclut Ω et, par suite à l'aide de (2) d'après la forme réelle de la pièce, la section totale Ω_a des armatures ou le pourcentage :

$$\frac{\Omega_a}{\Omega_b}$$

b. **Compression avec flexion.** — Si la compression totale N n'est pas uniformément répartie, il convient de faire intervenir, outre l'aire Ω de la section fictive, son centre de gravité et son moment d'inertie relatif à l'axe transversal à la flexion passant par son centre de gravité, par les formules suivantes :

$$(4) \qquad \Omega Y = \Omega_b Y_b + m\Omega_a Y_a;$$
$$(5) \qquad I = I_b + mI_a.$$

La figure 1 représente un schéma de la section considérée supposée symétrique par rapport à un axe Y'Z. Le centre de gravité cherché de la section fictive Ω est G; celui des armatures métalliques connues est G_a, celui du béton également connu est G_b. On déduit les positions de ces points par leurs ordonnées respectives :

$$Y = GK, \qquad Y_b = G_bK, \qquad Y_a = G_aK,$$

comptées à partir d'un axe $x'x$ choisi à volonté, ces ordonnées étant, s'il y a

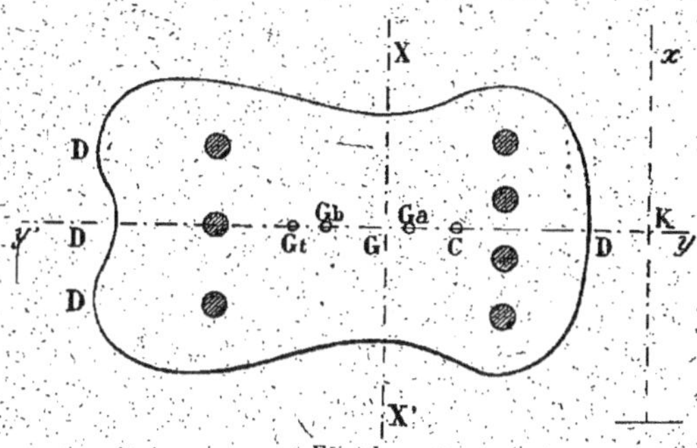

FIG. 1.

lieu, comptées positivement d'un côté convenu de $x'x$ et négativement du côté opposé.

La formule (2) donne Ω; puis la formule (4) donne l'ordonnée Y du centre de gravité G de Ω. Enfin, l'axe XGX' étant ainsi connu, on connaît les moments d'inertie I_b et I_a des sections géométriques du béton et des armatures longitudinales par rapport à cet axe et, par suite, la formule (5) donne le moment d'inertie I de la section fictive Ω par rapport à ce même axe.

Nous avons dit plus haut qu'on confond souvent la section Ω_b du béton avec la section totale $\Omega_t = \Omega_b + \Omega_a$ de la pièce. Si on ne veut pas le faire, les formules (2), (4), (5) peuvent s'écrire d'une façon plus commode dans la pratique en y introduisant, au lieu de la section Ω_b du béton, la section totale :

$$\Omega_t = \Omega_b + \Omega_a.$$

et, par suite, au lieu du centre de gravité G_b du béton, celui de G_t de cette section totale et, enfin, au lieu du moment d'inertie I_b de la section du béton relativement à l'axe X'X, le moment d'inertie I_t de la section totale, relativement à un axe parallèle à X'X passant par le centre de gravité G_t.

Les formules deviennent alors :

$$(2') \qquad \Omega = \Omega_t + (m - 1) \Omega_a.$$
$$(4') \qquad \Omega Y = \Omega_t Y_t + (m - 1) \Omega_a Y_a.$$
$$(5') \qquad I = I_t + \Omega_t (Y - Y_t)^2 + (m - 1) I_a.$$

A présent, si N est la pression totale et M le moment de flexion, c'est-à-dire la somme des moments des forces extérieures agissant sur la section considérée relativement au centre de gravité G, de la section fictive, on aura pour la pression par unité de surface n_b agissant sur le béton à une distance quelconque v de l'axe X'X :

$$(5a) \qquad n_b = \frac{N}{\Omega} + \frac{M}{I} v,$$

et si au point considéré se trouvait une armature, la pression qu'elle supporterait serait :

$$(6) \qquad n_a = mn_b.$$

Dans ces formules, la distance v est comptée positivement du côté où le moment de flexion produit une compression et négativement du côté opposé. Si le moment de flexion autour de l'axe $X'X$ est compté positivement de gauche à droite pour l'observateur placé suivant $X'X$, la tête en X', les pieds en X, alors les distances v doivent être comptées positivement pour les points de la section situés à droite de $X'X$ et négativement pour ceux de gauche.

Si on appelle v_b la distance à $X'X$ de la fibre extrême de droite et par v_{1b} la *valeur absolue* de la même distance pour la fibre extrême de gauche, la plus grande compression du béton R_b par unité de surface sera :

$$(7) \qquad R_b = \frac{N}{\Omega} + \frac{M}{I} v_b.$$

Sa compression la plus faible R_{1b} sera :

$$(7_1) \qquad R_1 b = \frac{N}{\Omega} - \frac{M}{I} v_{1b}.$$

En remplaçant l'indice b par a pour les armatures, les valeurs extrêmes de la compression pour les armatures seront :

$$(8) \qquad R_a = m \left[\frac{N}{\Omega} + \frac{M}{I} v_a \right];$$

$$(8_1) \qquad R_{1a} = m \left[\frac{N}{\Omega} + \frac{M}{I} v_{1a} \right].$$

Ces formules supposent essentiellement qu'il y a compression partout, c'est-à-dire que la valeur R_{1b} et, par suite, celle de R_{1a} sont positives. Si R_{1b} était négatif, on n'aurait plus le droit de les appliquer parce que les lois de la traction du béton diffèrent essentiellement de celles qui régissent sa compression. Il faudrait alors procéder comme il sera indiqué plus loin.

Si on connaît la pression totale N, non seulement en grandeur mais en position, c'est-à-dire si on connaît la position de son point d'application (centre de pression) définie par sa coordonnée v_0 par rapport à l'axe $X'X$, on en déduirait par définition :

$$(9) \qquad M = Nv_0.$$

et si on posait :

$$(10) \qquad I = \Omega r^2,$$

r étant ainsi le rayon de giration de la section fictive Ω relativement à l'axe $X'X$, on aurait :

$$(11) \qquad n_b = \frac{N}{\Omega} \left(1 + \frac{v_0 v}{r^2} \right)$$

L'axe neutre serait obtenu en annulant la valeur de n_b, c'est-à-dire par la formule :

$$(12) \qquad 1 + \frac{v_0 v'}{r^2} = 0,$$

en appelant v' la valeur de v qui définit la position de cet axe.

La formule (7) devient avec ces nouvelles notations :

$$(13) \qquad R_{1b} = \frac{N}{\Omega}\left(1 - \frac{v_0 v_{1b}}{r^2}\right)$$

La comparaison des deux dernières formules indique, comme cela doit être, qu'il n'y a compression partout que si l'axe neutre tombe hors de la section, soit :

$$- v' > v_{1b}.$$

Ce qui précède suppose que l'on connaît pour chaque section les valeurs de N et de M. Ce sera le cas pour une colonne portant une charge centrée (c'est-à-dire appliquée au centre de gravité G de la section fictive, d'où M = o), ou excentrée (M = Nv_0). Ce sera encore le cas d'un barrage où la courbe des pressions donne précisément N et v_0 pour chaque section.

Lorsque la statique ne fournit pas directement ces valeurs, comme dans un arc de pont, on procèdera comme il va être indiqué dans le cas de beaucoup le plus général où les pièces travaillent à la fois à la compression et à l'extension, celui qui justifie vraiment l'emploi des armatures, et ceci nous amène tout naturellement à ce cas général visé par les articles 11 et 12 de l'instruction.

ART. 11. — Cet article dit que, dans les calculs de déformation, on mettra en compte la résistance à l'extension du béton.

On peut avoir à calculer la déformation en elle-même, notamment pour prévoir la flèche que prendra un ouvrage. Mais, en tout cas, on aura à faire usage des formules de déformation pour connaître dans chaque section, la compression N de la fibre moyenne (lieu des centres de gravité G des sections fictives Ω), le moment de flexion M et l'effort tranchant T, lorsque la statique ne les fournit pas.

Par définition N et T sont les composantes normale et tangentielle des forces extérieures y compris la réaction de l'appui qui agissent d'un côté convenu de la section et M est la somme des moments de ces mêmes forces extérieures par rapport au point G.

Si l'une des extrémités de la pièce à étudier est libre (colonnes) ou si la statique fournit la réaction d'un appui (poutres à deux appuis sans encastrement) les forces N et T et le couple M sont connus, *en toute rigueur*; on pourra se passer de toute formule de déformations, et, par conséquent, de toute hypothèse pour les déterminer. L'article 11 n'intervient pas pour cet objet.

Mais dans le cas des poutres encastrées ou des poutres à plusieurs travées ou d'arcs travaillant à l'extension, ce qui est le cas général des arcs en béton armé, on devra appliquer l'article 11, et, par conséquent, l'interpréter.

L'Administration acceptera l'interprétation faite selon l'usage courant jusqu'ici, bien qu'il soit peu correct et qui consiste à attribuer au béton, travaillant à l'extension, le même coefficient d'élasticité que quand il travaille à la compression.

Une fois cette hypothèse admise, les formules, établies plus haut, sous la restriction essentielle qu'il n'y a travail qu'à la compression, deviennent générales. Or, on voit aisément que ces formules, grâce à l'intervention des éléments de la section fictive Ω, ramènent le problème de la résistance d'une pièce en béton armé, c'est-à-dire d'une pièce hétérogène, à celui de la résistance d'une pièce homogène fictive. Dès lors, tous les résultats généraux et classiques obtenus dans ce dernier cas s'étendent au premier, et, par conséquent, pour avoir les valeurs de N, M, T dans le cas d'un arc, celles de M, T dans le cas d'une poutre chargée transversalement où $N = 0$, ainsi que les réactions des appuis, il suffira, dans chaque cas, d'adopter les valeurs bien connues qui se rapportent aux pièces homogènes.

Ainsi, si on a une poutre en béton armé de portée l encastrée à ses deux extrémités et portant une charge uniforme de p kilogrammes par mètre courant, on admettra que, comme pour une poutre homogène, le plus grand moment de flexion se produira à l'encastrement et aura pour valeur :

$$(14) \qquad \frac{pl^2}{12}$$

et que le moment de flexion au milieu, de signe contraire au précédent, sera en valeur absolue :

$$(15) \qquad \frac{pl^2}{24}$$

Si l'encastrement est partiel on adoptera, au lieu de la valeur ci-dessus, une valeur intermédiaire entre elle et celle $\frac{pl^2}{8}$, qui se rapporte à la poutre à appuis simples, par exemple $\frac{pl^2}{10}$.

De même, si on a une poutre à plusieurs travées qui seront généralement égales, il suffira de prendre dans les traités ou manuels de résistance des matériaux, les valeurs toutes calculées des moments de flexion, efforts tranchants et réactions des appuis se rapportant à des pièces homogènes ou, si on se trouve dans des cas spéciaux, de calculer ces valeurs comme s'il s'agissait de pièces homogènes.

De même, enfin, s'il s'agit d'un arc, on se servira des tables de Bresse relatives aux arcs homogènes pour avoir la poussée s'il s'agit d'un arc à deux rotules, de celles que M. l'ingénieur Pigeaud a récemment publiées dans les *Annales des Ponts et Chaussées* s'il s'agit d'un arc encastré et on choisira une valeur intermédiaire entre celles fournies par ces deux tables, si on juge qu'on a un encastrement partiel.

Dans les cas spéciaux, on calculera directement la poussée selon la formule classique se rapportant aux pièces homogènes.

Une fois la poussée connue, comme les réactions verticales se déduisent de la statique pure, on aura toutes les données nécessaires pour déterminer M, N et T graphiquement ou par le calcul pour chacune des sections qu'on voudra étudier.

Interprétation plus correcte. — On peut mettre en compte la résistance à l'extension du béton d'une façon plus satisfaisante, en admettant comme résultant de diverses expériences, le principe ci-après : le coefficient d'élasticité du béton armé à l'extension ne conserve une valeur sensiblement constante que jusqu'à la limite de la résistance à l'extension du béton similaire non armé ; à partir de là, il devient en quelque sorte plastique, c'est-à-dire qu'il s'allonge par suite de sa connexion avec l'armature, mais sans que sa tension limite se modifie. Il n'y a pas de difficulté théorique à constituer une résistance des matériaux complète édifiée sur cette hypothèse jointe à celle de Navier relative à la déformation plane des sections transversales. Mais les calculs deviennent beaucoup plus complexes.

Il sera naturellement loisible aux ingénieurs d'utiliser cette manière de faire s'ils la jugent plus satisfaisante.

De quelque manière que l'on ait déterminé les valeurs du moment de flexion M, de l'effort tranchant T et de la compression de la fibre moyenne N (laquelle est nulle dans les pièces droites chargées transversalement), on devra ensuite en tirer, au moins dans les sections les plus fatiguées, la fatigue locale. Dans cette recherche, l'article 11 prescrit de faire abstraction de toute résistance à l'extension du béton. Cette prescription n'a rien de contradictoire avec celle qui prescrit d'en tenir compte dans les calculs de déformation. En fait, le béton se fendille plus ou moins du côté de l'armature tendue, mais sans qu'il résulte de ces fissures microscopiques ou peu profondes, une modification très notable dans la déformation générale des ouvrages, même si, en un point, une fissure plus marquée se produisait. Mais, en ce point, la fatigue locale s'en trouverait naturellement très accrue. Il convient donc, dans le calcul des fatigues locales, de se placer dans cette hypothèse défavorable, tandis qu'il serait excessif de s'y placer dans la recherche des déformations générales et, par suite, de celle des valeurs M, T, F, qui s'y rattachent.

Application à un hourdis et à une pièce d'une section rectangulaire. — On va appliquer la méthode indiquée plus haut à un hourdis (*fig.* 2) assimilé à un simple T, dont la hauteur est h, la largeur d'aile b, la largeur de la nervure b', l'épaisseur d'aile ϵ et dont l'armature du côté de la compression a une section totale ω, sa distance moyenne au parement comprimé étant d, du côté de l'extension, la section ω', à une distance moyenne d' du parement tendu. Si la première n'existait pas, on ferait $\omega = 0$.

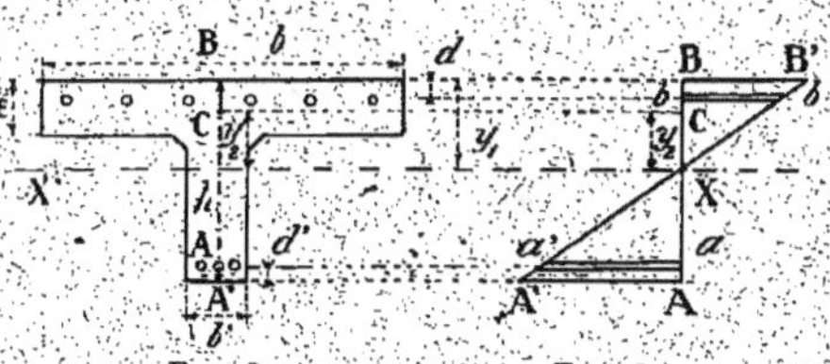

Fig. 2.   Fig. 3.

Soit y_1, la distance inconnue de l'axe neutre X'X au parement comprimé B. Sur la figure 3, la section du hourdis est projetée suivant la droite AB. Les ordonnées de la droite XB' représentent les compressions du béton et, au facteur m près l'ordonnée bb' représente la compression de l'armature comprimée et aa' représente la tension de l'armature tendue. Soit K le coefficient angulaire de la droite B'XA' ou la tangente trigonométrique de l'angle B'XB.

a) **Flexion simple.** — S'il s'agit de la flexion simple $N = 0$, en écrivant que les forces élastiques se réduisent au couple de flexion M, c'est-à-dire que leur somme est nulle et que la somme de leurs moments relativement à n'importe quel point, par exemple au point B est égale à M, on obtient pour déterminer la distance $XB = Y_1$ de l'axe neutre à la face comprimée, l'équation du second degré :

$$(16) \quad 0 = \frac{b'y_1^2}{2} + (b - b') \varepsilon \left(y_1 - \frac{\varepsilon}{2} \right) + m\omega (y_1 - d) - m\omega' (h - d' - y_1)$$

puis, pour déterminer le coefficient angulaire K :

$$(17) \quad \frac{M}{K} = \frac{b'y_1^3}{6} + (b - b') \varepsilon^2 \left(\frac{y_1}{2} - \frac{\varepsilon}{3} \right) + m\omega (y_1 - d) d - m\omega' (h - d' - y_1)(h - d');$$

où le second nombre est connu, ainsi que M.

Ces formules supposent implicitement que l'axe neutre tombe dans la nervure. S'il tombe dans le hourdis, il suffit dans les formules précédentes de faire $b' = b$, ce qui donne :

$$(18) \quad 0 = \frac{by_1^2}{2} + m\omega (y_1 - d) - m\omega' (h - d' - y_1);$$

$$(19) \quad \frac{M}{K} = \frac{by_1^3}{6} + m\omega (y_1 - d) d - m\omega' (h - d' - y_1)(h - d').$$

Pour savoir où tombera la fibre neutre et, par conséquent, si c'est la formule (16) ou celle (18) qui déterminera la position de la fibre neutre, il suffit, dans le second membre de (16), de remplacer y_1 par ε_1, ce qui donne :

$$\frac{b\varepsilon^2}{2} + m\omega (\varepsilon - d) - m\omega' (h - d' - \varepsilon).$$

Si la valeur numérique de cette expression est positive, l'axe neutre tombe dans le hourdis et se détermine par la formule (18). C'est l'inverse si cette valeur numérique est négative.

Les formules (18) et (19) s'appliquent aussi à une section rectangulaire de base *b* et de hauteur *h*.

Quand on a déterminé les deux inconnus y_1 et K, on aura pour la compression maximum R_b du béton :

$$(20) \qquad R_b = Ky_1$$

pour la compression R_a et l'extension R'_a des armatures :

$$(21) \qquad \begin{cases} R_a = mK (y_1 - d), \\ R'_a = mK (h - d' - y_1). \end{cases}$$

b) **Flexion composée.** — On connaît dans ce cas, la compression N et la position du centre de pression C, point d'application de la résultante des forces extérieures. Désignons par *c* la distance de ce point à la face comprimée, cette distance étant comptée positivement si C tombe dans la section, négativement dans le cas contraire. Il paraît plus commode ici, pour la raison qui sera donnée dans un instant, de déterminer la position de la fibre neutre par sa distance $XC = y_2$ (*fig.* 3), au centre de pression C que par sa distance y_1 au parement comprimé. On écrira que la résultante des forces élastiques coïncide avec N. Donc, la somme des moments des forces élastiques par rapport au point C est nulle, ce qui donne une équation du troisième degré servant à déterminer y_2, c'est-à-dire la position de l'axe neutre X'XC. Cette équation dans le cas où cet axe tombe dans la nervure est la suivante :

$$(22) \quad \frac{b'y_2^3}{6} - b\left(\frac{c^2}{2}y_2 + \frac{c^3}{3}\right) + (b - b')\left[\frac{(-c + \varepsilon)^2}{2}y_2 - \frac{(-c + \varepsilon)^3}{3}\right]$$
$$+ m\omega(y_2 + c - d)(-c + d) - m\omega'(h - d' - c - y_2)(h - d' - c) = 0.$$

On voit que cette équation est de la forme :

$$(23) \quad y_2^3 + py_2 + q = 0,$$

les coefficients numériquement connus p et q ayant les expressions suivantes :

$$(24) \quad \begin{cases} p = -\dfrac{3b}{b'}c^2 + 3\left(\dfrac{b}{b'} - 1\right)(c - \varepsilon)^2 - \dfrac{6m\omega}{b'}(c - d) + \dfrac{6m\omega'}{b'}(h - d' - c); \\[2mm] q = -\dfrac{2b}{b'}c^3 + 2\left(\dfrac{b}{b'} - 1\right)(c - \varepsilon)^3 - \dfrac{6m\omega}{b'}(c - d)^2 - \dfrac{6m\omega'}{b'}(h - d' - c)^2. \end{cases}$$

Le terme en y_2^2 manque, ce qui facilite la résolution de l'équation et justifie l'emploi fait de l'inconnue y_2.

Quand y a été trouvée, on obtient l'inconnue auxiliaire K immédiatement par l'équation :

$$(25) \quad \frac{N}{K} = \frac{b'y_2^2}{2} + bc\left(y_2 + \frac{c}{2}\right) + (b - b')\left[(-c + \varepsilon)y_2 - \frac{(-c + \varepsilon)^2}{2}\right]$$
$$+ m\omega(y_2 + c - d) - m\omega'(h - d' - c - y_2),$$

où le second nombre est connu, ainsi que N.

Ces formules supposent que l'axe neutre tombe dans la nervure. S'il tombe dans le hourdis, comme aussi dans le cas d'une section rectangulaire de base b et de hauteur h, il suffit d'y faire $b' = b$, ce qui donne :

$$(26) \quad p = -3c^2 - \frac{6m\omega}{b}(c - d) + \frac{6m\omega'}{b}(h - d' - c);$$

$$(27) \quad q = -2c^2 - \frac{6m\omega}{b}(c - d)^2 - \frac{6m\omega'}{b}(h - d' - c)^2$$

Enfin, dans le cas d'un hourdis, pour savoir si l'axe neutre tombe dans la nervure ou dans le hourdis, il suffira de vérifier si le premier membre de l'équation (23) a, ou non, des signes contraires aux deux extrémités de la nervure.

Quand les inconnues y_2 et K sont déterminées, on tirera de la première :

$$(28) \quad y_1 = y_2 + c,$$

pour la distance de l'axe neutre au parement comprimé, et alors la compression R_b du béton, la compression R_a et la tension R'_a des armatures par unité de surface, se déterminent par les formules (20) et (21).

Remarques au sujet du calcul des hourdis. — Quand on a un plancher formé d'un hourdis avec nervures (*fig.* 4), on détache une nervure aux deux parties adjacentes, de manière à ne considérer que la partie $\alpha\alpha'\beta\beta'$ de largeur $\alpha\beta = b$, sans tenir compte du secours que cette portion du plancher peut recevoir de son adhérence avec les parties voisines.

Cette largeur b doit être en rapport avec l'épaisseur e du hourdis, l'écartement L des nervures et leur portée l. Il convient de ne jamais dépasser pour la largeur b le tiers de la portée l des nervures, ni les $\frac{3}{4}$ de leur écartement L.

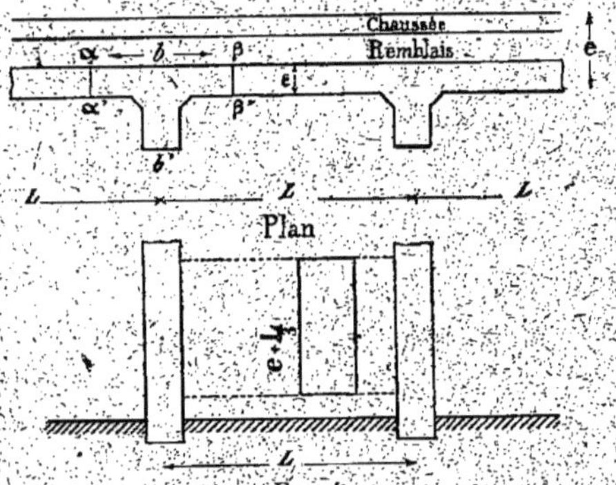

En ce qui touche le plancher lui-même, s'il a à supporter les charges concentrées entre deux nervures, il doit être pourvu de deux séries de barres horizontales dans les directions orthogonales. On donne généralement aux armatures les plus faibles une section totale par mètre de largeur du hourdis au moins égale à la moitié de la section des plus fortes par mètre de longueur du hourdis.

Et alors, pour calculer l'épaisseur e du plancher, on admet que la charge isolée peut être remplacée (*fig.* 4, plan) par une charge uniformément répartie sur un rectangle ayant cette charge pour centre, ses côtés parallèles aux nervures ayant un écartement e égal à la somme des épaisseurs : 1° du hourdis lui-même, soit e ; 2° s'il y a lieu du remblai et de la chaussée qu'il porte ; ses côtés perpendiculaires aux nervures ayant pour écartement $e + \frac{L}{3}$; L étant l'écartement des nervures.

La charge ainsi répartie, on suppose qu'elle est portée par une bande du hourdis, de la largeur $e + \frac{L}{3}$ sans concours des parties adjacentes ; par conséquent, par une poutre de section rectangulaire $\left(e + \frac{L}{3}\right)e$ et de portée L, s'appuyant sur deux nervures consécutives.

S'il s'agit d'un hourdis porté par deux cours de nervures orthogonales, d'écartements respectifs LL', pour calculer le moment de flexion dans le sens de la portée L, on pourra, faute de mieux, le calculer comme si les nervures de portée L existaient seules, en multipliant le chiffre obtenu par le coefficient de réduction :

$$\frac{1}{1 + 2\dfrac{L^4}{L'^4}}$$

On fera de même en permutant les lettres L et L' pour obtenir le moment de flexion dans le sens de la portée L'.

Adhérence. — Pour s'assurer de l'adhérence entre le béton et l'armature, tendue par exemple, on observera que si, dans deux sections voisines AB, A'B' d'une pièce (*fig.* 5), espacées d'une longueur Δ_s, on a trouvé pour la tension de l'armature, les valeurs R'_a et R''_a par unité de surface, les tractions totales sur ces deux sections seront :

$$\omega'R'_a \qquad \text{et} \qquad \omega'R''_a.$$

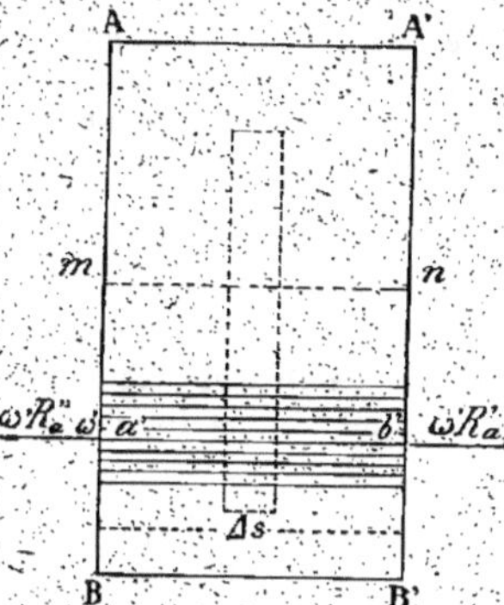

Supposons, pour fixer les idées, $R''_a > R'_a$; c'est la différence $\omega'(R''_a - R'_a)$ qui tendra à faire glisser la portion d'armature de longueur Δ_s dans sa gaine de béton. Si donc le périmètre total des armatures tendues est χ', l'adhérence par unité de surface sera :

$$\frac{\omega'(R''_a - R'_a)}{\chi'\Delta_s}$$

C'est ce rapport qui ne doit pas être supérieur à la limite imposée pour l'adhérence par l'article 6 du règlement.

Si des étriers ou autres pièces transversales sont *suffisamment* solidarisés avec une armature longitudinale pour contribuer à empêcher celle-ci de glisser dans sa gaine de béton, alors la force F de cisaillement de celles de ces pièces transversales qui se trouvent sur la longueur Δ_s considérée ou le produit de la section cisaillée par le travail de cisaillement admis pour le métal, doit être retranchée de l'effort

$$\omega'(R''_a - R'_a),$$

et il suffit que le rapport

$$\frac{\omega'(R''_a - R'_a) - F}{\chi'\Delta_s}$$

ne dépasse pas la limite admise pour l'adhérence.

Mais de simples ligatures entre les armatures transversales et longitudinales ne suffisent pas pour produire l'effet de la force F. Ces ligatures doivent être faites. Mais il convient de ne pas en tenir compte comme renfort prêté à l'adhérence.

Glissement longitudinal du béton sur lui-même et effort tranchant. — Concevons toujours une portion de pièce comprise entre deux sections transversales AB et A'B' distantes de Δ_s et portant l'armature longitudinale $a'b'$ du côté de l'extension. Faisons dans la partie tendue du béton, c'est-à-dire entre l'armature $a'b'$ et le plan des fibres neutres une section mn parallèle à ce plan. Soit ω_b l'aire de cette section.

Comme on ne tient pas compte des tensions du béton normalement à mB et nB', la portion $mnBB'$ de la pièce est en équilibre sous l'influence des tensions

$\omega'R''_a$ et $\omega'R'_{ra}$ des armatures et de l'effort longitudinal ou de cisaillement suivant mn. Donc, cet effort, par unité de surface :

$$\frac{\omega'(R'_a - R'_a)}{\omega_b} \cdot (a),$$

ne doit pas dépasser la fatigue admise par le cisaillement.

Si les armatures transversales résistent *efficacement* au glissement longitudinal, on peut en tenir compte comme il est dit ci-dessus pour l'adhérence.

Cet effort (a) reste constant jusqu'à la fibre neutre. Au delà, il diminue par l'effet des compressions, de sorte que celui mis en compte ici en représente le maximum.

L'effort tranchant en chaque point est d'ailleurs, comme on le sait, le même en grandeur que l'effort de glissement longitudinal dont il vient d'être parlé.

Art. 12. — **Flambement.** — Pour s'assurer contre le flambement des pièces comprimées, on peut faire usage de la règle de Rankine, qui se traduit par l'inégalité suivante :

$$(29) \qquad \frac{N}{\Omega}\left(1 + \frac{kl^2}{10.000r^2}\right) < R_b.$$

N est l'effort de compression : s'il varie notablement d'une extrémité à l'autre de la pièce, on prendra la valeur relative à la section médiane, située à égale distance des extrémités : l est la longueur de la pièce ; r, le rayon de giration minimum de la section transversale qui, dans le cas fréquent d'une pièce symétrique, a, soit la direction de l'axe de symétrie, soit la direction perpendiculaire.

R_b est la limite de fatigue admissible pour le béton armé (art. 4).

Enfin k est un coefficient numérique dépendant des conditions auxquelles la pièce est soumise à ses extrémités, et qui a les valeurs ci-après :

CONDITIONS RELATIVES AUX EXTRÉMITÉS	k	OBSERVATIONS
Pièce encastrée à un bout, libre à l'autre..............	4	
Pièce articulée aux deux bouts..................	1	
Pièce encastrée à un bout, articulée à l'autre.......	1/2	Si l'encastrement est imparfait, on prendra une valeur moyenne entre 1/2 et 1.
Pièce encastrée aux deux bouts.................	1/4	Si l'un des encastrements est imparfait, on prendra une valeur moyenne entre 1/4 et 1/2. Si les deux sont imparfaits, une valeur moyenne entre 1/4 et 1.

Quand la pièce comprimée est de grande longueur, il arrive que l'unité est négligeable devant le nombre $\dfrac{kl^2}{10.000r^2}$.

L'inégalité qui exprime la condition de stabilité peut alors être mise sous la forme simplifiée :

$$\frac{N}{\Omega}\frac{kl^2}{10.000r^2} < R_b;$$

ou :

$$(30) \qquad N < \frac{10.000}{k} \frac{\Omega r^2}{l^2} R_b.$$

La valeur moyenne de R_b est d'environ 50×10^4 (50 kilogrammes par centimètre carré). Le coefficient d'élasticité longitudinale du béton est, en moyenne, le dixième de celui de l'acier, soit :

$$E_b = 2 \times 10^9.$$

D'où il résulte que le produit : $10.000\, R_b$ est sensiblement égal à

$$\frac{\pi^2 E_b}{4},$$

ce qui permet d'écrire la condition (30) sous la forme :

$$(31) \qquad N < \frac{1}{4k} \frac{\pi^2 \Omega r^2}{l^2} E_b.$$

C'est la formule d'Euler, avec un coefficient de sécurité égal à 4.

On voit donc que les indications fournies par cette formule concordent avec celles de la règle de Rankine pour les pièces de grande longueur.

Si la pièce soumise à un effort de compression N est en même temps sollicitée par un moment de flexion dont l'effet ne peut être considéré comme négligeable (cas d'une charge désaxée, poussée du vent, etc.), il convient de compléter la condition de stabilité exprimée par l'inégalité (29) en y introduisant la valeur du travail maximum de compression déterminé, dans la section médiane, par le moment fléchissant M.

Ce travail a pour expression :

$$\frac{Mv}{I} \text{ (formule 5}^a\text{);} \qquad \text{ou} \qquad \frac{Nv_0 v}{\Omega r^2} \text{ (formule 11).}$$

La règle de Rankine se traduit alors par l'une ou l'autre des inégalités suivantes :

$$(32) \qquad \frac{N}{\Omega}\left(1 + \frac{kl^2}{10.000 r^2}\right) + \frac{Mv}{I} < R_b;$$

$$(33) \qquad \frac{N}{\Omega}\left(1 + \frac{kl^2}{10.000 r^2} + \frac{v_0 v}{r^2}\right) < R_b.$$

III ET IV

Les instructions relatives à l'exécution des travaux et aux épreuves se justifient d'elles-mêmes et n'ont pas besoin de commentaire. On se bornera à rappeler *que le béton armé ne vaut que par la perfection de son exécution*. Les accidents survenus sont en général dus à la médiocre qualité des matériaux ou à leur mauvais emploi. Il convient donc d'exercer *une surveillance toute spéciale* sur la provenance, la pureté des matériaux, leur dosage, celui de l'eau employée à la confection du béton, son damage, son bourrage le long des armatures, le solide arrimage de celles-ci, etc.

Quant aux épreuves, elles peuvent, dans certaines circonstances, être simplifiées, moyennant justification. Mais il convient encore ici de ne pas chercher des économies ou des facilités qui puissent faire courir un risque quelconque à la sécurité publique.

INSTRUCTIONS

RELATIVES A L'EMPLOI DU BÉTON ARMÉ

I. — DONNÉES A ADMETTRE
DANS LA PRÉPARATION DES PROJETS

A. — SURCHARGES

ARTICLE PREMIER. — Les ponts en béton armé seront établis de manière à pouvoir supporter les surcharges verticales et les actions du vent imposées aux ponts métalliques de mêmes destinations par le règlement du 29 août 1891.

ART. 2. — Les combles en béton armé seront, sauf exception justifiée, soumis, au point de vue des surcharges, au règlement du 17 février 1903, relatif aux halles métalliques des chemins de fer.

ART. 3. — Les planchers et autres parties des bâtiments, les murs de soutènement, les murs de réservoirs, les conduites sous pression et tous autres ouvrages intéressant la sécurité publique seront calculés en vue des plus grandes surcharges qu'ils auront à supporter en service.

B. — LIMITES DE TRAVAIL OU DE FATIGUE

ART. 4. — La limite de fatigue à la compression du béton armé à admettre dans les calculs de résistance des ouvrages ne devra pas dépasser les vingt-huit centièmes (0,28) de la résistance à l'écrasement acquise par le béton non armé de même composition, après quatre-vingt-dix jours de prise.

La valeur de cette résistance mesurée sur des cubes de 20 centimètres de côté sera spécifiée au devis de chaque projet.

ART. 5. — Lorsque le béton sera fretté ou lorsque les armatures transversales ou obliques qu'il portera seront disposées de manière à s'opposer plus ou moins efficacement à son gonflement sous l'influence de la compression longitudinale qu'il supporte, la limite de fatigue à la compression prévue à l'article précédent pourra être majorée dans une mesure plus ou moins large suivant le volume et le degré d'efficacité des armatures transversales, sans que la nouvelle limite puisse, quel que soit le pourcentage du métal employé, dépasser les soixante centièmes (0,60) de la résistance à l'écrasement du béton non armé telle qu'elle est définie à l'article 4.

Art. 6. — La limite de fatigue au cisaillement, au glissement longitudinal du béton sur lui-même et à son adhérence sur le métal des armatures sera prévue égale à dix centièmes (0,10) de celle spécifiée à l'article 4 pour la limite de fatigue à la compression.

Art. 7. — La limite de fatigue tant à l'extension qu'à la compression qui ne pourra pas être dépassée pour le métal employé aux armatures est la moitié de sa limite apparente d'élasticité telle qu'elle sera définie au devis de chaque projet. Toutefois pour les pièces supportant des chocs ou soumises à des efforts de sens alternés telles que les hourdis, cette limite sera réduite aux quarante centièmes (0,40) au lieu de moitié de la limite apparente d'élasticité.

Art. 8. — Pour les pièces soumises à des efforts très variables, les limites de travail ci-dessus définies seront abaissées d'autant plus que les variations seront plus grandes, sans que la diminution exigée puisse être de plus de 25 0/0.

Les limites de travail seront également abaissées pour les pièces soumises à des causes de fatigue ou d'affaiblissement dont les calculs de résistance n'ont pas tenu compte, notamment à des actions dynamiques, comme celles que supportent les pièces placées directement sous les rails des voies ferrées.

II. — CALCULS DE RÉSISTANCE

ART. 9. — Dans les calculs de résistance des ouvrages en béton armé, il sera tenu compte non seulement des plus grandes forces extérieures, y compris les actions du vent et de la neige, que ces ouvrages pourront avoir à supporter, mais aussi des effets thermiques et de ceux du retrait du béton, toutes les fois qu'il ne s'agira pas d'ouvrages librement dilatables dans le sens théorique du mot ou de ceux que l'expérience permet de regarder approximativement comme tels.

ART. 10. — Les calculs de résistance seront faits selon des méthodes scientifiques appuyées sur les données expérimentales et non par des procédés empiriques. Ils seront déduits soit des principes de la résistance des matériaux, soit de principes offrant au moins les mêmes garanties d'exactitude.

ART. 11. — La résistance du béton à l'extension sera mise en compte dans le calcul des déformations. Mais pour déterminer la fatigue locale dans une section quelconque, cette résistance sera regardée comme nulle dans la section.

ART. 12. — Pour les pièces comprimées on s'assurera qu'elles ne sont pas exposées à flamber. Toutefois, on pourra s'en dispenser pour les pièces dont l'élancement (rapport de la hauteur à la plus faible dimension transversale) est inférieur à 20 et dont la fatigue à la compression ne dépasse pas la limite définie par l'article 4.

ART. 13. — Le devis devra indiquer les qualités et dosage des matières entrant dans la composition du béton ; quant à la proportion d'eau à employer pour le gâchage, elle devra être surveillée avec soin et strictement suffisante pour donner au béton la plasticité nécessaire pour le bon enrobage des armatures et le remplissage de tous les vides.

III. — EXÉCUTION DES TRAVAUX

Art. 14. — Les coffrages ainsi que l'arrimage des armatures présenteront une rigidité suffisante pour résister sans déformation sensible aux charges et aux chocs qu'ils seront exposés à subir pendant l'exécution du travail et jusqu'au décoffrage et au décintrement inclusivement.

Art. 15. — Sauf dans le cas exceptionnel où le ciment serait coulé, il sera toujours à prise lente et damé avec le plus grand soin par couches dont l'épaisseur sera en rapport avec les dimensions des matériaux employés et les intervalles des armatures et ne dépassera pas 0^m,05 après damage, à moins qu'on n'emploie des cailloux.

Art. 16. — Les distances des armatures entre elles et aux parois des coffrages seront telles qu'elles permettent le parfait damage du béton et son serrage contre les armatures. Ces dernières distances, même quand on n'emploie que du mortier sans gravier, ni cailloux, devront toujours être d'au moins 15 à 20 millimètres, de façon à mettre les armatures à l'abri des intempéries.

Art. 17. — Lorsqu'on emploiera, pour les armatures, des fers profilés et non des barres rondes, on prendra des dispositions spéciales pour que leur enrobage se fasse parfaitement sur tout leur périmètre et notamment dans les angles rentrants.

Art. 18. — Lorsque l'exécution d'une pièce aura été interrompue, ce qu'on évitera autant que possible, on nettoiera à vif et on mouillera l'ancien béton assez longtemps pour qu'il soit bien imbibé avant d'être mis en contact avec du béton frais.

Art. 19. — En temps de gelée le travail sera interrompu si l'on ne dispose pas de moyens efficaces pour en prévenir les effets nuisibles.

À la reprise du travail on opérera la démolition de tout ce qui aura subi les atteintes de la gelée, puis on procédera comme il est dit à l'article précédent.

Art. 20. — Pendant quinze jours au moins après son exécution, l'on entretiendra dans le béton l'humidité nécessaire pour en assurer la prise dans de bonnes conditions.

Le coffrage et le décintrement seront faits sans chocs, par des efforts purement statiques et seulement après que le béton aura acquis la résistance nécessaire pour supporter sans dommage les efforts auxquels il est soumis.

IV. — ÉPREUVES DES OUVRAGES

Art. 21. — Les ouvrages en béton armé qui intéressent la sécurité publique seront éprouvés avant d'être mis en service. Les conditions des épreuves ainsi que les délais de mises en service seront insérées au cahier des charges. Les flèches maximum que les ouvrages ne devront pas dépasser seront aussi, du moins autant qu'on le pourra, insérées au cahier des charges.

L'âge que le béton devra avoir au moment des épreuves sera de même fixé par le cahier des charges. Il sera d'au moins quatre-vingt-dix jours pour les grands ouvrages, de quarante-cinq jours pour les ouvrages de moyenne importance et de trente jours pour les planchers.

Art. 22. — Les ingénieurs profiteront des épreuves pour faire non seulement toutes les mesures de déformation ou de vérification des conditions du cahier des charges, mais aussi autant que possible celles qui peuvent intéresser la science de l'ingénieur.

Pour les ouvrages de quelque importance on emploiera des appareils enregistreurs.

Art. 23. — Les ponts en béton armé seront éprouvés de la manière prescrite pour les ponts métalliques par le règlement du 29 août 1891.

S'il paraissait convenable d'apporter certaines dérogations aux prescriptions de ce règlement, elles devront être justifiées et insérées au cahier des charges.

Art. 24. — Les combles seront éprouvés de la manière prescrite par le règlement du 17 février 1903 sauf dérogations à justifier.

Art. 25. — Les planchers seront soumis à une épreuve consistant à appliquer les charges et surcharges prévues soit à la totalité du plancher, soit au moins à une travée entière.

Les surcharges devront rester en place pendant vingt-quatre heures au moins. Les flèches ne devront plus augmenter au bout de quinze heures.

Le Ministre des Travaux publics,
des Postes et des Télégraphes,

Louis Barthou.

ANNEXE

A LA CIRCULAIRE EN DATE DE CE JOUR

EMPLOI DU BÉTON ARMÉ

RAPPORT DE LA COMMISSION

Nommée par le Conseil dans sa séance du 15 mars 1906 [1].

Nous pensons, dans ce rapport, pouvoir être très bref, parce que la Commission a fait son possible pour que les projets d'instructions et de circulaire qu'elle a préparés forment un tout qui puisse suffire aux ingénieurs et, par conséquent, au Conseil.

Nous devons seulement indiquer dans quel ordre d'idées on a cru devoir remanier les projets de règlement et de circulaire préparés par la Commission du ciment armé, et nous nous empressons de dire que les différences portent plutôt sur la forme que sur le fond, tout en n'étant pas sans importance.

En tous cas, nous n'avons cru devoir rien faire sans avoir pris l'avis des deux principaux représentants actuels de la Commission du ciment armé : son rapporteur M. l'inspecteur général Considère et son président depuis la retraite de M. le président Lorieux : M. l'ingénieur en chef Résal.

Cette Commission, en effet, a accompli une œuvre considérable à laquelle elle a consacré quatre années et dont les pièces mises entre les mains des membres du Conseil, à savoir : les projets de règlement et de circulaire préparés par elle et le magistral rapport du plus qualifié en la matière, M. l'inspecteur général Considère, ne donnent, malgré leur importance, qu'une idée imparfaite. Il faut, en outre, avoir examiné les procès-verbaux des expériences de longue haleine auxquelles la Commission s'est livrée avec le concours de M. l'ingénieur Mesnager et du Laboratoire de l'école des ponts et chaussées pour pouvoir apprécier toute l'étendue et la portée de son œuvre. Aussi, convenait-il de n'y toucher qu'avec la plus grande réserve et en ayant son avis. C'est dans cette pensée que

---

[1] Commission composée de MM. Maurice Lévy, Inspecteur général de première classe, *Président et Rapporteur*; de Préaudeau, Vétillart, inspecteurs généraux de deuxième classe.

nous avons cherché à remplir la mission que le Conseil nous a fait l'honneur de nous confier, mission fort délicate ; car si le béton armé est de plus en plus apprécié dans ses effets, il est encore bien imparfaitement connu dans ses causes. Plus on y réfléchit, plus on sent qu'il y a là nombre de phénomènes qui demeurent obscurs. Dans ces conditions, il n'est pas aisé d'arriver à la précision désirable dans les instructions à donner aux ingénieurs, tout en ne les entravant pas dans la voie du progrès qui reste ouverte. C'est sans doute le sentiment de ces difficultés qui a arrêté la Commission du ciment pendant plusieurs années. C'est lui aussi qui doit nous servir d'excuse pour les quelques semaines de réflexion que nous avons prises.

Nous avons cherché à aller vite. Peu de jours après sa désignation, la Commission s'est réunie. Elle a tenu deux séances auxquelles ont été convoqués MM. Considère et Résal. Là, on a discuté contradictoirement tous les articles du projet de règlement de la Commission du ciment armé, ainsi que le projet de circulaire et le rapport de M. Considère qui l'accompagne.

Puis la Commission s'est ajournée en chargeant le soussigné de préparer ses propositions.

Dans l'intervalle, le soussigné a reçu, au nom de la minorité de la Commission du ciment armé, un projet de règlement signé par M. l'ingénieur en chef Rabut et M. l'ingénieur Mesnager, deux membres très qualifiés, eux aussi, de la dite Commission.

Leurs observations portaient sur deux points : l'un relatif à la valeur du coefficient d'élasticité du béton, l'autre tendant à ce que les prescriptions contenues dans le projet de règlement relativement aux calculs de résistance des matériaux soient de beaucoup abrégées et réduites à quelques indications générales, de façon à éviter tout ce qui pourrait tendre à restreindre, en cette matière, la liberté scientifique des ingénieurs, sauf à reporter dans la circulaire les explications ou les conseils que l'on pourrait juger utile de leur donner.

Sur ce dernier point, tout le monde a fini par tomber d'accord et ç'a aussi été le sentiment du Conseil général des ponts et chaussées dans la séance où l'affaire est venue en discussion, et a été, après un échange d'observations, renvoyée à la Commission que nous avons l'honneur de présider.

A l'appui de leurs observations sur le coefficient d'élasticité, MM. Rabut et Mesnager ont joint les résultats d'une série d'expériences faites par M. Mesnager, expériences que nous avons naturellement versées au dossier ainsi que diverses autres pièces, notamment un projet de règlement préparé par ces Messieurs.

Des expériences dont il s'agit, il ressort que, jusqu'à un effort de 60 kilogrammes par centimètre carré, le béton expérimenté par eux et composé de 300 kilogrammes de ciment Portland pour 400 litres de sable et 800 litres de gravier, est environ égal à 1/10 du coefficient d'élasticité de l'acier. C'est aussi ce qui ressort à peu près des expériences de M. le professeur Bach de Stuttgart, et de celles qui avaient été entreprises en France, dès les débuts du ciment armé, à la demande du regretté directeur des phares, Bourdelles.

C'est ainsi, muni d'une part des explications échangées pendant nos deux premières séances avec les deux représentants de la majorité de la Commission du ciment armé, MM. Considère et Résal, des explications fournies au nom de ceux de la minorité de la Commission, que le soussigné s'est mis à l'œuvre pour préparer, non sans de fréquents scrupules, les projets d'instructions et de circulaire que la Commission actuelle a l'honneur de soumettre à l'examen du Conseil.

A ce mot « Règlement » employé par la Commission du ciment armé, nous avons substitué le mot « Instructions » qui, tout en ayant le même caractère obligatoire pour les ingénieurs, s'annonce comme moins permanent. Il convient, en effet, de prévoir que l'expérience des chantiers comme celle des laboratoires et comme la théorie pourront modifier les vues qu'on a actuellement sur le ciment armé et, par suite, amener à faire des retouches aux prescriptions actuelles.

En principe, nous avons cherché à condenser ces instructions en un petit nombre d'articles, brefs et précis.

Elles sont divisées en quatre parties :

I. — Données à admettre dans les projets relatifs au béton armé;

II. — Calculs de résistance (à appuyer sur ces données);

III. — Exécution des travaux;

IV. — Épreuves des ouvrages.

I. **Données à admettre.** — Ces données comprennent deux parties distinctes : les surcharges et les coefficients de travail.

Il n'y a rien à dire relativement aux surcharges. Elles sont les mêmes pour les ouvrages en ciment armé que pour leurs similaires en d'autres matières.

La fatigue à la compression du béton armé a été admise égale aux 28/100 de la résistance à l'écrasement du béton non armé de même composition après quatre-vingt-dix jours de confection, cette résistance étant mesurée sur un cube de $0^m,20$ de côté.

La Commission du ciment armé, dans son projet de règlement, n'avait indiqué la fatigue maximum à admettre que pour trois espèces de béton qui sont formées de 800 litres de gravier, 400 litres de sable avec respectivement les trois dosages :

300, 350 et 400 kilogrammes de Portland.

Elle a trouvé pour ces bétons respectivement les résistances suivantes en kilogrammes par centimètre carré.

Au bout de vingt-huit jours :

107, 120, 133 kilogrammes.

Au bout de quatre-vingt-dix jours :

160, 180 et 200 kilogrammes.

Elle admet dans son règlement les limites de fatigue ci-après :

46, 52, 58 kilogrammes.

La règle que nous proposons donne :

44,8, 50,4, 56 kilogrammes.

c'est-à-dire sensiblement les mêmes chiffres. Nous sommes donc d'accord avec elle et notre formule a l'avantage de s'étendre à d'autres bétons de compositions très variables qui peuvent être employés dans la pratique.

Mais ce n'est pas sans hésitation que nous avons suivi la Commission sur ce point. Ce taux de fatigue de 28/100 de la résistance après quatre-vingt-dix jours est élevé et beaucoup plus élevé que les chiffres similaires admis dans d'autres règlements, notamment dans les règlements allemands ou suisses. Là où nous admettons une fatigue de 51 kilogrammes, on n'admettrait guère que 30 à 35 kilogrammes.

MM. Résal et Considère, au nom de la Commission du ciment armé, ont insisté pour le maintien des chiffres proposés par cette Commission après une longue discussion en présence des représentants de l'industrie qui ont fait partie de la Commission. Ils ont fait valoir que les chiffres admis sont ceux couramment usités dans la pratique et l'industrie ne pourrait pas se contenter de chiffres notablement moindres. M. Considère nous a fait connaître depuis que les règlements étrangers sont déjà anciens eu égard aux rapides progrès accomplis par le béton armé, qu'ils donnent lieu, au point de vue spécial dont il s'agit, à des réclamations de la part des constructeurs et que, vraisemblablement, soit par tolérance, soit par une modification aux prescriptions existantes, on sera amené à élever notablement le taux de fatigue admis à une époque où on n'avait pas encore, en matière de béton armé, l'expérience acquise depuis.

Nous verrons d'ailleurs que les données adoptées pour les calculs de résistance sont de nature à rassurer sur les valeurs élevées adoptées pour les taux de fatigue aux articles 4 et 5.

Ce dernier article permet de majorer le taux normal de fatigue admis à l'article 4.

Il constitue une innovation relativement aux instructions étrangères qu'il nous a été donné de consulter, en ce qu'il encouragera les constructeurs à porter leur attention non seulement sur les armatures longitudinales, mais aussi sur les armatures transversales qui ont une influence considérable sur la solidité de ce genre de constructions. Il mérite d'être conservé. Il est formulé sous forme générale dans les instructions. Le commentaire qu'y donne la circulaire avec le coefficient de majoration $\left(1 + m\,\dfrac{V}{V'}\right)$ guidera les ingénieurs dans l'adoption du taux de la majoration suivant le cas. Par une sorte d'interprétation rapide, on peut, avec une suffisante approximation, passer des cas spécifiés dans la circulaire à des cas différents pour le choix du coefficient m qui, seul, reste à l'appréciation des ingénieurs.

II. **Calculs de résistance.** — On voit que nos instructions se bornent à quelques prescriptions générales qui laissent aux ingénieurs la plus absolue liberté dans les méthodes de calcul qu'ils croiront devoir employer, sous la seule réserve de ne pas substituer les méthodes empiriques des spécialistes aux méthodes plus sûres tirées de la résistance des matériaux ou de la théorie de l'élasticité. Mais comme, d'autre part, il est à notre connaissance que beaucoup d'ingénieurs seraient très heureux d'avoir quelques indications qui puissent leur servir de guides dans ces calculs nouveaux pour beaucoup d'entre eux, nous avons, dans la circulaire, cherché à donner à ce désir la satisfaction la plus large possible, tout en y faisant remarquer que les formules et même les méthodes indiquées n'ont aucun caractère obligatoire et que toutes autres méthodes, pourvu qu'elles soient rationnelles, seront admises par l'Administration.

Nous devons insister, non sur les formules contenues dans la circulaire et qui sont déduites des principes de la résistance des matériaux relatifs aux pièces à sections hétérogènes, mais sur l'une des données qui y est indiquée ou conseillée et qui, comme celle signalée plus haut à l'occasion de l'article 5, innove relativement à ce qui existe et est de nature, comme nous l'avons fait pressentir plus haut à atténuer sensiblement ce que le taux élevé de fatigue à la compression du béton admis aux articles 4 et 5 peut avoir de hardi. Il s'agit d'un nombre que l'on admet dans les calculs de résistance pour exprimer l'équivalence, à section égale, entre le béton et l'armature. Dans les formules de la plupart des auteurs français et étrangers, on admet que dans la compression d'un prisme armé, chaque centimètre carré de l'armature longitudinale supporte une part de charge m fois plus grande que ne le ferait un centimètre carré de béton occupant la même place.

Théoriquement, le nombre m serait le rapport entre les modules d'élasticité du métal et celui du béton. MM. Rabut et Mesnager demanderaient que ce nombre fût pris égal à 10. En Suisse et en Allemagne, comme aussi d'après les auteurs français et belges, on adopte de préférence la valeur 15.

Il est vraisemblable qu'avec ce dernier chiffre on attribue souvent au métal une influence plus grande que la réalité, et au béton une influence trop faible, de sorte que celui-ci supportera, en réalité, une fatigue plus grande que celle que supposent les calculs.

L'innovation de la circulaire consiste à proposer pour ce nombre m, non pas une valeur immuable, telle que 10 ou 15, mais une valeur dépendant à la fois des dispositions de l'armature longitudinale et de celles des armatures transversales ou obliques qui les solidarisent. On admet que le nombre m peut ainsi varier, suivant que les dispositions des armatures sont plus ou moins bien combinées entre un minimum de 8 et un maximum de 15.

Cette manière de faire semble très rationnelle théoriquement, outre qu'elle s'ajoute aux prescriptions de l'article 5 des instructions, pour inciter les praticiens à bien étudier les dispositions combinées des armatures longitudinales et transversales.

Nous nous sommes assuré d'ailleurs qu'on arrive ainsi à un coefficient de sécurité bien plus constant qu'avec les ouvrages calculés dans l'hypothèse de la constance de m, ce qui diminue sensiblement le danger pouvant résulter du coefficient de fatigue élevé qu'on a adopté aux articles 4 et 5 des instructions.

Pour bien comprendre le genre de vérification que nous avons poursuivi, il convient de préciser le sens qu'on attache à l'expression : *coefficient de sécurité*.

Supposons une colonne en béton armé où, d'après les *calculs de résistance*, le béton travaille à raison de 50 kilogrammes par centimètre carré, tandis qu'un cube du même béton non armé se romprait après quatre-vingt-dix jours sous une charge de 200 kilogrammes par centimètre carré.

On dira que le coefficient de sécurité est 4. Mais (et cette observation s'applique aussi aux ouvrages autres que ceux en béton armé), ce n'est là qu'un coefficient conventionnel, le seul, en général, qu'on puisse fixer et dont il faut, par suite, se contenter dans la pratique. Le vrai coefficient de sécurité ne pourrait s'obtenir qu'en rompant non plus un cube de béton non armé, mais en rompant la colonne elle-même. Or, il est probable que, même abstraction faite du flambage que nous supposons combattu, la colonne se romprait sous une charge autre que le cube de béton. Si elle n'était pas armée, elle se romprait sous une charge un peu plus faible en raison des points faibles que comporte un ouvrage de plus grandes dimensions et moins bien soigné, dans ses moindres détails, qu'un échantillon cubique de $0^m,20$ de côté. Grâce à l'armature, et c'est là son but ou du moins l'un d'eux, il se peut que la colonne supporte, avant rupture, une charge égale ou supérieure à celle qu'a pu supporter l'échantillon cubique.

Dans le premier cas, le coefficient de sécurité conventionnellement rapporté à cet échantillon serait trompeur et illusoire. Dans le second, au contraire, il serait très sûr, puisqu'il ne pourrait qu'être égal ou inférieur au coefficient de sécurité réel.

En tous cas, ce dernier ne peut s'obtenir que par destruction directe de l'ouvrage considéré. Ce coefficient réel, nous l'avons déterminé sur un prisme déterminé, sur un prisme de béton armé à base carrée de $0^m,25$ de côté et de 1 mètre de hauteur portant diverses armatures, à l'aide d'expériences de rupture très précises de M. le professeur Bach. Aux charges de rupture expérimentalement déterminées, nous comparons les fatigues qui résulteraient :

1° De l'emploi des formules de résistance avec un coefficient m constant et égal à 15 ;

2° De l'emploi des formules avec un coefficient m variable entre 8 et 15, selon les règles indiquées dans la circulaire et en faisant d'après ces règles des interpolations à vue et avec les majorations de la fatigue admises par l'article 5 des instructions pour l'emploi des coefficients de majoration :

$$1 + m' \frac{V'}{V} ;$$

le coefficient m' étant également obtenu dans chaque cas, d'après les règles indiquées dans la circulaire.

Voici les données expérimentales et les résultats obtenus :

Section du prisme : $\Omega = 25 \times 25 = 625$ centimètres carrés.
Volume V' des ligatures : $V' = 62^{cm3},645$.

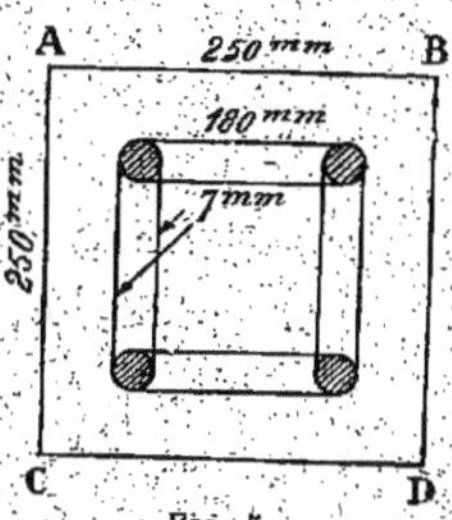

Les prismes essayés (fig. ci-contre) ont une section carrée ABCD de 250 millimètres de côté. Ils sont armés de quatre tiges éloignées d'axe en axe de 180 millimètres et ayant des diamètres d variables de 15 à 30 millimètres.

Ces tiges longitudinales sont réunies deux à deux par des tiges formant ligatures transversales doubles suivant les quatre côtés d'un carré.

Toutes ces tiges ont 7 millimètres de diamètre.

L'écartement de ces armatures transversales dans le sens de l'axe du prisme varie de $0^m,25$ à $0^m,0625$.

Voici le résumé des cinq séries d'expériences :

TABLEAU I

NUMÉRO de L'EXPÉRIENCE	DIAMÈTRE d DES ARMATURES longitudinales en millimètres	ÉCARTEMENT DES ARMATURES transversales en centimètres	VALEUR MOYENNE de la CHARGE DE RUPTURE en kilogrammes par centimètre carré	SECTIONS DES ARMATURES longitudinales $\omega = 4\,\dfrac{\pi d^2}{400}$ cm²
1	2	3	4	5
1	15	25,00	168	7,1
2	15	12,50	177	7,1
3	15	6,25	205	7,1
4	20	25,00	170	12,6
5	30	25,00	190	28,3

Ajoutons que la charge de rupture du prisme non armé a été trouvée de

$$141^{kg},95;$$

et celle d'un mètre cube de ce béton de

$$175^{kg},95.$$

En supposant $m = 15$ et appelant R_b la fatigue admise pour le béton, la charge totale N que pourrait supporter le béton serait :

[A] $$N = R_b\,(625 + 15\omega).$$

En prenant $R_b = 35$ kilogrammes, ce qui serait conforme aux instructions allemandes, on trouve :

[A'] $$N = 35\,(625 + 15\omega).$$

TABLEAU II

NUMÉRO de L'EXPÉRIENCE	15ω en centim. carrés	$625 + 15\omega$	N en kilogrammes	$\dfrac{N}{625}$	CHARGES de RUPTURE	COEFFICIENT de SÉCURITÉ EFFECTIF
1	2	3	4	5	6	7
1	106	731	25.585	40,9	168	4,1
2	106	731	25.585	40,9	177	4,3
3	106	731	25.585	40,9	205	5,0
4	189	814	28.490	48,6	170	3,7
5	424	1.049	36.715	58,7	190	3,2

La colonne 5 donne la charge théorique par centimètre carré que supporte le béton de la colonne. La colonne 6, reproduction de celle 4 du tableau I, donne les charges de rupture effectives correspondantes. En divisant les chiffres de la colonne 6 par ceux correspondants de la colonne 5, on aura dans chaque cas le coefficient de sécurité effectif. On voit qu'il a des variations très considérables. Il varie entre 5 et 3,2, ce qui indique que la formule [A], c'est-à-dire l'hypothèse de constance de m, peut conduire à de sérieux mécomptes.

Faisons à présent les mêmes calculs en supposant m variable. En suivant les règles indiquées dans la circulaire, on est amené par des interpolations à donner à m' les valeurs du tableau ci-après.

D'autre part, nous admettons en nombre rond, d'après l'article 4 des instructions, pour le béton une fatigue de 50 kilogrammes au lieu de celle de 35 admise ci-dessus, et en vertu de l'article 5 nous majorons cette fatigue d'après les coefficients de majoration :

$$1 + m'\frac{V'}{V}$$

ce qui porte à :

$$[B] \qquad R_b = 50\left(1 + m'\frac{V'}{V}\right)$$

D'après les règles indiquées dans la circulaire, nous sommes amenés à prendre pour m' les valeurs du tableau ci-dessous. Les charges N à faire supporter à la colonne seront données par la formule :

$$[B'] \qquad N = R_b\,(625 + m\omega).$$

On a ainsi :

NUMÉROS	m	$m\omega$ en cm²	$625 + m\omega$	ÉCARTEMENT des ARMATURES transversales	m'	$\frac{V'}{V}$	$R_b = 50$ $1 + m'\frac{V'}{V}$	N en KILOGRAMMES	$\frac{N}{625}$	COEFFICIENT de SÉCURITÉ EFFECTIF
1	2	3	4	5	6	7	8	9	10	11
1	10	71	696	0ᵐ,25	8	0,00401	51,6	35.913	57,4	2,9
2	12	85	710	0 ,125	12	0,00802	54,8	38.908	62,3	2,8
3	15	106	731	0 ,065	15	0,01604	62,0	55.322	72,5	2,8
4	9	113	738	0 ,25	8	0,00401	51,6	48.080	60,9	2,8
5	8	226	851	0 ,25	8	0,00400	51,6	43.911	70,2	2,7

Les chiffres de la colonne 9 sont obtenus par la formule [B']. Ceux de la colonne 11 en divisant la valeur des charges de rupture (tableau I, colonne 4) par les chiffres de la colonne 10. Et ici on voit que les coefficients de sécurité effectifs ont une constance remarquable, ce qui permet d'être plus hardi sur la fatigue théorique maximum à admettre.

III et IV. **Exécution des travaux et épreuves des ouvrages.** — Les instructions sur ces deux matières se justifient d'elles-mêmes et nous n'avons pas à nous y arrêter ici.

En résumé, la Commission a fait son possible pour donner aux ingénieurs des instructions aussi précises que le comporte le sujet, à éclaircir ces instructions en tant que de besoin par la circulaire à y joindre, et à faciliter les calculs de résistance à ceux des ingénieurs qui le désirent, le tout sans empiéter en rien sur leur libre arbitre, lequel doit rester ici plus absolu que partout ailleurs puisqu'il s'agit d'une province nouvelle dans l'art de bâtir qui s'offre à leurs études et à leur activité, et dans laquelle d'ailleurs plusieurs d'entre eux ont été parmi les premiers pionniers qui ont préparé les voies actuellement suivies.

L'Inspecteur général,
Président et rapporteur de la Commission,
Maurice LÉVY.

TABLES

Variations des sections métalliques formées de barres rondes.

DIAMÈTRES, POIDS ET SURFACES DES BARRES D'ACIER ROND

DIAMÈTRES D EN MILLIMÈTRES	1 BARRE		2 BARRES		3 BARRES		4 BARRES	
	POIDS par mètre	SURFACES en mm²	POIDS par mètre	SURFACES en mm²	POIDS par mètre	SURFACES en mm²	POIDS par mètre	SURFACES en mm²
1	6	0,79	12	1,6	18	2,4	24	3,1
2	24	3,1	48	6,3	72	9,4	96	12,6
3	55	7	110	14	165	21	220	28
4	98	13	196	25	204	38	392	50
5	153	20	306	39	459	59	612	78
6	220	28	440	56	660	85	880	113
7	300	38	600	77	900	115	1.200	154
8	392	50	784	100	1.176	151	1.568	201
9	496	64	992	127	1.488	191	1.984	254
10	612	79	1.224	157	1.836	236	2.448	314
11	740	95	1.480	190	2.220	285	2.960	380
12	884	113	1.762	226	2.643	339	3.524	452
13	1.034	133	2.068	265	3.102	398	4.136	531
14	1.199	154	2.398	308	3.597	462	4.796	616
15	1.377	177	2.754	353	4.131	530	5.508	707
16	1.568	201	3.136	402	4.704	603	6.272	804
17	1.768	227	3.536	454	5.304	681	7.072	908
18	1.983	254	3.966	509	5.949	763	7.932	1.018
19	2.209	284	4.418	567	6.627	851	8.836	1.134
20	2.448	314	4.896	628	7.344	942	9.792	1.257
21	2.698	346	5.396	693	8.094	1.039	10.792	1.385
22	2.962	380	5.924	760	8.886	1.140	11.848	1.521
23	3.257	415	6.514	831	9.771	1.246	13.028	1.662
24	3.525	452	7.050	905	10.575	1.357	14.100	1.810
25	3.824	491	7.648	982	11.472	1.473	15.296	1.963
26	4.136	531	8.272	1.062	12.408	1.593	16.544	2.124
27	4.461	573	8.922	1.145	13.383	1.718	17.844	2.290
28	4.797	616	9.594	1.231	14.391	1.847	19.488	2.463
29	5.146	660	10.292	1.321	15.438	1.981	20.584	2.642
30	5.507	707	11.014	1.414	16.521	2.121	22.028	2.827
31	5.880	755	11.760	1.509	17.640	2.264	23.520	3.019
32	6.266	804	12.532	1.608	18.798	2.413	25.064	3.217
33	6.664	855	13.328	1.711	19.992	2.566	26.656	3.421
34	7.074	908	14.148	1.816	21.222	2.724	28.296	3.632
35	7.496	962	14.992	1.924	22.488	2.886	29.984	3.848
36	7.930	1.018	15.860	2.036	23.790	3.054	31.720	4.072
37	8.377	1.075	16.754	2.150	25.131	3.226	33.508	4.301
38	8.836	1.134	17.672	2.268	26.508	3.402	35.344	4.536
39	9.307	1.194	18.614	2.389	27.921	3.584	37.228	4.778
40	9.791	1.256	19.582	2.513	29.373	3.770	39.164	5.026

DIAMÈTRES, POIDS ET SURFACES DES BARRES D'ACIER ROND (*Suite*)

DIAMÈTRES D EN MILLIMÈTRES	5 BARRES		6 BARRES		8 BARRES		10 BARRES	
	POIDS par mètre	SURFACES en mm²	POIDS par mètre	SURFACES en mm²	POIDS par mètre	SURFACES en mm²	POIDS par mètre	SURFACES en mm²
1	30	3,9	36	4,7	48	6,3	60	7,9
2	120	15,7	144	18,8	192	25	240	31
3	275	35	330	42	410	56	550	70
4	490	63	588	76	784	100	980	126
5	765	98	918	118	1.224	157	1.530	196
6	1.100	141	1.320	170	1.760	226	2.200	282
7	1.500	192	1.800	231	2.400	308	3.000	384
8	1.960	251	2.352	301	3.136	402	3.920	502
9	2.480	318	2.976	382	3.968	508	4.960	536
10	3.060	393	3.672	471	4.896	628	6.120	785
11	3.700	475	4.440	570	5.920	760	7.400	950
12	4.405	565	5.286	679	7.048	905	8.810	1.131
13	5.170	664	6.204	796	8.272	1.062	10.340	1.327
14	5.995	770	7.194	924	9.592	1.232	11.990	1.539
15	6.885	884	8.262	1.060	11.016	1.414	13.770	1.767
16	7.840	1.005	9.408	1.206	12.544	1.608	15.680	2.011
17	8.840	1.135	10.608	1.362	14.144	1.816	17.680	2.270
18	9.915	1.272	11.898	1.526	15.864	2.036	19.830	2.545
19	11.045	1.418	13.254	1.702	17.672	2.268	22.090	2.835
20	12.240	1.571	14.688	1.884	19.584	2.514	24.480	3.142
21	13.490	1.732	16.188	2.078	21.584	2.770	26.980	3.464
22	14.810	1.901	17.772	2.281	23.696	3.041	29.620	3.801
23	16.285	2.077	19.542	2.493	26.056	3.324	32.570	4.155
24	17.625	2.262	21.150	2.714	28.200	3.610	35.250	4.524
25	19.120	2.454	22.944	2.945	30.592	3.927	38.240	4.909
26	20.680	2.655	24.816	3.180	33.088	4.247	41.360	5.310
27	22.305	2.863	26.766	3.435	35.688	4.580	44.610	5.726
28	23.985	3.070	28.782	3.694	38.376	4.926	47.970	6.158
29	25.730	3.302	30.876	3.962	41.168	5.284	51.460	6.605
30	27.535	3.534	33.042	4.241	44.056	5.665	55.070	7.068
31	29.400	3.774	35.280	4.529	47.040	6.038	58.800	7.548
32	31.330	4.021	37.596	4.826	50.128	6.484	62.660	8.042
33	33.320	4.276	39.984	5.132	53.312	6.842	66.640	8.558
34	35.370	4.540	42.444	5.448	56.592	7.263	70.740	9.079
35	37.480	4.811	44.976	5.773	59.968	7.697	74.960	9.621
36	39.650	5.090	47.580	6.107	63.440	8.143	79.300	10.179
37	41.885	5.376	50.262	6.451	67.016	8.602	83.770	10.752
38	44.180	5.670	53.016	6.804	70.688	9.073	88.360	11.341
39	46.535	5.973	55.842	7.168	74.456	9.557	93.070	11.946
40	48.955	6.283	58.746	7.540	78.328	10.053	97.910	12.566

SECTIONS ET POIDS DES FERS FEUILLARDS PAR MÈTRE COURANT

LARGEURS en MILLIMÈTRES	ÉPAISS. 1		ÉPAISS. 1 1/2		ÉPAISS. 2		ÉPAISS. 2 1/2		ÉPAISS. 3	
	S	P	S	P	S	P	S	P	S	P
15	15	0,117	22	0,175	30	0,234	—	—	—	—
20	20	0,156	30	0,234	40	0,312	50	0,390	60	0,468
25	25	0,195	37	0,292	50	0,390	62	0,487	75	0,585
30	30	0,234	45	0,351	60	0,468	75	0,585	90	0,702
35	35	0,278	52	0,408	70	0,546	87	0,682	105	0,819
40	40	0,312	60	0,468	80	0,624	100	0,780	120	0,936
50	50	0,390	75	0,585	100	0,780	125	0,975	150	1,170

Table des carrés, cubes, racine carrée, racine cubique, circonférence, surface du cercle, logarithme.

n	n^2	n^3	$\sqrt{n}$	$\sqrt[3]{n}$	$\log n$	$\dfrac{1.000.000}{n}$	πn	$\dfrac{\pi n^2}{4}$	n
1	1	1	1,0000	1,0000	0,00000	1.000,000	3,142	0,7854	1
2	4	8	1,4142	1,2599	0,30103	500,000	6,283	3,1416	2
3	9	27	1,7321	1,4422	0,47712	333,333	9,425	7,0686	3
4	16	64	2,0000	1,5874	0,60206	250,000	12,566	12,5664	4
5	25	125	2,2361	1,7100	0,69897	200,000	15,708	19,6350	5
6	36	216	2,4495	1,8171	0,77815	166,667	18,850	28,2743	6
7	49	343	2,6458	1,9129	0,84510	142,857	21,991	38,4845	7
8	64	512	2,8284	2,0000	0,90309	125,000	25,133	50,2655	8
9	81	729	3,0000	2,0801	0,95424	111,111	28,274	63,6173	9
10	100	1.000	3,1623	2,1544	1,00000	100,000	31,416	78,5398	10
11	121	1.331	3,3166	2,2240	1,04139	90,9091	34,558	95,0332	11
12	144	1.728	3,4641	2,2894	1,07918	83,3333	37,699	113,097	12
13	169	2.197	3,6056	2,3513	1,11394	76,9231	40,841	132,732	13
14	196	2.744	3,7417	2,4101	1,14613	71,4286	43,982	153,938	14
15	225	3.375	3,8730	2,4662	1,17609	66,6667	47,124	176,715	15
16	256	4.096	4,0000	2,5198	1,20412	62,5000	50,265	201,062	16
17	289	4.913	4,1231	2,5713	1,23045	58,8235	53,407	226,980	17
18	324	5.832	4,2426	2,6207	1,25527	55,5556	56,549	254,469	18
19	361	6.859	4,3589	2,6684	1,27875	52,6316	59,690	283,529	19
20	400	8.000	4,4721	2,7144	1,30103	50,0000	62,832	314,159	20
21	441	9.261	4,5826	2,7589	1,32222	47,6190	65,973	346,361	21
22	484	10.648	4,6904	2,8020	1,34242	45,4545	69,115	380,133	22
23	529	12.167	4,7958	2,8439	1,36173	43,4783	72,257	415,476	23
24	576	13.824	4,8990	2,8845	1,38021	41,6667	75,398	452,389	24
25	625	15.625	5,0000	2,9240	1,39794	40,0000	78,540	490,874	25
26	676	17.576	5,0990	2,9625	1,41497	38,4615	81,681	530,929	26
27	729	19.683	5,1962	3,0000	1,43136	37,0370	84,823	572,555	27
28	784	21.952	5,2915	3,0366	1,44716	35,7143	87,965	615,752	28
29	841	24.389	5,3852	3,0723	1,46240	34,4828	91,106	660,520	29
30	900	27.000	5,4772	3,1072	1,47712	33,3333	94,248	706,858	30
31	961	29.791	5,5678	3,1414	1,49136	32,2581	97,389	754,768	31
32	1.024	32.768	5,6569	3,1748	1,50515	31,2500	100,531	804,248	32
33	1.089	35.937	5,7446	3,2075	1,51851	30,3030	103,673	855,299	33
34	1.156	39.304	5,8310	3,2396	1,53148	29,4118	106,814	907,920	34
35	1.225	42.875	5,9161	3,2711	1,54407	28,5714	109,956	962,113	35
36	1.296	46.656	6,0000	3,3019	1,55630	27,7778	113,097	1.017,88	36
37	1.369	50.653	6,0828	3,3322	1,56820	27,0270	116,239	1.075,21	37
38	1.444	54.872	6,1644	3,3620	1,57978	26,3158	119,381	1.134,11	38
39	1.521	59.319	6,2450	3,3912	1,59106	25,6410	122,522	1.194,59	39
40	1.600	64.000	6,3246	3,4200	1,60206	25,0000	125,66	1.256,64	40
41	1.681	68.921	6,4031	3,4482	1,61278	24,5902	128,81	1.320,25	41
42	1.764	74.088	6,4807	3,4760	1,62325	23,8095	131,95	1.385,44	42
43	1.849	79.507	6,5574	3,5034	1,63347	23,2558	135,09	[illegible]	43
44	1.936	85.184	6,6332	3,5303	1,64345	22,7273	[illegible]	[illegible]	44
45	2.025	91.125	6,7082	3,5569	1,65321	22,2222	[illegible]	[illegible]	45
46	2.116	97.336	6,7823	3,5830	1,66276	21,7391	[illegible]	[illegible]	46
47	2.209	103.823	6,8557	3,6088	1,67210	[illegible]	[illegible]	[illegible]	47
48	2.304	110.592	6,9282	3,6342	1,68124	[illegible]	[illegible]	[illegible]	48
49	2.401	117.649	7,0000	3,6593	1,69020	[illegible]	[illegible]	[illegible]	49
50	2.500	125.000	7,0711	3,6840	1,69897	20,0000	157,08	1.963,50	50

TABLE DES CARRÉS, CUBES, RACINE CARRÉE, RACINE CUBIQUE, CIRCONFÉRENCE, ETC.

n	n^2	n^3	$\sqrt{n}$	$\sqrt[3]{n}$	$\log n$	$\dfrac{1.000}{n}$	πn	$\dfrac{\pi n^2}{4}$	n
50	2.500	125.000	7,0711	3,6840	1,69897	20,0000	157,08	1.963,50	50
51	2.601	132.651	7,1414	3,7084	1,70757	19,6078	160,22	2.042,82	51
52	2.704	140.608	7,2111	3,7325	1,71600	19,2308	163,36	2.123,72	52
53	2.809	148.877	7,2801	3,7563	1,72428	18,8679	166,50	2.206,18	53
54	2.916	157.464	7,3485	3,7798	1,73239	18,5185	169,65	2.290,22	54
55	3.025	166.375	7,4162	3,8030	1,74036	18,1818	172,79	2.375,83	55
56	3.136	175.616	7,4833	3,8259	1,74819	17,8571	175,93	2.463,01	56
57	3.249	185.193	7,5498	3,8485	1,75587	17,5439	179,07	2.551,76	57
58	3.364	195.112	7,6158	3,8709	1,76343	17,2414	182,21	2.642,08	58
59	3.481	205.379	7,6811	3,8930	1,77085	16,9492	185,35	2.733,97	59
60	3.600	216.000	7,7460	3,9149	1,77815	16,6667	188,50	2.827,43	60
61	3.721	226.981	7,8102	3,9365	1,78533	16,3934	191,64	2.922,47	61
62	3.844	238.328	7,8740	3,9579	1,79239	16,1290	194,78	3.019,07	62
63	3.969	250.047	7,9373	3,9791	1,79934	15,8730	197,92	3.117,25	63
64	4.096	262.144	8,0000	4,0000	1,80618	15,6250	201,06	3.216,99	64
65	4.225	274.625	8,0623	4,0207	1,81291	15,3846	204,20	3.318,31	65
66	4.356	287.496	8,1240	4,0412	1,81954	15,1515	207,35	3.421,19	66
67	4.489	300.763	8,1854	4,0615	1,82607	14,9254	210,49	3.525,65	67
68	4.624	314.432	8,2462	4,0817	1,83251	14,7059	213,63	3.631,68	68
69	4.761	328.509	8,3066	4,1016	1,83885	14,4928	216,77	3.739,28	69
70	4.900	343.000	8,3666	4,1213	1,84510	14,2857	219,91	3.848,45	70
71	5.041	357.911	8,4261	4,1408	1,85126	14,0845	223,05	3.959,19	71
72	5.184	373.248	8,4853	4,1602	1,85733	13,8889	226,19	4.071,50	72
73	5.329	389.017	8,5440	4,1793	1,86332	13,6986	229,34	4.185,39	73
74	5.476	405.224	8,6023	4,1983	1,86923	13,5135	232,48	4.300,84	74
75	5.625	421.875	8,6603	4,2172	1,87506	13,3333	235,62	4.417,86	75
76	5.776	438.976	8,7178	4,2358	1,88081	13,1579	238,76	4.536,46	76
77	5.929	456.533	8,7750	4,2543	1,88649	12,9870	241,90	4.656,63	77
78	6.084	474.552	8,8318	4,2727	1,89209	12,8205	245,04	4.778,36	78
79	6.241	493.039	8,8882	4,2908	1,89763	12,6582	248,19	4.901,67	79
80	6.400	512.000	8,9443	4,3089	1,90309	12,5000	251,33	5.026,55	80
81	6.561	531.441	9,0000	4,3267	1,90849	12,3457	254,47	5.153,00	81
82	6.724	551.368	9,0554	4,3445	1,91381	12,1951	257,61	5.281,02	82
83	6.889	571.787	9,1104	4,3621	1,91908	12,0482	260,75	5.410,61	83
84	7.056	592.704	9,1652	4,3795	1,92428	11,9048	263,89	5.541,77	84
85	7.225	614.125	9,2195	4,3968	1,92942	11,7647	267,04	5.674,50	85
86	7.396	636.056	9,2736	4,4140	1,93450	11,6279	270,18	5.808,80	86
87	7.569	658.503	9,3274	4,4310	1,93952	11,4943	273,32	5.944,68	87
88	7.744	681.472	9,3808	4,4480	1,94448	11,3636	276,46	6.082,12	88
89	7.921	704.969	9,4340	4,4647	1,94939	11,2360	279,60	6.221,14	89
90	8.100	729.000	9,4868	4,4814	1,95424	11,1111	282,74	6.361,73	90
91	8.281	753.571	9,5394	4,4979	1,95904	10,9890	285,88	6.503,88	91
92	8.464	778.688	9,5917	4,5144	1,96379	10,8696	289,03	6.647,61	92
93	8.649	804.357	9,6437	4,5307	1,96848	10,7527	292,17	6.792,91	93
94	8.836	830.584	9,6954	4,5468	1,97313	10,6383	295,31	6.939,78	94
95	9.025	857.375	9,7468	4,5629	1,97772	10,5263	298,45	7.088,22	95
96	9.216	884.736	9,7980	4,5789	1,98227	10,4167	301,59	7.238,23	96
97	9.409	912.673	9,8489	4,5947	1,98677	10,3093	304,73	7.389,81	97
98	9.604	941.192	9,8995	4,6104	1,99123	10,2041	307,88	7.542,96	98
99	9.801	970.299	9,9499	4,6261	1,99564	10,1010	311,02	7.697,69	99
100	10.000	1.000.000	10,0000	4,6416	2,00000	10,0000	314,16	7.853,98	100

TABLE DES CARRÉS, CUBES, RACINE CARRÉE, RACINE CUBIQUE, CIRCONFÉRENCE, ETC.

n	n^2	n^3	$\sqrt{n}$	$\sqrt[3]{n}$	$\log n$	$\dfrac{1.000}{n}$	πn	$\dfrac{\pi n^2}{4}$	n
150	22.500	3.375.000	12,2474	5,3133	2,17609	6,66667	471,24	17.671,5	150
151	22.801	3.442.951	12,2882	5,3251	2,17898	6,62252	474,38	17.907,9	151
152	23.104	3.511.808	12,3288	5,3368	2,18184	6,57895	477,52	18.145,8	152
153	23.409	3.581.577	12,3693	5,3485	2,18469	6,53595	480,66	18.385,4	153
154	23.716	3.652.264	12,4097	5,3601	2,18752	6,49351	483,81	18.626,5	154
155	24.025	3.723.875	12,4499	5,3717	2,19033	6,45161	486,95	18.869,2	155
156	24.336	3.796.416	12,4900	5,3832	2,19312	6,41026	490,09	19.113,4	156
157	24.649	3.869.893	12,5300	5,3947	2,19590	6,36943	493,23	19.359,3	157
158	24.964	3.944.312	12,5698	5,4061	2,19866	6,32911	496,37	19.606,7	158
159	25.281	4.019.679	12,6095	5,4175	2,20140	6,28931	499,51	19.855,7	159
160	25.600	4.096.000	12,6491	5,4288	2,20412	6,25000	502,65	20.106,2	160
161	25.921	4.173.281	12,6886	5,4401	2,20683	6,21118	505,80	20.358,3	161
162	26.244	4.251.528	12,7279	5,4514	2,20952	6,17284	508,94	20.612,0	162
163	26.569	4.330.747	12,7671	5,4626	2,21219	6,13497	512,08	20.867,2	163
164	26.896	4.410.944	12,8062	5,4737	2,21484	6,09756	515,22	21.124,1	164
165	27.225	4.492.125	12,8452	5,4848	2,21748	6,06061	518,36	21.382,5	165
166	27.556	4.574.296	12,8841	5,4959	2,22011	6,02410	521,50	21.642,4	166
167	27.889	4.657.463	12,9228	5,5069	2,22272	5,98802	524,65	21.904,0	167
168	28.224	4.741.632	12,9615	5,5178	2,22531	5,95238	527,79	22.167,1	168
169	28.561	4.826.809	13,0000	5,5288	2,22789	5,91716	530,93	22.431,8	169
170	28.900	4.913.000	13,0384	5,5397	2,23045	5,88235	534,07	22.698,0	170
171	29.241	5.000.211	13,0767	5,5505	2,23300	5,84795	537,21	22.965,8	171
172	29.584	5.088.448	13,1149	5,5613	2,23553	5,81395	540,35	23.235,2	172
173	29.929	5.177.717	13,1529	5,5721	2,23805	5,78035	543,50	23.506,2	173
174	30.276	5.268.024	13,1909	5,5828	2,24055	5,74713	546,64	23.778,7	174
175	30.625	5.359.375	13,2288	5,5934	2,24304	5,71429	549,78	24.052,8	175
176	30.976	5.451.776	13,2665	5,6041	2,24551	5,68182	552,92	24.328,5	176
177	31.329	5.545.233	13,3041	5,6147	2,24797	5,64972	556,06	24.605,7	177
178	31.684	5.639.752	13,3417	5,6252	2,25042	5,61798	559,20	24.884,6	178
179	32.041	5.735.339	13,3791	5,6357	2,25285	5,58659	562,35	25.164,9	179
180	32.400	5.832.000	13,4164	5,6462	2,25527	5,55556	565,49	25.446,9	180
181	32.761	5.929.741	13,4536	5,6567	2,25768	5,52486	568,63	25.730,4	181
182	33.124	6.028.568	13,4907	5,6671	2,26007	5,49451	571,77	26.015,5	182
183	33.489	6.128.487	13,5277	5,6774	2,26245	5,46448	574,91	26.302,2	183
184	33.856	6.229.504	13,5647	5,6877	2,26482	5,43478	578,05	26.590,4	184
185	34.225	6.331.625	13,6015	5,6980	2,26717	5,40541	581,19	26.880,3	185
186	34.596	6.434.856	13,6382	5,7083	2,26951	5,37634	584,34	27.171,6	186
187	34.969	6.539.203	13,6748	5,7185	2,27184	5,34759	587,48	27.464,6	187
188	35.344	6.644.672	13,7113	5,7287	2,27416	5,31915	590,62	27.759,1	188
189	35.721	6.751.269	13,7477	5,7388	2,27646	5,29101	593,76	28.055,2	189
190	36.100	6.859.000	13,7840	5,7489	2,27875	5,26316	596,90	28.352,9	190
191	36.481	6.967.871	13,8203	5,7590	2,28103	5,23560	600,04	28.652,1	191
192	36.864	7.077.888	13,8564	5,7690	2,28330	5,20833	603,19	28.952,9	192
193	37.249	7.189.057	13,8924	5,7790	2,28556	5,18135	606,33	29.255,3	193
194	37.636	7.301.384	13,9284	5,7890	2,28780	5,15464	609,47	29.559,2	194
195	38.025	7.414.875	13,9642	5,7989	2,29003	5,12821	612,61	29.864,8	195
196	38.416	7.529.536	14,0000	5,8088	2,29226	5,10204	615,75	30.171,9	196
197	38.809	7.645.373	14,0357	5,8186	2,29447	5,07614	618,89	30.480,5	197
198	39.204	7.762.392	14,0712	5,8285	2,29667	5,05051	622,04	30.790,7	198
199	39.601	7.880.599	14,1067	5,8383	2,29885	5,02513	625,18	31.102,6	199
200	40.000	8.000.000	14,1421	5,8480	2,30103	5,00000	628,32	31.415,9	200

TABLE DES CARRÉS, CUBES, RACINE CARRÉE, RACINE CUBIQUE, CIRCONFÉRENCE, ETC.

n	n^2	n^3	$\sqrt{n}$	$\sqrt[3]{n}$	$\log n$	$\dfrac{1.000}{n}$	πn	$\dfrac{\pi n^2}{4}$	n
200	40.000	8.000.000	14,1421	5,8480	2,30103	5,00000	628,32	31.415,9	200
201	40.401	8.120.601	14,1774	5,8578	2,30320	4,97512	631,46	31.730,9	201
202	40.804	8.242.408	14,2127	5,8675	2,30535	4,95050	634,60	32.047,4	202
203	41.209	8.365.427	14,2478	5,8771	2,30750	4,92611	637,74	32.365,5	203
204	41.616	8.489.664	14,2829	5,8868	2,30963	4,90196	640,88	32.685,1	204
205	42.025	8.615.125	14,3178	5,8964	2,31175	4,87805	644,03	33.006,4	205
206	42.436	8.741.816	14,3527	5,9059	2,31387	4,85437	647,17	33.329,2	206
207	42.849	8.869.743	14,3875	5,9155	2,31597	4,83092	650,31	33.653,5	207
208	43.264	8.998.912	14,4222	5,9250	2,31806	4,80769	653,45	33.979,5	208
209	43.681	9.129.329	14,4568	5,9345	2,32015	4,78469	656,59	34.307,0	209
210	44.100	9.261.000	14,4914	5,9439	2,32222	4,76190	659,73	34.636,1	210
211	44.521	9.393.931	14,5258	5,9533	2,32428	4,73934	662,88	34.966,7	211
212	44.944	9.528.128	14,5602	5,9627	2,32634	4,71698	666,02	35.298,9	212
213	45.369	9.663.597	14,5945	5,9721	2,32838	4,69484	669,16	35.632,7	213
214	45.796	9.800.344	14,6287	5,9814	2,33041	4,67290	672,30	35.968,1	214
215	46.225	9.938.375	14,6629	5,9907	2,33244	4,65116	675,44	36.305,0	215
216	46.656	10.077.696	14,6969	6,0000	2,33445	4,62963	678,58	36.643,5	216
217	47.089	10.218.313	14,7309	6,0092	2,33646	4,60829	681,73	36.983,6	217
218	47.524	10.360.232	14,7648	6,0185	2,33846	4,58716	684,87	37.325,3	218
219	47.961	10.503.459	14,7986	6,0277	2,34044	4,56621	688,01	37.668,5	219
220	48.400	10.648.000	14,8324	6,0368	2,34242	4,54545	691,15	38.013,3	220
221	48.841	10.793.861	14,8661	6,0459	2,34439	4,52489	694,29	38.359,6	221
222	49.284	10.941.048	14,8997	6,0550	2,34635	4,50450	697,43	38.707,6	222
223	49.729	11.089.567	14,9332	6,0641	2,34830	4,48430	700,58	39.057,1	223
224	50.176	11.239.424	14,9666	6,0732	2,35025	4,46429	703,72	39.408,1	224
225	50.625	11.390.625	15,0000	6,0822	2,35218	4,44444	706,86	39.760,8	225
226	51.076	11.543.176	15,0333	6,0912	2,35411	4,42478	710,00	40.115,0	226
227	51.529	11.697.083	15,0665	6,1002	2,35603	4,40529	713,14	40.470,8	227
228	51.984	11.852.352	15,0997	6,1091	2,35793	4,38596	716,28	40.828,1	228
229	52.441	12.008.989	15,1327	6,1180	2,35984	4,36681	719,42	41.187,1	229
230	52.900	12.167.000	15,1658	6,1269	2,36173	4,34783	722,57	41.547,6	230
231	53.361	12.326.391	15,1987	6,1358	2,36361	4,32900	725,71	41.909,6	231
232	53.824	12.487.168	15,2315	6,1446	2,36549	4,31034	728,85	42.273,3	232
233	54.289	12.649.337	15,2643	6,1534	2,36736	4,29185	731,99	42.638,5	233
234	54.756	12.812.904	15,2971	6,1622	2,36922	4,27350	735,13	43.005,3	234
235	55.225	12.977.875	15,3297	6,1710	2,37107	4,25532	738,27	43.373,6	235
236	55.696	13.144.256	15,3623	6,1797	2,37291	4,23729	741,42	43.743,5	236
237	56.169	13.312.053	15,3948	6,1885	2,37475	4,21941	744,56	44.115,0	237
238	56.644	13.481.272	15,4272	6,1972	2,37658	4,20168	747,70	44.488,1	238
239	57.121	13.651.919	15,4596	6,2058	2,37840	4,18410	750,84	44.862,7	239
240	57.600	13.824.000	15,4919	6,2145	2,38021	4,16667	753,98	45.238,9	240
241	58.081	13.997.521	15,5242	6,2231	2,38202	4,14938	757,12	45.616,7	241
242	58.564	14.172.488	15,5563	6,2317	2,38382	4,13223	760,27	45.996,1	242
243	59.049	14.348.907	15,5885	6,2403	2,38561	4,11523	763,41	46.377,0	243
244	59.536	14.526.784	15,6205	6,2488	2,38739	4,09836	766,55	46.759,5	244
245	60.025	14.706.125	15,6525	6,2573	2,38917	4,08163	769,69	47.143,5	245
246	60.516	14.886.936	15,6844	6,2658	2,39094	4,06504	772,83	47.529,2	246
247	61.009	15.069.223	15,7162	6,2743	2,39270	4,04858	775,97	47.916,4	247
248	61.504	15.252.992	15,7480	6,2828	2,39445	4,03226	779,11	48.305,1	248
249	62.001	15.438.249	15,7797	6,2912	2,39620	4,01606	782,26	48.695,5	249
250	62.500	15.625.000	15,8114	6,2996	2,39794	4,00000	785,40	49.087,4	250

TABLE DES CARRÉS, CUBES, RACINE CARRÉE, RACINE CUBIQUE, CIRCONFÉRENCE, ETC.

n	n^2	n^3	$\sqrt{n}$	$\sqrt[3]{n}$	$\log n$	$\dfrac{1.000}{n}$	πn	$\dfrac{\pi n^2}{4}$	n
300	90.000	27.000.000	17,3205	6,6943	2,47712	3,33333	942,48	70.685,8	300
301	90.601	27.270.901	17,3494	6,7018	2,47857	3,32226	945,62	71.157,9	301
302	91.204	27.543.608	17,3781	6,7092	2,48001	3,31126	948,76	71.631,5	302
303	91.809	27.818.127	17,4069	6,7166	2,48144	3,30033	951,90	72.106,6	303
304	92.416	28.094.464	17,4356	6,7240	2,48287	3,28947	955,04	72.583,4	304
305	93.025	28.372.625	17,4642	6,7313	2,48430	3,27869	958,19	73.061,7	305
306	93.636	28.652.616	17,4929	6,7387	2,48572	3,26797	961,33	73.541,5	306
307	94.249	28.934.443	17,5214	6,7460	2,48714	3,25733	964,47	74.023,0	307
308	94.864	29.218.112	17,5499	6,7533	2,48855	3,24675	967,61	74.506,0	308
309	95.481	29.503.629	17,5784	6,7606	2,48996	3,23625	970,75	74.990,6	309
310	96.100	29.791.000	17,6068	6,7679	2,49136	3,22581	973,89	75.476,8	310
311	96.721	30.080.231	17,6352	6,7752	2,49276	3,21543	977,04	75.964,5	311
312	97.344	30.371.328	17,6635	6,7824	2,49415	3,20513	980,18	76.453,8	312
313	97.969	30.664.297	17,6918	6,7897	2,49554	3,19489	983,32	76.944,7	313
314	98.596	30.959.144	17,7200	6,7969	2,49693	3,18471	986,46	77.437,1	314
315	99.225	31.255.875	17,7482	6,8041	2,49831	3,17460	989,60	77.931,1	315
316	99.856	31.554.496	17,7764	6,8113	2,49969	3,16456	992,74	78.426,7	316
317	100.489	31.855.013	17,8045	6,8185	2,50106	3,15457	995,88	78.923,9	317
318	101.124	32.157.482	17,8326	6,8256	2,50248	3,14465	999,03	79.422,6	318
319	101.761	32.461.759	17,8606	6,8328	2,50379	3,13480	1.002,2	79.922,9	319
320	102.400	32.768.000	17,8885	6,8399	2,50515	3,12500	1.005,3	80.424,8	320
321	103.041	33.076.161	17,9165	6,8470	2,50651	3,11526	1.008,5	80.928,2	321
322	103.684	33.386.248	17,9444	6,8541	2,50786	3,10559	1.011,6	81.433,2	322
323	104.329	33.698.267	17,9722	6,8612	2,50920	3,09598	1.014,7	81.939,8	323
324	104.976	34.012.224	18,0000	6,8683	2,51055	3,08642	1.017,9	82.448,0	324
325	105.625	34.328.125	18,0278	6,8753	2,51188	3,07692	1.021,0	82.957,7	325
326	106.276	34.645.976	18,0555	6,8824	2,51322	3,06748	1.024,2	83.469,0	326
327	106.929	34.965.783	18,0831	6,8894	2,51455	3,05810	1.027,3	83.981,8	327
328	107.584	35.287.552	18,1108	6,8964	2,51587	3,04878	1.030,4	84.496,3	328
329	108.241	35.611.289	18,1384	6,9034	2,51720	3,03951	1.033,6	85.012,3	329
330	108.900	35.937.000	18,1659	6,9104	2,51851	3,03030	1.036,7	85.529,9	330
331	109.561	36.264.691	18,1934	6,9174	2,51983	3,02115	1.039,9	86.049,0	331
332	110.224	36.594.368	18,2209	6,9244	2,52114	3,01205	1.043,0	86.569,7	332
333	110.889	36.926.037	18,2483	6,9313	2,52244	3,00300	1.046,2	87.092,0	333
334	111.556	37.259.704	18,2757	6,9382	2,52375	2,99401	1.049,3	87.615,9	334
335	112.225	37.595.375	18,3030	6,9451	2,52504	2,98507	1.052,4	88.141,3	335
336	112.896	37.933.056	18,3303	6,9521	2,52634	2,97619	1.055,6	88.668,3	336
337	113.569	38.272.753	18,3576	6,9589	2,52763	2,96736	1.058,7	89.196,9	337
338	114.244	38.614.472	18,3848	6,9658	2,52892	2,95858	1.061,9	89.727,0	338
339	114.921	38.958.219	18,4120	6,9727	2,53020	2,94985	1.065,0	90.258,7	339
340	115.600	39.304.000	18,4391	6,9795	2,53148	2,94118	1.068,1	90.792,0	340
341	116.281	39.651.821	18,4662	6,9864	2,53275	2,93255	1.071,3	91.326,9	341
342	116.964	40.001.688	18,4932	6,9932	2,53403	2,92398	1.074,4	91.863,3	342
343	117.649	40.353.607	18,5203	7,0000	2,53529	2,91545	1.077,6	92.401,3	343
344	118.336	40.707.584	18,5472	7,0068	2,53656	2,90698	1.080,7	92.940,9	344
345	119.025	41.063.625	18,5742	7,0136	2,53782	2,89855	1.083,8	93.482,0	345
346	119.716	41.421.736	18,6011	7,0203	2,53908	2,89017	1.087,0	94.024,7	346
347	120.409	41.781.923	18,6279	7,0271	2,54033	2,88184	1.090,1	94.569,0	347
348	121.104	42.144.192	18,6548	7,0338	2,54158	2,87356	1.093,3	95.114,9	348
349	121.801	42.508.549	18,6815	7,0406	2,54283	2,86533	1.096,4	95.662,3	349
350	122.500	42.875.000	18,7083	7,0473	2,54407	2,85714	1.099,6	96.211,3	350

TABLE DES CARRÉS, CUBES, RACINE CARRÉE, RACINE CUBIQUE, CIRCONFÉRENCE, ETC.

n	n^2	n^3	$\sqrt{n}$	$\sqrt[3]{n}$	$\log n$	$\dfrac{1.000}{n}$	πn	$\dfrac{\pi n^2}{4}\,t$	n
350	122.500	42.875.000	18,7083	7,0473	2,54407	2,85714	1.099,6	96.211,3	350
351	123.201	43.243.551	18,7350	7,0540	2,54531	2,84900	1.102,7	96.761,8	351
352	123.904	43.614.208	18,7617	7,0607	2,54654	2,84091	1.105,8	97.314,0	352
353	124.609	43.986.977	18,7883	7,0674	2,54777	2,83286	1.109,0	97.867,7	353
354	125.316	44.361.864	18,8149	7,0740	2,54900	2,82486	1.112,1	98.423,0	354
355	126.025	44.738.875	18,8414	7,0807	2,55023	2,81690	1.115,3	98.979,8	355
356	126.736	45.118.016	18,8680	7,0873	2,55145	2,80899	1.118,4	99.538,2	356
357	127.449	45.499.293	18,8944	7,0940	2,55267	2,80112	1.121,5	100.098	357
358	128.164	45.882.712	18,9209	7,1006	2,55388	2,79330	1.124,7	100.660	358
359	128.881	46.268.279	18,9473	7,1072	2,55509	2,78552	1.127,8	101.223	359
360	129.600	46.656.000	18,9737	7,1138	2,55680	2,77778	1.131,0	101.788	360
361	130.321	47.045.881	19,0000	7,1204	2,55751	2,77008	1.134,1	102.354	361
362	131.044	47.437.928	19,0263	7,1269	2,55871	2,76243	1.137,3	102.922	362
363	131.769	47.832.147	19,0526	7,1335	2,55991	2,75482	1.140,4	103.491	363
364	132.496	48.228.544	19,0788	7,1400	2,56110	2,74725	1.143,5	104.062	364
365	133.225	48.627.125	19,1050	7,1466	2,56229	2,73973	1.146,7	104.635	365
366	133.956	49.027.896	19,1311	7,1531	2,56348	2,73224	1.149,8	105.209	366
367	134.689	49.430.863	19,1572	7,1596	2,56467	2,72480	1.153,0	105.785	367
368	135.424	49.836.032	19,1833	7,1661	2,56585	2,71739	1.156,1	106.362	368
369	136.161	50.243.409	19,2094	7,1726	2,56703	2,71003	1.159,2	106.941	369
370	136.900	50.653.000	19,2354	7,1791	2,56820	2,70270	1.162,4	107.521	370
371	137.641	51.064.811	19,2614	7,1855	2,56937	2,69542	1.165,5	108.103	371
372	138.384	51.478.848	19,2873	7,1920	2,57054	2,68817	1.168,7	108.687	372
373	139.129	51.895.117	19,3132	7,1984	2,57171	2,68097	1.171,8	109.272	373
374	139.876	52.313.624	19,3391	7,2048	2,57287	2,67380	1.175,0	109.858	374
375	140.625	52.734.375	19,3649	7,2112	2,57403	2,66667	1.178,1	110.447	375
376	141.376	53.157.376	19,3907	7,2177	2,57519	2,65957	1.181,2	111.036	376
377	142.129	53.582.633	19,4165	7,2240	2,57634	2,65252	1.184,4	111.628	377
378	142.884	54.010.152	19,4422	7,2304	2,57749	2,64550	1.187,5	112.221	378
379	143.641	54.439.939	19,4679	7,2368	2,57864	2,63852	1.190,7	112.815	379
380	144.400	54.872.000	19,4936	7,2432	2,57978	2,63158	1.193,8	113.411	380
381	145.161	55.306.341	19,5192	7,2495	2,58092	2,62467	1.196,9	114.009	381
382	145.924	55.742.968	19,5448	7,2558	2,58206	2,61780	1.200,1	114.608	382
383	146.689	56.181.887	19,5704	7,2622	2,58320	2,61097	1.203,2	115.209	383
384	147.456	56.623.104	19,5959	7,2685	2,58433	2,60417	1.206,4	115.812	384
385	148.225	57.066.625	19,6214	7,2748	2,58546	2,59740	1.209,5	116.416	385
386	148.996	57.512.456	19,6469	7,2811	2,58659	2,59067	1.212,7	117.021	386
387	149.769	57.960.603	19,6723	7,2874	2,58771	2,58398	1.215,8	117.628	387
388	150.544	58.411.072	19,6977	7,2936	2,58883	2,57732	1.218,9	118.237	388
389	151.321	58.863.869	19,7231	7,2999	2,58995	2,57069	1.222,1	118.847	389
390	152.100	59.319.000	19,7484	7,3061	2,59106	2,56410	1.225,2	119.459	390
391	152.881	59.776.471	19,7737	7,3124	2,59218	2,55754	1.228,4	120.072	391
392	153.664	60.236.288	19,7990	7,3186	2,59329	2,55102	1.231,5	120.687	392
393	154.449	60.698.457	19,8242	7,3248	2,59439	2,54453	1.234,6	121.304	393
394	155.236	61.162.984	19,8494	7,3310	2,59550	2,53807	1.237,8	121.922	394
395	156.025	61.629.875	19,8746	7,3372	2,59660	2,53165	1.240,9	122.542	395
396	156.816	62.099.136	19,8997	7,3434	2,59770	2,52525	1.244,1	123.163	396
397	157.609	62.570.773	19,9249	7,3496	2,59879	2,51889	1.247,2	123.786	397
398	158.404	63.044.792	19,9499	7,3558	2,59988	2,51256	1.250,4	124.410	398
399	159.201	63.521.199	19,9750	7,3619	2,60097	2,50627	1.253,5	125.086	399
400	160.000	64.000.000	20,0000	7,3681	2,60206	2,50000	1.256,6	125.664	400

TABLE DES CARRÉS, CUBES, RACINE CARRÉE, RACINE CUBIQUE, CIRCONFÉRENCE, ETC.

n	n^2	n^3	$\sqrt{n}$	$\sqrt[3]{n}$	$\log n$	$\dfrac{1.000}{n}$	πn	$\dfrac{\pi n^2}{4}$	n
400	160.000	64.000.000	20,0000	7,3681	2,60206	2,50000	1.256,6	125.664	400
401	160.801	64.481.201	20,0250	7,3742	2,60314	2,49377	1.259,8	126.293	401
402	161.604	64.964.808	20,0499	7,3803	2,60423	2,48756	1.262,9	126.923	402
403	162.409	65.450.827	20,0749	7,3864	2,60531	2,48139	1.266,1	127.556	403
404	163.216	65.939.264	20,0998	7,3925	2,60638	2,47525	1.269,2	128.190	404
405	164.025	66.430.125	20,1246	7,3986	2,60746	2,46914	1.272,3	128.825	405
406	164.836	66.923.416	20,1494	7,4047	2,60853	2,46305	1.275,5	129.462	406
407	165.649	67.419.143	20,1742	7,4108	2,60959	2,45700	1.278,6	130.100	407
408	166.464	67.917.312	20,1990	7,4169	2,61066	2,45098	1.281,8	130.741	408
409	167.281	68.417.929	20,2237	7,4229	2,61172	2,44499	1.284,9	131.382	409
410	168.100	68.921.000	20,2485	7,4290	2,61278	2,43902	1.288,1	132.025	410
411	168.921	69.426.531	20,2731	7,4350	2,61384	2,43309	1.291,2	132.670	411
412	169.744	69.934.528	20,2978	7,4410	2,61490	2,42718	1.294,3	133.317	412
413	170.569	70.444.997	20,3224	7,4470	2,61595	2,42131	1.297,5	133.965	413
414	171.396	70.957.944	20,3470	7,4530	2,61700	2,41546	1.300,6	134.614	414
415	172.225	71.473.375	20,3715	7,4590	2,61805	2,40964	1.303,8	135.265	415
416	173.056	71.991.296	20,3961	7,4650	2,61909	2,40385	1.306,9	135.918	416
417	173.889	72.511.713	20,4206	7,4710	2,62014	2,39808	1.310,0	136.572	417
418	174.724	73.034.632	20,4450	7,4770	2,62118	2,39234	1.313,2	137.228	418
419	175.561	73.560.059	20,4695	7,4829	2,62221	2,38663	1.316,3	137.885	419
420	176.400	74.088.000	20,4939	7,4889	2,62325	2,38095	1.319,5	138.544	420
421	177.241	74.618.461	20,5183	7,4948	2,62428	2,37530	1.322,6	139.205	421
422	178.084	75.151.448	20,5426	7,5007	2,62531	2,36967	1.325,8	139.867	422
423	178.929	75.686.967	20,5670	7,5067	2,62634	2,36407	1.328,9	140.531	423
424	179.776	76.225.024	20,5913	7,5126	2,62737	2,35849	1.332,0	141.196	424
425	180.625	76.765.625	20,6155	7,5185	2,62839	2,35294	1.335,2	141.863	425
426	181.476	77.308.776	20,6398	7,5244	2,62941	2,34742	1.338,3	142.531	426
427	182.329	77.854.483	20,6640	7,5302	2,63043	2,34192	1.341,5	143.201	427
428	183.184	78.402.752	20,6882	7,5361	2,63144	2,33645	1.344,6	143.872	428
429	184.041	78.953.589	20,7123	7,5420	2,63246	2,33100	1.347,7	144.545	429
430	184.900	79.507.000	20,7364	7,5478	2,63347	2,32558	1.350,9	145.220	430
431	185.761	80.062.991	20,7605	7,5537	2,63448	2,32019	1.354,0	145.896	431
432	186.624	80.621.568	20,7846	7,5595	2,63548	2,31481	1.357,2	146.574	432
433	187.489	81.182.737	20,8087	7,5654	2,63649	2,30947	1.360,3	147.254	433
434	188.356	81.746.504	20,8327	7,5712	2,63749	2,30415	1.363,5	147.934	434
435	189.225	82.312.875	20,8567	7,5770	2,63849	2,29885	1.366,6	148.617	435
436	190.096	82.881.856	20,8806	7,5828	2,63949	2,29358	1.369,7	149.301	436
437	190.969	83.453.453	20,9045	7,5886	2,64048	2,28833	1.372,9	149.987	437
438	191.844	84.027.672	20,9284	7,5944	2,64147	2,28311	1.376,0	150.674	438
439	192.721	84.604.519	20,9523	7,6001	2,64246	2,27790	1.379,2	151.363	439
440	193.600	85.184.000	20,9762	7,6059	2,64345	2,27273	1.382,3	152.053	440
441	194.481	85.766.121	21,0000	7,6117	2,64444	2,26757	1.385,4	152.745	441
442	195.364	86.350.888	21,0238	7,6174	2,64542	2,26244	1.388,6	153.439	442
443	196.249	86.938.307	21,0476	7,6232	2,64640	2,25734	1.391,7	154.134	443
444	197.136	87.528.384	21,0713	7,6289	2,64738	2,25225	1.394,9	154.880	444
445	198.025	88.121.125	21,0950	7,6346	2,64836	2,24719	1.398,0	155.528	445
446	198.916	88.716.536	21,1187	7,6403	2,64933	2,24215	1.401,2	156.228	446
447	199.809	89.314.623	21,1424	7,6460	2,65031	2,23714	1.404,3	156.930	447
448	200.704	89.915.392	21,1660	7,6517	2,65128	2,23214	1.407,4	157.633	448
449	201.601	90.518.849	21,1896	7,6574	2,65225	2,22717	1.410,6	158.337	449
450	202.500	91.125.000	21,2132	7,6631	2,65321	2,22222	1.413,7	159.043	450

TABLE DES CARRÉS, CUBES, RACINE CARRÉE, RACINE CUBIQUE, CIRCONFÉRENCE, ETC.

n	n^2	n^3	$\sqrt{n}$	$\sqrt[3]{n}$	$\log n$	$\dfrac{1000}{n}$	πn	$\dfrac{\pi n^2}{4}$	n
450	202.500	91.125.000	21,2132	7,6631	2,65321	2,22222	1.413,7	159.043	450
451	203.401	91.733.851	21,2368	7,6688	2,65418	2,21729	1.416,9	159.751	451
452	204.304	92.345.408	21,2603	7,6744	2,65514	2,21239	1.420,0	160.460	452
453	205.209	92.959.677	21,2838	7,6801	2,65610	2,20751	1.423,1	161.171	453
454	206.116	93.576.664	21,3073	7,6857	2,65706	2,20264	1.426,3	161.883	454
455	207.025	94.196.375	21,3307	7,6914	2,65801	2,19780	1.429,4	162.597	455
456	207.936	94.818.816	21,3542	7,6970	2,65896	2,19298	1.432,6	163.313	456
457	208.849	95.443.993	21,3776	7,7026	2,65992	2,18818	1.435,7	164.030	457
458	209.764	96.071.912	21,4009	7,7082	2,66087	2,18341	1.438,8	164.748	458
459	210.681	96.702.579	21,4243	7,7138	2,66181	2,17865	1.442,0	165.468	459
460	211.600	97.336.000	21,4476	7,7194	2,66276	2,17391	1.445,1	166.190	460
461	212.521	97.972.181	21,4709	7,7250	2,66370	2,16920	1.448,3	166.914	461
462	213.444	98.611.128	21,4942	7,7306	2,66464	2,16450	1.451,4	167.639	462
463	214.369	99.252.847	21,5174	7,7362	2,66558	2,15983	1.454,6	168.365	463
464	215.296	99.897.344	21,5407	7,7418	2,66652	2,15517	1.457,7	169.093	464
465	216.225	100.544.625	21,5639	7,7473	2,66745	2,15054	1.460,8	169.823	465
466	217.156	101.194.696	21,5870	7,7529	2,66839	2,14592	1.464,0	170.554	466
467	218.089	101.847.563	21,6102	7,7584	2,66932	2,14133	1.467,1	171.287	467
468	219.024	102.508.232	21,6333	7,7639	2,67025	2,13675	1.470,3	172.021	468
469	219.961	103.161.709	21,6564	7,7695	2,67117	2,13220	1.473,4	172.757	469
470	220.900	103.823.000	21,6795	7,7750	2,67210	2,12766	1.476,5	173.494	470
471	221.841	104.487.111	21,7025	7,7805	2,67302	2,12314	1.479,7	174.234	471
472	222.784	105.154.048	21,7256	7,7860	2,67394	2,11864	1.482,8	174.974	472
473	223.729	105.823.817	21,7486	7,7915	2,67486	2,11416	1.486,0	175.716	473
474	224.676	106.496.424	21,7715	7,7970	2,67578	2,10970	1.489,1	176.460	474
475	225.625	107.171.875	21,7945	7,8025	2,67669	2,10526	1.492,3	177.205	475
476	226.576	107.850.176	21,8174	7,8079	2,67761	2,10084	1.495,4	177.952	476
477	227.529	108.531.333	21,8403	7,8134	2,67852	2,09644	1.498,5	178.701	477
478	228.484	109.215.352	21,8632	7,8188	2,67943	2,09205	1.501,7	179.451	478
479	229.441	109.902.239	21,8861	7,8243	2,68034	2,08768	1.504,8	180.203	479
480	230.400	110.592.000	21,9089	7,8297	2,68124	2,08333	1.508,0	180.956	480
481	231.361	111.284.641	21,9317	7,8352	2,68215	2,07900	1.511,1	181.711	481
482	232.324	111.980.168	21,9545	7,8406	2,68305	2,07469	1.514,2	182.467	482
483	233.289	112.678.587	21,9773	7,8460	2,68395	2,07039	1.517,4	183.225	483
484	234.256	113.379.904	22,0000	7,8514	2,68485	2,06612	1.520,5	183.984	484
485	235.225	114.084.125	22,0227	7,8568	2,68574	2,06186	1.523,7	184.745	485
486	236.196	114.791.256	22,0454	7,8622	2,68664	2,05761	1.526,8	185.508	486
487	237.169	115.501.303	22,0681	7,8676	2,68753	2,05339	1.530,0	186.272	487
488	238.144	116.214.272	22,0907	7,8730	2,68842	2,04918	1.533,1	187.038	488
489	239.121	116.930.169	22,1133	7,8784	2,68931	2,04499	1.536,2	187.805	489
490	240.100	117.649.000	22,1359	7,8837	2,69020	2,04082	1.539,4	188.574	490
491	241.081	118.370.771	22,1585	7,8891	2,69108	2,03666	1.542,5	189.345	491
492	242.064	119.095.488	22,1811	7,8944	2,69197	2,03252	1.545,7	190.117	492
493	243.049	119.823.157	22,2036	7,8998	2,69285	2,02840	1.548,8	190.890	493
494	244.036	120.553.784	22,2261	7,9051	2,69373	2,02429	1.551,9	191.665	494
495	245.025	121.287.375	22,2486	7,9105	2,69461	2,02020	1.555,1	192.442	495
496	246.016	122.023.936	22,2711	7,9158	2,69548	2,01613	1.558,2	193.221	496
497	247.009	122.763.473	22,2935	7,9211	2,69636	2,01207	1.561,4	194.000	497
498	248.004	123.505.992	22,3159	7,9264	2,69723	2,00803	1.564,5	194.782	498
499	249.001	124.251.499	22,3383	7,9317	2,69810	2,00401	1.567,7	195.565	499
500	250.000	125.000.000	22,3607	7,9370	2,69897	2,00000	1.570,8	196.350	500

TABLE DES CARRÉS, CUBES, RACINE CARRÉE, RACINE CUBIQUE, CIRCONFÉRENCE, ETC.

n	n^2	n^3	$\sqrt{n}$	$\sqrt[3]{n}$	$\log n$	$\dfrac{1.000}{n}$	πn	$\dfrac{\pi n^2}{4}$	n
550	302.500	166.375.000	23,4521	8,1932	2,74036	1,81818	1.727,9	237.583	550
551	303.601	167.284.151	23,4734	8,1982	2,74115	1,81488	1.731,0	238.448	551
552	304.704	168.196.608	23,4947	8,2031	2,74194	1,81159	1.734,2	239.314	552
553	305.809	169.112.377	23,5160	8,2081	2,74273	1,80832	1.737,3	240.182	553
554	306.916	170.031.464	23,5372	8,2130	2,74351	1,80505	1.740,4	241.051	554
555	308.025	170.953.875	23,5584	8,2180	2,74429	1,80180	1.743,6	241.922	555
556	309.136	171.879.616	23,5797	8,2229	2,74507	1,79856	1.746,7	242.795	556
557	310.249	172.808.693	23,6008	8,2278	2,74586	1,79533	1.749,9	243.669	557
558	311.364	173.741.112	23,6220	8,2327	2,74663	1,79211	1.753,0	244.545	558
559	312.481	174.676.879	23,6432	8,2377	2,74741	1,78891	1.756,2	245.422	559
560	313.600	175.616.000	23,6643	8,2426	2,74819	1,78571	1.759,3	246.301	560
561	314.721	176.558.481	23,6854	8,2475	2,74896	1,78253	1.762,4	247.181	561
562	315.844	177.504.328	23,7065	8,2524	2,74974	1,77936	1.765,6	248.063	562
563	316.969	178.453.547	23,7276	8,2573	2,75051	1,77620	1.768,7	248.947	563
564	318.096	179.406.144	23,7487	8,2621	2,75128	1,77305	1.771,9	249.832	564
565	319.225	180.362.125	23,7697	8,2670	2,75205	1,76991	1.775,0	250.719	565
566	320.356	181.321.496	23,7908	8,2719	2,75282	1,76678	1.778,1	251.607	566
567	321.489	182.284.263	23,8118	8,2768	2,75358	1,76367	1.781,3	252.497	567
568	322.624	183.250.432	23,8328	8,2816	2,75435	1,76056	1.784,4	253.388	568
569	323.761	184.220.009	23,8537	8,2865	2,75511	1,75747	1.787,6	254.281	569
570	324.900	185.193.000	23,8747	8,2913	2,75587	1,75439	1.790,7	255.176	570
571	326.041	186.169.411	23,8956	8,2962	2,75664	1,75131	1.793,8	256.072	571
572	327.184	187.149.248	23,9165	8,3010	2,75740	1,74825	1.797,0	256.970	572
573	328.329	188.132.517	23,9374	8,3059	2,75815	1,74520	1.800,1	257.869	573
574	329.476	189.119.224	23,9583	8,3107	2,75891	1,74216	1.803,3	258.770	574
575	330.625	190.109.375	23,9792	8,3155	2,75967	1,73913	1.806,4	259.672	575
576	331.776	191.102.976	24,0000	8,3203	2,76042	1,73611	1.809,6	260.576	576
577	332.929	192.100.033	24,0208	8,3251	2,76118	1,73310	1.812,7	261.482	577
578	334.084	193.100.552	24,0416	8,3300	2,76193	1,73010	1.815,8	262.389	578
579	335.241	194.104.539	24,0624	8,3348	2,76268	1,72712	1.819,0	263.298	579
580	336.400	195.112.000	24,0832	8,3396	2,76343	1,72414	1.822,1	264.208	580
581	337.561	196.122.941	24,1039	8,3443	2,76418	1,72117	1.825,3	265.120	581
582	338.724	197.137.368	24,1247	8,3491	2,76492	1,71821	1.828,4	266.033	582
583	339.889	198.155.287	24,1454	8,3539	2,76567	1,71527	1.831,6	266.948	583
584	341.056	199.176.704	24,1661	8,3587	2,76641	1,71233	1.834,7	267.865	584
585	342.225	200.201.625	24,1868	8,3634	2,76716	1,70940	1.837,8	268.783	585
586	343.396	201.230.056	24,2074	8,3682	2,76790	1,70648	1.841,0	269.703	586
587	344.569	202.262.003	24,2281	8,3730	2,76864	1,70358	1.844,1	270.624	587
588	345.744	203.297.472	24,2487	8,3777	2,76938	1,70068	1.847,3	271.547	588
589	346.921	204.336.469	24,2693	8,3825	2,77012	1,69779	1.850,4	272.471	589
590	348.100	205.379.000	24,2899	8,3872	2,77085	1,69492	1.853,5	273.397	590
591	349.281	206.425.071	24,3105	8,3919	2,77159	1,69205	1.856,7	274.325	591
592	350.464	207.474.688	24,3311	8,3967	2,77232	1,68919	1.859,8	275.254	592
593	351.649	208.527.857	24,3516	8,4014	2,77305	1,68634	1.863,0	276.184	593
594	352.836	209.584.584	24,3721	8,4061	2,77379	1,68350	1.866,1	277.117	594
595	354.025	210.644.875	24,3926	8,4108	2,77452	1,68067	1.869,2	278.051	595
596	355.216	211.708.736	24,4131	8,4155	2,77525	1,67785	1.872,4	278.986	596
597	356.409	212.776.173	24,4336	8,4202	2,77597	1,67504	1.875,5	279.923	597
598	357.604	213.847.192	24,4540	8,4249	2,77670	1,67224	1.878,7	280.862	598
599	358.801	214.921.799	24,4745	8,4296	2,77743	1,66945	1.881,8	281.802	599
600	360.000	216.000.000	24,4949	8,4343	2,77815	1,66667	1.885,0	282.743	600

TABLE DES CARRÉS, CUBES, RACINE CARRÉE, RACINE CUBIQUE, CIRCONFÉRENCE, ETC.

n	n^2	n^3	$\sqrt{n}$	$\sqrt[3]{n}$	$\log n$	$\dfrac{1.000}{n}$	πn	$\dfrac{\pi n^2}{4}$	n
600	360.000	216.000.000	24,4949	8,4343	2,77815	1,66667	1.885,0	282.743	600
601	361.201	217.081.801	24,5153	8,4390	2,77887	1,66389	1.888,1	283.687	601
602	362.404	218.167.208	24,5357	8,4437	2,77960	1,66113	1.891,2	284.631	602
603	363.609	219.256.227	24,5561	8,4484	2,78032	1,65837	1.894,4	285.578	603
604	364.816	220.348.864	24,5764	8,4530	2,78104	1,65563	1.897,5	286.526	604
605	366.025	221.445.125	24,5967	8,4577	2,78176	1,65289	1.900,7	287.475	605
606	367.236	222.545.016	24,6171	8,4623	2,78247	1,65017	1.903,8	288.426	606
607	368.449	223.648.543	24,6374	8,4670	2,78319	1,64745	1.906,9	289.379	607
608	369.664	224.755.712	24,6577	8,4716	2,78390	1,64474	1.910,1	290.333	608
609	370.881	225.866.529	24,6779	8,4763	2,78462	1,64204	1.913,2	291.289	609
610	372.100	226.981.000	24,6982	8,4809	2,78533	1,63934	1.916,4	292.247	610
611	373.321	228.099.131	24,7184	8,4856	2,78604	1,63666	1.919,5	293.206	611
612	374.544	229.220.928	24,7386	8,4902	2,78675	1,63399	1.922,7	294.166	612
613	375.769	230.346.397	24,7588	8,4948	2,78746	1,63132	1.925,8	295.128	613
614	376.996	231.475.544	24,7790	8,4994	2,78817	1,62866	1.928,9	296.092	614
615	378.225	232.608.375	24,7992	8,5040	2,78888	1,62602	1.932,1	297.057	615
616	379.456	233.744.896	24,8193	8,5086	2,78958	1,62338	1.935,2	298.024	616
617	380.689	234.885.113	24,8395	8,5132	2,79029	1,62075	1.938,4	298.992	617
618	381.924	236.029.032	24,8596	8,5178	2,79099	1,61812	1.941,5	299.962	618
619	383.161	237.176.659	24,8797	8,5224	2,79169	1,61551	1.944,6	300.934	619
620	384.400	238.328.000	24,8998	8,5270	2,79239	1,61290	1.947,8	301.907	620
621	385.641	239.483.061	24,9199	8,5316	2,79309	1,61031	1.950,9	302.882	621
622	386.884	240.641.848	24,9399	8,5362	2,79379	1,60772	1.954,1	303.858	622
623	388.129	241.804.367	24,9600	8,5408	2,79449	1,60514	1.957,2	304.836	623
624	389.376	242.970.624	24,9800	8,5453	2,79518	1,60256	1.960,4	305.815	624
625	390.625	244.140.625	25,0000	8,5499	2,79588	1,60000	1.963,5	306.796	625
626	391.876	245.314.376	25,0200	8,5544	2,79657	1,59744	1.966,6	307.779	626
627	393.129	246.491.883	25,0400	8,5590	2,79727	1,59490	1.969,8	308.763	627
628	394.384	247.673.152	25,0599	8,5635	2,79796	1,59236	1.972,9	309.748	628
629	395.641	248.858.189	25,0799	8,5681	2,79865	1,58983	1.976,1	310.736	629
630	396.900	250.047.000	25,0998	8,5726	2,79934	1,58730	1.979,2	311.725	630
631	398.161	251.239.591	25,1197	8,5772	2,80003	1,58479	1.982,3	312.715	631
632	399.424	252.435.968	25,1396	8,5817	2,80072	1,58228	1.985,5	313.707	632
633	400.689	253.636.137	25,1595	8,5862	2,80140	1,57978	1.988,6	314.700	633
634	401.956	254.840.104	25,1794	8,5907	2,80209	1,57729	1.991,8	315.696	634
635	403.225	256.047.875	25,1992	8,5952	2,80277	1,57480	1.994,9	316.692	635
636	404.496	257.259.456	25,2190	8,5997	2,80346	1,57233	1.998,1	317.690	636
637	405.769	258.474.853	25,2389	8,6043	2,80414	1,56989	2.001,2	318.690	637
638	407.044	259.694.072	25,2587	8,6088	2,80482	1,56740	2.004,3	319.692	638
639	408.321	260.917.119	25,2784	8,6132	2,80550	1,56495	2.007,5	320.695	639
640	409.600	262.144.000	25,2982	8,6177	2,80618	1,56250	2.010,6	321.699	640
641	410.881	263.374.721	25,3180	8,6222	2,80686	1,56006	2.013,8	322.705	641
642	412.164	264.609.288	25,3377	8,6267	2,80754	1,55763	2.016,9	323.713	642
643	413.449	265.847.707	25,3574	8,6312	2,80821	1,55521	2.020,0	324.722	643
644	414.736	267.089.984	25,3772	8,6357	2,80889	1,55280	2.023,2	325.733	644
645	416.025	268.336.125	25,3969	8,6401	2,80956	1,55039	2.026,3	326.745	645
646	417.316	269.586.136	25,4165	8,6446	2,81023	1,54799	2.029,5	327.759	646
647	418.609	270.840.023	25,4362	8,6490	2,81090	1,54560	2.032,6	328.775	647
648	419.904	272.097.792	25,4558	8,6535	2,81158	1,54321	2.035,8	329.792	648
649	421.201	273.359.449	25,4755	8,6579	2,81224	1,54083	2.038,9	330.810	649
650	422.500	274.625.000	25,4951	8,6624	2,81291	1,53846	2.042,0	331.831	650

TABLE DES CARRÉS, CUBES, RACINE CARRÉE, RACINE CUBIQUE, CIRCONFÉRENCES ET...

n	n^2	n^3	$\sqrt{n}$	$\sqrt[3]{n}$	$\log n$	$\dfrac{1000}{n}$	πn	$\dfrac{\pi n^2}{4}$	n
650	422.500	274.625.000	25,4951	8,6624	2,81291	1,53846	2.042,0	331.831	650
651	423.801	275.894.451	25,5147	8,6668	2,81358	1,53610	2.045,2	332.853	651
652	425.104	277.167.808	25,5343	8,6713	2,81425	1,53374	2.048,3	333.876	652
653	426.409	278.445.077	25,5539	8,6757	2,81491	1,53139	2.051,5	334.901	653
654	427.716	279.726.264	25,5734	8,6801	2,81558	1,52905	2.054,6	335.927	654
655	429.025	281.011.375	25,5930	8,6845	2,81624	1,52672	2.057,7	336.955	655
656	430.336	282.300.416	25,6125	8,6890	2,81690	1,52439	2.060,9	337.985	656
657	431.649	283.593.393	25,6320	8,6934	2,81757	1,52207	2.064,0	339.018	657
658	432.964	284.890.312	25,6515	8,6978	2,81823	1,51976	2.067,2	340.049	658
659	434.281	286.191.179	25,6710	8,7022	2,81889	1,51745	2.070,3	341.084	659
660	435.600	287.496.000	25,6905	8,7066	2,81954	1,51515	2.073,5	342.119	660
661	436.921	288.804.781	25,7099	8,7110	2,82020	1,51286	2.076,6	343.157	661
662	438.244	290.117.528	25,7294	8,7154	2,82086	1,51057	2.079,7	344.196	662
663	439.569	291.434.247	25,7488	8,7198	2,82151	1,50830	2.082,9	345.237	663
664	440.896	292.754.944	25,7682	8,7241	2,82217	1,50602	2.086,0	346.279	664
665	442.225	294.079.625	25,7876	8,7285	2,82282	1,50376	2.089,2	347.323	665
666	443.556	295.408.296	25,8070	8,7329	2,82347	1,50150	2.092,3	348.368	666
667	444.689	296.740.963	25,8263	8,7373	2,82413	1,49925	2.095,5	349.415	667
668	446.224	298.077.632	25,8457	8,7416	2,82478	1,49701	2.098,6	350.454	668
669	447.561	299.418.309	25,8650	8,7460	2,82543	1,49477	2.101,7	351.514	669
670	448.900	300.763.000	25,8844	8,7503	2,82607	1,49254	2.104,9	352.565	670
671	450.241	302.111.711	25,9037	8,7547	2,82672	1,49031	2.108,0	353.618	671
672	451.584	303.464.448	25,9230	8,7590	2,82737	1,48810	2.111,2	354.673	672
673	452.929	304.821.217	25,9422	8,7634	2,82802	1,48588	2.114,3	355.730	673
674	454.276	306.182.024	25,9615	8,7677	2,82866	1,48368	2.117,4	356.788	674
675	455.625	307.546.875	25,9808	8,7721	2,82930	1,48148	2.120,6	357.847	675
676	456.976	308.915.776	26,0000	8,7764	2,82995	1,47929	2.123,7	358.908	676
677	458.329	310.288.733	26,0192	8,7807	2,83059	1,47710	2.126,9	359.971	677
678	459.684	311.665.752	26,0384	8,7850	2,83123	1,47493	2.130,0	361.035	678
679	461.041	313.046.839	26,0576	8,7893	2,83187	1,47275	2.133,1	362.101	679
680	462.400	314.432.000	26,0768	8,7937	2,83251	1,47059	2.136,3	363.168	680
681	463.761	315.821.241	26,0960	8,7980	2,83315	1,46843	2.139,4	364.237	681
682	465.124	317.214.568	26,1151	8,8023	2,83378	1,46628	2.142,6	365.308	682
683	466.489	318.611.987	26,1343	8,8066	2,83442	1,46413	2.145,7	366.380	683
684	467.856	320.013.504	26,1534	8,8109	2,83506	1,46199	2.148,8	367.453	684
685	469.225	321.419.125	26,1725	8,8152	2,83569	1,45985	2.152,0	368.528	685
686	470.596	322.828.856	26,1916	8,8194	2,83632	1,45773	2.155,1	369.605	686
687	471.969	324.242.703	26,2107	8,8237	2,83696	1,45560	2.158,3	370.683	687
688	473.344	325.660.672	26,2298	8,8280	2,83759	1,45349	2.161,4	371.762	688
689	474.721	327.082.769	26,2488	8,8323	2,83822	1,45138	2.164,6	372.843	689
690	476.100	328.509.000	26,2679	8,8366	2,83885	1,44928	2.167,7	373.928	690
691	477.481	329.939.371	26,2869	8,8408	2,83948	1,44718	2.170,8	375.013	691
692	478.864	331.373.888	26,3059	8,8451	2,84011	1,44509	2.174,0	376.099	692
693	480.249	332.812.557	26,3249	8,8493	2,84073	1,44300	2.177,1	377.187	693
694	481.636	334.255.384	26,3439	8,8536	2,84136	1,44092	2.180,3	378.276	694
695	483.025	335.702.375	26,3629	8,8578	2,84198	1,43885	2.183,4	379.367	695
696	484.416	337.153.536	26,3818	8,8621	2,84261	1,43678	2.186,5	380.459	696
697	485.809	338.608.873	26,4008	8,8663	2,84323	1,43472	2.189,7	381.553	697
698	487.204	340.068.392	26,4197	8,8706	2,84386	1,43266	2.192,8	382.649	698
699	488.601	341.532.099	26,4386	8,8748	2,84448	1,43062	2.196,0	383.746	699
700	490.000	343.000.000	26,4575	8,8790	2,84510	1,42857	2.199,1	384.845	700

TABLE DES CARRÉS, CUBES, RACINE CARRÉE, RACINE CUBIQUE, CIRCONFÉRENCE, ETC.

n	n^2	n^3	$\sqrt{n}$	$\sqrt[3]{n}$	$\log n$	$\dfrac{1000}{n}$	πn	$\dfrac{\pi n^2}{4}$	n
700	490.000	343.000.000	26,4575	8,8790	2,84510	1,42857	2.199,1	384.845	700
701	491.401	344.472.101	26,4764	8,8833	2,84572	1,42653	2.202,3	385.945	701
702	492.804	345.948.408	26,4953	8,8875	2,84634	1,42450	2.205,4	387.047	702
703	494.209	347.428.927	26,5141	8,8917	2,84696	1,42248	2.208,6	388.151	703
704	495.616	348.913.664	26,5330	8,8959	2,84757	1,42045	2.211,7	389.256	704
705	497.025	350.402.625	26,5518	8,9001	2,84819	1,41844	2.214,8	390.363	705
706	498.436	351.895.816	26,5707	8,9043	2,84880	1,41643	2.218,0	391.474	706
707	499.849	353.393.243	26,5895	8,9085	2,84942	1,41443	2.221,1	392.580	707
708	501.264	354.894.912	26,6083	8,9127	2,85003	1,41243	2.224,2	393.692	708
709	502.681	356.400.829	26,6271	8,9169	2,85065	1,41044	2.227,4	394.805	709
710	504.100	357.911.000	26,6458	8,9211	2,85126	1,40845	2.230,5	395.919	710
711	505.521	359.425.431	26,6646	8,9253	2,85187	1,40647	2.233,7	397.035	711
712	506.944	360.944.128	26,6833	8,9295	2,85248	1,40449	2.236,8	398.153	712
713	508.369	362.467.097	26,7021	8,9337	2,85309	1,40252	2.240,0	399.272	713
714	509.796	363.994.344	26,7208	8,9378	2,85370	1,40056	2.243,1	400.393	714
715	511.225	365.525.875	26,7395	8,9420	2,85431	1,39860	2.246,2	401.515	715
716	512.656	367.061.696	26,7582	8,9462	2,85491	1,39665	2.249,4	402.639	716
717	514.089	368.601.813	26,7769	8,9503	2,85552	1,39470	2.252,5	403.765	717
718	515.524	370.146.232	26,7955	8,9545	2,85612	1,39276	2.255,7	404.892	718
719	516.961	371.694.959	26,8142	8,9587	2,85673	1,39082	2.258,8	406.020	719
720	518.400	373.248.000	26,8328	8,9628	2,85733	1,38889	2.261,9	407.150	720
721	519.841	374.805.361	26,8514	8,9670	2,85794	1,38696	2.265,1	408.282	721
722	521.284	376.367.048	26,8701	8,9711	2,85854	1,38504	2.268,2	409.415	722
723	522.729	377.933.067	26,8887	8,9752	2,85914	1,38313	2.271,1	410.550	723
724	524.176	379.503.424	26,9072	8,9794	2,85974	1,38122	2.274,5	411.687	724
725	525.625	381.078.125	26,9258	8,9835	2,86034	1,37931	2.277,7	412.825	725
726	527.076	382.657.176	26,9444	8,9876	2,86094	1,37741	2.280,8	413.965	726
727	528.529	384.240.583	26,9629	8,9918	2,86153	1,37552	2.283,9	415.106	727
728	529.984	385.828.352	26,9815	8,9959	2,86213	1,37363	2.287,1	416.248	728
729	531.441	387.420.489	27,0000	9,0000	2,86273	1,37174	2.290,2	417.393	729
730	532.900	389.017.000	27,0185	9,0041	2,86332	1,36986	2.293,4	418.539	730
731	534.361	390.617.891	27,0370	9,0082	2,86392	1,36799	2.296,5	419.686	731
732	535.824	392.223.168	27,0555	9,0123	2,86451	1,36612	2.299,6	420.835	732
733	537.289	393.832.837	27,0740	9,0164	2,86510	1,36426	2.302,8	421.986	733
734	538.756	395.446.904	27,0924	9,0205	2,86570	1,36240	2.305,9	423.138	734
735	540.225	397.065.375	27,1109	9,0246	2,86629	1,36054	2.309,1	424.293	735
736	541.696	398.688.256	27,1293	9,0287	2,86688	1,35870	2.312,2	425.447	736
737	543.169	400.315.553	27,1477	9,0328	2,86747	1,35685	2.315,4	426.604	737
738	544.644	401.947.272	27,1662	9,0369	2,86806	1,35501	2.318,5	427.762	738
739	546.121	403.583.419	27,1846	9,0410	2,86864	1,35318	2.321,6	428.922	739
740	547.600	405.224.000	27,2029	9,0450	2,86923	1,35135	2.324,8	430.084	740
741	549.081	406.869.021	27,2213	9,0491	2,86982	1,34953	2.327,9	431.247	741
742	550.564	408.518.488	27,2397	9,0532	2,87040	1,34771	2.331,1	432.412	742
743	552.049	410.172.407	27,2580	9,0572	2,87099	1,34590	2.334,2	433.578	743
744	553.536	411.830.784	27,2764	9,0613	2,87157	1,34409	2.337,3	434.746	744
745	555.025	413.493.625	27,2947	9,0654	2,87216	1,34228	2.340,5	435.916	745
746	556.516	415.160.936	27,3130	9,0694	2,87274	1,34048	2.343,6	437.087	746
747	558.009	416.832.723	27,3313	9,0735	2,87332	1,33869	2.346,8	438.259	747
748	559.504	418.508.992	27,3496	9,0775	2,87390	1,33690	2.349,9	439.433	748
749	561.001	420.189.749	27,3679	9,0816	2,87448	1,33511	2.353,1	440.609	749
750	562.500	421.875.000	27,3861	9,0856	2,87506	1,33333	2.356,2	441.786	750

TABLE DES CARRÉS, CUBES, RACINE CARRÉE, RACINE CUBIQUE, CIRCONFÉRENCE, ETC.

n	n^2	n^3	$\sqrt{n}$	$\sqrt[3]{n}$	$\log n$	$\dfrac{1.000}{n}$	πn	$\dfrac{\pi n^2}{4}$	n
750	562.500	421.875 000	27,3861	9,0856	2,87506	1,33333	2.256,2	441.786	750
751	564.001	423.564.751	27,4044	9,0896	2,87564	1,33156	2.359,3	442.965	751
752	565.504	425.259.008	27,4226	9,0937	2,87622	1,32979	2.362,5	444.146	752
753	567.009	426.957.777	27,4408	9,0977	2,87679	1,32802	2.365,6	445.328	753
754	568.516	428.661.064	27,4591	9,1017	2,87737	1,32626	2.368,8	446.511	754
755	570.025	430.368.875	27,4773	9,1057	2,87795	1,32450	2.371,9	447.697	755
756	571.536	432.081.216	27,4955	9,1098	2,87852	1,32275	2.375,0	448.883	756
757	573.049	433.798.093	27,5136	9,1138	2,87910	1,32100	2.378,2	450.072	757
758	574.564	435.519.512	27,5318	9,1178	2,87967	1,31926	2.381,3	451.262	758
759	576.081	437.245.479	27,5500	9,1218	2,88024	1,31752	2.384,5	452.453	759
760	577.600	438.976.000	27,5681	9,1258	2,88081	1,31579	2.387,6	453.646	760
761	579.121	440.711.081	27,5862	9,1298	2,88138	1,31406	2.390,8	454.841	761
762	580.644	442.450.728	27,6043	9,1338	2,88195	1,31234	2.393,9	456.037	762
763	582.169	444.194.947	27,6225	9,1378	2,88252	1,31062	2.397,0	457.234	763
764	583.696	445.943.744	27,6405	9,1418	2,88309	1,30890	2.400,2	458.434	764
765	585.225	447.697.125	27,6586	9,1458	2,88366	1,30719	2.403,3	459.635	765
766	586.756	449.455.096	27,6767	9,1498	2,88423	1,30548	2.406,5	460.837	766
767	588.289	451.217.663	27,6948	9,1537	2,88480	1,30378	2.409,6	462.041	767
768	589.824	452.984.832	27,7128	9,1577	2,88536	1,30208	2.412,7	463.247	768
769	591.361	454.756.609	27,7308	9,1617	2,88593	1,30039	2.415,9	464.454	769
770	592.900	456.533.000	27,7489	9,1657	2,88649	1,29870	2.419,0	465.663	770
771	594.441	458.314.011	27,7669	9,1696	2,88705	1,29702	2.422,2	466.873	771
772	595.984	460.099.648	27,7849	9,1736	2,88762	1,29534	2.425,3	468.085	772
773	597.529	461.889.917	27,8029	9,1775	2,88818	1,29366	2.428,5	469.298	773
774	599.076	463.684.824	27,8209	9,1815	2,88874	1,29199	2.431,6	470.513	774
775	600.625	465.484.375	27,8388	9,1855	2,88930	1,29032	2.434,7	471.730	775
776	602.176	467.288.576	27,8568	9,1894	2,88986	1,28866	2.437,9	472.948	776
777	603.729	469.097.433	27,8747	9,1933	2,89042	1,28700	2.441,0	474.168	777
778	605.284	470.910.952	27,8927	9,1973	2,89098	1,28535	2.444,2	475.389	778
779	606.841	472.729.139	27,9106	9,2012	2,89154	1,28370	2.447,3	476.612	779
780	608.400	474.552.000	27,9285	9,2052	2,89209	1,28205	2.450,4	477.836	780
781	609.961	476.379.541	27,9464	9,2091	2,89265	1,28041	2.453,6	479.062	781
782	611.524	478.211.768	27,9643	9,2130	2,89321	1,27877	2.456,7	480.290	782
783	613.089	480.048.687	27,9821	9,2170	2,89376	1,27714	2.459,9	481.519	783
784	614.656	481.890.304	28,0000	9,2209	2,89432	1,27551	2.463,0	482.750	784
785	616.225	483.736.625	28,0179	9,2248	2,89487	1,27389	2.466,2	483.982	785
786	617.796	485.587.656	28,0357	9,2287	2,89542	1,27226	2.469,3	485.216	786
787	619.369	487.443.403	28,0535	9,2326	2,89597	1,27065	2.472,4	486.451	787
788	620.944	489.303.872	28,0713	9,2365	2,89653	1,26904	2.475,6	487.688	788
789	622.521	491.169.069	28,0891	9,2404	2,89708	1,26743	2.478,7	488.927	789
790	624.100	493.039.000	28,1069	9,2443	2,89763	1,26582	2.481,9	490.167	790
791	625.681	494.913.671	28,1247	9,2482	2,89818	1,26422	2.485,0	491.409	791
792	627.264	496.793.088	28,1425	9,2521	2,89873	1,26263	2.488,1	492.652	792
793	628.849	498.677.257	28,1603	9,2560	2,89927	1,26103	2.491,3	493.897	793
794	630.436	500.566.184	28,1780	9,2599	2,89982	1,25945	2.494,4	495.143	794
795	632.025	502.459.875	28,1957	9,2638	2,90037	1,25786	2.497,6	496.391	795
796	633.616	504.358.336	28,2135	9,2677	2,90091	1,25628	2.500,7	497.641	796
797	635.209	506.261.573	28,2312	9,2716	2,90146	1,25471	2.503,8	498.892	797
798	636.804	508.169.592	28,2489	9,2754	2,90200	1,25313	2.507,0	500.145	798
799	638.401	510.082.399	28,2666	9,2793	2,90255	1,25156	2.510,1	501.399	799
800	640.000	512.000.000	28,2843	9,2832	2,90309	1,25000	2.513,3	502.655	800

TABLE DES CARRÉS, CUBES, RACINE CARRÉE, RACINE CUBIQUE, CIRCONFÉRENCE, ETC.

n	n^2	n^3	$\sqrt{n}$	$\sqrt[3]{n}$	$\log n$	$\dfrac{100}{n}$	πn	$\dfrac{\pi n^2}{4}$	n
800	640.000	512.000.000	28,2843	9,2832	2,90309	1,25000	2.513,3	502.655	800
801	641.601	513.922.401	28,3019	9,2870	2,90363	1,24844	2.516,4	503.912	801
802	643.204	515.849.608	28,3196	9,2909	2,90417	1,24688	2.519,6	505.171	802
803	644.809	517.781.627	28,3373	9,2948	2,90472	1,24533	2.522,7	506.432	803
804	646.416	519.718.464	28,3549	9,2986	2,90526	1,24378	2.525,8	507.694	804
805	648.025	521.660.125	28,3725	9,3025	2,90580	1,24224	2.529,0	508.958	805
806	649.636	523.606.616	28,3901	9,3063	2,90634	1,24069	2.532,1	510.223	806
807	651.249	525.557.943	28,4077	9,3102	2,90687	1,23916	2.535,3	511.490	807
808	652.864	527.514.112	28,4253	9,3140	2,90741	1,23762	2.538,4	512.758	808
809	654.481	529.475.129	28,4429	9,3179	2,90795	1,23609	2.541,5	514.028	809
810	656.100	531.441.000	28,4605	9,3217	2,90849	1,23457	2.544,7	515.300	810
811	657.721	533.411.731	28,4781	9,3255	2,90902	1,23305	2.547,8	516.573	811
812	659.344	535.387.328	28,4956	9,3294	2,90956	1,23153	2.551,0	517.848	812
813	660.969	537.367.797	28,5132	9,3332	2,91009	1,23001	2.554,1	519.124	813
814	662.596	539.353.144	28,5307	9,3370	2,91062	1,22850	2.557,3	520.402	814
815	664.225	541.343.375	28,5482	9,3408	2,91116	1,22699	2.560,4	521.681	815
816	665.856	543.338.496	28,5657	9,3447	2,91169	1,22549	2.563,5	522.962	816
817	667.489	545.338.513	28,5832	9,3485	2,91222	1,22399	2.566,7	524.245	817
818	669.124	547.343.432	28,6007	9,3523	2,91275	1,22249	2.569,8	525.529	818
819	670.761	549.353.259	28,6182	9,3561	2,91328	1,22100	2.573,0	526.814	819
820	672.400	551.368.000	28,6356	9,3599	2,91381	1,21951	2.576,1	528.102	820
821	674.041	553.387.661	28,6531	9,3637	2,91434	1,21803	2.579,2	529.391	821
822	675.684	555.412.248	28,6705	9,3675	2,91487	1,21655	2.582,4	530.681	822
823	677.329	557.441.767	28,6880	9,3713	2,91540	1,21507	2.585,5	531.973	823
824	678.976	559.476.224	28,7054	9,3751	2,91593	1,21359	2.588,7	533.267	824
825	680.625	561.515.625	28,7228	9,3789	2,91645	1,21212	2.591,8	534.562	825
826	682.276	563.559.976	28,7402	9,3827	2,91698	1,21065	2.595,0	535.858	826
827	683.929	565.609.283	28,7576	9,3865	2,91751	1,20919	2.598,1	537.157	827
828	685.584	567.663.552	28,7750	9,3902	2,91803	1,20773	2.601,2	538.456	828
829	687.241	569.722.789	28,7924	9,3940	2,91855	1,20627	2.604,4	539.758	829
830	688.900	571.787.000	28,8097	9,3978	2,91908	1,20482	2.607,5	541.061	830
831	690.561	573.856.191	28,8271	9,4016	2,91960	1,20337	2.610,7	542.365	831
832	692.224	575.930.368	28,8444	9,4053	2,92012	1,20192	2.613,8	543.671	832
833	693.889	578.009.537	28,8617	9,4091	2,92065	1,20048	2.616,9	544.979	833
834	695.556	580.093.704	28,8791	9,4129	2,92117	1,19904	2.620,1	546.288	834
835	697.225	582.182.875	28,8964	9,4166	2,92169	1,19760	2.623,2	547.599	835
836	698.896	584.277.056	28,9137	9,4204	2,92221	1,19617	2.626,4	548.912	836
837	700.569	586.376.253	28,9310	9,4241	2,92273	1,19474	2.629,5	550.226	837
838	702.244	588.480.472	28,9482	9,4279	2,92324	1,19332	2.632,7	551.541	838
839	703.921	590.589.719	28,9655	9,4316	2,92376	1,19190	2.635,8	552.858	839
840	705.600	592.704.000	28,9828	9,4354	2,92428	1,19048	2.638,9	554.177	840
841	707.281	594.823.321	29,0000	9,4391	2,92480	1,18906	2.642,1	555.497	841
842	708.964	596.947.688	29,0172	9,4429	2,92531	1,18765	2.645,2	556.819	842
843	710.649	599.077.107	29,0345	9,4466	2,92583	1,18624	2.648,4	558.142	843
844	712.336	601.211.584	29,0517	9,4503	2,92634	1,18483	2.651,5	559.467	844
845	714.025	603.351.125	29,0689	9,4541	2,92686	1,18343	2.654,6	560.794	845
846	715.716	605.495.736	29,0861	9,4578	2,92737	1,18203	2.657,8	562.122	846
847	717.409	607.645.423	29,1033	9,4615	2,92788	1,18064	2.660,9	563.452	847
848	719.104	609.800.192	29,1204	9,4652	2,92840	1,17925	2.664,1	564.783	848
849	720.801	611.960.049	29,1376	9,4690	2,92891	1,17786	2.667,2	566.116	849
850	722.500	614.125.000	29,1548	9,4727	2,92942	1,17647	2.670,4	567.450	850

No.	Square	Cube	Sq. Root	Cube Root	Logarithm	$\frac{1000}{N}$	[illegible]	[illegible]
850	722,500	614,125,000	29.1548	9.4727	2.92942	1.176471	[illegible]	[illegible]
851	724,201	616,295,051	29.1719	9.4764	2.92993	1.175088	[illegible]	[illegible]
852	725,904	618,470,208	29.1890	9.4801	2.93044	1.173709	[illegible]	[illegible]
853	727,609	620,650,477	29.2062	9.4838	2.93095	1.172333	[illegible]	[illegible]
854	729,316	622,835,864	29.2233	9.4875	2.93146	1.170960	[illegible]	[illegible]
855	731,025	625,026,375	29.2404	9.4912	2.93197	1.169591	[illegible]	[illegible]
856	732,736	627,222,016	29.2575	9.4949	2.93247	1.168224	[illegible]	[illegible]
857	734,449	629,422,793	29.2746	9.4986	2.93298	1.166861	[illegible]	[illegible]
858	736,164	631,628,712	29.2916	9.5023	2.93349	1.165501	[illegible]	[illegible]
859	737,881	633,839,779	29.3087	9.5060	2.93399	1.164144	[illegible]	[illegible]
860	739,600	636,056,000	29.3258	9.5097	2.93450	1.162791	[illegible]	[illegible]
861	741,321	638,277,381	29.3428	9.5134	2.93500	1.161440	[illegible]	[illegible]
862	743,044	640,503,928	29.3598	9.5171	2.93551	1.160093	[illegible]	[illegible]
863	744,769	642,735,647	29.3769	9.5207	2.93601	1.158749	[illegible]	[illegible]
864	746,496	644,972,544	29.3939	9.5244	2.93651	1.157407	[illegible]	[illegible]
865	748,225	647,214,625	29.4109	9.5281	2.93702	1.156069	[illegible]	[illegible]
866	749,956	649,461,896	29.4279	9.5317	2.93752	1.154734	[illegible]	[illegible]
867	751,689	651,714,363	29.4449	9.5354	2.93802	1.153403	[illegible]	[illegible]
868	753,424	653,972,032	29.4618	9.5391	2.93852	1.152074	[illegible]	[illegible]
869	755,161	656,234,909	29.4788	9.5427	2.93902	1.150748	[illegible]	[illegible]
870	756,900	658,503,000	29.4958	9.5464	2.93952	1.149425	[illegible]	[illegible]
871	758,641	660,776,311	29.5127	9.5501	2.94002	1.148106	[illegible]	[illegible]
872	760,384	663,054,848	29.5296	9.5537	2.94052	1.146789	[illegible]	[illegible]
873	762,129	665,338,617	29.5466	9.5574	2.94101	1.145475	[illegible]	[illegible]
874	763,876	667,627,624	29.5635	9.5610	2.94151	1.144165	[illegible]	[illegible]
875	765,625	669,921,875	29.5804	9.5647	2.94201	1.142857	[illegible]	[illegible]
876	767,376	672,221,376	29.5973	9.5683	2.94250	1.141553	[illegible]	[illegible]
877	769,129	674,526,133	29.6142	9.5719	2.94300	1.140251	[illegible]	[illegible]
878	770,884	676,836,152	29.6311	9.5756	2.94349	1.138952	[illegible]	[illegible]
879	772,641	679,151,439	29.6479	9.5792	2.94399	1.137656	[illegible]	[illegible]
880	774,400	681,472,000	29.6648	9.5828	2.94448	1.136364	[illegible]	[illegible]
881	776,161	683,797,841	29.6816	9.5865	2.94498	1.135074	[illegible]	[illegible]
882	777,924	686,128,968	29.6985	9.5901	2.94547	1.133787	[illegible]	[illegible]
883	779,689	688,465,387	29.7153	9.5937	2.94596	1.132503	[illegible]	[illegible]
884	781,456	690,807,104	29.7321	9.5973	2.94645	1.131222	[illegible]	[illegible]
885	783,225	693,154,125	29.7489	9.6010	2.94694	1.129944	[illegible]	[illegible]
886	784,996	695,506,456	29.7658	9.6046	2.94743	1.128668	[illegible]	[illegible]
887	786,769	697,864,103	29.7825	9.6082	2.94792	1.127396	[illegible]	[illegible]
888	788,544	700,227,072	29.7993	9.6118	2.94841	1.126126	[illegible]	[illegible]
889	790,321	702,595,369	29.8161	9.6154	2.94890	1.124859	[illegible]	[illegible]
890	792,100	704,969,000	29.8329	9.6190	2.94939	1.123596	[illegible]	[illegible]
891	793,881	707,347,971	29.8496	9.6226	2.94988	1.122334	[illegible]	[illegible]
892	795,664	709,732,288	29.8664	9.6262	2.95036	1.121076	[illegible]	[illegible]
893	797,449	712,121,957	29.8831	9.6298	2.95085	1.119821	[illegible]	[illegible]
894	799,236	714,516,984	29.8998	9.6334	2.95134	1.118568	[illegible]	[illegible]
895	801,025	716,917,375	29.9166	9.6370	2.95182	1.117318	[illegible]	[illegible]
896	802,816	719,323,136	29.9333	9.6406	2.95231	1.116071	[illegible]	[illegible]
897	804,609	721,734,273	29.9500	9.6442	2.95279	1.114827	[illegible]	[illegible]
898	806,404	724,150,792	29.9666	9.6477	2.95328	1.113586	[illegible]	[illegible]
899	808,201	726,572,699	29.9833	9.6513	2.95376	1.112347	[illegible]	[illegible]
900	810,000	729,000,000	30.0000	9.6549	2.95424	1.111111	[illegible]	[illegible]

n	n^2	n^3	$\sqrt{n}$	$\sqrt[3]{n}$	$\log n$	$\dfrac{1.000}{n}$	πn	$\dfrac{\pi n^2}{4}$	n
900	810.000	729.000.000	30,0000	9,6549	2,95424	1,11111	2.827,4	636.173	900
901	811.801	731.432.701	30,0167	9,6585	2,95472	1,10988	2.830,6	637.587	901
902	813.604	733.870.808	30,0333	9,6620	2,95521	1,10865	2.833,7	639.003	902
903	815.409	736.314.327	30,0500	9,6656	2,95569	1,10742	2.836,9	640.421	903
904	817.216	738.763.264	30,0666	9,6692	2,95617	1,10619	2.840,0	641.840	904
905	819.025	741.217.625	30,0832	9,6727	2,95665	1,10497	2.843,1	643.281	905
906	820.836	743.677.416	30,0998	9,6763	2,95713	1,10375	2.846,3	644.688	906
907	822.649	746.142.643	30,1164	9,6799	2,95761	1,10254	2.849,4	646.107	907
908	824.464	748.613.812	30,1330	9,6834	2,95809	1,10132	2.852,6	647.533	908
909	826.281	751.089.429	30,1496	9,6870	2,95856	1,10011	2.855,7	648.960	909
910	828.100	753.571.000	30,1662	9,6905	2,95904	1,09890	2.858,8	650.388	910
911	829.921	756.058.031	30,1828	9,6941	2,95952	1,09796	2.862,0	651.818	911
912	831.744	758.550.528	30,1993	9,6976	2,95999	1,09649	2.865,1	653.250	912
913	833.569	761.048.497	30,2159	9,7012	2,96047	1,09529	2.868,3	654.684	913
914	835.396	763.551.944	30,2324	9,7047	2,96095	1,09409	2.871,4	656.118	914
915	837.225	766.060.875	30,2490	9,7082	2,96142	1,09290	2.874,6	657.555	915
916	839.056	768.575.296	30,2655	9,7118	2,96190	1,09170	2.877,7	658.993	916
917	840.889	771.095.213	30,2820	9,7153	2,96237	1,09051	2.880,8	660.436	917
918	842.724	773.620.632	30,2985	9,7188	2,96284	1,08932	2.884,0	661.874	918
919	844.561	776.151.559	30,3150	9,7224	2,96332	1,08814	2.887,1	663.317	919
920	846.400	778.688.000	30,3315	9,7259	2,96379	1,08696	2.890,3	664.761	920
921	848.241	781.229.961	30,3480	9,7294	2,96426	1,08578	2.893,4	666.207	921
922	850.084	783.777.448	30,3645	9,7329	2,96473	1,08460	2.896,6	667.654	922
923	851.929	786.330.467	30,3809	9,7364	2,96520	1,08342	2.899,7	669.103	923
924	853.776	788.889.024	30,3974	9,7400	2,96567	1,08225	2.902,8	670.554	924
925	855.625	791.453.125	30,4138	9,7435	2,96614	1,08108	2.906,0	672.006	925
926	857.476	794.022.776	30,4302	9,7470	2,96661	1,07991	2.909,1	673.460	926
927	859.329	796.597.983	30,4467	9,7505	2,96708	1,07875	2.912,3	674.915	927
928	861.184	799.178.752	30,4631	9,7540	2,96755	1,07759	2.915,4	676.372	928
929	863.041	801.765.089	30,4795	9,7575	2,96802	1,07643	2.918,5	677.831	929
930	864.900	804.357.000	30,4959	9,7610	2,96848	1,07527	2.921,7	679.291	930
931	866.761	806.954.491	30,5123	9,7645	2,96895	1,07411	2.924,8	680.752	931
932	868.624	809.557.568	30,5287	9,7680	2,96942	1,07296	2.928,0	682.216	932
933	870.489	812.166.237	30,5450	9,7715	2,96988	1,07181	2.931,1	683.680	933
934	872.356	814.780.504	30,5614	9,7750	2,97035	1,07066	2.934,3	685.147	934
935	874.225	817.400.375	30,5778	9,7785	2,97081	1,06952	2.937,4	686.615	935
936	876.096	820.025.856	30,5941	9,7819	2,97128	1,06838	2.940,5	688.084	936
937	877.969	822.656.953	30,6105	9,7854	2,97174	1,06724	2.943,7	689.555	937
938	879.844	825.293.672	30,6268	9,7889	2,97220	1,06610	2.946,8	691.026	938
939	881.721	827.936.019	30,6431	9,7924	2,97267	1,06496	2.950,0	692.502	939
940	883.600	830.584.000	30,6594	9,7959	2,97313	1,06383	2.953,1	693.978	940
941	885.481	833.237.621	30,6757	9,7993	2,97359	1,06270	2.956,3	695.455	941
942	887.364	835.896.888	30,6920	9,8028	2,97405	1,06157	2.959,4	696.934	942
943	889.249	838.561.807	30,7083	9,8063	2,97451	1,06045	2.962,6	698.415	943
944	891.136	841.232.384	30,7246	9,8097	2,97497	1,05932	2.965,7	699.897	944
945	893.025	843.908.625	30,7409	9,8132	2,97543	1,05820	2.968,8	701.380	945
946	894.916	846.590.536	30,7571	9,8167	2,97589	1,05708	2.972,0	702.865	946
947	896.809	849.278.123	30,7734	9,8201	2,97635	1,05597	2.975,1	704.352	947
948	898.704	851.971.392	30,7896	9,8236	2,97681	1,05485	2.978,3	705.840	948
949	900.601	854.670.349	30,8058	9,8270	2,97727	1,05374	2.981,4	707.330	949
950	902.500	857.375.000	30,8221	9,8305	2,97772	1,05263	2.984,5	708.822	950

TABLE DES CARRÉS, CUBES, RACINE CARRÉE, RACINE CUBIQUE, CIRCONFÉRENCE, ETC.

n	n^2	n^3	$\sqrt{n}$	$\sqrt[3]{n}$	$\log n$	$\dfrac{1.000}{n}$	πn	$\dfrac{\pi n^2}{4}$	n
950	902.500	857.375.000	30,8221	9,8305	2,97772	1,05263	2.984,5	708.822	950
951	904.401	860.085.351	30,8383	9,8339	2,97818	1,05152	2.987,7	710.315	951
952	906.304	862.801.408	30,8545	9,8374	2,97864	1,05042	2.990,8	711.809	952
953	908.209	865.523.177	30,8707	9,8408	2,97909	1,04932	2.993,9	713.306	953
954	910.116	868.250.664	30,8869	9,8443	2,97955	1,04822	2.997,1	714.803	954
955	912.025	870.983.875	30,9031	9,8477	2,98000	1,04712	3.000,2	716.303	955
956	913.936	873.722.816	30,9192	9,8511	2,98046	1,04603	3.003,4	717.804	956
957	915.849	876.467.493	30,9354	9,8546	2,98091	1,04493	3.006,5	749.306	957
958	917.764	879.217.912	30,9516	9,8580	2,98137	1,04384	3.009,6	720.810	958
959	919.681	881.974.079	30,9677	9,8614	2,98182	1,04275	3.012,8	722.316	959
960	921.600	884.736.000	30,9839	9,8648	2,98227	1,04167	3.015,9	723.823	960
961	923.521	887.503.681	31,0000	9,8683	2,98272	1,04058	3.019,1	725.332	961
962	925.444	890.277.128	31,0161	9,8717	2,98318	1,03950	3.022,2	726.842	962
963	927.369	893.056.347	31,0322	9,8751	2,98363	1,03842	3.025,4	728.354	963
964	929.296	895.841.344	31,0483	9,8785	2,98408	1,03734	3.028,5	729.867	964
965	931.225	898.632.125	31,0644	9,8819	2,98453	1,03627	3.031,6	731.382	965
966	933.156	901.428.696	31,0805	9,8854	2,98498	1,03520	3.034,8	732.899	966
967	935.089	904.231.063	31,0966	9,8888	2,98543	1,03413	3.037,9	734.417	967
968	937.024	907.039.232	31,1127	9,8922	2,98588	1,03306	3.041,1	735.937	968
969	938.961	909.853.209	31,1288	4,8956	2,98632	1,03199	3.044,2	737.458	969
970	940.900	912.673.000	31,1448	9,8990	2,98677	1,03093	3.047,3	738.981	970
971	942.841	915.498.611	31,1609	9,9024	2,98722	1,02987	3.050,5	740.506	971
972	944.784	918.330.048	31,1769	9,9058	2,98767	1,02881	3.053,6	742.032	972
973	946.729	921.167.317	31,1929	9,9092	2,98811	1,02775	3.056,8	743.559	973
974	948.676	924.010.424	31,2090	9,9126	2,98856	1,02669	3.059,9	745.088	974
975	950.625	926.859.375	31,2250	9,9160	2,98900	1,02564	3.063,1	746.619	975
976	952.576	929.714.176	31,2410	9,9194	2,98945	1,02459	3.066,2	748.151	976
977	954.529	932.574.833	31,2570	9,9227	2,98989	1,02354	3.069,3	749.685	977
978	956.484	935.441.352	31,2730	9,9261	2,99034	1,02249	3.072,5	751.221	978
979	958.441	938.313.739	31,2890	9,9295	2,99078	1,02145	3.075,6	752.758	979
980	960.400	941.192.000	31,3050	9,9329	2,99123	1,02041	3.078,8	754.296	980
981	962.361	944.076.141	31,3209	9,9363	2,99167	1,01937	3.081,9	755.837	981
982	964.324	946.966.168	31,3369	9,9396	2,99211	1,01833	3.085,0	757.378	982
983	966.289	949.862.087	31,3528	9,9430	2,99255	1,01729	3.088,2	758.922	983
984	968.256	952.763.904	31,3688	9,9464	2,99300	1,01626	3.091,3	760.466	984
985	970.225	955.671.625	31,3847	9,9497	2,99344	1,01523	3.094,5	762.013	985
986	972.196	958.585.256	31,4006	9,9531	2,99388	1,01420	3.097,6	763.561	986
987	974.169	961.504.803	31,4166	9,9565	2,99432	1,01317	3.100,8	765.111	987
988	976.144	964.430.272	31,4325	9,9598	2,99476	1,01215	3.103,9	766.662	988
989	978.121	967.361.669	31,4484	9,9632	2,99520	1,01112	3.107,0	768.214	989
990	980.100	970.299.000	31,4643	9,9666	2,99564	1,01010	3.110,2	769.769	990
991	982.081	973.242.271	31,4802	9,9699	2,99607	1,00908	3.113,3	771.325	991
992	984.064	976.191.488	31,4960	9,9733	2,99651	1,00806	3.116,5	772.882	992
993	986.049	979.146.657	31,5119	9,9766	2,99695	1,00705	3.119,6	774.441	993
994	988.036	982.107.784	31,5278	9,9800	2,99739	1,00604	3.122,7	776.002	994
995	990.025	985.074.875	31,5436	9,9833	2,99782	1,00503	3.125,9	777.564	995
996	992.016	988.047.936	31,5595	9,9866	2,99826	1,00402	3.129,0	779.128	996
997	994.009	991.026.973	31,5753	9,9900	2,99870	1,00301	3.132,2	780.693	997
998	996.004	994.011.992	31,5911	9,9933	2,99913	1,00200	3.135,3	782.260	998
999	998.001	997.002.999	31,6070	9,9967	2,99957	1,00100	3.138,5	783.828	999

1.000

Table des lignes trigonométriques.

Degrés	Sinus						
	0′	10′	20′	30′	40′	50′	
0	0,00000	0,00291	0,00582	0,00873	0,01164	0,01454	89
1	0,01745	0,02036	0,02327	0,02618	0,02908	0,03199	88
2	0,03490	0,03781	0,04071	0,04362	0,04653	0,04943	87
3	0,05234	0,05524	0,05814	0,06105	0,06355	0,06685	86
4	0,06976	0,07266	0,07556	0,07846	0,08136	0,08426	85
5	0,08716	0,09005	0,09295	0,09585	0,09874	0,10164	84
6	0,10453	0,10742	0,11031	0,11320	0,11609	0,11898	83
7	0,12187	0,12476	0,12764	0,13053	0,13341	0,13624	82
8	0,13917	0,14205	0,14493	0,14781	0,15069	0,15356	81
9	0,15643	0,15931	0,16218	0,16505	0,16792	0,17078	80
10	0,17365	0,17651	0,17937	0,18224	0,18507	0,18795	79
11	0,19081	0,19366	0,19652	0,19937	0,20222	0,20507	78
12	0,20791	0,21076	0,21360	0,21644	0,21928	0,22212	77
13	0,22495	0,22778	0,23062	0,23345	0,23627	0,23910	76
14	0,24192	0,24474	0,24756	0,25038	0,25320	0,25601	75
15	0,25882	0,26163	0,26443	0,26724	0,27004	0,27284	74
16	0,27556	0,27843	0,28123	0,28402	0,28680	0,28959	73
17	0,29237	0,29515	0,29793	0,30071	0,30348	0,30625	72
18	0,30902	0,31178	0,31454	0,31730	0,32006	0,32282	71
19	0,32557	0,32852	0,33106	0,33381	0,33655	0,33929	70
20	0,34202	0,34475	0,34748	0,35021	0,35293	0,35565	69
21	0,35837	0,36108	0,36379	0,36650	0,36921	0,37191	68
22	0,37461	0,37780	0,37099	0,38268	0,38537	0,38805	67
23	0,39073	0,39341	0,39608	0,39875	0,40141	0,40408	66
24	0,40674	0,40939	0,41204	0,41469	0,41734	0,41998	65
25	0,42263	0,42525	0,42788	0,43051	0,43313	0,43575	64
26	0,43837	0,44098	0,44359	0,44620	0,44880	0,45140	63
27	0,45349	0,45658	0,45917	0,46175	0,46433	0,46690	62
28	0,46997	0,47204	0,47460	0,47716	0,47971	0,48226	61
29	0,48481	0,48735	0,48989	0,49242	0,49495	0,49748	60
30	0,50000	0,50252	0,50503	0,50754	0,51004	0,51254	59
31	0,51504	0,51753	0,52002	0,52250	0,52498	0,52745	58
32	0,52982	0,53238	0,53484	0,53730	0,53975	0,54220	57
33	0,54464	0,54708	0,54951	0,55194	0,55436	0,55678	56
34	0,55919	0,56160	0,56401	0,56641	0,56880	0,57119	55
35	0,57358	0,57596	0,57843	0,58070	0,58307	0,58543	54
36	0,58779	0,59014	0,59248	0,59482	0,59716	0,59949	53
37	0,60182	0,60414	0,60645	0,60876	0,61107	0,61337	52
38	0,61566	0,61795	0,62024	0,62251	0,62479	0,62706	51
39	0,62932	0,63158	0,63383	0,63608	0,63832	0,64056	50
40	0,64279	0,64501	0,64723	0,64945	0,65166	0,65386	49
41	0,65606	0,65825	0,66044	0,66262	0,66480	0,66697	48
42	0,66913	0,67129	0,67344	0,67559	0,67773	0,67987	47
43	0,68200	0,68412	0,68624	0,68835	0,69046	0,69256	46
44	0,69466	0,69675	0,69883	0,70081	0,70298	0,70505	45
45	0,70711						44
	60′	50′	40′	30′	20′	10′	Degrés
	Cosinus						

TABLE DES LIGNES TRIGONOMÉTRIQUES

Degrés	0′	10′	20′	30′	40′	50′	
			Cosinus				
0	1,00000	1,00000	0,99998	0,99996	0,99993	0,99989	89
1	0,99985	0,99979	0,99973	0,99966	0,99958	0,99949	88
2	0,99939	0,99929	0,99917	0,99905	0,99892	0,99878	87
3	0,99863	0,99847	0,99831	0,99813	0,99795	0,99776	86
4	0,99756	0,99736	0,99714	0,99692	0,99669	0,99644	85
5	0,99619	0,99594	0,99567	0,99540	0,99511	0,99482	84
6	0,99452	0,99421	0,99390	0,99357	0,99324	0,99290	83
7	0,99255	0,99219	0,99182	0,99144	0,99106	0,99067	82
8	0,99027	0,98986	0,98944	0,98902	0,98858	0,98814	81
9	0,98709	0,98723	0,98676	0,98629	0,98580	0,98531	80
10	0,98481	0,98430	0,98378	0,98325	0,98272	0,98218	79
11	0,98163	0,98107	0,98050	0,97992	0,97934	0,97875	78
12	0,97815	0,97754	0,97692	0,97630	0,97566	0,97502	77
13	0,97437	0,97371	0,97304	0,97237	0,97169	0,97100	76
14	0,97030	0,96959	0,96887	0,96815	0,96742	0,96667	75
15	0,96593	0,96517	0,96440	0,96363	0,96285	0,96206	74
16	0,96126	0,96046	0,95964	0,95882	0,95799	0,95715	73
17	0,95630	0,95545	0,95459	0,95372	0,95284	0,95195	72
18	0,95106	0,95015	0,94921	0,94832	0,94740	0,94646	71
19	0,94552	0,94457	0,94361	0,94264	0,94167	0,94068	70
20	0,93969	0,93869	0,93769	0,93667	0,93565	0,93462	69
21	0,93358	0,93253	0,93148	0,93042	0,92935	0,92827	68
22	0,92718	0,92609	0,92499	0,92388	0,92296	0,92164	67
23	0,92050	0,91936	0,91822	0,91706	0,91590	0,91472	66
24	0,91355	0,91236	0,91116	0,90996	0,90875	0,90753	65
25	0,90631	0,90507	0,90383	0,90259	0,90133	0,90007	64
26	0,89879	0,89752	0,89623	0,89493	0,89363	0,89232	63
27	0,89101	0,88968	0,88835	0,88701	0,88566	0,88431	62
28	0,88295	0,88758	0,88020	0,87822	0,87743	0,87603	61
29	0,87462	0,87321	0,87178	0,87036	0,86892	0,86748	60
30	0,86603	0,86457	0,86310	0,86163	0,86015	0,85866	59
31	0,85717	0,85567	0,85416	0,85264	0,85112	0,84959	58
32	0,84805	0,84650	0,84495	0,84339	0,84182	0,84025	57
33	0,83867	0,83708	0,83549	0,83389	0,83228	0,83066	56
34	0,82904	0,82741	0,82577	0,82413	0,82248	0,82082	55
35	0,81915	0,81748	0,81580	0,81412	0,81242	0,81072	54
36	0,80902	0,80730	0,80558	0,80386	0,80212	0,80038	53
37	5,79864	0,79688	0,79512	0,79335	0,79158	0,78980	52
38	0,78801	0,78622	0,78442	0,78261	0,78079	0,77797	51
39	0,77715	0,77531	0,77347	0,77161	0,76977	0,76791	50
40	0,76604	0,76417	0,76229	0,76041	0,75851	0,75661	49
41	0,75474	0,75280	0,75088	0,74896	0,74703	0,74509	48
42	0,74314	0,74120	0,73924	0,73728	0,73531	0,73333	47
43	0,73135	0,72937	0,72737	0,72537	0,72337	0,72136	46
44	0,71934	0,71732	0,71529	0,71325	0,71121	0,70916	45
45	0,70711						44
	60′	50′	40′	30′	20′	10′	Degrés
			Sinus				

TABLE DES LIGNES TRIGONOMÉTRIQUES

Degrés			Tangentes					
	0'	10'	20'	30'	40'	50'	60'	
0	0,00000	0,00291	0,00582	0,00873	0,01164	0,01455	0,01746	89
1	0,01746	0,02036	0,02328	0,02619	0,02910	0,03201	0,03492	88
2	0,03492	0,03783	0,04075	0,04366	0,04658	0,04949	0,05241	87
3	0,05241	0,05533	0,05824	0,06116	0,06408	0,06700	0,06993	86
4	0,06993	0,07285	0,07578	0,07870	0,08163	0,08456	0,08749	85
5	0,08749	0,09042	0,09335	0,09629	0,09923	0,10216	0,10510	84
6	0,10510	0,10805	0,11099	0,11394	0,11688	0,11983	0,12278	83
7	0,12278	0,12574	0,12869	0,13165	0,13461	0,13758	0,14054	82
8	0,14054	0,14351	0,14648	0,14945	0,15243	0,15540	0,15838	81
9	0,15838	0,16137	0,16435	0,16734	0,17033	0,17333	0,17633	80
10	0,17633	0,17933	0,18233	0,18534	0,18835	0,19136	0,19438	79
11	0,19438	0,19740	0,20042	0,20345	0,20648	0,20952	0,21256	78
12	0,21256	0,21560	0,21864	0,22169	0,22475	0,22781	0,23087	77
13	0,23087	0,23393	0,23700	0,24008	0,24316	0,24624	0,24933	76
14	0,24933	0,25242	0,25552	0,25862	0,26172	0,26483	0,26795	75
15	0,26795	0,27107	0,27419	0,27732	0,28046	0,28360	0,28675	74
16	0,28675	0,28990	0,29305	0,29621	0,29938	0,30255	0,30573	73
17	0,30573	0,30891	0,31210	0,31530	0,31850	0,32171	0,32492	72
18	0,32492	0,32814	0,33136	0,33460	0,33783	0,34108	0,34433	71
19	0,34433	0,34758	0,35085	0,35412	0,35740	0,36068	0,36397	70
20	0,36397	0,36727	0,37057	0,37388	0,37720	0,38053	0,38386	69
21	0,38386	0,38721	0,39055	0,39391	0,39727	0,40065	0,40403	68
22	0,40403	0,40741	0,41081	0,41421	0,41763	0,42105	0,42447	67
23	0,42447	0,42791	0,43136	0,43481	0,43828	0,44175	0,44523	66
24	0,44523	0,44872	0,45222	0,45573	0,45924	0,46277	0,46631	65
25	0,46631	0,46985	0,47341	0,47698	0,48055	0,48414	0,48773	64
26	0,48773	0,49134	0,49495	0,49858	0,50222	0,50587	0,50953	63
27	0,50953	0,51319	0,51688	0,52057	0,52427	0,52798	0,53171	62
28	0,53171	0,53545	0,53920	0,54296	0,54673	0,55051	0,55431	61
29	0,55431	0,55812	0,56194	0,56577	0,56962	0,57348	0,57735	60
30	0,57735	0,58124	0,58513	0,58905	0,59297	0,59691	0,60086	59
31	0,60086	0,60483	0,60881	0,61280	0,61681	0,62083	0,62487	58
32	0,62487	0,62892	0,63299	0,63707	0,64117	0,64528	0,64941	57
33	0,64941	0,65355	0,65771	0,66189	0,66608	0,67028	0,67451	56
34	0,67451	0,67875	0,68301	0,68728	0,69157	0,69588	0,70021	55
35	0,70021	0,70455	0,70891	0,71329	0,71769	0,72211	0,72654	54
36	0,72654	0,73100	0,73547	0,73996	0,74447	0,74900	0,75355	53
37	0,75355	0,75812	0,76272	0,76733	0,77196	0,77661	0,78129	52
38	0,78129	0,78598	0,79070	0,79544	0,80020	0,80498	0,80978	51
39	0,80978	0,81461	0,81946	0,82434	0,82923	0,83415	0,83910	50
40	0,83910	0,84407	0,84906	0,85408	0,85912	0,86419	0,86929	49
41	0,86929	0,87441	0,87935	0,88473	0,88992	0,89515	0,90040	48
42	0,90040	0,90569	0,91099	0,91633	0,92170	0,92709	0,93252	47
43	0,93252	0,93797	0,94345	0,94896	0,95451	0,96008	0,96569	46
44	0,96569	0,97133	0,97700	0,98270	0,98843	0,99420	1,00000	45
	60'	50'	40'	30'	20'	10'	0'	Degrés
			Cotangentes					

TABLE DES LIGNES TRIGONOMÉTRIQUES

Degrés	Cotangentes							Degrés
	0	10'	20'	30'	40'	50'	60'	
0	∞	343,77371	171,88540	114,58865	85,93979	68,75009	57,28990	89
1	57,28996	49,10388	41,96408	38,18846	34,36777	31,24158	28,63625	88
2	28,63625	26,43160	24,54176	22,90377	21,47040	20,20555	19,08114	87
3	19,08114	18,07498	17,16934	16,34986	15,60478	14,92442	14,30067	86
4	14,30067	13,72674	13,19688	12,70621	12,25051	11,82617	11,43005	85
5	11,43005	11,05943	10,71191	10,38540	10,07803	9,78817	9,51436	84
6	9,51436	9,25530	9,00983	8,77689	8,55555	8,34496	8,14435	83
7	8,14435	7,95302	7,77035	7,59575	7,42871	7,26873	7,11537	82
8	7,11537	6,96823	6,82694	6,69116	6,56055	6,43484	6,31375	81
9	6,31375	6,19703	6,08444	5,97576	5,87080	5,76937	5,67128	80
10	5,67128	5,57638	5,48451	5,39552	5,30928	5,22566	5,14455	79
11	5,14455	5,06584	4,98940	4,91516	4,84300	4,77286	4,70463	78
12	4,70463	4,63825	4,57363	4,51071	4,44942	4,38969	4,33148	77
13	4,33148	4,27471	4,21933	4,16530	4,11256	4,06107	4,01078	76
14	4,01078	3,96165	3,91364	3,86671	3,82083	3,77595	3,73205	75
15	3,73205	3,68909	3,64705	3,60588	3,56557	3,52609	3,48741	74
16	3,48741	3,44951	3,41236	3,37594	3,34023	3,30521	3,27085	73
17	3,27085	3,23714	3,20406	3,17159	3,13972	3,10842	3,07768	72
18	3,07768	3,04749	3,01782	2,98869	2,96004	2,93189	2,90421	71
19	2,90421	2,87700	2,85023	2,82391	2,79802	2,77254	2,74748	70
20	2,74748	2,72281	2,69853	2,67462	2,65109	2,62791	2,60509	69
21	2,60509	2,58261	2,56046	2,53865	2,51715	2,49597	2,47509	68
22	2,47509	2,45451	2,43422	2,41421	2,39449	2,37504	2,35585	67
23	2,35585	2,33603	2,31826	2,29984	2,28167	2,26374	2,24604	66
24	2,24604	2,22857	2,21132	2,19430	2,17749	2,16090	2,14451	65
25	2,14451	2,12832	2,11233	2,09654	2,08094	2,06553	2,05030	64
26	2,05030	2,03526	2,02039	2,00569	1,99116	1,97680	1,96261	63
27	1,96261	1,94858	1,93470	1,92098	1,90741	1,89400	1,88073	62
28	1,88073	1,86760	1,85462	1,84177	1,82906	1,81649	1,80405	61
29	1,80405	1,79174	1,77955	1,76749	1,75556	1,74375	1,73205	60
30	1,73205	1,72047	1,70901	1,69766	1,68643	1,67530	1,66428	59
31	1,66428	1,65337	1,64256	1,63185	1,62125	1,61074	1,60033	58
32	1,60033	1,59002	1,57981	1,56969	1,55966	1,54972	1,53987	57
33	1,53987	1,53010	1,52043	1,51084	1,50133	1,49190	1,48256	56
34	1,48256	1,47330	1,46411	1,45501	1,44598	1,43703	1,42815	55
35	1,42815	1,41934	1,41061	1,40195	1,39336	1,38484	1,37638	54
36	1,37638	1,36800	1,35968	1,35142	1,34323	1,33511	1,32704	53
37	1,32704	1,31904	1,31110	1,30323	1,29541	1,28764	1,27994	52
38	1,27994	1,27230	1,26471	1,25717	1,24969	1,24227	1,23490	51
39	1,23490	1,22758	1,22031	1,21310	1,20593	1,19882	1,19175	50
40	1,19175	1,18474	1,17777	1,17085	1,16398	1,15715	1,15037	49
41	1,15037	1,14363	1,13694	1,13029	1,12369	1,11713	1,11061	48
42	1,11061	1,10414	1,09770	1,09131	1,08496	1,07864	1,07237	47
43	1,07237	1,06613	1,05994	1,05378	1,04766	1,04158	1,03553	46
44	1,03553	1,02952	1,02355	1,01761	1,01170	1,00583	1,00000	45
	60'	50	40'	30'	20	10'	0'	Le.

Tangentes

FIN

TOURS. — IMPRIMERIE DESLIS PÈRE, R. ET P. DESLIS